U0007887

250 項主廚技術，1800 張步驟說明圖

世紀廚神學院

法國博古斯學院頂級廚藝全書

INSTITUT PAUL BOCUSE

L'école de l'excellence culinaire

保羅博古斯廚藝學院美食委員會
（Comité gastronomique de l'Institut Paul Bocuse）

料理主廚（Chefs de cuisine）
指導員：亞倫・勒科薩克（Alain Le Cossec）（1991 年料理 MOF）
艾維・奧傑（Hervé Oger）
克里斯多夫・羅彼塔里耶（Christophe L'Hospitalier）
弗洛朗・博瓦凡（Florent Boivin）（2011 年料理 MOF）
塞巴提安・夏黑提耶（Sébastien Charretier）
艾希克・克羅（Éric Cros）
尚約翰・納港（Jean-Paul Naquin）
希西里・包維爾（Cyril Bosviel）
方索瓦・墨米瑞梅林（François Vermeere-Merlen）（diplômé）

飯店總管（Maîtres d'hôtel）
指導員：菲利浦・希斯帕（Philippe Rispal）
伯納・希古魯（Bernard Ricolleau）
亞倫・多維奈（Alain Dauvergne）
夏維耶・羅齊爾（Xavier Loizeil）
保羅・達倫坡（Paul Dalrymple）
蒂埃里・格斯帕里安（Thierry Gasparian）

統籌：吉哈汀・達希克（Géraldine Derycke）

編輯委員會
食譜：保羅博古斯廚藝學院主廚
步驟技法：白朗汀・柏耶（Blandine Boyer）
章節介紹、〈餐桌藝術〉和〈餐酒合奏〉：伊凡里斯・丹齊（Yvelise Dentzer）

250 項主廚技術，1800 張步驟說明圖

世紀廚神學院

法國博古斯學院頂級廚藝全書

指導：保羅博古斯廚藝學院行政總裁艾維・弗勒里（Hervé Fleury）

前言：保羅・博古斯（Paul Bocuse）

攝影：歐荷莉・珍妮特（Aurélie Jeannette）和強納森・泰維奈（Jonathan Thevenet）

前言

我很高興也很驕傲地向你們介紹這本書，超過七百頁的教學將協助料理愛好者，探索法式烹飪技術的祕訣，就像是資深主廚在埃居里（Écully）的保羅博古斯廚藝學院中教導學生一樣，而且授課的主廚陣容，同樣包括了法國最佳職人（MOF*）！

將近七十道食譜的說明，超過兩百五十項技術的步驟解說，一切都按照食材的種類詳盡分類。一九九○年，保羅博古斯廚藝學院由當時的文化部長賈克朗（Jack Lang）推動創立，賈克朗一心想將料理納入創意產業的範疇，使其成為「烹飪的藝術」，而這本搭配豐富插圖的鉅著，就是為了向這間矗立二十五年的機構致敬。

我經常說，幸福就在料理之中。為了分享這樣的幸福，必須有能夠分享的場所。你們將明白，對於我深深依戀的法式國理而言，保羅博古斯廚藝學院跨越了不同國界和世代，既是捍衛法國料理的支柱，也是傳授法國料理的搖籃。設立在修復完成的養魚塘城堡（château du Vivier），置身於四公頃的綠意裡，學院接收來自三十七個國家的六百五十名學生。從首度招生開始，口耳相傳就發揮了力量。身為引人注目且知名的專業人士，校友們成為各大國際機構內真正的大使。就這樣，在校友和夥伴的攜手合作下，保羅博古斯廚藝學院在世界上發光發熱，傳承著我所珍視的價值。

在這趟旅程裡，我們強調的是學院院長自一九九八年以來的決心，雅高集團（ACCORHOTELS）聯合創辦人傑拉德·貝里松（Gérard Pélisson）也持續監督著教學計畫的執行。在此也向學院行政總裁艾維·弗勒里（Hervé Fleury）展現的十足幹勁致敬，他讓大家重視參與廚師與飯店管理職業訓練的重要性，他還懂得如何為這間機構注入新力量。這間機構的成功，應該大大歸功於他。

有幸擁有生活的藝術、豐富的飲食文化與待客文化的國家和機構，必定會在保存這類資產與將其發揚光大的方式上，成為思想的先鋒。追求優雅的姿態和出色的表現，這是環法手工業行會（compagnon du Tour de France）和法國最佳職人卓越的特質，他們致力於傳授經驗、訣竅、知識與理論。這種卓越建立在耐心、訓練和時間感上。聆聽傳統，迎接最好的事物，同時豐富未來。

---

* MOF，即 Meilleur Ouvrier de France 縮寫，意指「法國最佳職人」，是法國給予工藝領域專業人士的最高殊榮。

值得一再強調的是，法國料理捍衛多樣性，並維護所有想結合優質食材和優質料理的人。奠基於各個地區、地方特有的風俗習慣和食材之間的交流，法國料理在世界的認可下漸趨完備。法國料理富含的差異性，也隨著廚師與生產者之間的交流而隨之增加。

我們動員了保羅博古斯廚藝學院所有的主廚和餐桌藝術專家，在書裡傳授自身經驗。多虧集結起來的眾人之力，這本書今日才得以存在。《世紀廚神學院：法國博古斯學院頂級廚藝全書》扮演著絕妙的角色，既是傳承者，也是演繹者。讓料理愛好者和好奇者都能依照自己的喜好來改良料理，毋須向便利性和概略妥協。書裡公開的技法將讓大家不再受到時間、地點、年齡和教育程度的限制。

正因如此，我祝福本書大獲成功，我還希望它成為你的最佳料理夥伴，讓你也能夠傳授並分享法國美食的樂趣。

我希望本書的內容讓你們「胃口大開、求知若渴」！

目次

L'Institut Paul Bocuse

卓越的機構——保羅博古斯廚藝學院

傳承的藝術

我們只傳承我們所接受的教育。而且我們只會向共同的群體傳授。

共同的語言、世代及料理，並從共同的喜好中保留並傳承過去。

就是這樣的傳承，有助於聯合國教科文組織（UNESCO）登錄如法式餐桌等無形遺產。法式餐桌是集結家庭和友誼的象徵，是受到祝福、經過思考，甚至有組織的喜慶交際儀式。

傳承這樣的生活藝術，這種「法式浪潮」（french touch），正是保羅博古斯廚藝學院的任務，並透過傳授法國料理的專業技術來達成。我們希望能將這樣的遺產和所含的普世價值分享給更多的人，而想落實一此願望，又有誰比得上拉魯斯（Larousse）出版社？他們出版的教學著作就是最好的證明。人們常常質疑藝術的必要性，對烹飪藝術的看法亦然，但我卻非常肯定它們對於日常生活的意義。因此，我想透過法國料理的技術，向你們揭示一種可以建立並創造連結（或是矛盾）的語法。我希望你們仍能保有這種透過身體、表情、人和時間來傳遞與交流的傳統。烹飪藝術的意義在於：花時間過另一種生活，以彌補我們的不足之處，並跳脫標準化的飲食……激發樂趣！

我同樣熱切地相信，料理對所有的人來說，永遠都是一項新開始。成功的一餐取決於三大基石：

- **材料：**菜、食物、飲料，菜餚與飲料的搭配，菜色的安排。
- **品味者：**其價值、文化、習慣、期待和需求。
- **環境：**氣氛、背景、菜餚名稱、擺盤、餐具、社交。

烹飪是對心靈的提問，但在談到社交需求時，烹飪藝術和餐桌藝術也將為我們的整體生活提供最佳靈感來源。

我希望本書能讓料理愛好者與專業人士熱衷下廚，期盼這本書能鼓舞人們從日常生活裡的烹飪中找到意義和一致性，也願它能幫助人們意識到，我們能夠透過外在的行動觸及內心，也就是愛。

保羅．博古斯與傑拉德．貝里松

在這個動盪的、受制於消費主義式個人夢想的社會裡，保羅．博古斯與傑拉德．貝里松（Gérard Pélisson）體現了一樣罕見的東西：意志力。

他們都是單純又充滿遠見的人，許多人前來請教他們，但又畏懼他們的分析。他們在其他人固執己見的時刻表現出勇敢；他們在其他人只會老調重彈的地方發揮創意；他們在別人會放棄的地方，持續堅持下去。

創立於一九九〇年的保羅博古斯廚藝學院是以博古斯的常識、善意和自信，自然而然發展出來的成果。博古斯尊重料理，也尊重促使料理誕生的條件。料理會讓人想毫無保留地分享。儘管如此，為了建立一間偉大的學校，為了讓它在地區、在國家、在國際舞台上始終保持出類拔萃，博古斯必須和這間學校融為一體。而直到今日，博古斯依然深受全球主廚的高度贊同，因為他極為嚴謹、真材實料、穩定又可靠。他是保羅博古斯廚藝學院的靈魂。

雅高集團的聯合創始人貝里松自一九九八年起就用心且心胸寬闊地管理著我們的學院。值得信賴的貝里松，他的管理方式為我們提供了完美的典範。

保羅．博古斯與傑拉德．貝里松

Paul Bocuse
France

而這些——深受博古斯和貝里松的影響，他們企業家式精神的鼓舞——正是學習烹飪藝術的學生和專業人士，醉心於烹飪文化的愛好者們，來到保羅博古斯廚藝學院，能夠擁有足供遵循的美好典範的原因。對於我們學院以及其肩富的傳承任務而言，他們兩個人是一份美妙的禮物。對他們來說，傳承是一份責任。而如果學校能夠發揚光大，也是因為沾了他們的光。

專長與教育：由身經百戰的主廚傳授的頂級法國美食

我完全同意歷史學家巴斯卡・歐希（Pascal Ory）所說：「美食既非昂貴的珍饈，也非高級料理。它是規律地安排吃與喝，並進而轉化為餐桌的藝術。」

烹飪藝術正是運用超過兩百年的經典技巧，打造出符合今日口味的菜餚。但是，何謂經典？我會說，一份經典的食譜就是一份不朽的食譜。我們可以一再重新製作、重新演繹，突然間，這道食譜又跟全新的一樣！這可以說是某種生理層次的體驗，那種某天再度見到，似曾相識的衝擊。我們在重新製作卡漢姆（Carême）或埃斯科菲耶（Escoffier）的偉大菜色時心想：「拜託，這道菜我早已爛熟於胸了。」但我們的所知僅止於此。其實我們根本就沒有真正瞭解過。這樣的可能性使得經典經得起再詮釋、拙劣的改造或變得更時髦。本世紀初的風土料理和農民美食就是最好的實例。

就是這些對於法式料理的專業知識，豐富了學院主廚的認知與經歷，讓他們得以習得如此專長。專業主廚們帶著他們在職業生涯中學到的技術，憑藉著他們的專長、他們的感性和他們的美感，將在教學之中，把他們的專業技能與知識傳授給每一位學生。這樣的傳授當然取決於技術，其中必須考量到具體的限制（材料特性、烹煮技術、價格）；也必須考慮到一切會影響到品嘗者的因素（生活經驗、環境、氣氛……）。

烹調的目的很簡單：提供食物。但這並非唯一的目的，學院的教學宗旨是讓所有對烹飪藝術感興趣的人，不論其背景如何，都能夠創造出驚奇、創造出無法解釋的感受、創造出一個充滿感動的世界。

透過本書，我建議你們去探索那啟發了學院學生和主廚們，同時也構成了他們自身特色的專業、態度和精神。簡言之：卓越。

卓越的技藝

若說廚師有一個簡單的目的——讓人吃得開心，那麼卓越既可以說是不重要，也可以說是必不可少。而正是這樣的模稜兩可，讓料理變得如此有趣。

通往卓越的途徑之一仍然是，也永遠是，對技術和基礎知識的掌控，這也構成了職人的特色，讓職人們得以自由表達他們的感性和創意。日常生活因而成為默契和創意的源

頭。讓我們能自由創造出奢華或平庸，高深莫測或平凡無奇。做菜就像是供養一個空間及其組成成分，並公開其所有的資源。這些不在行的人看不到或忽視的資源，經過專業的巧妙處理，轉瞬間已融入了慾望和情感。

卓越是不凡且持續的品質，確實反映了慾望。

卓越的藝術，就是懂得如何瞭解，懂得如何行動。食材越是經過精妙的混合，廚師的行為就是創作，並將對於感官享樂的追尋帶向更高境界。料理是色彩、香氣，同時取悅了視覺和其他感官，料理就是詩歌。卓越則讓料理成為藝術，烹飪的藝術。

而在這些追求卓越的時刻，這些正是餐飲業成功的機會。

專注於傳遞的獨特場所

今日，保羅博古斯廚藝學院是首屈一指的高等教育與研究機構之一，目的是將法式生活藝術這偉大傳統中的卓越文化在國際上發揚光大。我們訓練來自三十七個國家的六百五十名學生，學習飯店、餐飲和廚藝的相關技能與管理長才。

學院有三位教育夥伴，分別來自國內外：里昂第三大學商學院（l'IAE de l'université Lyon Ⅲ）、里昂高等商業管理學院（EM Lyon Business School）和芬蘭哈格赫利爾理工大學（Haaga Helia），他們都有參與實際的教學，亦構成了我們的訓練特色。我們的兩項學士學程已經登錄在法國專業認證名冊（Registre National de la Certification Professionnelle）之中，飯店餐飲學程自二〇〇九年開始，烹飪藝術學程則是從二〇一二年開始。飯店餐飲執照讓我們的學生能夠獲得雙重文憑，一是保羅博古斯廚藝學院的文憑，另一則是大學文憑。

在碩士學程方面，我們也和里昂高等商業管理學院（國際飯店管理的碩士學位）及芬蘭哈格赫利爾理工大學（餐飲管理與創新碩士學位）一起授予雙重文憑。

傳授漂亮的動作、技術、優雅……我稱之為手的智慧。為了達到這個目的，我們有八間餐廳，其中三間對大眾開放，我們還增設了品茶學院（l'École du Thé）、咖啡工作室（Studio café）、品嘗廳（Maison de la dégustation）、餐桌藝術空間（espace Arts de la table）……這些場所有助於學生展現他們的專業技術和知識的靈巧度。

我們的「皇家」實習旅館（hôtel-école Le Royal）有七十二個房間和套房，隸屬於雅高集團，自二〇〇二年開始由本機構管理，在里昂中心被評為五顆星，由皮耶伊夫．霍尚（Pierre-Yves Rochon）一手打造內部裝潢。一年級的學生會在這裡學習飯店業的基礎和管理方式。

實習餐廳（restaurant-école）位於實習旅館下方，透明的空間是它最大的特色，其教學目的在於讓每名學生都意識到，不論他們身處廚房、甜點作坊，還是宴客廳，擔任何種職務，他們的態度和動作都扮演著重要的角色，而且都將對餐廳氛圍有所助益。

在上海的隆河—阿爾卑斯區展覽館裡，每年有四十名中國學生接受二十位來自保羅博古斯廚藝學院的學生訓練，這也是後者第二年實習的內容。而他們身邊都會有七名畢業生負責指導，並傳授他們自己在受訓時學到的法式烹飪技術和餐飲服務技巧，是絕妙的多元文化與管理體驗。（按：上海分部已於 2015 年底裁撤）

本學院的另一項特色：研究中心。主要針對三大方向：

- **研究：**發展攸關產業或社會範疇的飲食、飯店業與餐飲業之頂尖科學知識。

- **學習與建議**：進行應用於企業服務的任務。
- **培訓**：從企業問題出發，透過多學科的博士學程，為學生提供高水準的教育。比如餐飲用語與姿態（與雅高集團的索菲特酒店 Sofitel-Accor Hotels 合作）。

新近成立的服務實驗室（le Laboratoire du Service）是兩百五十平方公尺的實驗平台，在此進行真實情境的學習，以便針對飯店的餐飲服務進行分析；但也針對企業表現等領域的服務進行分析，而其中與顧客關係的品質，正是飯店水準和市場特色的保證。

特別值得留意的是，保羅博古斯廚藝學院也是法式服務精神協會（l'Association ESPRIT DE SERVICE France）*的成員。

培養明日專業人士和學識淵博愛好者的機構

「育成並不是將瓶子裝滿，而是點燃火花。」（語出：亞里斯多德）

從每個人身上培養出不可或缺的覺醒能力——能夠適應各種事件和人——是保羅博古斯廚藝學院的教學宗旨。因此，我們不只歡迎學生，也歡迎想培養其能力、轉型其專

長的專業人士，我們將在十一週的時間內，將餐飲業的實用及管理基礎傳授給創業者。我們也為公家和私人企業推出量身打造的烹飪技術、服務與接待相關訓練課程。八年來，我們在法國里昂國民醫療中心（Hospices Civils de Lyon）的助理護士陪同下，「結合對飲食的細心照顧，為餐飲服務賦予了意義。」

另外，保羅博古斯廚藝學院透過我們出色主廚的訣竅和建議，喚醒了美食的意義。我們每年會迎接超過一千位愛好者來我們的美食料理學院，參加我們的料理、甜點、麵包、侍酒、茶藝、咖啡或乳酪等工作坊。

重視傳統並向世界開放的教育機構

本學院傳授的是著重於應用、方法的技術與風俗習慣，要知道，就如同考克多（Cocteau）所說：「傳統是永恆的活動，它會前進、改變、生活。充滿活力的傳統隨處可見，迫使你以現代的方式來加以維持。」

我們傳承的是價值。引領我們做出選擇的企圖，就是想證明我們配得上「保羅．博古斯」與「傑拉德．貝里松」之名，證明我們配得上我們傳承的法式生活藝術，也配得上捍衛和傳授法國烹飪與飯店傳統的任務。

而這些價值都只有一個目的：追求卓越。

- **要求**：有毅力並做得更好。
- **倫理**：個人行為與職業規範的道德。
- **寬容與尊重**：用來形容人際關係的兩種價值，從中汲取為人處事的方法。尊重自己，也尊重別人：說「女士你好，先生你好」、儀容、守時……

＊ 聚集了四十個涵蓋各種領域的知名法式服務品牌。法式服務精神是最佳實務的新共創空間，宗旨是讓顧客開心，並追求法式服務特色的卓越。

透過這些價值，我們或許可以讓別人開心，分享簡單、真摯且持續的情感。考量餐飲和飯店中的小細節，並不表示眼光狹隘，而是希望能詮釋生活的藝術。這種生活藝術，這種「法式浪潮」，正是法國的特色，也是法國的重要經濟王牌，並且同樣是許多從我們的課程中汲取靈感，懂得為他們的文化與傳統增值並加以捍衛的國家的經濟王牌。

因此，保羅博古斯廚藝學院主要是培養技能和相關的管理能力。學習一項職業技術並加以精進，就理論面而言可能看起來很簡單。但在團體中精進技能，絕對需要更加嚴格、苛求，以及寬容和相互的信任。培養出對完善工作的品味、熱愛。我們越是懂酒，就不再豪飲，而是品酒。首先，在整個學藝期間必須投入智慧——懂得觀察細節的智慧。甚至是透過在我們不同實習場所中的實驗，我們能夠瞭解、學習正確的動作。手的智慧：切蔬菜、肉的處理、餐桌的擺設、侍酒……都有相應的正確態度。這樣的學藝過程必須在教學之中進行。並在這些基本動作、專業技能上再加入思考、分析、決策能力，也就是管理。

唯有在習得基礎後，我們才會帶領學生在教學團隊規畫的各種項目中，發展他們的創意和感性。

最後一階段則是企業精神的培養。

保羅博古斯廚藝學院在全世界各地傳播法國美食與接待藝術的專業技術與文化。十六所學院與大學選擇了我們的教學理念與教育實踐法。我們協助他們進行教育策劃及其教學團隊的培訓。每一年，他們當中五位最優秀的學生來到埃居里，參加為期十六週的實習訓練。

從發揚光大法國文化的角度來看，我們已經在新加坡和祕魯的利馬（Lima）進行保羅博古斯廚藝學院的烹飪藝術與餐飲管理學士學程。

今日，我們在全世界二十二個國家裡陸陸續續已有超過兩千位畢業生。他們當中有超過百分之三十的人在離開學校後的四年內，在飯店業或餐飲業成功創業。

為何出版這本書？

我們的教育特色在於全心全意培養出能夠擔任重要角色的人物。我認為法國文化的特色風味與接待方式，是現今的社會與世界不可或缺的元素，未來當然也是如此。

我還認為，這些我們希望自己配得上的專業技能、這些烹飪技術和這種獨特性，應該要更加廣為流傳。保羅博古斯廚藝學院最好的主廚、教師都意識到，自己擔任的是保證人的角色、是法式烹飪藝術的象徵，也因此，他們在此邀請您，一同分享他們對這份職業的熱愛與專業技術，並感謝拉魯斯出版社的支持。

美食界的思想大師布里亞．薩瓦蘭（Brillat-Savarin）說過：「接待某人，就是在他來訪家中期間，承擔他的幸福。」請採納、詮釋這個句子，並讓它成為你的座右銘。

而且就像保羅．博古斯常說的：「幸福就在料理中！」

保羅博古斯廚藝學院行政總裁
艾維．弗勒里（HERVÉ FLEURY）

Les
BASES

基礎

Les bases

熱愛下廚，就是懂得如何去愛和下廚

下廚。在節日時為某人下廚，或是製作日常生活中的某一餐，絕非微不足道之事。事實上，這是在為某人做選擇、調配、提供菜餚，讓他們能夠吃下、吸收。吸收的意思是：這些菜餚將成為食用者的一部分，為他們帶來一時的樂趣，然後再成為他們強健體魄的養分。下廚是一種必不可少的行為，而且意義極其深遠，不論對付出者還是接受者來說都是。下廚者的食譜、專業技能和建議都是基本的基礎，構成穩固的架構並打妥根基，讓我們能夠實現想大展身手、為別人帶來樂趣，並為我們的美食野心供給營養和生命力的渴望。

管理法則

準備一餐意味著要轉化基本食材並將之昇華。為了抵達這樣的目的，必須在挑選食材前，嚴格確定不可或缺的食材和多餘的食材，再遵循這項跟料理一樣精緻且複雜的藝術規則去處理食材。

食品的購買

烹飪之前，我們得先找到最優質的食材，並在購買後妥善保存食材直至食用前。我們經常在準備特殊餐點的前一天或當天才購買必要的食材，這讓保存變得比較簡單。如果涉及平日的食材，那就複雜許多了，況且我們有時候還會購足一整個星期的份量。因此，在購物時區分食品雜貨和新鮮食材很重要——食品雜貨保存容易，保存時間可長達數個月，新鮮食材只能在冰箱裡擺放幾天。購物地點多樣化（肉鋪、魚鋪、市場或蔬果市場）當然會花比較多時間，但也迫使我們進行更妥善的安排，例如購買較少量的食品，避免浪費。優質食材的花費往往較為昂貴，也讓這點顯得格外重要。

挑選食材是項艱鉅的任務。購物時，我們得決定自己和客人吃些什麼。我們的選擇其實超出了料理的範疇。事實上，購物此行為讓我們能夠參與或拒絕參與經濟發展的形態。消費者越來越受到直接跟生產者買東西的短程循環模式所吸引。反常的是，越古老的供應方式——可追溯至舊帝國時期的法國——在現代反而越顯創新。

自二十世紀初期為了支持葡萄種植與釀酒產業而創立最早的 AOC（原產地管制命名）以來，法國已經建立了不同的標籤制度，讓我們在挑選食材時得以參考。雖然參考指

剩菜美學

當今日的大眾普遍意識到控制浪費和能源花費的必要性時，我們才開始對飲食發出個人和社會疑問。出於對經濟和責任落實的擔憂，推動食用非標準蔬果、過期食品和帶有莖葉、果皮及副產品料理的思潮也隨之應運而生。

標的增加有時候可能會讓挑選變得更加複雜，其中仍然有些標籤特別出名。

紅標（Label Rouge）表示證實具有感官品質。有機農業（Agriculture Biologique）的標示則證明符合尊重環境和永續發展的生產、種植或畜牧方式。這往往（但仍要依領域而定）也保證了畜牧方式較溫和，比較不會對動物造成傷害。這對於現今關心動物福利的消費者來說，至為重要。

光是培育吃起來美味健康的食材已經無法滿足現代消費者的需求，我們也應選擇「有助於思考」的食材。我們已經無法再忍受，或說非常難以忍受，動物只因我們享受美食的樂趣而受苦。

當地和當季

為了避免購物時因找不到想要的東西而不知所措，很重要的一件事是認識食材的季節性，並在決定菜單時把這點考慮進去。這也是買到更美味而且比較便宜食材的好方法。儘管我們很清楚水果和蔬菜的季節性，但我們常常忽略其他新鮮食材也有季節之分，比如肉類、魚類、乳酪……。

十九世紀時，選擇毋須擔心季節和食材來源的料理，甚至公開藐視自然的限制，象徵了奢華和權力。事實上，為賓客提供非當季或來自遙遠地區的食物，甚至是異國菜餚的花費相當龐大。這些食材在二十世紀變得普及，卻也不幸地損及它們在感官享受上的品質，對環境的影響也隨著激增的需求量而變得非常巨大。

今日，最偉大的主廚們樹立了優良的榜樣，他們提升了當季食材的價值，並在食材成熟的最佳時刻烹調它們。也有許多主廚和當地的生產者發展出合作關係，烹煮特殊的食材以歌頌該地區，同時也減少昂貴、耗時和污染環境的運輸，這些都會減損食材的鮮度。從這些原則汲取靈感，能讓我們發現再度探索當地或地區性稀有或受人遺忘食材的可能性，也讓我們能夠探索新的味道。

主廚生活

食材已經安排好了，菜單也決定好了，最棒的食譜說明了該做什麼，怎麼做和為什麼……這樣就都準備好了嗎？不盡然。

賢妻良母

在開始之前，應先確定食材的情況是否適當。由於我們經常使用食用期限漫長到讓人忘記留意的加工食品，使得我們往往也忽略了烹飪時真正使用的新鮮食材有多麼脆弱。

因此，光是洗手、把頭髮綁起來、經常更換廚用毛巾並不夠，我們還應遵守既簡單又基本的規則。例如，知道冰箱裡最冰涼的隔間是以適當的溫度調節，用來擺放買回來的不同食材，並應避免密集擺放，避免污染。

建議將食材放入適合保存的容器冷藏，以減少細菌感染的風險。用來包裝如乳製品等食材的紙板不應冷藏。這些紙板不只帶有病菌，也可能隔開了食材與新鮮空氣，甚至隔絕了冷空氣。我們應該去除購買食材時使用的外包裝

保冷區

在冰箱裡，我們並不是按照空間大小來存放食材，而是按照不同的溫度。

- 門：7 至 8℃。蛋、飲料和未開封的加工食材。
- 下層區（蔬果槽）：5 至 8℃。某些新鮮蔬菜。
- 中層區：3至5℃。自製菜餚和已經開封的熟食。
- 上層區：0 至 3℃。最嬌弱的食材：肉、魚、海鮮。

記得將嬌弱的食材密封（塑膠盒、保鮮膜和鋁箔紙），如果讓它們接觸到如肉、魚、乳製品和蛋，食材可能不再安全。

（常常是紙板），並用自家潔淨的容器取代。

在烹飪時，我們應該避免讓不同的備料同處於室溫之中，以減少細菌滋生。我們不應該把冷凍食品擺在流理檯上解凍，而要以冷藏的方式解凍，或使用更省時的微波爐來解凍。

秩序的意義

烹飪需要足夠的空間才能遵照一定的秩序，務必分開不同的食材，也別讓已經煮熟的食物接觸到還沒煮熟的食物。若可使用的空間很狹小，就應清除所有不是真的有用、占據了寶貴空間的東西。

總之，若要正確地烹飪，所需的空間比用具還多。即使我們不斷被煽動買下各式各樣的廚房小工具，實際上不可或缺的用具並不多：幾把好刀、一到兩種測量工具、幾個烹煮容器、橡皮刮刀和多功能食物調理機。依照個人的習慣和喜好，分清楚哪些是必備用具，哪裡是多餘的用具非常重要，這樣就可以盡可能挪出最大的空間，讓你行動自如。

做時間的主人

定時器是必備工具，它就像我們腦袋裡的碼表，讓我們能夠提前做準備，掌握烹煮的時間、冷卻的時間、靜置的時間……。需要準備的東西比我們想像的還多，有些準備工作甚至得從前一天開始，例如製作用來包覆肉凍酥皮派的派皮，以及某些醃漬醬料。

所有的一切，都將在極短的用餐時間內呈現在食用者面前，事先要做的工作卻可能要花上一整天，甚至更久！

均衡的基本原則

準備餐點時，我們得認真考慮選擇的食材，以確保客人能留下美好的回憶，而不是讓他們在消化時感覺「沉重」。

若是日常料理，決定菜單時同樣得關心菜餚對健康是否有益，像是飲食的均衡和多樣性。

「在所有的東西都吃完後，佛朗索瓦絲將一個特地為我們，尤其是專為我父親而做的巧克力布丁遞了過來（他是布丁的愛好者），這是她個人的鼓舞和親切的表示，就像偶發的事件般短暫且雲淡風輕。」

馬塞爾・普魯斯特（Marcel Proust）

節慶或特殊場合的餐點當然不在擔心健康的範圍內，但仍得呈現一定的均衡，讓每位賓客在用餐後都能感到愉快。在一九七〇年代的新式烹飪（Nouvelle Cuisine）革命之前，我們已經受夠了餐點中相當程度的沉重，導致賓客陷入愉悅的昏沉狀態。現今的社會似乎已無法再承受這樣的情形，現代人比較關心的是活力。此外，現代社會真正在意的是，每個人因為健康、宗教、信仰，或是個人選擇而無法接受的食品。

做菜必須以慷慨為前提

想讓人開心是做菜必備的衝動和能量。

最早對美食進行省思並撰寫相關著作，不再只是推出食譜的人，已經強力證實了美食與生活藝術息息相關。布里亞・薩瓦蘭（Brillat-Savarin）在十九世紀上半葉撰寫的《味覺生理學》（*Physiologie du goût*）中提到：「接待某人，就是在他來訪家中期間，承擔他的幸福。」

準備、奉獻、讓人開心

透過一步步決定食材、菜單、菜餚引發的回憶或從中獲得的新發現，享用一餐就像是邀請人再度探索已經熟知的領域，或是大步探索未知的領域。

擔心是否能好好接待客人不只出於正確盡責主人的自尊心，而更像是一位嚮導的願望，他很開心能和客人分享自己的所知和專長。

此外，這也是因為餐點就像禮物一樣，經過精心的構思和製作，而法國，以及其他所有拉丁國家長久以來的習慣，就是讓所有賓客都享用同樣的餐點。

不過，我們現在已漸漸接受一起用餐未必表示得吃完全一樣的菜這類觀念。

權力的想像

在瞭解遵重程序的必要性之後，我們熟知的食譜讓我們能夠構思自己的食譜。用另一種食材來取代某食材、改變呈現的方式、添加香料或香草，透過這些方式，我們可以探索新的味道，重新詮釋經典食譜。

然而，這並不總是保證成功。失敗、「燒焦又沒熟」都是經驗的一部分。錯誤是很重要的，是一種學習，有時候則是輝煌成功的機會。如果傳聞是真的——無論如何都像是真的——塔丁（Tatin）姐妹就是因為打翻了她們的蘋果塔，才會讓翻轉蘋果塔成為法式甜點中的經典。

稍縱即逝的味道

做菜時投入的所有準備和心力、運用的手法和時間，都會隨著餐點的食用而一點一滴消失殆盡。對味道的情感尤其難以傳達。在我們試著分享它時，傳達出來的往往是既充滿情感又具有味道的回憶。

現今的趨勢讓餐廳裡的顧客忙著拍照，而非仔細欣賞他們的餐盤，任成品塌下、褪色、喪失了香氣和口感，而不是好好欣賞和嗅聞盤中佳肴後再細細品嘗，這樣的行為顯示出顧客想保留這個回憶並企圖和他人分享的需求。而主廚們之所以堅決反對這類作法，往往不只是因為短時間的擱置會降低菜餚的價值，更因為這違反了他們期許烹飪藝術是短暫的熱情、瞬息的藝術的原則。

為如此短暫的樂趣奉獻如此精力，為了被欣賞、被嗅聞，然後立即被吞下肚的菜餚準備過程投注如此心思，需要某種程度的謙卑。尤其當我們為別人做菜，而他們因為個人的喜好，可能未必欣賞我們準備的菜餚時。

我們經常思忖，烹飪是否是一門藝術。主廚們往往贊同這點，就像美食家一樣，至少大家都稱其為「烹飪藝術」。但料理不只是藝術性的問題，主廚的料理、日常生活裡較簡單的料理，甚至是節慶時的料理，關乎的是感覺、細緻的專注、勞心勞力、想像力和嚴謹。烹飪是慷慨之情的奔放，也是愛的象徵。

「如果您不懂一點魔法，那就不需要來廚房裡搗亂了。」

科萊特（Colette）

油、醋和調味料

雪莉酒醋
（vinaigre de xérès）
巴薩米克醋
（vinaigre balsamique）
花生油
（huile d'arachide）
橄欖油
（huile d'olive）
覆盆子醋
（vinaigre de framboise）
芝麻油
（huile de sésame）
核桃油
（huile de noix）

傳統芥末
（moutarde à l'ancienne）
帶梗酸豆
（câprons）
醬油
（sauce soja）
KIKKOMAN
NATURALLY BREWED
Soy Sauce
精鹽
（sel fin）
鹽之花
（fleur de sel）
酸豆
（câpres）
胡椒
（poivre）
龍蒿芥末
（moutarde à l'estragon）
半醃酸菜
（molossols）
粗海鹽
（gros sel de mer）
TABASCO
BRAND
PEPPER SAUCE
GREEN PEPPER SAUCE
芥末
（moutarde）
塔巴斯科辣椒醬
（tabasco®）
醃黃瓜
（cornichons）

香草與植物性香料
細香蔥
（ciboulette）
月桂
（laurier）
香菜
（coriandre）
薄荷
（menthe）
牛膝草
（hysope）
蒔蘿
（aneth）

百里香
（thym）
龍蒿
（estragon）
酸模
（oseille）
羅勒
（basilic）
香芹
（persil）
鼠尾草
（sauge）
迷迭香
（romarin）

香料

辣椒
（piment）
八角
（étoiles de badiane）
丁香
（clous de girofle）
薑
（gingembre）
芫荽籽
（coriandre）
孜然
（cumin）

肉豆蔻（noix de muscade）

甜紅椒粉（paprika）

肉桂（cannelle）

畢澄茄（poivre cibèle）

長胡椒（poivre long）

番紅花（safran）

粉紅胡椒（baies roses）

綜合胡椒（mélange 5 baies）

白胡椒（poivre blanc）

咖哩（curry）

油醋醬

Vinaigrette

難度：🍳
份量：200 毫升
準備時間：5 分鐘

用具：小型手動打蛋器

材料：紅酒醋（或用檸檬汁製作檸檬油醋醬）3 大匙
油 9 大匙
鹽、現磨胡椒

建議：請用傳統的中性油（葵花油、花生油、葡萄籽油）。亦可考慮用冷榨的調味油（橄欖油、南瓜籽油、芝麻油……）。

1 在碗中倒入醋（或檸檬汁）並加入 3 撮鹽，再用打蛋器攪拌至鹽溶解。

2 用打蛋器混入油，再加入胡椒。

芥末醬

Sauce moutarde

難度： 🞍
份量：200 毫升
準備時間：5 分鐘

用具：小型手動打蛋器

材料：紅酒醋（或檸檬汁）3 大匙
芥末 2 小匙
油 150 毫升
鹽、現磨胡椒

1 在碗中倒入醋（或檸檬汁），加入芥末和 3 撮鹽。再用打蛋器攪拌至鹽溶解。

2 緩緩倒入油，一邊用打蛋器將油混入芥末裡，形成乳化醬汁。

法式酸辣醬

Sauce ravigote

難度：🍴
份量：200 毫升
準備時間：10 分鐘

用具：砧板、菜刀
小型手動打蛋器

材料：洋蔥 1 小顆
自選綜合香草 1 束
（香芹、細葉芹、細香蔥、龍蒿）
紅酒醋 2 大匙
芥末 2 小匙
橄欖油或葵花油 6 大匙
小顆的酸豆 1 大匙
鹽、現磨胡椒

1 洋蔥剝皮並切碎。香草洗淨並擦乾水分，在砧板上切碎。

2 在碗中混合醋和芥末，加鹽和胡椒。

3 用打蛋器邊攪打邊混入油。

4 加入切碎的香草，再加入碎洋蔥和酸豆。

蛋黃醬

Mayonnaise

難度：🍳🍳

份量：250 毫升

準備時間：5 分鐘

用具：小型手動打蛋器

材料：室溫蛋黃 1 個
芥末 1 小匙
葵花油 200 毫升
檸檬汁 1/2 顆（或白酒醋 2 大匙）
鹽、現磨胡椒

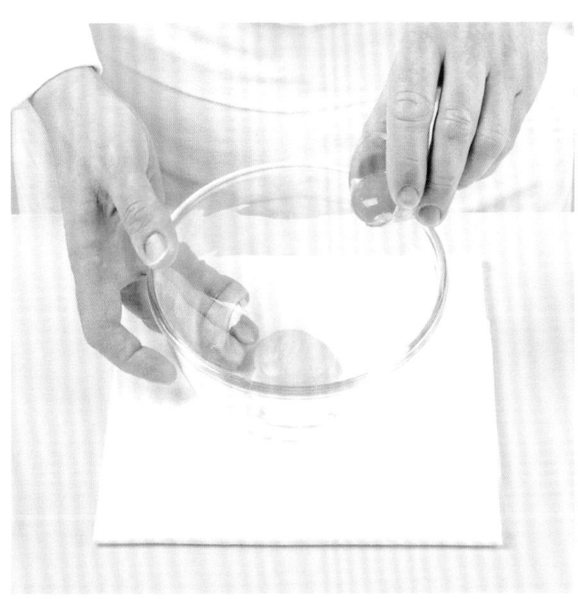

1 在碗中放入蛋黃和芥末，用打蛋器混合均勻後，加鹽和胡椒。

2 倒油，先一滴接一滴，再以細流狀緩緩倒入，同時一邊用打蛋器用力地快速攪拌混合。

3 等醬汁呈現凝固狀時，直接倒入油並持續攪拌。

4 加入檸檬汁（或醋）將蛋黃醬調稀，並調整味道。

塔塔醬

Sauce tartare

難度：🍳🍳
份量：250 毫升
準備時間：10 分鐘
烹調時間：5 分鐘

建議：塔塔醬通常用來搭配炸魚（poisson frit）、麵包粉炸魚（poisson pané）或炸魚天婦羅。

1 細香蔥洗淨後擦乾，切碎。洋蔥剝皮並切碎。

2 在鍋中煮蛋五分鐘至溏心蛋（oeuf mollet），取出蛋黃。在碗中用打蛋器將蛋黃壓碎並和芥末攪勻。加鹽和胡椒。

用具： 砧板、菜刀
小型平底深鍋
小型手動打蛋器

材料： 細香蔥 1/2 束
白洋蔥 1 小顆
蛋 1 顆
芥末 1 小匙
葵花油 200 毫升
白酒醋 2 大匙
鹽、現磨胡椒

3 將葵花油以細流狀緩緩倒入，一邊用打蛋器用力攪拌均勻。

4 依序加入醋、細香蔥、洋蔥。調整味道。

克麗貝琪醬

Sauce gribiche

難度：🍳🍳
份量：250 毫升
準備時間：15 分鐘
烹調時間：7 分鐘

用具：砧板、菜刀
小型平底深鍋
小型手動打蛋器

材料：自選綜合香草 1 束（最好有 3 種，傳統會用香芹、細葉芹和龍蒿，但也可用羅勒或香菜）
蛋 1 顆
橄欖油或葵花油 150 毫升
蘋果酒醋（vinaigre de cidre）2 大匙
小顆的酸豆 1 大匙
切碎的醃黃瓜 1 大匙
鹽、現磨胡椒

1 香草洗淨並擦乾，在砧板上切碎。

2 在平底深鍋中煮蛋七分鐘。蛋白切碎並預留備用。蛋黃放入碗中。

3 先用打蛋器將蛋黃攪成泥狀，再加入油。倒油時先一滴滴倒，再以細流狀緩緩倒入，一邊用打蛋器快速攪拌混合均勻。

4 加入醋、切碎的蛋白，再加入酸豆、醃黃瓜和香草。調整味道。

辣根醬

Sauce raifort

難度：🍳
份量：200 毫升
準備時間：15 分鐘

用具：刨絲刀
小型手動打蛋器

材料：新鮮辣根 50 克
芥末 1 大匙
卡宴辣椒粉（Cayenne）少許
高脂鮮奶油 3 大匙
白酒醋 1 大匙
鹽、現磨胡椒

1 取一碗，將辣根刨碎。

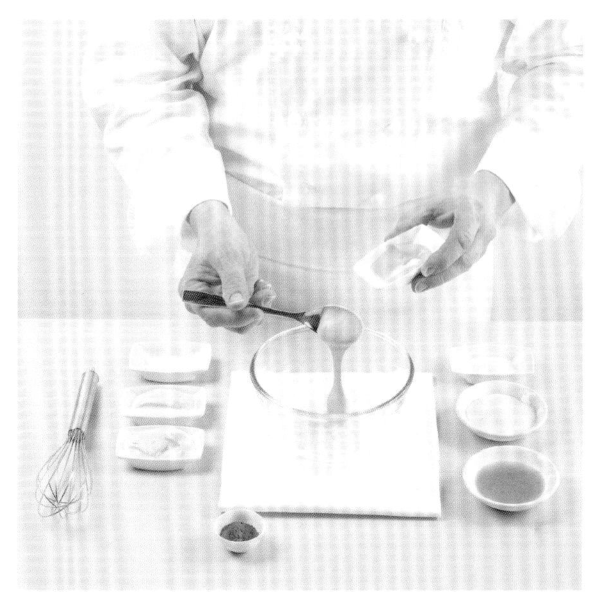

2 碗中加入芥末，再加入辣椒粉和鮮奶油。

3 用打蛋器混合所有材料。

4 加入醋，再次用打蛋器快速攪拌。調整味道。

青醬

Sauce verte

難度：🍞🍞
份量：300 毫升
準備時間：15 分鐘
烹調時間：2 分鐘

用具：小型和大型平底深鍋各一
網篩
手持式電動攪拌棒
小型手動打蛋器

材料：自選香草 1 大束（單一種類或綜合香草，如菠菜嫩葉、水芹、酸模、香芹）
蛋黃 1 個
芥末 1 小匙
葵花油 150 毫升
打發的全脂液狀鮮奶油 100 毫升
檸檬 1/2 顆
鹽、現磨胡椒

1 摘掉不新鮮的香草並洗乾淨，浸入大鍋的沸水中兩分鐘。撈出。

2 把香草放入裝有冷水和冰塊的碗裡冰鎮，再用網篩撈起，以漏勺用力按壓。

3 香草裝入小鍋，用手持式電動攪拌棒將香草打碎。

4 取一碗，放入蛋黃和芥末，再用打蛋器混合兩者。加鹽和胡椒。

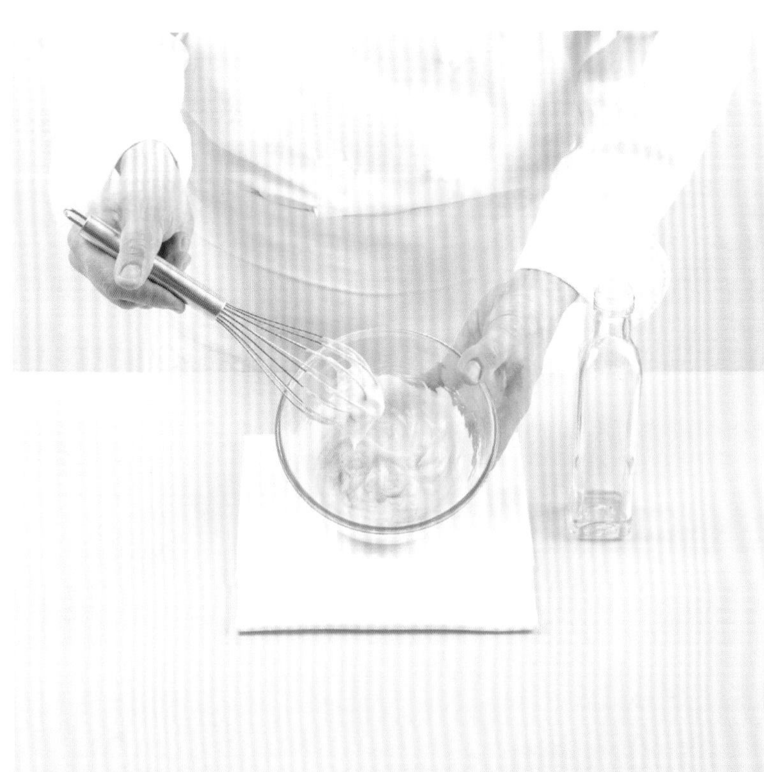

5 將油倒入蛋黃芥末裡，先一滴滴倒，再以細流狀緩緩倒入，一邊用打蛋器用力攪拌混合。

6 加入鮮奶油和碎香草，並依個人喜好加入些許檸檬汁。

法式白醬

Sauce béchamel

難度：🍳🍳
份量：250 毫升
準備時間：5 分鐘
烹調時間：10 分鐘

用具：厚底平底深鍋 2 個
小型手動打蛋器
刨絲刀

材料：牛奶 250 毫升（最好是全脂鮮奶）
牛油 15 克
麵粉 15 克
肉豆蔻
鹽、現磨白胡椒

1 加熱牛奶。在另外一個鍋子裡將奶油和麵粉煮至融化後，用打蛋器攪拌直到形成金黃色的油糊（roux blanc）。放涼。

2 一邊倒入滾燙的牛奶一邊不停地用打蛋器快速攪拌，以免結塊。接著，將醬汁煮沸。

3 以小火煮至醬汁稠化，至少煮七分鐘，邊煮邊用打蛋器不停攪拌，直到醬汁變得濃稠、平滑且均勻。

4 加鹽、胡椒，並依個人喜好以刨碎的肉豆蔻提味。

乾酪白醬

Sauce Mornay

難度：🍳🍳
份量：300 毫升
準備時間：10 分鐘
烹調時間：15 分鐘

■ 乾酪白醬是法式白醬的變化版。

用具：小型手動打蛋器

材料：未調味的法式白醬 1 份（見 38 頁）
蛋黃 1 個
高脂鮮奶油 1 大匙
格耶爾乳酪（gruyère）35 克，刨絲
鹽、現磨胡椒（白胡椒較佳）

1 製作法式白醬並預留備用。取一碗，放入蛋黃和鮮奶油，用打蛋器快速攪拌均勻。

2 將上述混料加入離火的法式白醬裡，一邊用打蛋器快速攪打。

3 將整鍋醬汁重新放回爐上，以極小的火燉煮。加入乳酪絲。

4 用打蛋器攪拌至乳酪正好融化即可（千萬不要煮沸）。加鹽和胡椒。

洋蔥白醬

Sauce Soubise

難度：🍴🍴
份量：400 毫升
準備時間：15 分鐘
烹調時間：30 分鐘

■ 洋蔥白醬是法式白醬的變化版。

1 洋蔥剝皮，在砧板上切成薄片。

2 洋蔥和牛油一起放入炒鍋，加入鹽和胡椒，再加糖。

3 加蓋，以極小的火將洋蔥煮至出汁，但不要上色。大約需煮十五分鐘。

4 利用這十五分鐘製作法式白醬。再把法式白醬倒入炒鍋，和洋蔥混合。

用具： 砧板、菜刀
平底炒鍋
手持式電動攪拌棒
小型手動打蛋器

材料： 甜白洋蔥 2 大顆
牛油 50 克
砂糖 1 撮
法式白醬 1 份（見 38 頁）
高脂鮮奶油 5 大匙
鹽、現磨胡椒

5 小火慢燉十五分鐘。

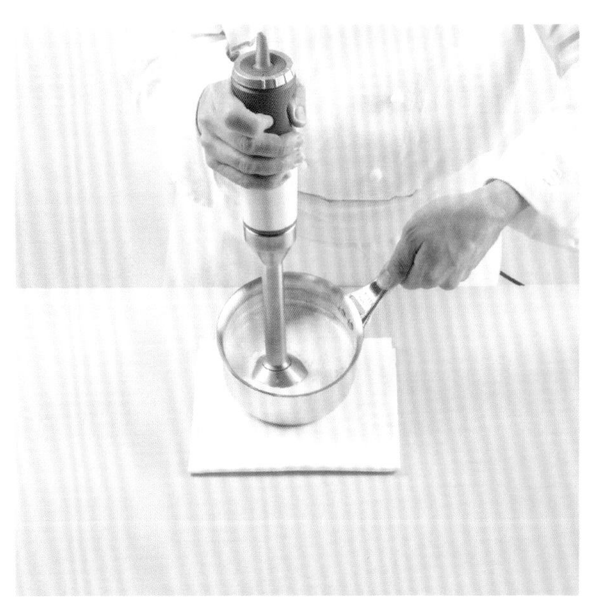

6 離火，用手持式電動攪拌棒攪打醬汁。

7 重新加熱醬汁，並加入鮮奶油。

8 用打蛋器混合均勻，調整味道。

荷蘭醬

Sauce hollandaise

難度：🍳🍳🍳
份量：300 毫升
準備時間：10 分鐘
烹調時間：10 分鐘

用具：厚底平底深鍋 2 個
平底炒鍋
小型手動打蛋器

材料：牛油 250 克
白酒醋 2 大匙
蛋黃 4 個
檸檬 1/2 顆
鹽、現磨胡椒

建議：荷蘭醬為基本醬汁，可用來搭配水煮魚、班乃迪克蛋和蘆筍。

1 牛油放入鍋中，以小火加熱至融化。取另一個鍋子，倒入 2 大匙的水和醋。以小火將湯汁收乾一半。

2 將裝有水和醋的小鍋放入炒鍋裡隔水加熱，並加入蛋黃。

3 用打蛋器輕輕攪拌，直至起泡。

4 將小鍋移離爐火，慢慢倒入融化的牛油，倒入時要不停地用打蛋器快速攪拌。

5 調味並加入檸檬汁。

6 醬汁必須呈現滑順膏狀。立刻使用。

慕斯醬

Sauce mousseline

難度：🍳🍳🍳（3 頂廚師帽）

份量：450 毫升

準備時間：5 分鐘

用具：小型手動打蛋器

材料：荷蘭醬 1 份（見 42 頁）
打發的全脂液狀鮮奶油 150 毫升

■ 慕斯醬是荷蘭醬的變化版。

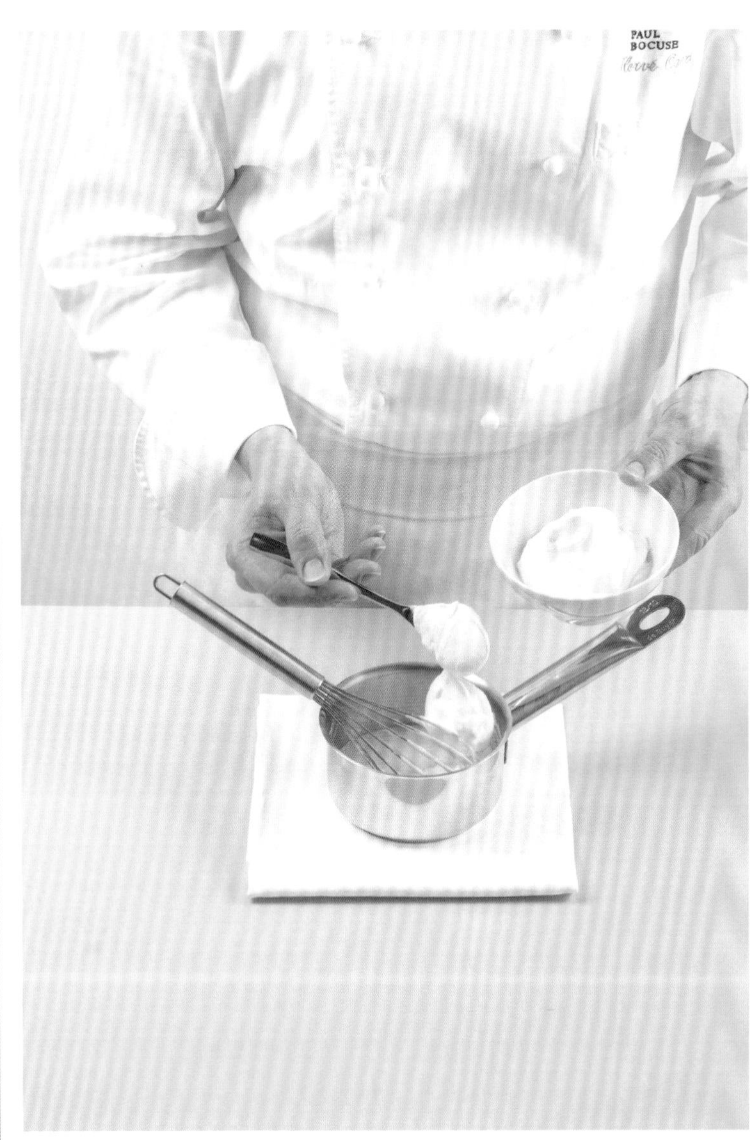

1 將鮮奶油加入荷蘭醬裡。

2 用打蛋器輕輕混合均勻，立即使用。

血橙荷蘭醬

Sauce maltaise

難度：🍳🍳🍳
份量：350 毫升
準備時間：5 分鐘
烹調時間：9 分鐘

■ 血橙荷蘭醬是荷蘭醬的變化版。

用具：大型平底深鍋
小型手動打蛋器

材料：新鮮柳橙 1 顆，取果皮
柳橙 1/2 顆，榨汁
荷蘭醬 1 份（見 42 頁）

1 鍋中裝水煮沸，以沸水煮柳橙皮三分鐘。沖洗橙皮，重複同樣的程序兩次。

2 將柳橙汁收乾至一半份量，連同燙煮過的柳橙皮，一起加入荷蘭醬裡。用打蛋器輕輕混合均勻，立即使用。

白酒醬

Sauce au vin blanc

難度：🍳🍳
份量：250 毫升
準備時間：15 分鐘
烹調時間：25 分鐘

用具：平底炒鍋
平底深鍋
小型手動打蛋器

材料：魚高湯 150 毫升（見 88 頁）
不甜的白酒 150 毫升
牛油 40 克
麵粉 10 克
全脂液狀鮮奶油 50 毫升
鹽、現磨胡椒

1 魚高湯和白酒倒入炒鍋，將湯汁收乾 1/3。

2 取另一深鍋，將 10 克牛油和麵粉做成油糊。

3 將濃縮的白酒魚高湯倒入油糊內，攪拌均勻。

4 以文火煮十五分鐘。

5 加入鮮奶油並煮滾。

6 一邊快速攪打一邊加入剩下的牛油。加鹽和胡椒。

奶油淋醬

Sauce à glacer

難度： 🎩🎩🎩
份量： 550 毫升
準備時間： 10 分鐘

用具： 平底深鍋
小型手動打蛋器

材料： 荷蘭醬 200 毫升（見 42 頁）
白酒醬 250 毫升（見 46 頁）
全脂液狀鮮奶油 100 毫升
鹽、現磨胡椒

■ 奶油淋醬是白酒醬的變化版，用來淋在餐盤中的魚上，然後再放進明火烤箱或烤箱網架上一會兒，烤至呈現金黃色。

1 在離火的狀態，將荷蘭醬混入白酒醬中。

2 用打蛋器將鮮奶油打發後，輕輕混入步驟一的醬汁裡。加鹽和胡椒。

貝亞恩醬

Sauce béarnaise

難度：🍳🍳
份量：250 毫升
準備時間：15 分鐘
烹調時間：25 分鐘

用具：砧板、菜刀
厚底小型平底深鍋 2 個
平底炒鍋
小型手動打蛋器
網篩

材料：龍蒿 1 小束
紅蔥頭 3 個
紅酒醋 150 毫升
碎胡椒粒 1 小平匙
牛油 150 克
蛋黃 3 個
鹽

1 龍蒿洗淨並擦乾，在砧板上切碎。紅蔥頭剝皮並切碎。

2 取一鍋子，加熱醋，並加入碎紅蔥頭和碎胡椒粒。

3 以旺火將紅蔥頭湯汁煮至幾乎收乾。

4 在另一個鍋中，以小火將牛油加熱至融化，撈去浮沫。

5 將裝有紅蔥頭濃縮湯汁的鍋子放入炒鍋內隔水加熱，並加入蛋黃。

6 快速攪打濃縮湯汁至如沙巴雍*般的泡沫狀質地。

7 醬汁移離爐火，將已撈除浮沫的融化牛油用打蛋器慢慢混入醬汁裡。

8 用網篩過濾醬汁，過濾時以湯匙背按壓，幫助過濾。

9 把龍蒿加入醬汁裡。

10 加鹽，用湯匙攪拌均勻。立即使用。

*沙巴雍（sabayon），著名的義式甜品，以蛋黃、糖和甜酒製成，質地濃稠滑順。

修隆醬

Sauce Choron

難度： 🍳🍳

份量： 300 毫升

準備時間： 5 分鐘

材料： 番茄糊 1 大匙（見 460 頁）
貝亞恩醬 1 份（見 48 頁）

■ 修隆醬是貝亞恩醬的變化版。

1 在貝亞恩醬中加入已濃縮的番茄糊。

2 用湯匙仔細攪拌均勻。

弗祐醬

Sauce Foyot

難度：🎩🎩
份量：250 毫升
準備時間：5 分鐘

材料：釉汁 1 大匙（見 70 頁）
貝亞恩醬 1 份（見 48 頁）

■ 弗祐醬是貝亞恩醬的變化版。

1 在貝亞恩醬中加入釉汁。

2 用湯匙仔細攪拌均勻。

奶油白醬

Beurre blanc

難度：🍴🍴
份量：250 毫升
準備時間：10 分鐘
烹調時間：10 分鐘

用具：砧板、菜刀
平底深鍋
小型手動打蛋器

材料：紅蔥頭 2 大顆
不甜的白酒 150 毫升
白酒醋 2 大匙
半鹽牛油 200 克，切塊，置於室溫
鹽、現磨胡椒

建議：在步驟二保留些許湯汁，否則無法將牛油打至起泡。

1 將紅蔥頭剝皮並切碎。

2 紅蔥頭、白酒和白酒醋放入鍋中，煮至白酒和醋幾乎完全收乾。

3 轉成文火，一次一點加入切塊的牛油，一邊加入一邊用打蛋器快速攪拌。

4 繼續快速攪拌至醬汁的顏色變淡並起泡，加鹽和胡椒調味。立即使用。

南特奶油白醬

Beurre nantais

難度：🍳🍳
份量：300 毫升
準備時間：10 分鐘
烹調時間：10 分鐘

■ 南特奶油白醬是奶油白醬的變化版。

用具：砧板、菜刀
平底深鍋
小型手動打蛋器

材料：紅蔥頭 2 大顆
不甜的白酒 150 毫升
白酒醋 2 大匙
全脂液狀鮮奶油 100 毫升
半鹽牛油 200 克，切塊，置於室溫
鹽、現磨胡椒

建議：可用漏斗型濾器過濾。

1 重複奶油白醬的步驟一、二（見 52 頁）。

2 加入鮮奶油，煮至稍微收乾。

3 轉成文火，慢慢加入切塊的牛油，一邊加入一邊用打蛋器快速攪拌。

4 繼續快速攪拌醬汁到形成泛白的膏狀，加鹽和胡椒調味。立即使用。

紅酒奶油

Beurre marchand de vin

難度： 🍳🍳
份量： 200 克
準備時間： 10 分鐘
烹調時間： 10 分鐘
冷藏時間： 2 小時

用具： 砧板、菜刀
平底深鍋

材料： 中型紅蔥頭 2 顆，切碎
紅酒 200 毫升
牛肉精華高湯 200 毫升
無鹽牛油 100 克，切塊，置於室溫
切碎的香芹 1 大匙
鹽、現磨胡椒

建議： 可切成片狀，鋪在烘焙紙上冷凍後，再裝入袋中或小型密封盒內保存。

1 紅蔥頭和紅酒放入鍋中。

2 煮至紅酒幾乎完全收乾。

3 加入牛肉精華高湯，煮至湯汁濃縮成糖漿狀後，倒入沙拉盆並置於室溫放涼。

4 用橡皮刮刀混入軟化的切塊牛油。如有必要可加鹽，再撒上胡椒，加入香芹。攪拌均勻。

5 將奶油鋪在長方形的保鮮膜上，捲成直徑四到五公分的香腸狀。兩端打結，冷藏至少兩小時。

6 享用時，將奶油切成圓形薄片，擺在烤肉上（如肋眼、牛腰腹肉、膈柱肌肉）。

製作澄清奶油

Clarifier du beurre

難度：🍳🍳　　**用具：**小型平底深鍋

建議：也可以用隔水加熱的方式製作。

1 切塊牛油放入鍋中。

2 以極小的火將牛油煮至融化，但絕不要上色。

3 一旦有浮沫，就仔細地撈出浮沫。

4 輕輕舀出牛油裝入乾淨容器，舀出時不要動到底部的乳清。乳清可棄置不用。

製作金黃奶油或榛果奶油

Réaliser du beurre blond ou noisette

難度：🍳🍳　　**用具：**不沾平底鍋
細孔網篩

1 將切塊的牛油放入平底鍋。

2 **金黃奶油**：以小火煮至乳清蒸發，牛油正好開始變成金黃色，並發出劈劈啪啪的聲音。

3 **榛果奶油**：繼續煮至牛油停止發出劈啪聲，形成帶有榛果香味的金黃色。

4 立刻用網篩過濾。

橙醬

Sauce bigarade

難度：🍳🍳
份量：200 毫升
準備時間：15 分鐘
烹調時間：15 分鐘

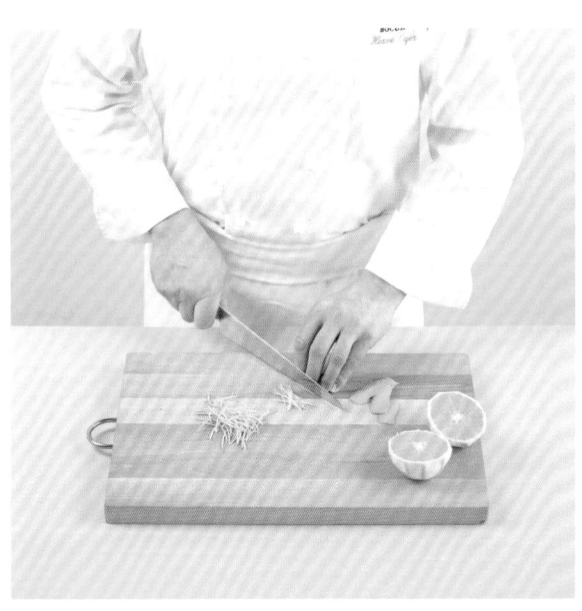

1 削下柳橙皮並切成細條狀，並將柳橙榨汁。

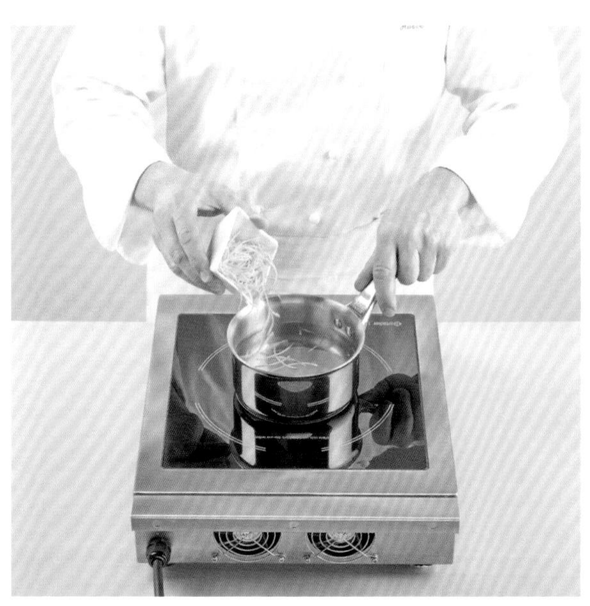

2 小鍋裝冷水，放入柳橙皮。燙煮橙皮。

3 煮沸後，將橙皮取出瀝乾，再以冷水沖洗。重複同樣的步驟兩次。

4 在大鍋中將砂糖煮成焦糖，並在焦糖中倒入醋。

用具：砧板、菜刀
小型和大型的平底深鍋各一

材料：未經加工處理的柳橙 1 顆
砂糖 2 小匙
紅酒醋 1 大匙
棕色小牛高湯 250 毫升（見 68 頁）
牛油 30 克
鹽、現磨胡椒

5 大鍋加入棕色小牛高湯和柳橙汁，開小火，將湯汁收乾一半，約十分鐘。如有需要可加鹽，撒上胡椒。

6 大鍋離火，加入牛油。

7 輕輕搖動鍋子，讓牛油恰好融化。

8 最後，加入燙煮過的橙皮。

特級醬

Sauce suprême

難度：🍳🍳
份量：500 毫升
準備時間：10 分鐘
烹調時間：25 分鐘

建議：加入幾滴檸檬汁能讓醬汁更清爽。

1 鍋中放入一半的牛油，加熱至融化，再加入麵粉。

2 一邊煮一邊用打蛋器用力攪拌，直到形成金黃色的油糊。

3 加入雞高湯，倒入時要不停快速攪拌，以免結塊。

4 先煮沸醬汁，再轉成小火煮十分鐘，將醬汁煮至濃稠。

用具：大型厚底平底深鍋
小型手動打蛋器
網篩

材料：牛油 40 克
麵粉 30 克
冷卻的金黃雞高湯 500 毫升（見 74 頁）
高脂鮮奶油 2 大匙
鹽、現磨白胡椒

5 加入鮮奶油，再煮十分鐘讓醬汁濃縮，不時攪拌。

6 調整味道。用網篩過濾醬汁。

7 在最後一刻混入餘下的牛油。

8 將醬汁快速攪打至平滑狀。

波爾多醬

Sauce bordelaise

難度：🍳🍳🍳
份量：200 毫升
準備時間：15 分鐘
泡水去血時間：1 小時
烹調時間：15 至 20 分鐘

用具：小型平底深鍋 2 個
大型平底深鍋 1 個
砧板、菜刀
網篩

材料：從2段小牛骨取出的骨髓（約8公分）
紅蔥頭 2 顆，切碎
牛油 60 克
波爾多紅酒 200 毫升
百里香 1 枝
月桂葉 1/2 片
半釉汁 200 毫升（見 70 頁）
切碎的香芹 1 大匙（非必須）
鹽、現磨胡椒

1 骨髓先泡冷水一小時去血水，再放入鍋中，用恰恰微滾的水燉煮八分鐘。之後取出冰鎮。

2 用漏勺瀝乾骨髓，切塊。

3 在大鍋中，用一半份量的牛油將紅蔥頭煎至出汁，但不要上色。

4 紅酒倒入大鍋。

5 煮沸紅酒，並將酒精點燃揮發掉。

6 加入百里香和月桂。煮至幾乎完全收乾。

7 倒入半釉汁，繼續濃縮醬汁直到醬汁能夠附著在湯匙上。

8 用網篩把大鍋裡的醬汁，過濾到另一個小鍋裡。

9 調味，並將剩餘的牛油加進去。

10 輕輕搖動鍋子讓牛油恰好融化，加入骨髓。上菜時再加入切碎的香芹。

胡椒酸醋醬

Sauce poivrade

難度：🍳🍳
份量：250 毫升
準備時間：20 分鐘
烹調時間：20 分鐘

建議：可依個人喜好決定步驟八是否加入鮮奶油。

1 在砧板上用大刀將豬五花切成小塊。

2 在鍋中將牛油加熱至融化，再加入豬五花。

3 加入紅蘿蔔、芹菜莖、洋蔥，再放入調味香草束和一半的胡椒粒。

4 以小火翻炒約十分鐘，邊翻炒邊搖動鍋子。

用具：砧板、菜刀
平底炒鍋
小型平底深鍋
網篩

材料：新鮮豬五花 50 克
牛油 20 克
紅蘿蔔 1 根，切骰子塊（見 44 頁）
芹菜莖 1/2 根，切骰子塊（見 44 頁）
洋蔥 1/2 顆，切骰子塊（見 44 頁）
調味香草束 1 束
胡椒粒 20 粒
以酒為基底的醃汁 150 毫升（見 290 頁）
紅酒醋 80 毫升
半釉汁 250 毫升（見 70 頁）
高脂鮮奶油 1 大匙（非必須）

5 煮沸醃汁，再把醃汁過濾到鍋裡。

6 加入紅酒醋，用大火煮到大部分湯汁都收乾。

7 加入半釉汁，轉成小火，以小火濃縮醬汁約十五分鐘。

8 磨碎剩下的胡椒粒並加入醬汁裡，給它五分鐘，加鹽。用網篩過濾醬汁，完成。

白色雞高湯

Fond blanc de volaille

難度：🍳
份量：750 毫升
準備時間：15 分鐘
烹調時間：2 小時 30 分鐘

用具：大型附蓋湯鍋
網篩

材料：雞翅 1 公斤
紅蘿蔔 1 根，切成小段
韭蔥 1 根，切成小段
洋蔥 1 顆
丁香 1 顆
未去皮大蒜 2 瓣
調味香草束 1 束
芹菜莖 1 枝

建議：白色雞高湯可於陰涼處保存兩天；兩天後請冷凍。
若要製作白色小牛高湯，用小牛腿肉取代雞翅。

1 雞翅放入大鍋裡，再加入 2 公升的水，淹過雞翅。

2 煮沸兩分鐘，撈去浮沫。

3 先加紅蘿蔔、韭蔥、洋蔥、丁香，再放大蒜和調味香草束。

4 不加蓋，以小火煮兩個半小時（一形成浮沫就立刻撈掉）。

5 用網篩過濾高湯。

6 放涼後，放入冰箱冷藏。如需要，可用漏勺撈掉油脂。

棕色小牛高湯

Fond brun de veau

難度：🍳🍳
份量：1 升
準備時間：25 分鐘
烹調時間：5 小時

建議：棕色小牛高湯是製作醬汁和燉菜不可或缺的高湯，也是製作釉汁和半釉汁的基底（見 70 頁）。

1 小牛肉切塊，紅蘿蔔、芹菜莖和洋蔥則切成大的骰子塊（見 440 頁）。烤箱預熱至 220℃。

2 小牛肉放入烤盤，再加入 1 大匙油，送進烤箱烤二十分鐘，將肉烤至上色。

3 把蔬菜和大蒜也放入烤盤，以 200℃烤十五分鐘。

4 把烤盤裡的小牛肉和蔬菜移入大鍋。

用具：砧板、菜刀
烤盤
大型附蓋湯鍋
漏斗型濾器

材料：小牛肉 1 公斤（小牛腿肉、肋骨和胸肉），切塊
紅蘿蔔 2 根
芹菜莖 2 枝
洋蔥 2 顆
去皮大蒜 3 瓣
市售濃縮番茄糊 1 大匙
調味香草束 1 束

5 用少許水融化烤盤底部的焦汁，並用橡皮刮刀仔細刮取。

6 將融化下來的焦汁倒入大鍋。再加水，水量要淹過所有食材。最後加入市售濃縮番茄糊和調味香草束。整鍋煮沸。

7 撈去浮沫，以極小的火燉煮至少四小時。

8 用漏斗型濾器過濾高湯。

半釉汁與釉汁

Demi-glace et glace

難度：🍳🍳

1 將棕色小牛高湯（見 68 頁）煮沸。

2 **半釉汁**：以中火長時間燉煮，煮至醬汁呈現光澤並能附著在湯匙上。

建議：半釉汁與釉汁可冷藏保存兩天。

3 **釉汁：**繼續烹煮，醬汁會形成濃縮的焦糖。釉汁的味道更濃郁。

4 待半釉汁與釉汁冷卻下來，會形成略硬的凍狀。

家禽肉汁

Jus de volaille

難度： 🍳
份量：150 毫升
準備時間：10 分鐘
烹調時間：1 小時 15 分鐘

用具：平底炒鍋
細孔網篩

材料：雞翅 500 克，切塊
花生油 2 大匙
調味香草束 1 束
紅蘿蔔 1 根，切成大骰子塊（見 440 頁）
洋蔥 1 顆，切成大骰子塊（見 440 頁）
白色雞高湯 500 毫升（見 66 頁）

建議：小牛肉、豬肉、小羔羊……各種肉類的內汁做法皆相同。也可用便宜的小肉塊或碎屑來製作內汁。

1 炒鍋倒油，以旺火將雞翅塊的每一面都炒成金黃色。

2 加入調味香草束、紅蘿蔔和洋蔥後再翻炒幾分鐘，把配料同樣炒成金黃色。

3 倒入白色雞高湯。

4 以小火慢燉至少一個半小時，直到收乾 2/3 的湯汁。

5 用細孔網篩過濾肉汁。

6 撈除肉汁表面的油脂，澄清肉汁（Dépouiller）。

金黃雞高湯

Bouillon de poule coloré

難度：🍳
份量：1 升
準備時間：15 分鐘
烹調時間：2 小時 30 分鐘

用具：砧板、菜刀
大型附蓋湯鍋
平底深鍋
細孔網篩

材料：雞骨架 2 副或 3 副
（若是燉雞，可改用 1 隻切成塊狀的全雞）
洋蔥 1 顆
紅蘿蔔 2 根，切半
韭蔥 1 根，切半
芹菜莖 1 枝，切半
調味香草束 1 束
丁香 1 顆

建議：最好使用老雞，可燉成味道獨特的高湯。
這道高湯的原味已經非常美味，但也可以在最後一刻加入迷你蔬菜細丁（見 443 頁），煮至蔬菜剛好煮熟的程度，保留清脆的口感。

1 雞骨架（或整隻雞）放入大鍋內，加入冷水淹過雞。煮沸。

2 利用這段時間，將洋蔥對半切開，放入炒鍋，以小火乾煎切面處，直到焦化。

3 撈除高湯的浮沫，並在大鍋中加入紅蘿蔔、韭蔥、芹菜莖和調味香草束，最後加入煎焦的洋蔥。

4 不加蓋，以小火煮兩小時。如有需要可再加水。

5 用網篩過濾高湯。

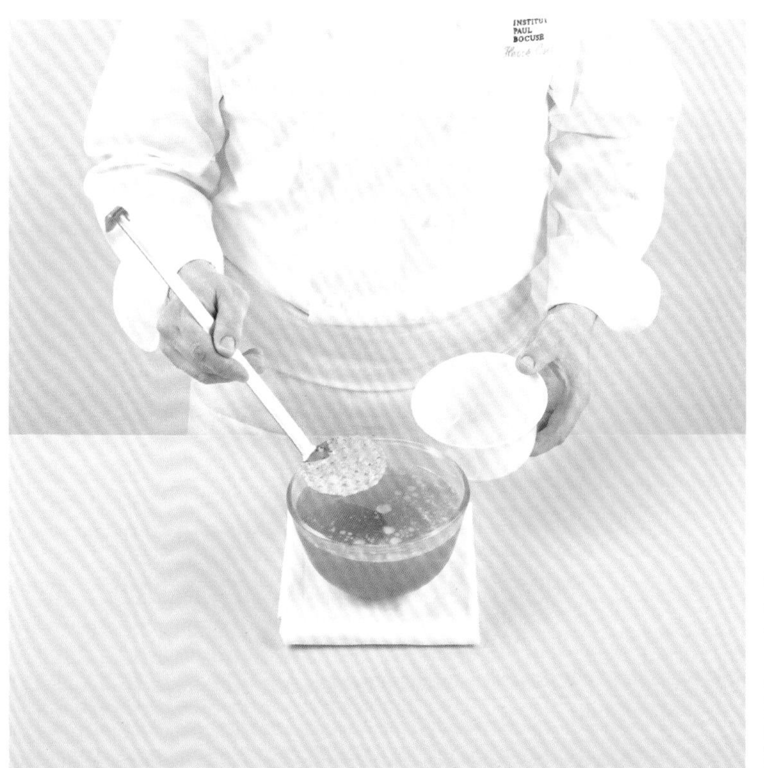

6 高湯放涼後冷藏。如有需要可用漏勺撈去油脂。

牛肉高湯（與水煮牛肉）

Bouillon (ou marmite) de boeuf

難度：🍳
份量：1 升
準備時間：15 分鐘
烹調時間：3 小時 30 分鐘

建議：牛肉高湯可於陰涼處保存兩天；兩天後請冷凍。

1 蔬菜去皮。將紅蘿蔔、韭蔥和芹菜莖切成兩半。用繩子將韭蔥綁成一束。

2 牛肉放入大鍋。

3 用冷水淹過牛肉，煮沸並撈去浮沫。

4 用冷水清洗肉塊，放回鍋中。鍋子同樣沖洗乾淨，裝滿冷水。

用具： 砧板、菜刀
大型附蓋湯鍋
平底深鍋
網篩

材料： 紅蘿蔔 1 根
韭蔥 1 根
芹菜莖 1 枝
燉牛肉（肩部瘦肉、牛腿肉、肩胛肉、牛頸肉、牛肋排、牛尾……）2 公斤
洋蔥 1 顆
丁香 1 顆
未去皮大蒜 1 瓣
調味香草束 1 束

5 利用這段時間將洋蔥切半，在炒鍋內以小火乾煎切面處，直到焦化。

6 將丁香鑲入洋蔥裡，和紅蘿蔔、韭蔥、芹菜莖、大蒜與調味香草束一起放入大鍋。

7 不加蓋，以小火熬煮三個半小時，時不時撈除浮沫。

8 撈出牛肉（可製作焗烤馬鈴薯牛肉），並用網篩過濾高湯。放涼後冷藏。如有需要可用漏勺撈除油脂。

澄清高湯以獲取精華高湯

Clarifier le bouillon pour obtenir un consommé

難度：🍞🍞
份量：800 毫升
準備時間：10 分鐘
烹調時間：15 分鐘

用具：砧板、菜刀
平底深鍋
漏斗型濾器

材料：碎牛肉 100 克
蛋白 1 個
切碎的蔬菜末
（韭蔥、西洋芹、紅蘿蔔、番茄……）
牛肉高湯 1 升（見 76 頁）

1 先混合肉、蛋白和蔬菜碎末，再一起倒入高湯中。

2 煮沸高湯後，火轉小，讓湯保持微滾，勿觸及聚集在湯面的雜質層。

3 在雜質層中央挖一個能讓小湯勺通過的小洞。

4 等高湯變得清澈時，從小洞處撈取高湯，但不要弄破雜質層，並用裝有濾布（或咖啡濾紙）的漏斗型濾器，雙層過濾高湯。

蔬菜高湯

Bouillon de légumes

難度：🍳
份量：1 升
準備時間：10 分鐘
烹調時間：35 分鐘

用具：砧板、菜刀
平底炒鍋
網篩

材料：紅蘿蔔 1 根，切丁
韭蔥蔥白 1 根，切丁
帶葉的芹菜莖 1 根，切丁
洋蔥 1 顆，切丁
紅蔥頭 2 顆，切丁
番茄 2 顆，切丁
橄欖油 2 大匙
大蒜 1 瓣
調味香草束 1 束
鹽

建議：蔬菜高湯可於陰涼處保存兩天；兩天後請冷凍。

1 炒鍋倒油，放入所有的蔬菜丁。

2 加入大蒜和調味香草束。以大火快炒幾分鐘，但不要過度上色。

3 用大量的冷水淹過所有食材，加鹽並煮沸。以小火煮三十分鐘。

4 用網篩過濾高湯。

甜椒醬

Sauce poivron

難度： 🍳
份量： 500 毫升
準備時間： 10 分鐘
烹調時間： 25 分鐘

用具： 砧板、菜刀
平底深鍋
手持式電動攪拌棒

材料： 洋蔥 1 顆
大蒜 2 瓣
橄欖油 3 大匙
紅椒 1 顆，去皮並切丁（或其他顏色的甜椒，比如這裡用的黃椒）
調味香草束 1 束
番茄碎 250 克（見 460 頁）
艾斯伯雷辣椒粉（Espelette）
鹽

1 洋蔥和大蒜剝皮，都切碎。

2 鍋中倒入橄欖油，加入洋蔥和大蒜，再放入甜椒。煮至出汁。

3 加入調味香草束，再加入番茄碎。加鹽後加上蓋子，煮二十分鐘。

4 取出調味香草束，用電動攪拌棒攪打均勻。最後以辣椒粉提味。

番茄醬

Sauce tomate

難度： 🍞
份量：500 毫升
準備時間：10 分鐘
烹調時間：25 分鐘

用具：砧板、菜刀
平底深鍋
手持式電動攪拌棒

材料：洋蔥 1 顆
大蒜 2 瓣
橄欖油 3 大匙
番茄碎 500 克（見 460 頁）
調味香草束 1 束
鹽、現磨胡椒

1 洋蔥和大蒜剝皮，都切碎。

2 鍋中倒油，放入洋蔥和大蒜，炒幾分鐘至出汁。

3 加入番茄碎，再放入調味香草束。加鹽並加上蓋子，煮二十分鐘。

4 取出調味香草束，用電動攪拌棒攪打均勻。灑入胡椒。

魔鬼醬

Sauce diable

難度：🍳🍳🍳
份量：250 毫升
準備時間：10 分鐘
烹調時間：20 分鐘

1 鍋中放入紅蔥頭、調味香草束，再倒入紅酒醋和白酒。

2 以大火將湯汁收乾 2/3。

3 加入番茄糊和半釉汁，再將醬汁濃縮十分鐘。

4 加入胡椒。

用具：砧板、菜刀
平底深鍋 2 個
網篩
小型手動打蛋器

材料：紅蔥頭 2 顆，切碎
調味香草束 1 束
紅酒醋 1 大匙
不甜的白酒 150 毫升
番茄糊 1 大匙（見 460 頁）
半釉汁 200 毫升（見 70 頁）
牛油 30 克
切碎的香芹和龍蒿 1 小匙
鹽、粗粒胡椒

5 將烘焙紙裁成與鍋子同樣大小，蓋住醬汁，讓材料浸泡兩分鐘。

6 第二個鍋子放上爐火，用網篩把醬汁過濾到第二個鍋子裡。

7 放入牛油，並用打蛋器混合。

8 如有需要，可調整鹽的用量，並加入切碎的香草。

馬德拉醬（波特醬）

Sauce madère (Sauce porto)

難度： 🍳🍳
份量： 250 毫升
準備時間： 10 分鐘
烹調時間： 20 分鐘

用具： 砧板、菜刀
平底深鍋
小型手動打蛋器

材料： 紅蔥頭 2 顆，切薄片
蘑菇 40 克，切薄片（見 458 頁）
牛油 50 克
馬德拉酒（madère）或波特酒（porto）100 毫升
半釉汁 300 毫升（見 70 頁）

1 紅蔥頭和蘑菇依序放入鍋中。用 25 克的牛油煎至出汁。

2 倒入馬德拉酒（或波特酒），煮至湯汁收乾 3/4。

3 加入半釉汁，以小火煮十五分鐘，煮至形成糖漿般的質地。

4 用打蛋器混入剩下的 25 克牛油。最後也可以再加入少許馬德拉酒（或波特酒）。

松露醬

Sauce Périgueux

難度：🎩🎩
份量：250 毫升
準備時間：5 分鐘
浸泡時間：5 分鐘

用具：平底深鍋
烹飪溫度計

材料：馬德拉酒或波特酒 1 份（見 84 頁）
松露（最好是新鮮的）20 克，切碎或刨碎

■ 松露醬是馬德拉醬（或波特醬）的變化版。

1 把切碎或刨成細絲的松露加進馬德拉醬（或波特醬）裡。

2 以 65℃的溫度浸泡五分鐘（超過這個溫度會使香氣消散）。

煮魚調味湯汁

Court-bouillon pour poisson

難度：

份量：1 升

準備時間：10 分鐘

烹調時間：15 分鐘

浸泡時間：15 分鐘

1 所有蔬菜都去皮，切成圓形薄片。

2 全部的蔬菜片放入炒鍋。加入醋、1 公升的水、胡椒和芫荽籽、百里香（或羅勒）和粗鹽。煮至沸騰後，再煮十五分鐘。

用具：砧板、菜刀
平底炒鍋
網篩

材料：紅蘿蔔 1 小根
芹菜莖 1 枝（或球莖茴香 1/4 顆）
韭蔥 1/2 根
洋蔥 2 顆
白酒醋 100 毫升
白胡椒 5 粒
芫荽籽 5 粒
新鮮百里香（或羅勒）1 枝
粗鹽 3 小匙
未經加工處理的檸檬 1/2 顆，切成圓形薄片

3 關火，加入檸檬片，讓所有材料浸泡十五分鐘。

4 用網篩過濾湯汁。

魚高湯

Fumet de poisson

難度：🍳🍳
份量：750 毫升
準備時間：15 分鐘
烹調時間：20 分鐘

用具：砧板、菜刀
平底炒鍋
細孔網篩

材料：比目魚的魚骨和魚碎屑 750 克
韭蔥蔥白 50 克
蘑菇 50 克
洋蔥 1 顆
紅蔥頭 1 顆
牛油 30 克
調味香草束 1 束
不甜的白酒 150 毫升

建議：魚高湯可冷藏保存兩天。

1 用冷水將魚骨和碎屑沖洗乾淨。用剪刀約略剪碎。

2 將所有蔬菜去皮並切碎。

3 炒鍋放入牛油，將蔬菜、魚骨和碎屑炒至出汁，但不要上色。

4 加入調味香草束和白酒，再倒入 1 公升的水，煮沸。

5 煮沸後撈除浮沫，以小火不加蓋煮二十分鐘。

6 用網篩過濾高湯。

甲殼類高湯

Fumet de crustacés

難度：🍳🍳
份量：750 毫升
準備時間：20 分鐘
烹調時間：20 分鐘

用具：砧板、菜刀
平底炒鍋
細孔網篩

材料：去掉頭後沙囊的大螯龍蝦頭胸甲 2 副（或海螃蟹 600 克，或 1 公斤海螯蝦、蝦子……的殼和頭）
茴香 1/4 顆
芹菜莖 1 枝
洋蔥 1 顆
紅蔥頭 1 顆
橄欖油 1 大匙
番茄 1 顆，去皮並切丁（見 460 頁）
市售濃縮番茄糊 1 小匙
調味香草束 1 束
龍蒿 1 枝
魚高湯（見 88 頁）或水 1 升
卡晏辣椒粉 1 撮（Cayenne）
鹽

建議：甲殼類高湯可冷藏保存兩天。

1 用刀子將龍蝦的頭胸甲切碎。

2 所有蔬菜都去皮，切成骰子塊（見 440 頁）。

3 炒鍋放油，將龍蝦的頭胸甲煎至出汁，邊煎邊仔細壓碎頭胸甲，以便盡可能地擠出殼的味道。

4 加入去皮番茄丁、濃縮番茄糊、調味香草束、龍蒿，並倒入魚高湯（或水）。再加入辣椒粉和鹽。煮至沸騰。

5 撈掉浮沫後，以小火不加蓋煮二十分鐘。

6 用網篩過濾高湯。

南迪亞蝦醬

Sauce Nantua

難度：🍳🍳
份量：1 升
準備時間：40 分鐘
烹調時間：30 分鐘

用具：平底深鍋 2 個
小型手動打蛋器
平底炒鍋
漏斗型濾器

材料：澄清奶油 30 克（見 56 頁）
去腸泥的螯蝦 1 公斤
紅蘿蔔 1 根，切成小骰子塊
芹菜莖 1 枝，切成小骰子塊
洋蔥 1 顆，切成小骰子塊
紅蔥頭 1 顆，切成小骰子塊（見 440 頁）
市售濃縮番茄糊 1 大匙
干邑白蘭地 50 毫升
番茄 1 顆，去皮並切丁（見 460 頁）
不甜的白酒 150 毫升
調味香草束 1 束
魚高湯 500 毫升（見 88 頁）
魚濃湯（velouté de poisson）200 毫升
高脂鮮奶油 2 大匙
牛油（或鮮蝦奶油）40 克
艾斯伯雷辣椒粉（Espelette）
鹽

1 在炒鍋中加熱澄清奶油，再加入螯蝦。

2 以大火煮至螯蝦出汁。

3 加入切成骰子塊的各種蔬菜，再煮幾分鐘至出汁。

4 加入市售濃縮番茄糊。

5 煮沸干邑白蘭地並將酒精點燃揮發掉。

6 加入番茄丁和白酒，將湯汁收乾至剩下 3/4。

7 加入調味香草束和魚高湯。

8 煮兩到三分鐘（依螯蝦的大小而定），邊煮邊撈除浮沫。

9 用漏勺撈出螯蝦。將螯蝦去殼，但保留尾部於擺盤使用。

10 用杵將蝦頭搗碎，並放回炒鍋內。

11 煮二十分鐘，接著加入魚濃湯，再將湯汁收乾幾分鐘。

12 用漏斗型濾器過濾湯汁，邊濾邊用湯勺勺背用力按壓。

13 混入鮮奶油，接著再收乾湯汁五分鐘。

14 奶油（或鮮蝦奶油）切成小塊放入，輕輕拌勻至自然融化，增加稠度。調整味道，也用艾斯伯雷辣椒粉提味。

鮮蝦奶油

Beurre d'écrevisses

難度：🍳🍳
份量：250 克
準備時間：20 分鐘
烹調時間：1 小時
冷藏時間：2 小時

用具：烤盤
漏斗型濾器

材料：螯蝦 20 隻
（頭、鉗和頭胸甲，保留尾部作為配菜）
牛油 250 克

建議：鮮蝦奶油可以切成丁，鋪在烘焙紙上冷凍後，再分裝入小袋或小型密封罐裡。

1 在不鏽鋼盆中，用擀麵棍搗碎螯蝦的頭、鉗和頭胸甲。

2 螯蝦放入烤盤，再鋪上切成塊狀的牛油。

3 用鋁箔紙包住烤盤。烤箱預熱至 150℃（刻度 5），烤一小時。

4 用漏斗型濾器過濾，邊濾邊徹底按壓。

5 加入 150 毫升冷水，放在陰涼處靜置至少兩小時。

6 待其凝固時，取出表面的奶油塊，讓雜質留在水中。

美式龍蝦醬

Sauce américaine

難度：🍄🍄
份量：600 毫升
準備時間：20 分鐘
烹調時間：30 分鐘

用具：砧板、菜刀
平底炒鍋
網篩 2 個
小型平底深鍋

1 用刀切碎龍蝦的頭胸甲。

2 炒鍋內倒油，翻炒龍蝦頭胸甲，並加入切成骰子塊的蔬菜。

3 煮沸干邑白蘭地並將酒精點燃揮發掉。然後加入白酒、大蒜、調味香草束、去皮番茄丁和市售濃縮番茄糊。加鹽。

4 倒入高湯，以小火煮約二十分鐘。

材料：去掉頭後沙囊的大螯龍蝦頭胸甲 2 個（或海螃蟹 600 克，或 1 公斤海螯蝦、蝦子……的殼和頭）
橄欖油 2 大匙
紅蘿蔔 1 根，切成骰子塊
洋蔥 1/2 顆，切成骰子塊
紅蔥頭 2 顆，切成骰子塊（見 440 頁）
干邑白蘭地 2 大匙
不甜的白酒 200 毫升
大蒜 2 瓣
調味香草束 1 束
番茄 1 顆，去皮並切丁（見 460 頁）
市售濃縮番茄糊 1 大匙
魚高湯或甲殼類高湯 1 升（見 88 或 90 頁）
全脂液狀鮮奶油 150 毫升
卡宴辣椒粉（Cayenne）或艾斯伯雷辣椒粉（Espelette）
鹽

5 用網篩把高湯過濾到深鍋內，邊濾邊按壓食材。

6 加入鮮奶油，繼續煮，直到高湯濃縮成可附著於湯匙上的醬汁。

7 用細孔網篩過濾醬汁。

8 依個人口味用辣椒粉提味，並調整味道。

製作油酥麵團

Préparer la pâte brisée

難度： 🍞

份量： 425 克

準備時間： 10 分鐘

冷藏時間： 至少 1 小時

材料： 麵粉 250 克
牛油 125 克
蛋 1 顆
鹽 1 撮

建議： 麵團在陰涼處靜置二十個四小時後，風味更佳。冷凍的效果也很好。

1 將麵粉堆在流理檯上，在麵粉中央挖出凹槽。加入切丁牛油和蛋。加鹽。

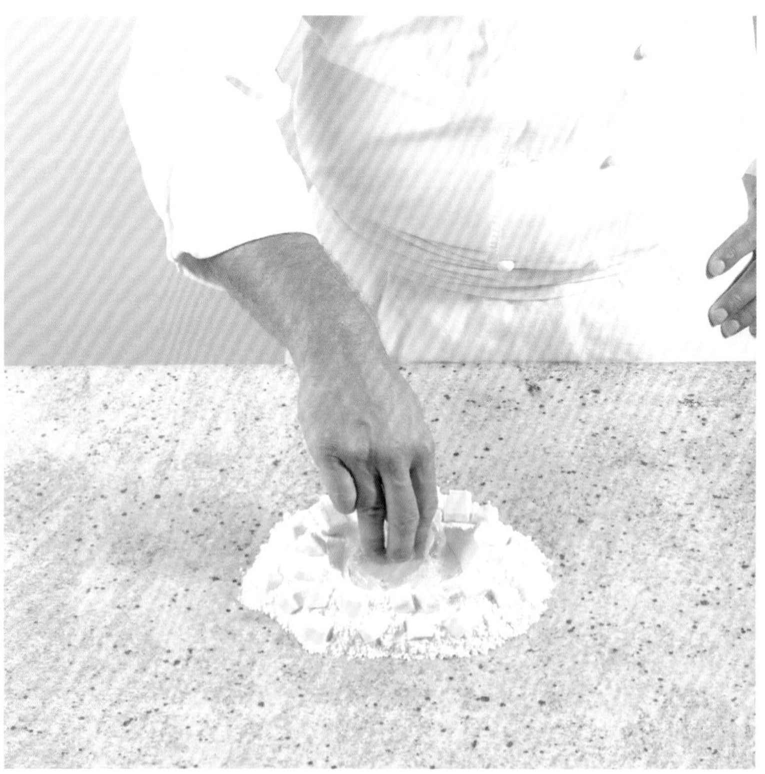

2 輕輕地將蛋和麵粉混合。

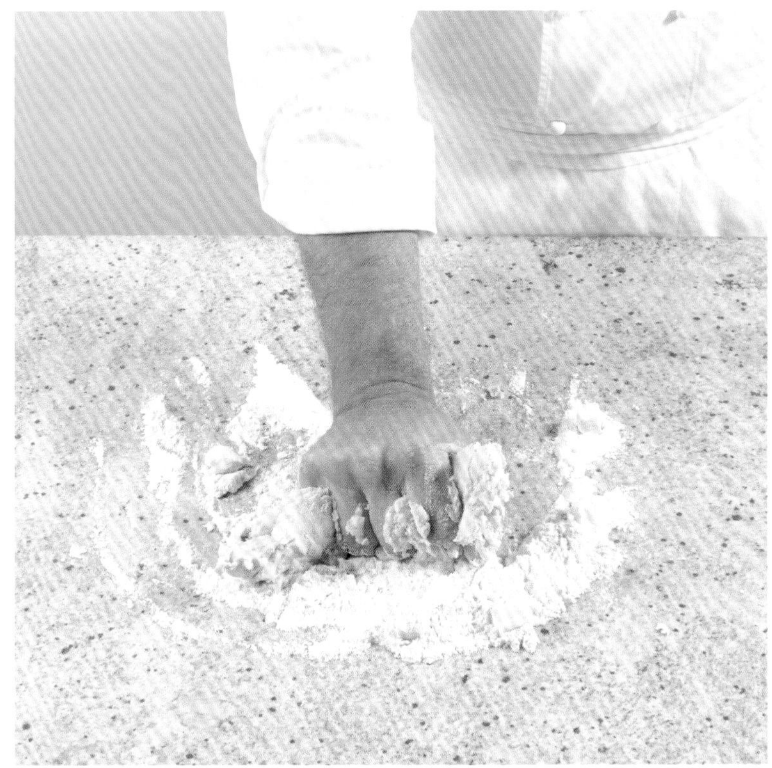

3 快速揉麵。

4 一旦形成均勻的麵糊，停止揉麵。

5 快速地將麵糊揉成團狀。

6 用保鮮膜包住麵團，置於陰涼處。

製作千層麵團

Préparer la pâte feuilletée à 3 tours doubles

難度：(3 chef hats)
份量：1 公斤
準備時間：30 分鐘
靜置時間：6 小時

材料：麵粉 500 克
鹽 2 小匙
水 250 毫升
冰涼的牛油 380 克

1 用水將麵粉和鹽揉至形成非常平滑的基礎麵團。用保鮮膜包住麵團，置於陰涼處兩小時。

2 流理檯撒上麵粉，將麵團擀成方形麵皮。

3 在麵皮中央擺上牛油。折起麵皮的第一個角。

4 輪流將麵皮其他的角一一向上折起，包住牛油塊。

5 將麵團轉 1/4 圈，擀平。

6 將麵皮折成三折，形成皮夾的形狀。

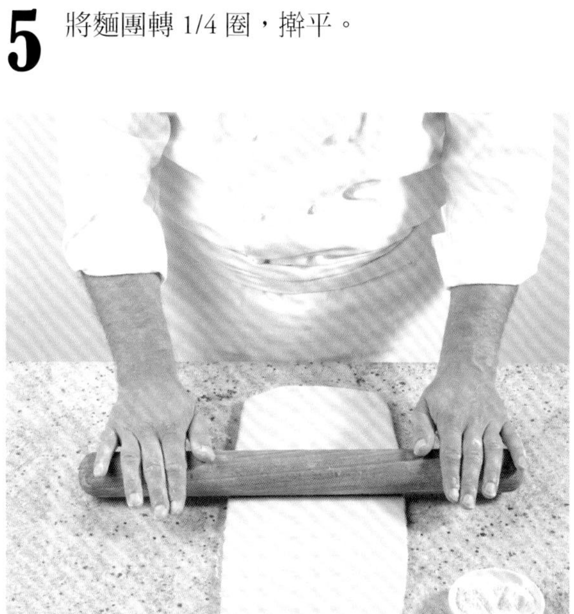

7 再次擀平。

8 折成皮夾後轉 1/4 圈。用兩根手指做記號（第一次雙折）。用保鮮膜包住麵團，置於陰涼處兩小時。

9 重複步驟五到步驟八的動作（並用手指按下四個印記，表示第二次雙折）。用保鮮膜包住麵團，置於陰涼處兩小時。

10 重複步驟五到步驟八的動作（並用手指按下六個印記，表示第三次雙折）。

製作圓形塔皮

Foncer un cercle à tarte

難度：🍳🍳

■ 亦可使用塔模。

用具：塔圈
派皮花紋夾

建議：無論是何種情況，都要預烤無餡塔派的塔皮。請用烘焙紙來保護塔皮，並在塔模中裝滿陶瓷製的烘焙重石。

1 若在大理石上製作，請直接擺上塔圈；若非大理石，請將塔圈擺在烤盤上，同時再鋪上一張烘焙紙。

2 擀平麵團。

3 在塔圈上攤開塔皮。

4 一手抓著塔皮，另一手的食指彎成直角，沿著塔圈內緣壓緊塔皮。

5 用擀麵棍擀過塔圈邊緣，用力按壓，將多餘的塔皮裁下。

6 移除多餘的塔皮。傳統上，最後通常會用派皮花紋夾在塔緣夾出花紋。

製作酥皮肉凍派麵團

Pâte pour un pâté en croûte

難度： 🍳
份量：40 公分長的模具 1 個
準備時間：10 分鐘
靜置時間：30 分鐘

1 聚集所有材料。

2 將流理檯上的麵粉堆挖出凹槽。加入牛油塊和豬油塊，再放入蛋。加鹽。

材料：麵粉 500 克
牛油 75 克（冰冷的或室溫）
豬油 75 克
蛋 1 顆
鹽 2 小平匙
水 125 毫升

3 加水，開始輕輕地將蛋和水混入麵粉中。

4 快速揉麵直到揉成團狀。在陰涼處靜置至少三十分鐘。

為傳統肉凍派模鋪上派皮

Chemiser de pâte un moule à pâté traditionnel

難度：🍴🍴

建議：如果沒有專用模具，也可以把派皮鋪在活動式的圓形模型或派盤內。在這種情況下，請將 2/3 的派皮鋪在底部，再用剩餘的派皮將模型鋪滿。鋪法、上光和烘烤方式皆相同。

1 在撒有麵粉的流理檯上將麵團擀平。

2 裁切派皮，形成足以覆蓋模具底部和內壁的矩形。

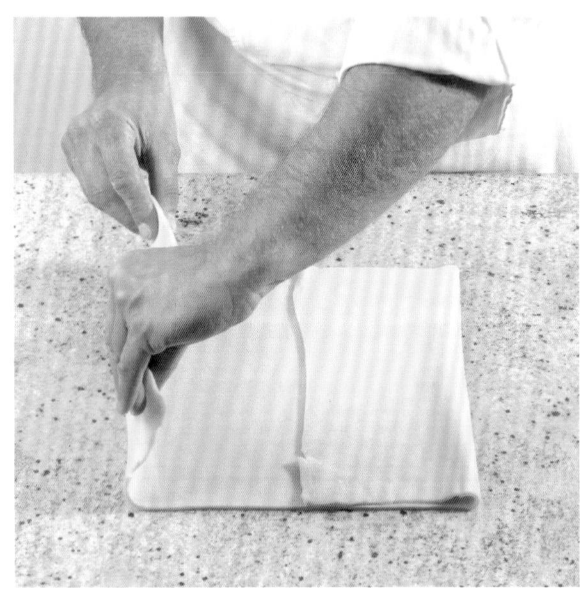

3 將派皮長邊的左右兩邊，朝中央折起來。

4 派皮較短的兩邊同樣朝中央折起。

用具：40 公分的派模

5 將折好的派皮擺進模具底部正中央。

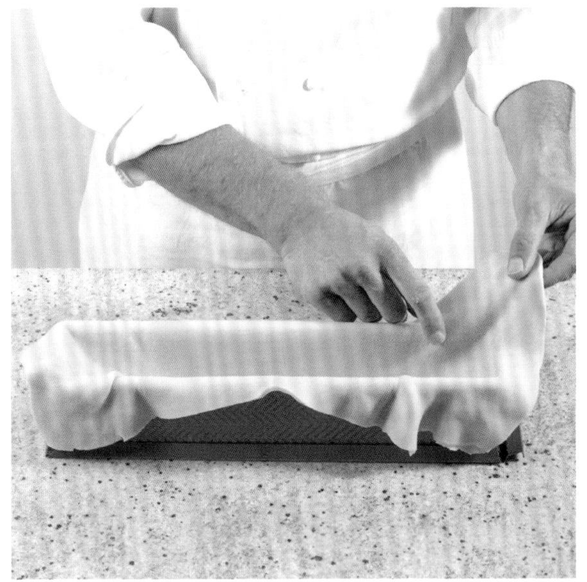

6 非常小心地將派皮朝模具的兩端打開，固定在模具的邊角上。

7 讓派皮在模具的邊緣超出約 2 公分，裁去多餘的部分。

8 模具已鋪好派皮，可供填餡使用。

酥皮肉凍派

Pâté en croûte

難度：🍳🍳🍳
份量：2.5 公斤的肉凍派 1 個
40 公分長的模具
準備時間：30 分鐘
烹調時間：1 小時 5 分鐘
靜置時間：24 小時

用具：鋪好派皮的模具 1 個
（見 108 頁）

材料：鴨肉或小雌鴨肉 400 克，切成條狀
生肥肝 150 克，切塊
蛋 1 顆
絞肉餡——豬頸肉 750 克，切片並撒上胡椒
鴨肝 250 克，切塊並撒上胡椒
調味料——大蒜 1 瓣，切碎末
整顆的開心果 30 克
馬德拉酒 3 大匙（Madère）
紅酒 3 大匙
糖 1/2 小匙
肉豆蔻粉 4 撮
百里香 1 小枝，摘除葉片
鹽 30 克
派皮上光——蛋黃 1 個
最後加工——用果凍粉製作的液狀肉凍 200 毫升
開心果 20 克，切碎

1 聚集絞肉餡的材料。

2 絞肉機裝妥細網，將豬頸肉和鴨肝絞碎。

3 在攪拌盆中輕輕混合鴨肉條、肥肝塊、調味料和蛋。

4 將絞肉餡與步驟三混合均勻，再把內餡填滿鋪好派皮的模具。

5 將派皮邊緣朝中央捲起，並用指尖一一按壓。

6 為邊緣刷上蛋黃，增加光澤。

7 用一張鋁箔紙保護餡料表面。烤箱預熱至 230℃（刻度 7-8），烤約十五分鐘。接著將溫度調低至 180℃（刻度 6），再烤五十分鐘。

8 烤好後，移除鋁箔紙。

9 冷卻後，淋上一些液狀肉凍填補空隙。

10 在表面撒上切碎的開心果。

11 將肉凍派靜置於陰涼處至少二十四小時。

12 品嘗前再小心地將肉凍派切片。

建議：・鴨肉和鴨肝可用其他家禽（雉雞、珠雞、鵪鶉……）、野味或兔子的肉和肝來代替。

・若你想自行製作肉凍，可取澄清過的精華高湯（見 78 頁），加入 16 公克的吉利丁片（預先以冷水泡軟）。

烤雞醃料

Marinade pour poulet grillé

難度： 🍞　　**用具：**非金屬烤盤

1 準備材料：橄欖油、甜紅椒粉、去皮薑絲、檸檬汁、百里香和胡椒。

2 用所有材料醃漬帶腿雞胸肉約一小時。將雞肉從醃料中取出，一邊烤雞肉，一邊刷上數次過濾的醃汁。

烤魚排醃料

Marinade pour filets de poisson grillés

難度：🍴　　**用具：**非金屬烤盤

1 準備材料：檸檬汁、切碎的細香蔥、青檸檬的果肉和果皮、橄欖油、百里香、蒔蘿、粉紅胡椒粒和胡椒。

2 用所有材料醃漬魚排（這裡用的是鯔魚）約二十分鐘。將魚排從醃料中取出，一邊烤魚排，一邊為魚排刷上數次過濾的醃汁。

Les
OEUFS

蛋

Les oeufs

料理中不可或缺的蛋

蛋是足以顯示文化、飲食和宗教習慣能夠融合在一起的絕佳範例。

依據天主教中世紀時期的規定，封齋期四十天內禁止食用蛋，在可以食用之前，則會用植物性染料為蛋染色。這樣的傳統至今依然存在。在羅馬尼亞，蛋更會經過精美的加工，法貝熱彩蛋（Fabergé）也相當著名，還有復活節的巧克力蛋。

蛋是一個完美的橢圓，儘管蛋殼能夠承受超過其重量六十倍的壓力，蛋仍然又細緻又脆弱，在法國的文化和料理中有著舉足輕重的地位。

蛋可以單獨或搭配其他食材使用，可以取用部分或全部進行料理，是許多道食譜裡的食材。

蛋從哪裡來？

現今不論在廚房或其他地方，當我們說「蛋」，而沒有更精確的形容時，我們指的往往是雞蛋。在過去，蛋可以來自任何家禽：鴨、鵝、各種鳥類。儘管在歐洲，大家同樣喜愛食用某些魚的蛋，比如鱘魚卵（魚子醬）、鮭魚或鱒魚卵，卻無視於蛇和昆蟲的蛋，但在其他的文化中，食用這些蛋同樣是一大享受。

帶殼還是不帶殼？

蛋的獨特之處在於它可以靈活地以多種方式烹煮。

蛋是基本的食物，只要有蛋就夠了。它們的殼是寶貴的王牌，讓人可輕易烹煮，而不會事先打破。

煮帶殼蛋

以越簡單的方式烹調，蛋就越美味。將一整顆帶殼的蛋浸入一鍋沸水裡，只要調整水再度沸騰後蛋在水裡的時間，就能分別煮出微熟蛋、溏心蛋和水煮蛋。技巧很簡單，三種情況都一樣，我們只需要仔細觀察某些原則，就可以獲得最理想的成果。

在煮蛋前先將蛋從冰箱拿出來，讓蛋接近室溫，就可以避免蛋投入沸水時突然產生太過劇烈的熱衝擊——這樣的衝擊可能導致蛋殼裂開。鍋子必須夠深，讓水能夠完全淹過蛋，鍋子不要太小，以免蛋撞在一起，也不要太大，蛋可能會撞向鍋壁。如果蛋殼因為物理性或熱衝擊而產生微小的裂縫，可在水中加入一點白醋，白醋的凝結作用可以防止蛋白在水中散開。

烹煮時間依蛋的大小而有些許不同（越小的蛋越快煮熟）。同樣地，若蛋從冰箱拿出的時間不夠久，蛋還太冰，煮熟的速度也會變慢。

煮好後，用冷水沖洗蛋比較容易剝殼，只有微熟蛋例外。微熟蛋是直接帶殼品嘗的，它的蛋白並沒有熟到完全凝結，如果我們想取出蛋白，會發現它們無法拿取。用蛋杯吃蛋是一種復古、有童心且美味的享受。

至於溏心蛋和水煮蛋，我們會避免將蛋殼剝開許久以後才食用，畢竟蛋殼就是用來保護蛋的。

微熟蛋 (oeuf à la coque) 有著絕佳的適應性。一歲以上的小孩就可以吃，而且各種各樣的早午餐裡都有，甚至出現在精緻的早餐裡。微熟蛋的簡單，讓松露和魚子醬這類食材顯得更加時髦。為微熟蛋選擇奢侈的配菜並不只是另一種附庸風雅的表現，也反映了想用蛋黃易溶於口的微妙和細緻的口感來昇華這些配菜的願望，微熟蛋的蛋黃並不會使配菜變質，而是讓珍貴的味道再升級。

當然，微熟蛋的簡樸同樣適合搭配其他不貴卻格外美味的菜餚：簡單的鄉村麵包條佐依思妮奶油和鹽之花（mouillettes de pain de campagne avec du beurre d'Isigny et de la fleur de sel）、蘆筍、帕馬森乳酪、火腿……甚至可以設計成甜點，撒上巧克力刨花，搭配烤皮力歐許麵包條（mouillettes de brioche grillée）。

溏心蛋（oeuf mollets）可以單獨食用，也可當作主菜，它本身的簡單呈現已經是美味的來源：佛羅倫斯風味蛋（oeufs à la florentine）可以搭配炒菠菜和法式白醬，溏心蛋佐南迪亞蝦醬則以鮮蝦奶油為基底。

水煮蛋（oeuf dur）則讓許多前菜變得更豐富，還可以製作尼斯沙拉等什錦沙拉，亦可用於如法式凍蛋（oeufs en gelée）或金合歡蛋（oeufs mimosa）等經典的備料中。不論水煮蛋真正的優點是什麼，現代料理偏好柔軟的蛋，比如溏心蛋、水波蛋、燉蛋，我們只剩下在野餐時最容易見到水煮蛋。

為了擺盤與裝飾，今日的主廚偏好使用鵪鶉蛋，它們的小巧完全符合他們對精緻的追求。全熟的鵪鶉蛋烹煮方式就跟雞蛋一樣，但只需要三到四分鐘。

煮無殼蛋

我們也可以打破蛋殼，取出蛋黃和蛋白再煮，讓蛋黃和蛋白不會混在一起。

在這種情況下，最好使用非常新鮮的蛋，蛋黃周圍的薄膜比較堅韌，比較不會不小心弄破。小心打蛋後，就可以在蛋白和蛋黃分開的狀態下，把蛋放入水中煮或用油煎。

將蛋打在小型容器裡，小心地倒入沸水中煮，並加入約半杯的白醋，有助於蛋白的凝固。

同時要把火轉小，以免讓水再度煮沸，只要一點點微滾即可，約滾兩分鐘。我們可以用手指按壓確認熟度：蛋白必須完全凝固，但仍然保持柔軟，包住依然呈現膏狀的蛋黃。水波蛋（oeuf pochés）往往會和食譜裡其它配搭食材一起加熱，所以最好在蛋完全煮好前中止烹調。

等蛋到達適當的熟度時，用漏勺取出蛋，放入冰水裡。接著就可以小心地修飾蛋的外觀，讓形狀更完美。

紅酒燉蛋（oeufs meurette à la bourguignonne 或 à la vigneronne）是在純酒或摻水的酒中燉煮蛋。法國北部還推出了啤酒燉蛋這樣的菜色。

煎蛋（oeufs à la poêle）和太陽蛋（oeufs au plat）非常接近，只是前者會煎得比較久。這兩種蛋都是將蛋打在已倒油的鍋中，不帶殼的烹調方法。太陽蛋以小火慢煎；蛋白凝固，但不上色。通常我們會用牛油來煎，以免蛋黏住盤子。煎蛋則是用比較旺的火，煎至蛋白呈現金黃色，而且略為酥脆的程度，也可以使用榛果奶油、橄欖油或核桃油（選擇半精煉的油來提升耐熱度，讓蛋格外美味）。即使煎蛋單獨作為早餐或早午餐就很美味，還是可以再搭配培根或其他的烤豬肉製品，也能用在做點心的備料中：漢堡或披薩加蛋。被認為較美味且精妙的太陽蛋就常常搭配煎蘑菇、家禽肝臟、海鮮……。

3—6—9 法則

這是我們估計煮蛋所需的分鐘，從水再度沸騰時起算：微熟蛋煮三分鐘，溏心蛋煮六分鐘，水煮蛋煮九分鐘。

燉蛋（oeuf cocotte）可列入最美味的蛋料理之林。它的其中一個優點是讓每個人都能盡情發揮想像力。原則很簡單：將蛋置於烤皿中用烤箱加熱，或是和原味鮮奶油，或是以蘑菇、乳酪絲、火腿丁等等為基底的調味鮮奶油，一起隔水加熱。

烤箱的熱度不應超過 160℃（刻度 5-6）。若烤皿過厚，我們會在蛋完全烤好之前就取出燉蛋（蛋最終會因烤皿積聚的熱慣性而烤熟）。

最後，也有人製作油炸蛋（oeuf à la friture）。現在這麼做的人已經少很多了，因為人們一直懷疑經過油炸的蛋會產生過多不好的油脂。油炸蛋已經改用較有益於健康的麵包粉炸蛋來取代，而且我們還能在麵包粉中加入榛果粉、帕馬森乳酪粉、香草、香料等等來調味。

「真是駭人，水煮蛋殼敲在錫製櫃檯上的細小聲音，當它在饑餓者的腦海中翻攪時，這聲響真是駭人。」賈克．普維（Jacques Prévert）在〈睡懶覺〉（*La grasse matinée*）中寫道，出自《話語》（*Paroles*）詩集，適度地顯示了蛋在飲食中強烈的象徵價值。

蛋白與蛋黃融合

以不帶殼、蛋白和蛋黃融合在一起的烹調手法來說，蛋捲和炒蛋是兩大主要手法。不論是原味還是增添多種風味——蘑菇、細香草、乳酪或松露，都很適合作為豐盛的早餐或較為清淡的晚餐。

若要製作蛋捲（omelette），得先用力將蛋打散，再倒入油已熱的煎鍋裡，油的部分可依蛋捲的調味來選擇（橄欖油比較適合搭配細香草；牛油則適合搭配乳酪）。將備料一次倒入鍋中，並隨著蛋的邊緣開始凝結，用木匙或刮刀將蛋捲朝中央折起，把蛋煎均勻。

依個人口味，蛋捲可以煎得生一些或熟一點。基本原則是在煎到最後時仔細留意，這個部分很難掌握，因為最後熟得很快。一瞬間，蛋捲就會從生的變成燒焦的。上桌前可以將蛋捲折起來，或是簡單折成三折。再次強調，這完全是個人的偏好。

炒蛋（oeuf brouillés）是先將蛋約略打散後，倒入厚底的深鍋裡，以小火或隔水的方式來加熱。在整個炒蛋的過程中，要將鍋子邊緣凝固的蛋朝中央翻動，讓食材盡可能均勻且滑嫩。炒到最後可以添加牛油和／或鮮奶油，讓口感更滑順。

蛋捲和炒蛋看似簡單，但要完美的執行，仍然需要相當的精準度和穩定性。

蛋的特性

蛋是唯一一種經常用作主要食材，亦可作為單一食材和其他食材混合在一起的食材。由於蛋具有多種特性，儘管它頻繁出現在各式各樣以蔬菜、肉類、魚類、穀物或甜味食物為基底的備料裡，在備料之中，蛋仍然占據著最主要的地位。

熟悉蛋過敏的人也知道，不用蛋料理是多麼的困難。

我們並不打算在這裡闡述蛋的各種做法，只想說明蛋的三大特性：發泡劑、乳化劑和凝結劑。此外，蛋也很適合用來妝點料理。

蛋作為發泡劑

蛋白主要由水、蛋白質和礦物鹽構成，這些成分共同形成了蛋白。當我們將蛋白混入混料中並用力攪打時，它會膨脹成膜，並將氣泡包覆在裡面，這是為什麼我們用打蛋器用力地快速攪打蛋白時，蛋白會起泡的原因。我們如果一直以垂直繞圈的方式更快速地攪打，且攪打得更久，盡可能讓多一點的氣泡包覆在混料中，就會獲得打發蛋白（blanc en neige）。和備料結合後，不論是否煮熟，起泡或打發的蛋都很適合用來讓不同的鹹甜混料變得膨鬆和清淡，如：餡料和慕斯醬（見 44 頁）、醬汁和慕斯、蛋糕

和餅乾、舒芙蕾、用來包裹不同多拿滋（beignet）和油炸物的麵團、義式蛋白霜（meringue）等。

成功打發蛋白的方法並不複雜：只要避免蛋白中混入任何一滴的蛋黃——確切地說，是不能有任何的雜質。加入一撮鹽或檸檬汁的建議非常普遍卻是異想天開，如果我們相信分子料理的科學，上述方法都是沒用的。為了盡量打至均勻，品嘗時也不會吃到任何一絲帶有韌性的膠質，我們得去除蛋黃的繫帶。繫帶是兩條將蛋黃固定在中央位置的柔軟小帶子，蛋越是新鮮，繫帶就越堅韌。

蛋作為乳化劑

蛋黃所含的蛋白質既具有親水性，也具有疏水性，同時有著吸水和排水的雙重特性。這些蛋白質很適合擔任乳化劑的角色，也就是說，讓某一種液體在另一種液體中穩定地散開，要是缺乏乳化作用，這兩種液體各自的化學結構是無法結合的。以蛋黃醬這個著名的例子來說，蛋黃中的油和水正是發生了這樣的作用。

這種特性讓蛋黃成為出色的黏合劑。在醬汁、食物泥或湯裡加入一個蛋黃，就能為食物帶來甘甜味，以及很難用其他方式獲得的濃滑稠度。

蛋的淨化

蛋的「淨化」指的是將蛋白和蛋黃分開。為達此目的，要小心地用蛋敲碗邊，將蛋殼敲破，然後用半片蛋殼承接蛋黃，兩片蛋殼一來一往地收集流下的蛋白，並小心不讓蛋黃掉落。若要進行好幾次「淨化」，可在小碗上方一顆顆地進行，然後再將碗中的蛋白與已經分離出來、確定純淨的蛋白混合在一起。也要避免蛋黃或蛋白接觸到蛋殼。

蛋作為凝結劑

蛋黃和蛋白凝固的溫度不同：蛋白比蛋黃更快凝固，蛋白凝固的溫度為 57℃，蛋黃為 65℃。這讓我們能夠煮出微熟蛋和溏心蛋。若是搭配無法藉由烹煮而凝固的液態食材，蛋可以讓這類食材變成固態。一旦我們把蛋加進液態備料裡，烹煮就能夠讓備料凝固成形。比如為沙巴雍或法式布丁（flan）賦予口感和其結實度的，正是蛋。

蛋作為妝點

蛋黃的顏色明亮又鮮豔，烹煮也不會讓它失色。我們可以將蛋黃與蛋白或牛奶混合，或是加入一些水，再鋪在某些備料上，如派皮，讓派皮在烘烤時形成有光澤的平滑外觀，並呈現如焦糖般鮮明的金黃色。當然，蛋黃也能讓搭配的備料形成漂亮的黃色。除此之外，有些產業會在備料中加入黃色色素，讓人以為使用了大量的蛋。

橢圓，身材與健康

人們有點過早擔心蛋內含的脂肪了，尤其是蛋黃，現今已經證實：蛋有著非常罕見的維生素 D 和蛋白質，是座驚人的寶庫。

蛋與太陽

維生素 D 為人體所必需。在經過日曬由皮膚合成後的維生素 D，有利於人體吸收鈣質。維生素 D 可以抵抗身體的疲勞、牙齒問題，以及如骨質疏鬆等骨頭的疾病。維生素 D 在人類的飲食中非常少見，只有在鱈魚肝油——它的味道曾讓許多小孩心靈受創——鯖魚、鮭魚等肝油……和蛋裡，才能找到足夠的量。

蛋白質與飽足感

蛋是優質蛋白質的濃縮，不同的胺基酸之間出奇地均衡。這讓蛋變得很容易消化，而且有益於健康，尤其是當我們吃整顆蛋時，不論烹煮方式為何。一般認為，兩顆中型大小的蛋能提供相當於 100 克白肉的蛋白質，而且熱量更低。

蛋白質可增強飽足感，有利於減少食物的攝取，並有助於控制體重，甚至是讓人變瘦。

膽固醇的由來

長久以來，蛋都是膽固醇的同義詞，因而被許多心血管疾病患者拒於門外。然而最新研究指出，食物裡的膽固醇不如我們身體自行製造的膽固醇來得危險。蛋內含的脂質對健康也沒有壞處。大多數的營養學家都表示，我們每星期至少可食用四到六顆蛋，而且不會有危險。蛋是否會影響到我們的健康，其實是和準備和烹調方式有關。

然而，由於蛋經常出現各式各樣的料理之中，我們常常不知不覺就吃下過量的蛋。

儘管以下推論過於簡單，但生蛋的雞隻吃了什麼，確實對吃蛋者的健康影響重大。

蛋的選擇、保存和生產

在法國，我們會尋找蛋殼顏色介於象牙白和亞麻色之間的蛋，也就是有名的「蛋殼」色，但是在其他國家，比如美國，人們則偏好白色的蛋。

類似選擇非常重要，這將決定在雞的飲食中添加哪一種補充營養素，使其直接作用在蛋殼的顏色上。

數字辨識法則

0－露天飼養，每隻雞至少享有二・五平方公尺的室外活動領域。以有機認證飲食餵養。

1－同樣是露天飼養，每隻雞活動的面積相同，但飲食經過控管。

2－飼養在土地上，但是在大型建築物裡密集飼養。每平方公尺約有九隻雞。

3－飼養在籠子或層架式雞籠裡，每平方公尺約有十八隻雞。

挑蛋零失敗

觀察蛋盒和蛋殼上印的編碼，不論蛋的來源為何，我們都應該懂得如何辨讀這些編碼，才能正確地挑選蛋。蛋盒上會註明產蛋日期（特鮮蛋一定要註明）、建議食用日期、蛋的重量和雞的飼養方式。蛋的重量分為：重量少於 53 克的極小顆 S 號蛋，重量等於或大於 73 克的極大顆蛋。按慣例，大多數食譜裡指示的用蛋量，指的是重量介於 53 克到 63 克之間的 M 號蛋。

母雞的飼料方式既會影響動物的健康，也會影響蛋的營養價值。而這會以 0 至 3 的數字標示。我們強烈建議不要食用數字為 2 和 3 的雞蛋：它們較不衛生，不利於我們的健康，而且確實會造成動物的痛苦。

最後，蛋是比較便宜的食材。購買較為優質的蛋雖然需要額外的費用，但比起價格高昂的食材來說，我們比較能夠負擔。

「特鮮」蛋在產下後無法保存超過九天。建議在烹調時不要煮至全熟。「新鮮」蛋在產下的二十八日內皆可食用。蛋越不新鮮，所需的烹煮時間就越長。

當蛋因過老、未妥善保存，或蛋殼略為裂開而不再適合食用時，位於蛋較寬一側的氣室就會變大。若是把蛋丟入裝水的容器裡，蛋不會浮起來而是沉在底部，就是一顆新鮮的蛋。這是用來判斷蛋是否適合食用的好方法。

不可或缺的衛生法則

蛋是脆弱的食材。能夠為蛋提供較完善保護的，正是它們的殼。多孔的蛋殼其實受到可溶性薄膜的保護，這些薄膜會堵住孔洞，預防某些細菌入侵，包括蛋殼上著名的沙門桿菌。

這也是為什麼我們在使用蛋時，必須嚴格遵守兩大非常嚴謹的原則。

第一：絕不讓蛋白或蛋黃接觸到蛋殼，尤其是在分離它們時。碰到整顆蛋以後，請將手洗乾淨，並將使用的流理檯和用具擦拭乾淨。

第二：勿將蛋殼弄濕。事實上，用來保護蛋的薄膜對水非常敏感。即使蛋殼看起來很髒，也不應該清洗蛋（可用乾布擦拭）。同時應該避免溫度的突然改變，那容易導致蛋殼的收縮。

我們也不會為抵抗力弱的人——幼童、病患或年長者製作含有生蛋或幾乎不熟的蛋：微熟蛋、溏心蛋、蛋黃醬水煮蛋（oeuf mayonnaise）等菜餚。

儘管有這些保存限制，但只要適當使用，吃蛋將成為毫無疑慮的樂趣，而且蛋絕對是料理和甜點中必不可少的一樣食材。

蛋在大家的想像中占據著獨特的地位。很少有食材能像蛋一樣，成為各種派別的重要藝術家強大的靈感來源，從波希（Jérôme Bosch）到達利（Salvador Dalí），再到布朗庫西（Brancusi）。

煮帶殼蛋

Cuire des oeufs avec leur coquille

難度： 🍳 **用具：** 小型平底深鍋 **材料：** 蛋
份量： 6 顆蛋
準備時間： 5 分鐘
烹調時間： 3、6 或 9 分鐘

建議： 若要製作微熟蛋，請使用特鮮蛋。若要製作溏心蛋和水煮蛋，最好選擇至少產下一星期的蛋，比較容易剝殼。

提前將蛋從冰箱中取出，用漏勺輕輕地放入沸水裡。

微熟蛋煮三分鐘，溏心蛋煮六分鐘，水煮蛋煮九分鐘。

微熟蛋：立即享用。

溏心蛋或水煮蛋：從沸水中取出後，放入冷水冰鎮。

為溏心蛋或水煮蛋剝殼。

溏心蛋的蛋黃必須還會流動（左），而水煮蛋的蛋黃已經凝固（右）。

製作蛋捲

Réaliser une omelette

難度：🍳
份量：1 人份
準備時間：5 分鐘
烹調時間：4 分鐘

用具：平底炒鍋

材料：蛋 3 顆
切碎的自選香草 1 大匙
牛油 25 克
花生油 1 大匙
鹽、現磨白胡椒

建議：若要製作煎蛋餅（omelette plate），可將半熟的蛋倒扣在盤子上，再放回鍋中煎另一面。

1 在攪拌盆中打蛋，加鹽和胡椒。加入香草。

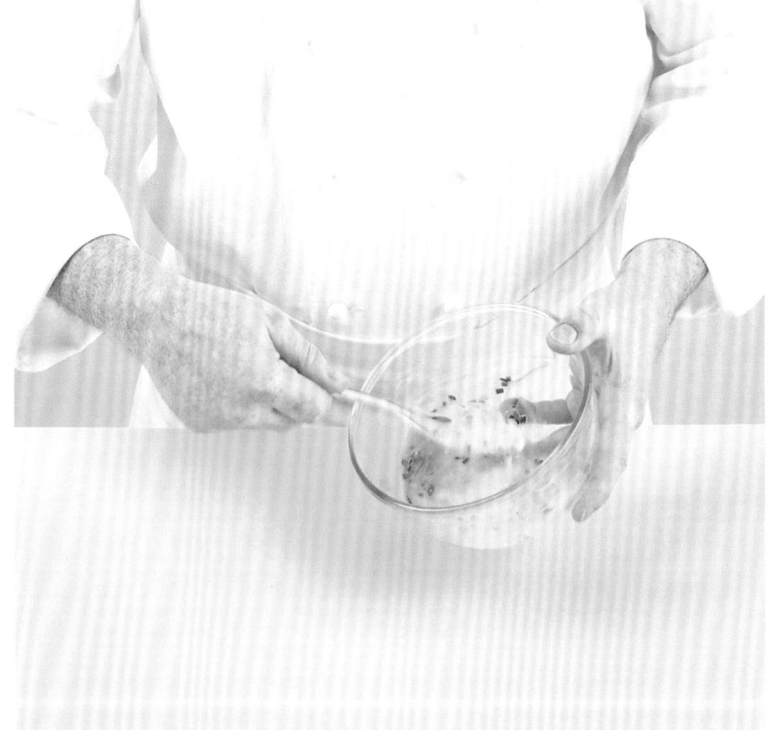

2 用叉子用力打，直到蛋液起泡為止。

3 等鍋中的牛油呈現金黃色時，倒入打好的蛋液。

4 待下層蛋液已煎熟，但表層蛋液仍為流動狀時，用軟刮刀將蛋朝中間折起 1/3。

5 將另外 1/3 的蛋朝中央折起。

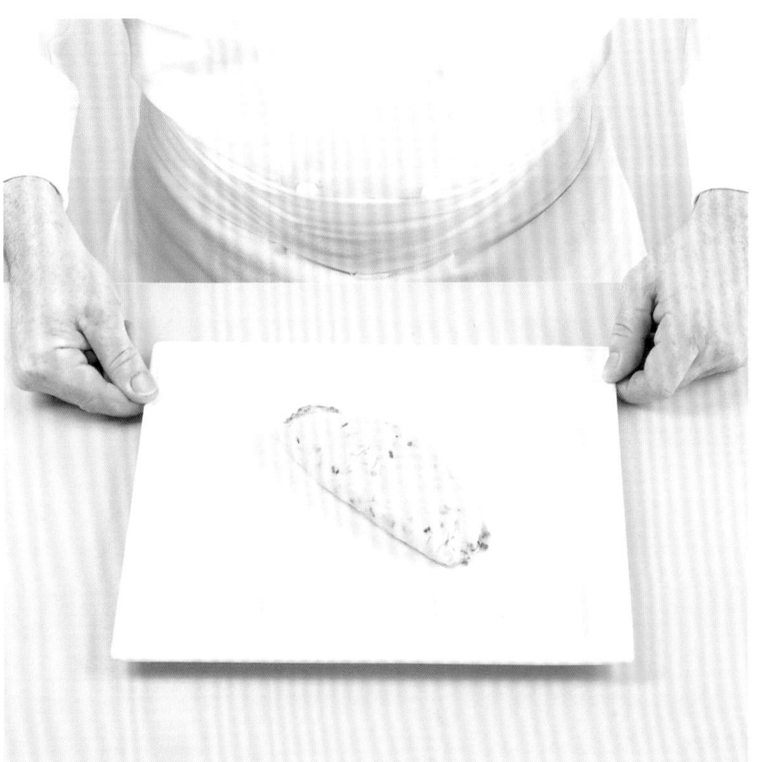

6 將蛋捲倒扣在餐盤上，折口朝下。

製作燉蛋

Réaliser des oeufs cocotte

難度：
份量：4 人份
準備時間：10 分鐘
烹調時間：15 分鐘

建議：在打蛋之前，你可先在烤皿底部放 1 大匙配料：蘑菇碎（見 458 頁）、用奶油炒好的菠菜或酸模、碎火腿……

1 烤箱預熱至 160℃（刻度 5-6）。在容器中打入 1 顆蛋。

2 將容器擺入烤盤，烤盤內倒入熱水至一半高度。烤十五分鐘。蛋白必須不透明，而蛋黃仍然會流動。

用具：小型平底深鍋

材料：蛋 4 顆
全脂液狀鮮奶油 4 大匙
切碎的自選香草 2 大匙
鹽、現磨胡椒

3 利用烤蛋的時間，用鍋子加熱鮮奶油和香草。待其稍微收乾，加鹽和胡椒。

4 在蛋黃周圍淋上一圈熱的鮮奶油，立即享用。

炒蛋

Brouiller des oeufs

難度：🍳🍳
份量：2 人份
準備時間：5 分鐘
烹調時間：8 分鐘

建議：永遠都在最後一刻炒蛋，而且要做得比你希望的更軟爛一些。立即擺盤，否則蛋會在鍋中繼續煮。

1 用叉子輕輕打蛋，剛好打散即可，不要打至起泡。加鹽和胡椒。

2 鍋中放油，將一半的牛油加熱至融化。

3 倒入蛋液並將火力轉小。

4 邊用小火煮邊不停攪拌，同時也仔細地刮除鍋底，煮至蛋半熟且軟爛。

用具：厚底平底深鍋
小型手動打蛋器

材料：蛋 4 顆
牛油 50 克
葵花油 2 大匙
全脂液狀鮮奶油 4 大匙
鹽、現磨胡椒

5 加入剩下的牛油。

6 用打蛋器用力地攪打混入牛油。

7 加入鮮奶油。調整味道。

8 再用打蛋器攪拌混勻，立即擺盤。

水波蛋

Pocher des oeufs

難度：🍳
份量：4 顆蛋
準備時間：10 分鐘
烹調時間：5 分鐘

用具：平底炒鍋

材料：白醋 3 大匙
「特鮮」蛋 4 顆
鹽

建議：選擇「特鮮」蛋，因為蛋越新鮮，蛋白越不容易在烹煮時散開。

1 鍋中水裝至 2/3 滿，倒入醋，煮至微滾。在小烤皿中打一顆蛋，烤皿輕輕擺在水面，放入蛋。

2 待蛋浮到水面後，用橡皮刮刀將蛋白輕輕朝蛋黃折起。

3 保持微滾至蛋白變得不透明，再用漏勺撈出。

4 立刻把蛋放入冷水冰鎮。

5 將蛋修整成規則的形狀。

6 成功的水波蛋蛋白應該全熟，蛋黃仍然會流動。

Les
VIANDES
BOEUF
VEAU
AGNEAU

肉類
牛肉、小牛肉、羔羊

Les viandes

美味、歡樂與活力的肉類

從冬夜的火鍋到夏天的烤肉，在大家的想像中，肉儼然是不可或缺的基本元素。當中世紀將肉（viande）稱為「carne」時，vivanda（或 vivenda）一詞表示肉是我們生活（vivre）所必需，也就是糧食的意思。中世紀的第一本食譜是吉羅姆·提埃（Guillaume Tirel）於十四世紀編纂而成，題名《肉類食譜》（*Le Viandier*），介紹了各類重要食物的食譜。這些詞語的源頭與變遷，在在顯示出肉在我們飲食中的極度重要。

時至今日，肉仍然被視為餐點裡的主要元素。這有其歷史源由，但那並非唯一的原因。肉的價格通常比其他食材來得昂貴。為了買肉所做的努力和它們的地位有著直接關係。長久以來，家庭中的烹飪是僅屬於女性的領域；透過與野味及狩獵樂趣的相關形象，肉代表了此一領域中男性的部分：權力、精力、武器的運用……這一切都是某種男性氣概的特權。即使到了今日，烤肉的準備作業依然是男人的事。

肉的省思

不論（或因其）驚人的重要性，吃肉在文化中並非簡單的概念。印度教、伊斯蘭教和猶太教嚴格控制糧食的比例，尤其是肉。即使是飲食規則顯然較為寬鬆的基督教，齋戒期同樣禁止食肉。

另一方面，即便撇開宗教考量，人類是否該食用肉類依然是難解的習題。這形成了一個基本的禁忌：某一種生物為了進食和自身的樂趣（味道）而導致另一種生物的死亡。也讓我們省思人類和動物之間的關係：陪伴用動物（寵物）、工具型動物、食用型動物。還要加上關於牲畜飼養條件的道德疑問。這些對於我們環境的影響以及對其他社會——尤其是微薄財產的其中一部分被徵收為飼料的發展中國家——的影響，可能也會引發食用者的道德問題。此外值得注意的是，若集約畜牧對環境帶來龐大的影響，合理且粗放的畜牧方式，則相當有助於維持景色和植物空間的多樣性。

最後，有些思潮指責吃肉有害於健康，這往往是針對如狂牛症——在一九九六年顛覆了我們對肉的認知——這類飲食危機所做出的回應。但是，種種危機也讓政府得以制立牲畜飼養、飲食、飲食補充品及可追溯性等更嚴格的法令規章。而各種標籤，其中有些在危機之前早已存在，將有助於我們挑選肉品。

對健康而言，肉類仍是寶貴的王牌，只要食用的是優質肉品，並注意其來源——這在今日變得較為容易。肉富含維生素 B，是細胞更新、免疫系統、神經系統的必需物，還能減少壓力和沮喪帶來的負面影響。肉是優質蛋白質、許多礦物質和微量元素，如鋅和鐵的絕佳來源。

挑選、貯藏與保存

最理想的，當然是在能提供建議和資訊的肉品專賣店裡選購肉品。大賣場裡的肉品通常有明確的來源說明，也越來越能找到不錯的冷凍肉品，但沒有人能提供建議。在傳統市場，最值得留意的薄弱環節是冷藏或冷凍的方式；肉是

很脆弱的。

冰在家用冰箱的冷藏櫃（只有 0 到 4℃）裡，直接保存在肉販專門用紙或是批發商盒子裡（包裝上一定要註明食用期限）的肉，可保存一到四天。絞肉一定要在購買後的當天烹調。漢堡排是非常脆弱的食物。請肉販「迅速」製作，並以「中心熟透」法來烹煮它。帶走時也一定要使用保溫袋。

煮肉之前，應該先將肉擺在室溫下回溫，以免肉的纖維因熱衝擊而收縮。若是冷凍肉品，請以冷藏的方式靜置解凍。

在法國的烹飪傳統中，基本的肉類主要是牛肉、小牛肉和羔羊。豬肉也是不錯的肉類，常用料理羔羊的手法來烹調。考量到豬肉的風味和香氣以加工食品的形式更能展現出來，我們將不在本章節中多加介紹。

官方品質認證

歐洲和法國的官方認證將指引並陪伴我們在選購肉品時，更能善加分辨優質食材。它們是善待牲畜、令人滿意的衛生與安全條件，以及真正優質肉品的保證，既保障了美味，也保證有益於健康。

紅標（Label Rouge）和產品出色的味道有關，牽涉到整個產業的投入。

原產地管制命名（AOC）則認證了來自某特定地方的食材特性，而該食材也在該地區培養出著名的特色。

「有機農業」（Agriculture Biologique）的標籤保證了合理的畜牧方式，尊重產品，也尊重環境。

從生到熟透

儘管肉的烹煮方式需要執行上的精準度，還是非常容易選擇，因為是依照所使用的肉的品質來決定。上好的肉塊毋須過多的烹煮，甚至完全不需要，劣質肉塊則需長時間烹煮，有時還需要事先醃漬。

無火烹飪

我們可以韃靼或淺漬的方式食用生的牛肉和小牛肉，並用檸檬的酸來讓肉熟得恰到好處。也可以用鹽來讓肉熟成。

韃靼（tartare）是混合了調味料和香料的碎肉，調味重，儘管帶酸，還不至於讓肉熟成，因為製作過程非常快速。韃靼需要使用優質的鮮嫩肉塊。用刀剁碎後，肉會呈現出較有咬勁且濃郁的口感。為了增加滑順度，還會加入大量的橄欖油和一顆生蛋黃。對於不敢吃全生肉的人，我們可以將韃靼的兩面稍微煎一下，也就是凱薩韃靼（tartare César）。

淺漬（carpaccio）則是透過酸讓生肉「幾乎熟成」。它是切成方形或圓形的極薄肉片。為了切成規則的肉片，得在零度以下的 -1 至 -2℃片肉，再為肉淋上以檸檬、橄欖油、羅勒、鹽和胡椒調成的冷漬醬。

以無火烹飪來說，小牛肉的成果絕佳，做成韃靼極為精緻，淺漬生吃更棒。

不使用熱源的最有效烹煮法還有時間與鹽的組合。我們為極其精緻的肉排刷上橄欖油和香料，擺入大量的粗鹽裡，為肉排鋪上厚厚的鹽皮。接著再把被香料包覆的肉塊置於陰涼處，「熟成」一整天。享用時必須將鹽清除。

上述料理手法最早是在十九世紀由貧血患者大力提倡。現在，肉的愛好者往往優先考慮這類手法，目的是盡可能減少肉的加工，使味道更為昇華。

史前好味道

燒烤、石板烤肉、鐵板烤肉……這些烹煮方式讓我們走出廚房，不但讓人聯想到近乎原始的質樸烹飪形態，也是夏日和大型饗宴的同義詞。

鐵板就和石板一樣，烹飪時的熱度非常均勻、火力強、溫度不會升高得太快。這讓我們能夠快速烤出足以供應眾多賓客的烤肉，又不會讓肉燒焦。肉塊不要太大太厚，請選擇優質肉塊，牛肉可取牛腰腹肉或嫩牛腿肉，羔羊可取肩肉，比較適合短時間且快速的燒烤。我們也可以用這種方式來煎調味好的碎肉丸。只要在燒烤時將鐵板或石板洗乾淨，我們也可以使用醃醬，但未必需要。

若是燒烤，絕對不要直接利用火焰來燒烤！那會將肉烤焦，讓肉變得有毒，而且只留下碳的味道。燒烤是利用完全天然的木炭。一旦熱度過高或還有火焰，就將肉移到完全潔淨的烤網上。若要進行長時間的燒烤，我們應該架高烤網，並用鉗子經常為肉翻面。或是為肉刷上用蜂蜜、芥末、香料製成的醃醬。稠厚的醃醬會在肉的周圍形成硬皮，為肉賦予濃郁的芳香，同時將肉汁鎖在裡面，保護肉不受到過熱的炙烤。

烘烤與昇華

用烤箱烤肉能使香氣更濃郁，同時增加口感，適用於各種原本就優質且細緻的肉類。烤牛肉經常取用里脊肉（filet）、上腰肉（faux-filet）、牛腿排（rumsteck）；烤小牛肉多半是上後腿肉（noix）、後腿肉（sous-noix）和腿肉（quasi）；烤羔羊則取用肩肉或腿肉。

若沒有用肥肉條或肥油肥肉包住烤肉，建議先刷上油脂，再放入非常熱的鍋子裡烹煮——烤羔羊除外，羔羊肉天生的油脂已經足夠——這是濃縮式烹調的必經手續。將肉從粉紅色烤至適當的熟度，所需時間當然是依據烤肉的大小和我們想獲得的成果而定。即使肉的愛好者往往傾向於以較短的時間來烹調牛肉，這仍然是個人喜好的問題。紅肉（牛肉和羔羊）得在很熱的烤箱裡烘烤，白肉（小牛肉）則需要較低的溫度。烘烤期間應該經常為烤肉淋上它的湯汁。

烤盤必須比烤肉稍大，否則流出來的肉汁層會過薄而且燒焦。這樣就太可惜了，而且可能會讓肉形成燒焦味。若烘烤時間很長，比如得烤上好幾個小時的大肉塊，最好在烘烤期間用鉗子為烤肉翻面，甚至是用小烤網架高，以免肉黏在烤盤上。

烤到最後時，取下包覆的肥肉，讓肉的整個表面烤成金黃色。從烤箱取出烤肉後，用鋁箔紙包起來靜置幾分鐘，鋁箔紙有助於保溫，這段時間的靜置能讓肉汁和熱度均勻地散開來。

濃縮和擴張

濃縮式烹調激烈而快速，最常使用的是平底炒鍋。濃縮式烹調必須留住肉汁。肉汁會因為肉裡的蛋白質凝結或是食材內含的糖類焦糖化，形成一層表皮，這能留住食材的濃郁芳香和軟嫩。

擴張式烹調則是在大量的湯汁中進行。與濃縮式烹調相反，擴張式有利於食材與其湯汁之間的味道交流，在彼此接觸時混入各自的味道。還會讓食物變得軟嫩，若沒有經過這樣的處理，食物會堅韌得多。

煎炒：便利的樂趣

用平底鍋或中式炒菜鍋炒肉是種簡單快速的烹煮方式，而且非常適合各種牛肉，我們建議以牛排——牛排並非牛肉的名稱，而是指烹調方式——的形式煎熟。

膈柱肌肉（onglet）、後腰脊肉（poire）、下後腰脊肉（bavette d'aloyau）、靠近大腿內側的腹部肉（hampe）、嫩牛腿肉（araignée）非常適合煎炒，它們長長的肌肉纖維可以確保肉的多汁，因為肌肉纖維會在烹調時膨脹，留住肉汁。

我們也能用鍋子煎從優質肉塊上切下來的小牛肉片或小羔羊片。牛肉的烹煮應該比羔羊和小牛肉更快，火力更大，後兩者需要比較溫和的烹煮，以保留其軟嫩度和天然的細緻度。

這些肉若切成薄片，用些許的異國風味妝點（搭配醬汁或不搭配醬汁），再用中式炒菜鍋快炒，同樣美味又健康。

細火慢燉

在中世紀的歐洲，燉肉是種高貴的象徵。如今在法國，這類烹調方式已經成為大眾料理的代表——廣義的「大眾」一詞，指的就是傳統又美味。大眾也有經濟上的意義：我們在燉煮時，會使用比較不「高貴」也不貴的肉塊，燉煮的手法則會軟化堅韌的纖維。這些肉同時也充滿了膠原蛋白，讓加入燉煮湯汁中的調味配料和蔬菜的風味變得更豐富、更柔軟。

這種料理法是用水將肉完全淹過，再以小火緩慢地烹煮。為了讓菜餚的味道更為豐富，結合多種肉塊：肥肉、瘦肉和膠質是明智的選擇。牛肉蔬菜鍋（pot-au-feu）就出色地聚集了牛頰肉、牛膝、牛肩胛肉、牛肩瘦肉，當然還有髓骨，蔬菜如蕪菁、紅蘿蔔、韭蔥的結實質地則避免了粉化。我們應小心保存烹煮的湯汁：風味如此濃郁的湯汁，不論是純高湯，還是用米或烤麵包稠化，都會是一道非常美味可口的湯品，可以在吃肉或蔬菜之前享用，也可以搭配後兩者一起吃。

燉羔羊料理比較少見，尤見於英式料理，但法國接受的人較少。

煨：集各種烹調法之大成

煨煮法非常特殊：它集結了濃縮式烹調和擴張式烹調的優點，是一種混合式的烹調手法。我們會選擇比較不貴的不同肉塊，先煮至上色，再淋上煮出的肉汁，接著以小火長時間慢燉肉塊、蔬菜和香料，全程都在很稀的大量湯汁中加蓋烹煮。肉會隨著烹煮而軟化，湯汁和肉的味道會混融在一起。整體會變得柔軟，甚至滑順。通常來說，我們會用棕色高湯搭配紅肉，用白色高湯搭配白肉。

紅酒燉牛肉（Boeuf bourguignon）、洋蔥馬鈴薯燉小羔羊、蔬菜煨小牛肩（paleron de veau braisé aux agrumes）……煨肉特別適合冬天，就像是一種安慰食物，是最傳統的美味享受。

勻稱且結實的牛肉

牛肉可能來自退役的乳牛和成年的閹公牛（超過二十四個月）。法國飼養的牲畜中有超過二十幾種不同的牛，每種牛都有適合的特定風土條件：土壤、氣候、牧草種類。其中最著名的包括夏洛來牛（charolaise）和利木贊牛（limousine），還有品種相當稀有、來源非常古老的歐巴克牛（aubrac）和塞勒牛（salers）。這些牲畜經常有保證衛生和道德的標籤，並被製作成品質優良、特別能突顯品種特色的食品。例如 raço di biou ——以卡馬格（Camargue）公牛 AOC 標誌販售——獨特的滋味濃郁卻不會過於強烈，軟嫩的口感恰到好處又不會太過油膩。

劣等和高貴的肉塊，都有其特別之處

牛肉在法國就是肉食的象徵。它代表著最傳統的菜餚，從紅酒燉牛肉到牛肉蔬菜鍋，也是日常菜餚的同義詞，比如著名的牛排、薯條、沙拉。

牛肉因其不同部位和製作方式的多變，可以呈現各種深受喜愛的不同料理。不同部位的牛肉由於品質不同而各具特色。事實上，它們的價格就確認了牛肉之間存在某種等級之別，分別適用於不同的料理。

採用較通俗的說法，我們將不同部位的牛肉分為高貴和「劣等」。正因為我們得花費更多時間烹調「劣等」牛肉，讓它變得香噴噴又軟嫩又美味，因此必須加上引號。

高貴的肉包括會令我們聯想到軟嫩多汁的部位：肋眼、里脊肉和上腰肉、膈柱肌肉、牛腿排（pavé）。所謂的「劣等」肉塊則聚集了多膠質的肉、肥肉和瘦肉。油脂最多的肉塊就是我們所稱的「雪花」，也就是肌肉中有不規則分布的細緻脂肪纖維。「雪花」為和牛賦予獨特的味道，並讓和牛猶如肥肝般又軟又嫩。

信條與誤解

許多習慣在廚房裡不斷上演並損害著食材的品質。例如，和常見的做法不同，我們不應該在肉煮至濃縮之前加鹽。鹽會導致肉汁的流失，肉汁應該被封在肉裡才對。基於同樣的理由，我們也不該在肉上戳洞，只要將肉煮至上色即可。也不該在烹煮之前去掉肥肉，只能在烹煮之後去除，因為肥肉會增加肉的風味。相反地，我們應該切開肉塊的邊緣，以免肉因熱效應而收縮。

紅肉優越的營養價值

如同其他的肉類，牛肉富含維生素 B2。B2 有利於紅血球的生長與形成，B3 則讓我們能從飲食中產生活力。

依照不同的部位，牛肉含有 25% ～ 30% 的蛋白質，脂質含量為 2% ～ 15%。你應該要知道，不論我們把食材煮成哪一種菜餚，幾乎不會更改食材內含的豐富脂質。

除了鐵以外，牛肉還含有其他大量的礦物鹽和微量元素：硒（抗氧化物）、鋅和銅（有助形成人體的膠原蛋白和血紅蛋白）。在媒體大肆報導食用動物性蛋白質可能對健康引起的風險後，最新的研究已經證實，過量的動物性蛋白質確實有害，可能引發癌症和心血管疾病，但相反地，合理的食用——每日低於一百四十克——對人體有益。

因此，為了食用的樂趣，為了我們的健康，也基於道德，最好少吃一點牛肉，並選擇優質（來源、飼養條件）的肉品。

細緻精妙的小牛肉

小牛指的是年紀不到六個月，雄性或雌性的小牛。乳小牛（veau laiton）指的是放養，並只以牛乳——未必是小牛的母親——餵養的小牛。

自古以來，小牛肉就是保留給最富有的人。一直到十九世紀下半葉乳品工業化，飼養者得以用乳品副產品來餵養小牛，小牛肉才開始普及。

小牛肉的肉質格外細緻軟嫩，我們會選擇淡粉紅色的小牛肉，或是顏色較鮮豔的草飼牛。若有脂肪，則是略帶珠光的白色。

瘦肉豐富的營養價值

小牛肉和牛肉的外觀非常相近，但仍有幾項不同的特點。小牛肉的油脂較少，因為牠的脂肪還沒有滲入肉裡。富含蛋白質卻沒有過多油脂的小牛肉屬於瘦肉，為減肥節食者提供了熱量較低的美味。小牛由於以牛乳為食，能提供的鐵質不如牛肉來得多。但是，小牛肉為健康帶來了極大的好處，尤其是富含可保護心臟免於心血管疾病的硒。小牛肉也是油酸的優質來源，有助於油脂的氧化並轉化為能量。

傳統的優雅

精妙無比的小牛肉具有不同軟嫩度，可用濃縮式和擴張式手法烹調。小牛肉各個部位的肉塊都不會太大，煮起來非常快。將肉片煮熟只需三到四分鐘，將五百克的小牛肉烤得恰到好處只需要三十分鐘。據說是法國人最愛菜餚的白醬燉小牛肉（blanquette de veau）也是一道相當知名的佳餚。小牛肉也很適合做成洋蔥馬鈴薯燉肉（navarin）、肉捲（paupiette）、烤肉，或是最簡單的烤肋排。

其他小牛肉名菜主要來自同樣愛好小牛肉的義大利，特別有名的包括：燉小牛膝（osso-buco）、羅馬小牛肉火腿捲（saltimbocca à la romaine）以及米蘭炸小牛排（escalope de veau à la milanaise）。

軟嫩而細緻，呈現方式幾乎和牛肉一樣多變，小牛肉是健康美味餐點的理想選擇。

具節慶氣氛的羔羊

羔羊指的是不到十二個月的小羊。直到斷奶之前，羔羊大約有六週左右僅以乳汁餵養。

有紀錄的羊種超過三十種以上，法國非常重視太過乾燥或難以耕種山域的維持，因此保存了生物多樣性，尤其是難以到達的鄉村地區。

精緻而強烈的味道在口中炸開

羔羊肉比成羊的肉顏色要淡，而且出奇軟嫩；它強烈的味道非常適合搭配香草：普羅旺斯的香草、百里香、迷迭香。雪花羔羊肉特別多汁，在淡粉紅色或全熟時最美味。超過這個熟度就會喪失軟嫩度和風味。為了保存，千萬不要在烹煮過程中戳肉，並在品嘗時再加鹽。

即使有些傳統喜歡搭配醃漬醬料，但羔羊肉的味道香濃，並不是真的需要醬料。在考慮要做成何種料理時，立刻想到的當然還有烤羊腿和烤羊肩。切塊的肋排也非常優質。煮成洋蔥馬鈴薯燉肉同樣美味，肉塊經過長時間小火慢燉，再搭配調味配菜和春季的迷你蔬菜，可口又滑順。

印度和北非的馬格里布（Maghreb）會用羔羊取代綿羊，將日常菜餚轉變為更加精緻的節慶料理。

油脂的益處

如同所有的紅肉，羔羊富含蛋白質、維生素 B（尤其是 B2、B3 和 B12）、鐵和鋅。我們還能在羔羊肉裡找到大量的磷，對骨頭、牙齒的健康不可或缺，並能鞏固細胞膜的強度。

À savoir

復活節羔羊，或稱宗教美食

復活節是許多家庭慶祝的時刻，不論他們的宗教習俗為何。不管是基督教還是猶太教，羔羊經常出現在宗教儀式裡。牠們是絕對純潔的象徵，也隱含了犧牲這一層深意。

對許多人來說，復活節也是以價格高昂的精緻菜餚，延續享受傳統美食的機會。

羔羊的脂肪明顯少於綿羊，特別值得注意的是，羔羊肉所含的硬脂酸（構成飽和脂肪酸），具有能夠增加 HDL（高密度脂蛋白，俗稱「好」的）膽固醇，而非 LDL（低密度脂蛋白，俗稱「壞」的）膽固醇的特性。

變換樂趣

即使前述肉類有著相近的健康特質，但它們並非完全一樣。為了我們的味覺享受和維持體能強健，盡可能變換不同的肉類確實很重要，請選擇來源和品質都受到嚴格控管的肉品，並以健康烹調為優先考量。

牛肉

肋眼
（entrecôte）

嫩菲力
（tournedos）

牛肋排
（côte de boeuf）

上腰肉
（faux-filet）

牛腿排
（pavé de rumsteak）

牛小排
（plat de côte）
膈柱肌肉
（onglet）
牛腰腹肉
（bavette）
靠近牛腿內側的腹部肉
（hampe）
牛肩瘦肉
（macreuse）
牛尾
（queue de boeuf）
嫩牛腿肉
（araignée）
牛肩胛肉
（paleron）

煎出完美牛排

Bien cuire un steak de boeuf

難度：🍳🍳　　**用具：**平底鍋

建議：為了煎出理想的熟度，建議在煎牛排十五分鐘前將牛排從冰箱取出。煎牛排時記得加鹽和胡椒。

1 在鍋中以極旺的火，將牛油和油各半的混油加熱至融化，再放入略為撒鹽的牛肉。

2 當第一面已充分上色時，用料理鉗或鍋鏟（勿用叉子）翻面。

3 火稍微轉小，將第二面煎至想要的熟度，並用手指按壓確認。

4 **一分熟**（BLEU）：肉摸起來柔軟，內裡呈現均勻的紅色且微溫（37 至 39℃）。

5 **三至四分熟**（SAIGNANT）：肉摸起來柔軟，周圍是熟的，內裡仍然是紅色的且溫熱（50 至 52℃）。

6 **五分熟**（À POINT）：肉摸起來較具韌性，周圍是熟的，內部略呈粉紅色，而且很燙（53 至 58℃）。 若是高級牛肉，強烈不建議煎至「全熟」。最後再撒上胡椒。

處理牛里脊

Préparer un filet de boeuf

難度：🍳🍳　　**用具：**砧板、菜刀

1 將牛里脊擺在砧板上，鼓起面朝上，開始去除連接里脊肉和側肉（chainette，側邊的長肉條）連接的膜。

2 切下側肉並預留備用。

3 修整里脊的表面。

4 將肉翻面，修整另一面並切除多餘的油脂。保留切下的碎屑製作醬汁。

5 切下里脊的前段。

6 分開里脊的中段與末段。

7 將前段切成夏多布里昂牛排（chateaubriand），約為兩人份，重 300 至 350 克。

8 將中段切成嫩菲力，每人約 150 至 180 克。

9 將末段切成適合油炒的塊狀或條狀，比如俄羅斯酸奶牛肉（boeuf Strogonoff）。

10 修整側肉，可以切碎。

處理牛肋排

Préparer une côte de boeuf

難度：

建議：最好選用肉牛品種的牛肋排，肉質較軟嫩。

1 切除覆蓋在末端 6 ～ 7 公分骨頭上的油脂。

2 修掉肉表面多餘的油脂。

用具：砧板、菜刀

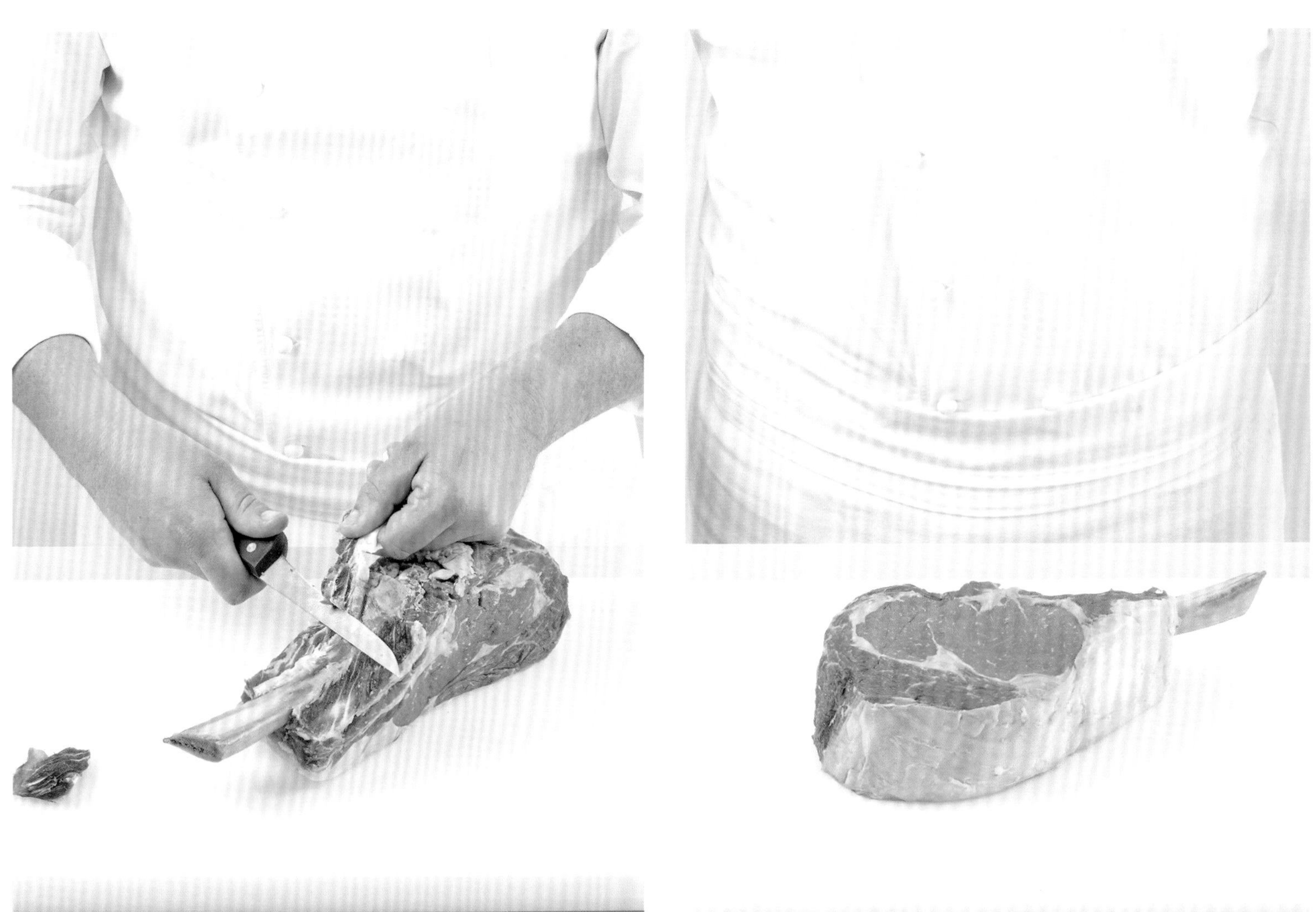

3 切開包覆住骨頭末端的肉，並將骨頭末端刮乾淨，讓末端 6 ～ 7 公分的骨頭露出來。

4 處理好可進行煎烤的牛肋排。

烤牛肋排

Griller une côte de boeuf

難度：🍳🍳　　**用具：**烤架（或鐵板）
砧板、菜刀

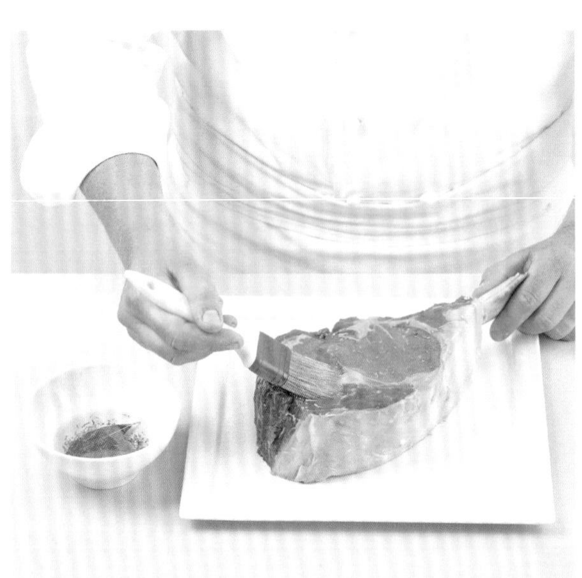

1 用刷子輕輕為牛肋排刷上油，亦可在油中加入調味香草。

2 以中火加熱烤架（或鐵板），再將牛肋排擺在烤架上。

3 牛肋排充分上色後，將肋排平轉 1/4 圈，再度煎烤至上色。依照肋排的厚度烤五到八分鐘。如有需要，可轉成小火。

4 用料理鉗將肉翻面。

5 重新開始為另一面的肉煎烤上色。

6 待肉充分上色後，將肋排平轉 1/4 圈，再依想要的熟度煎五到八分鐘。

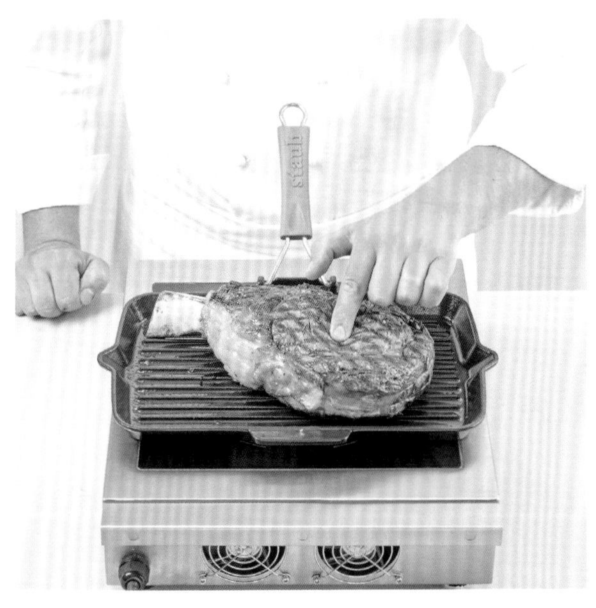

7 用手指檢查熟度（見 144 頁的牛排熟度）。

8 肋排離火並蓋住，靜置十分鐘。

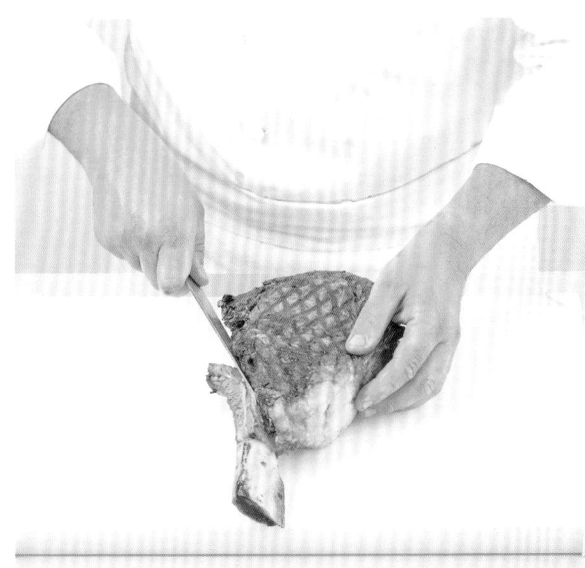

9 切除肋排的骨頭。

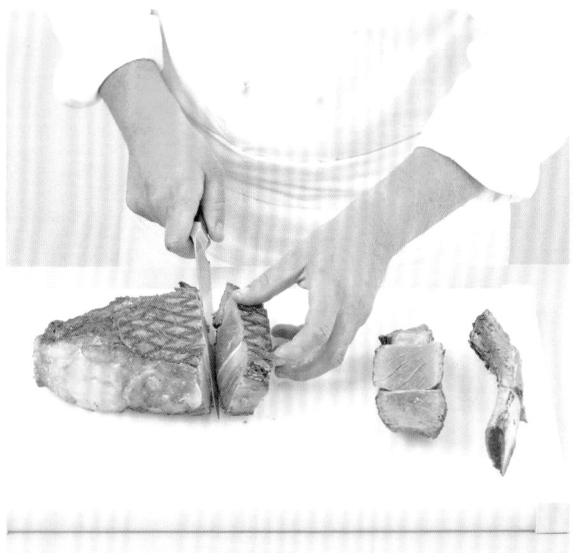

10 將肋排切成厚片。

裹嫩菲力捲

Barder des tournedos

難度：🍳🍳

建議：切開嫩菲力捲時會從細繩之間切開，
因此請依你想要的厚度來綁繩子。

1 將牛里脊中段擺在長方形的肥肉薄片上，並根據里脊的大小重新裁切肥肉。

2 用肥肉將里脊裹起來，讓肥肉重疊 1 公分，並裁掉多餘的部分。

用具：砧板、菜刀

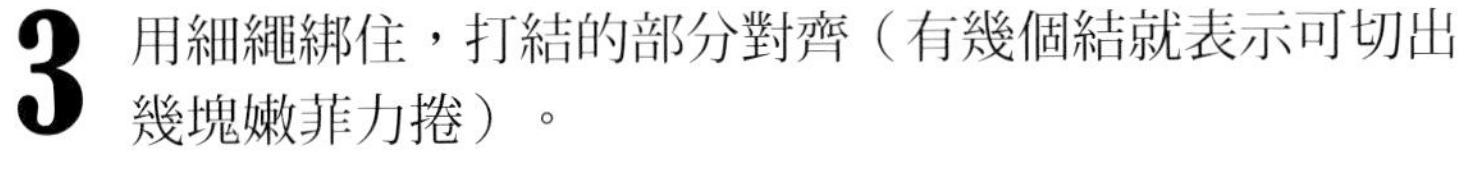

3 用細繩綁住，打結的部分對齊（有幾個結就表示可切出幾塊嫩菲力捲）。

4 切出嫩菲力捲。

煎嫩菲力捲並用馬德拉醬刮鍋

Cuire des tournedos et déglacer au madère

難度：🍳🍳

份量：4 人份

準備時間：10 分鐘

烹調時間：20 分鐘

用具：平底鍋

材料：牛油 50 克
花生油 1 大匙
嫩菲力捲 4 塊
馬德拉酒 50 毫升（Madère）
馬德拉醬 150 毫升（見 84 頁）
液狀鮮奶油 150 毫升
鹽、現磨胡椒

1 在鍋中以極旺的火將牛油和花生油加熱至融化，放入略為撒鹽的嫩菲力捲。

2 當第一面充分上色時，用料理鉗或鍋鏟（勿用叉子）翻面。

3 火稍微轉小，將第二面煎至想要的熟度（見 144 頁的牛排熟度）。

4 將肉取出，擺在盤子裡並蓋上另一個盤子保溫。去掉多餘的油脂。

5 馬德拉酒倒入鍋內。

6 用刮刀將煎肉時黏在鍋底的肉汁刮起來，並用旺火收乾肉汁。

7 倒入馬德拉醬。

8 加入鮮奶油。

9 以小火濃縮醬汁，直到醬汁可以附著在刮刀上。

10 調整醬汁的味道並淋在嫩菲力捲上，接著撒上胡椒。

為牛肩胛肉鑲入肥肉

Préparer un paleron de boeuf et le larder

難度：🍴🍴🍴

建議：務必依照鐵扦溝槽的粗細將肥肉切片。
肥肉必須牢牢地塞住，不會滑出來。

1 去掉肩胛肉最大片的筋膜（包覆肌肉的纖維膜）。

2 切下鹹味肥豬肉的肥肉，再把肥肉切成約 1 公分厚的片狀。

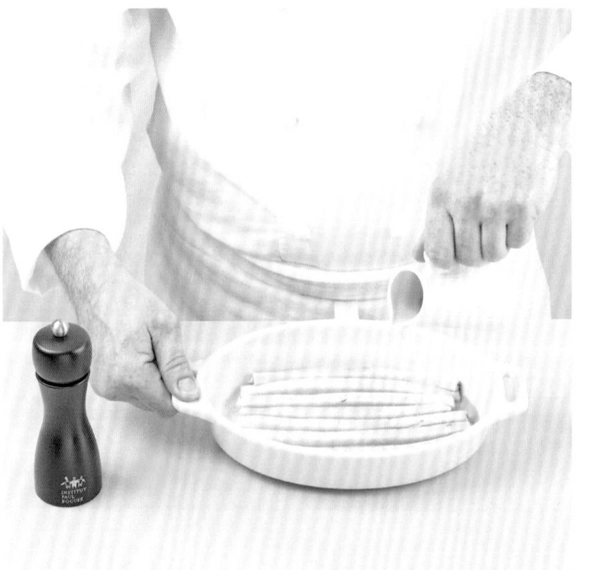

3 將肥肉片再切成約 15 公分長的肥肉條。

4 為肥肉條撒上胡椒，加入 50 毫升的酒（酒款依照食譜而定），並冷藏三十分鐘，讓肥肉變硬。

用具：砧板、菜刀
塞豬肥肉用鐵扦

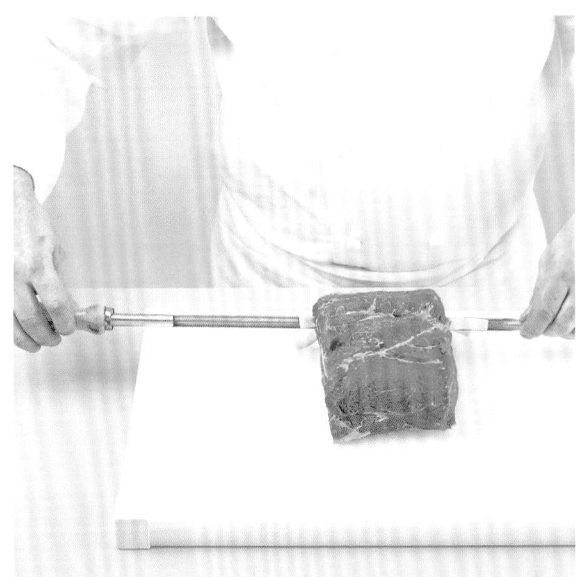

5 用鐵扦穿過肩胛肉，並將一條肥肉塞入溝槽內。

6 一邊轉動，一邊輕輕拉出鐵扦。

7 肥肉應該貫穿整個肉塊。

8 重複同樣的動作，規律地插入肥肉，讓所有肥肉露出 4 ～ 5 公分。這樣肩胛肉就準備妥當可以醃漬了。

紅酒燉牛肩

Braiser un paleron au vin rouge

難度：🍳🍳
份量：4 到 6 人份
準備時間：15 分鐘
烹調時間：3 至 4 小時

1 前一天，依個人喜好選擇是否為牛肩鑲入肥肉。接著把肉放入鍋中，用紅酒、紅蘿蔔、芹菜莖、洋蔥和調味香草束醃漬。

2 烹調當天，從醃漬湯汁中取出牛肩並擦乾。

3 過濾醃漬湯汁，保留蔬菜。

4 燉鍋中倒入橄欖油，在料理鉗的輔助下油煎牛肩的每一面。調味。

用具：鑄鐵燉鍋
漏斗型濾器

材料：牛肩胛肉1塊（可鑲入肥肉，見156頁）
醇厚紅酒 750 毫升
紅蘿蔔 1 根，切成骰子塊
芹菜莖 1 枝，切成骰子塊
洋蔥 1 顆，切成骰子塊（見 440 頁）
調味香草束 1 束
橄欖油 4 大匙
棕色小牛高湯 300 毫升（見 68 頁）

5 將肉取出，把蔬菜放入鍋裡。

6 煮一會兒至蔬菜出汁。

7 加入濾好的醃漬湯汁。

8 倒入棕色小牛高湯並煮沸。撈去浮沫。

9 把牛肩放回燉鍋內。

10 不加蓋，煮至酒味消散。

11 蓋上蓋子，以極小火慢燉至少三到四小時。

12 也可以用預熱至 140°C（刻度 4-5）的烤箱，將牛肩烤至充分入味。

13 取出並瀝乾牛肩，以保溫的狀態放置一旁備用。

14 用漏斗型濾器過濾醬汁，邊濾邊仔細按壓，盡可能萃取出蔬菜的果肉。

15 熬煮醬汁直到濃縮成可以附著在湯匙上。撈除醬汁內的油脂（若有鑲肥肉的話）。

16 將牛肩放回鍋內，在醬汁中再度加熱。請搭配新鮮麵食和糖色紅蘿蔔（見471頁）享用。

小牛肉

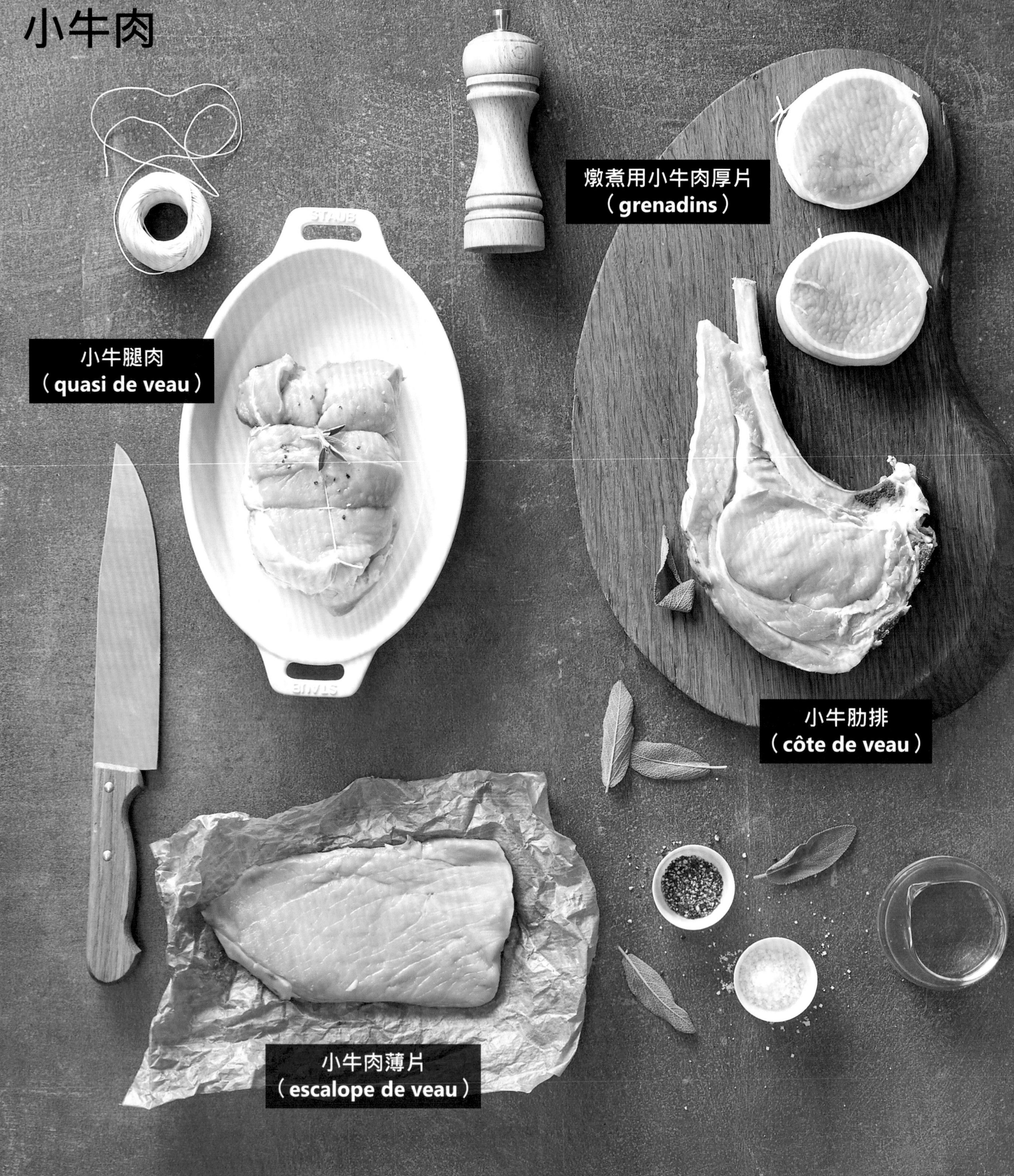
燉煮用小牛肉厚片
（grenadins）
小牛腿肉
（quasi de veau）
小牛肋排
（côte de veau）
小牛肉薄片
（escalope de veau）

小牛頸肉
（collier de veau）
STAUB
STAUB
小牛膝
（osso-buco）
小牛胸肉
（poitrine de veau）
小牛腩
（tendron de veau）
小牛小排
（haut de côte）

切薄肉片

Tailler des escalopes

難度：🍴🍴

建議：可用同樣的方法切豬肉片（豬腿肉）
或火雞肉片（雞胸肉）。

1 將小牛上後腿肉切成厚約 1 公分的肉片。

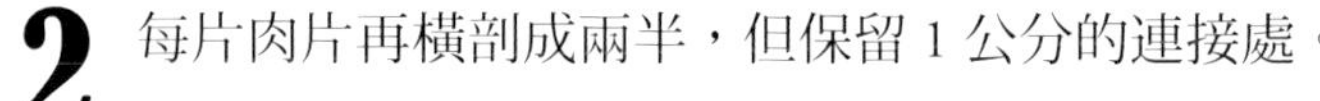

2 每片肉片再橫剖成兩半，但保留 1 公分的連接處。

用具：砧板、菜刀
壓板

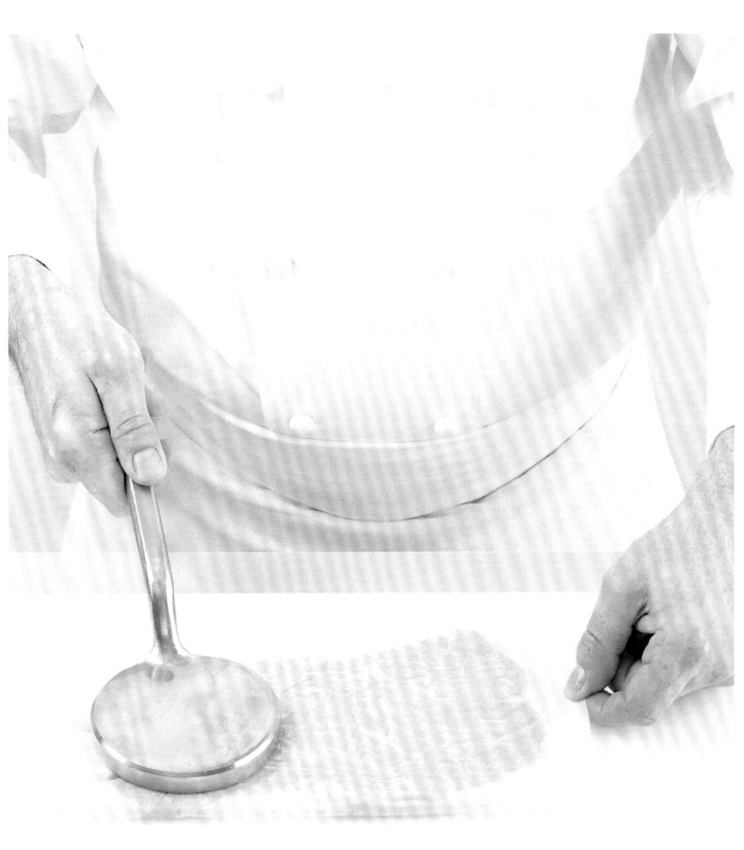

3 展開肉片。

4 將肉片夾在兩張烘焙紙中間，用壓板壓平。

烤小牛肉的準備

Préparer un roti de veau

難度：🍞🍞🍞　　**用具：**砧板、菜刀

1 準備一塊小牛上後腿肉或小牛腿肉、一塊長方形的肥肉薄片、一條細繩。

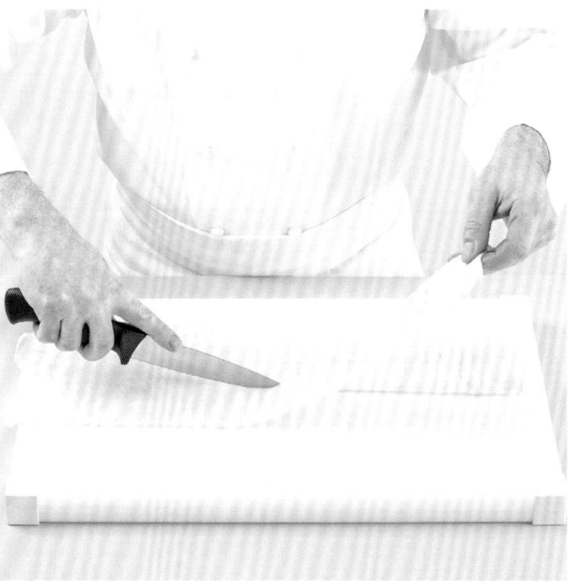

2 從肥肉片中裁出一條寬約 5 ～ 6 公分的帶子，帶子的長度必須足以環繞肉一整圈。

3 再裁出一條長度相同、寬約 2 公分的小條肥肉。

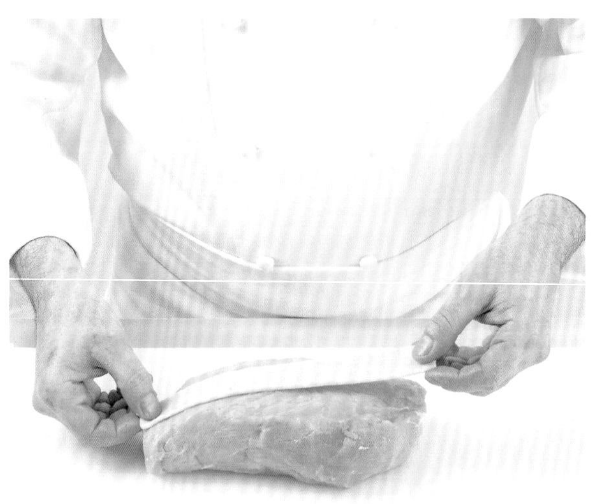

4 將小條肥肉平鋪在肉上。

5 用大條肥肉裹在肉的側邊，完整裹一圈後，讓末端交疊在一起。

6 用繩子環繞肉的側邊。

7 在其中一邊打結。

8 用繩子上下環繞住肉，在表面打第二個結。

9 依照肉的長度，用繩子上下環繞綁住，在中央打兩到三個結。

10 肉已經處理好，可進行燒烤。

悶烤小牛肋或豬肋

Poêler un carré de veau (ou de porc)

難度： 🍳🍳
份量： 6 人份
準備時間： 25 分鐘
烹調時間： 45 分鐘

建議： 腿肉、上後腿肉和後腿股肉都可以這樣悶烤。

1 準備調味配菜。

2 準備小牛肋（見 186 頁羔羊肋的處理）。

3 燉鍋中放入油和牛油，以小火將小牛肋的每一面煎至褐色。

4 在肋排周圍倒入調味配菜，煮幾分鐘至出汁。

用具：砧板、菜刀
鑄鐵燉鍋

材料：紅蘿蔔 2 根
洋蔥 2 顆，切塊
番茄 1 顆
調味香草束 1 束
3 根肋骨的小牛肋或豬肋 1 塊（約 1.5 公斤）
花生油 4 大匙
牛油 50 克
白色小牛高湯 250 毫升（見 66 頁）
鹽、現磨胡椒

5 加入白色小牛高湯。

6 撒鹽和胡椒，加蓋，以小火或放入烤箱以 170℃（刻度 5-6）燉煮。每 1.5 公斤約需三十五分鐘。

7 時不時為小牛肋澆淋湯汁。如有需要，可再加入些許小牛高湯。

8 煮好時，取出小牛肋，並用鋁箔紙包住保溫。

製作小牛肋肉汁淋醬

Glacer un carré de veau

難度：🍳🍳　　**用具：**網篩
長柄大湯勺

■ 在傳統餐飲中，我們會將小牛肉塊擺在裝有耐熱烤盤的烤架上，用明火烤箱烘烤，接著淋上醬汁數次，直到肉塊形成鏡面般光亮的外觀。

建議：在調至燒烤功能的烤箱烘烤，亦可獲得同樣的效果。

1 悶烤小牛肋（見 168 頁）後，將燉鍋中的內容物濃縮至變為金黃色。接著加入 250 毫升的棕色小牛高湯，溶解黏在鍋底的湯汁。

2 將鍋底的湯汁刮起來。

3 用網篩過濾燉鍋中的內容物，但不要按壓。

4 盡可能撈除表面所有的油脂（澄清）。

5 以旺火將濾好並澄清過的湯汁，濃縮到形成幾乎像焦糖一樣，帶有光澤的釉面醬汁。

6 淋在小牛肋上，立即享用。

英式酥炸小牛肉片

Escalope de veau à l'anglaise

難度：🍳🍳
份量：4 人份
準備時間：10 分鐘
烹調時間：6 分鐘

用具：平底鍋

材料：麵粉
打散的蛋液
小牛肉薄片 4 片
麵包粉
花生油 4 大匙
牛油 50 克
鹽、現磨胡椒

1 取三個容器，依序倒入以下材料：麵粉、用叉子打散的蛋液、麵包粉。

2 為肉片撒上鹽和胡椒。

3 先為肉片裹上麵粉。輕拍肉片以去除多餘的麵粉。

4 接著將肉片浸入蛋液中。

5 最後為肉片的兩面都裹上麵包粉。

6 在大型平底鍋中加熱牛油和油，放入肉片。

7 當第一面煎至金黃色時，用料理鉗將肉片翻面。

8 煎第二面。

9 取出肉片並放在廚房紙巾上。

10 立即搭配切瓣檸檬享用。

肉捲的製作與烹調

Réaliser et cuire des paupiettes

難度：
份量：10 人份
準備時間：20 分鐘
烹調時間：30 分鐘

用具：平底炒鍋

材料：小牛肉薄片 10 片（見 164 頁），切成邊長約 12 公分的正方形
邊長約 20 公分的方形網油，清水洗淨並擦乾
25 × 3 公分肥肉薄片 10 片
餡料——碎的小牛肉 300 克（可收集修整或裁切肉片時的碎屑），切碎
蘑菇 150 克，切碎（見 458 頁）
切碎的香芹（或細葉芹、龍蒿）3 大匙
吐司 1 片，浸泡牛奶並擰乾
紅蔥頭 2 顆，切碎
鹽、現磨胡椒
烹煮用——牛油 50 克
花生油 1 大匙
紅蘿蔔 1 根，切成骰子塊
芹菜莖 1 根，切成骰子塊
洋蔥 1 顆，切成骰子塊
調味香草束 1 束
不甜的白酒 100 毫升
棕色小牛高湯 150 毫升（見 68 頁）

1 製作餡料，在攪拌盆中混合所有材料。

2 撒上鹽和胡椒。

3 肉片攤開，在中央擺上餡料。

4 將肉片左右對角朝中央折起。

5 將上下對角朝中央折起（如同信封一樣）。

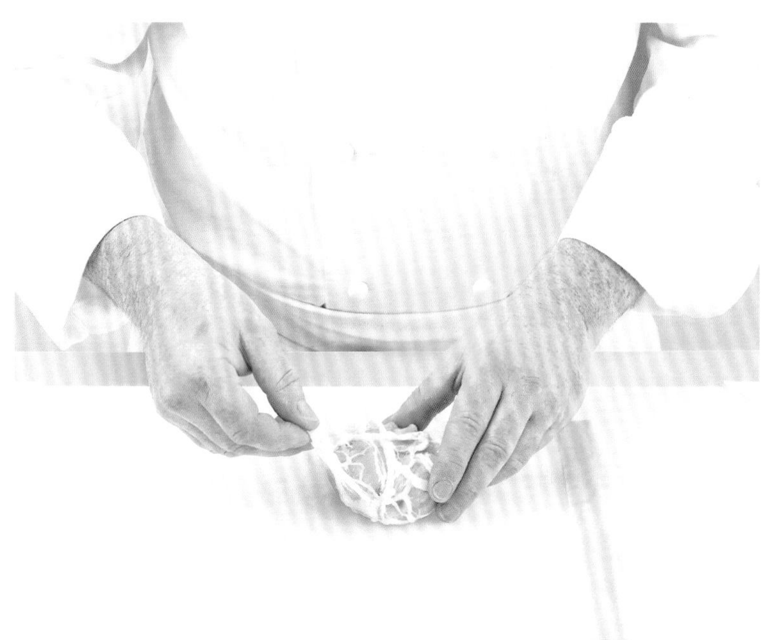

6 用網油將每個肉捲包起來。

7 用長條狀肥肉薄片在每個肉捲的側邊裹一圈。

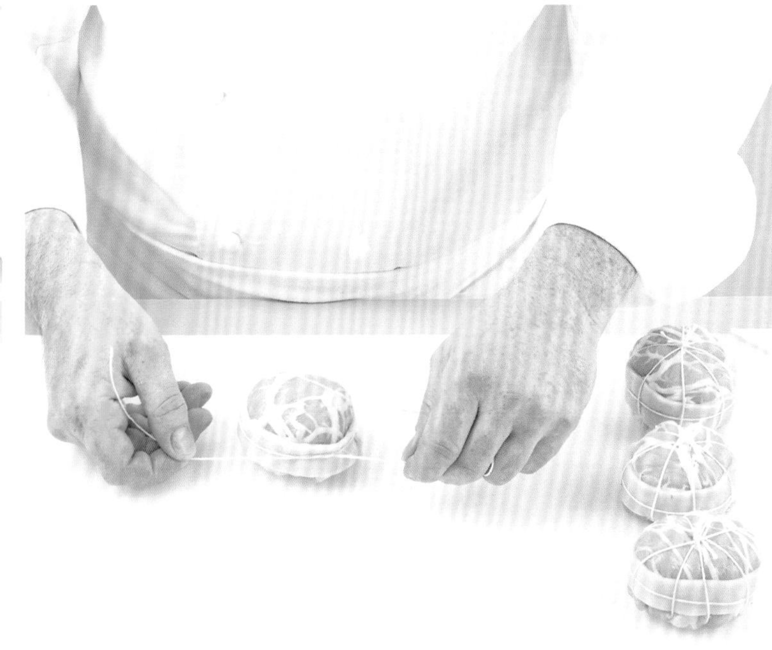

8 用繩子將肥肉片綁住固定。

9 用繩子將每個肉捲綁成小球狀。

10 在炒鍋中放牛油和花生油，以旺火將肉捲的兩面都煎成金黃色。

11 加入切成骰子塊的紅蘿蔔、芹菜莖和洋蔥，煮一會兒至出汁。

12 加入調味香草束並倒入白酒。

13 讓醬汁濃縮一會兒後，倒入小牛高湯。

14 加蓋，以小火慢燉三十分鐘。

羔羊

羔羊胸肉
（poitrine d’agneau）

羔羊頸肉
（collier d’agneau）

羔羊腩
（tendron d’agneau）

前肋排
（côtes premières）

後肋排
（côte seconde）

處理羔羊腿

Préparer un gigot d'agneau

難度： 🍳🍳　　**用具：**砧板、菜刀

1 去掉羔羊腿上多餘的油脂。

2 沿著骨頭，將覆蓋髖骨的肉和骨頭切割開來。

3 清出髖骨。

4 將覆蓋骨頭末端約5公分左右的肉切下來，並將骨頭刮乾淨，讓骨頭露出來。

羔羊腿鑲蒜

Piquer un gigot d'agneau à l'ail

難度：🍴🍴　　**用具：**砧板、菜刀

1 準備 1 枝迷迭香和 1 枝百里香。在羔羊腿上劃出規則切口。

2 在每個切口內一一塞入半顆剝皮大蒜。

3 將羊腿的末端朝骨頭方向折起，把香草包在裡面，並用繩子沿著長邊綁兩次。

4 將羊腿以每 2 ～ 3 公分的間距橫向綁起。羔羊腿已處理好，可進行烹調。

烤羔羊腿並製作肉汁

Rotir un gigot d'agneau et réaliser son jus

難度：🍳🍳　　**用具：**烤箱
網篩
平底深鍋

1 烤箱預熱至 220℃（刻度 7-8）。準備帶骨的羔羊腿、整顆大蒜和百里香。淋上橄欖油、加鹽和胡椒。

2 羊腿放入烤箱烤十五分鐘，將兩面都烤上色。再將溫度調低至 180℃（刻度 6）。若要三至四分熟，每半公斤肉烤十五分鐘；若要全熟，每半公斤肉烤二十五分鐘。

3 從烤盤中取出羊腿，用鋁箔紙蓋住保溫，靜置十五分鐘。

4 用鍋鏟將黏在烤盤底部的肉汁仔細刮起來。

5 烤盤內倒入 200 毫升的羔羊高湯（或是蔬菜高湯、或是水）。

6 將烤盤內的肉汁過濾到小鍋子裡。

7 將小鍋子內的肉汁收乾一半。

8 盡可能撈掉肉汁裡所有油脂。在切割羊腿時請收集流出的羊血，並在加熱肉汁前加進去。

9 若你想要更濃稠的肉汁，可加入用些許冷水調開的玉米澱粉（1 小平匙）。

10 讓肉汁煮滾一分鐘，使其稠化。

羔羊肩去骨並綁成肉捲

Désosser et rouler une épaule d'agneau

難度：

建議：去骨肩肉亦可綁成球狀。若要綁成球狀，請先用網油包住肩肉，再擺在四條排成星形的繩子上，將肉綁成扁平球狀。

1 將羔羊肩表面的油脂和皮稍微切除乾淨。

2 清理並取出肩胛骨。

3 清除大骨周圍的肉。

4 清出骨頭。

用具：砧板、菜刀

5 將骨頭與肉徹底切割開來。

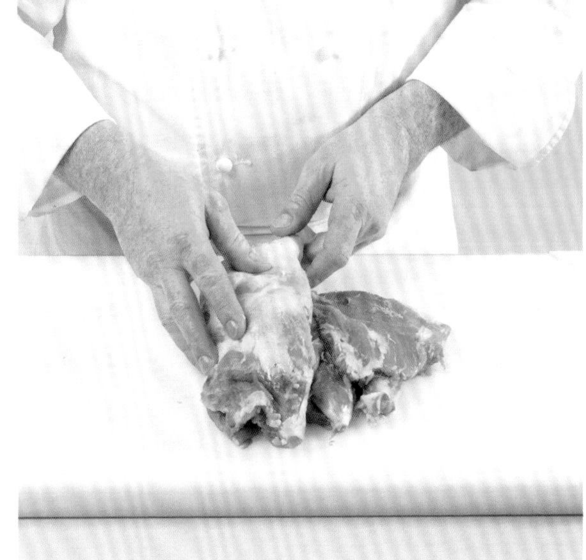

6 將肩肉緊緊地捲起。

7 用細繩以十字交叉的方式將肩肉綁好。

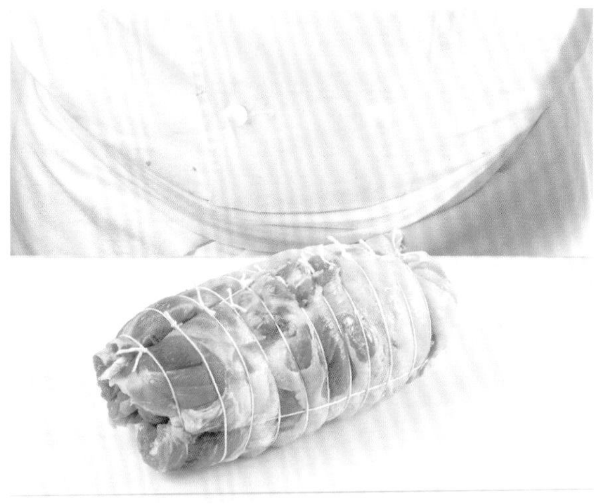

8 繩子的間隔為 2 ～ 3 公分。肩肉已處理好，可供烹調使用。

處理法式羔羊肋

Habiller un carré d'agneau à la française

難度：🍳🍳🍳　**用具：**砧板、菜刀
剁肉刀

建議：若想製作完美的烤肋排，可用極為鋒利的刀，在薄薄的油脂上劃出極細的切口，但不要切到肉。

1 準備帶四根或八根肋骨的小羊肋（此處為前四根肋骨和後四根肋骨）。

2 從脊肉中清出脊柱部分。

3 用剁肉刀切除整條椎骨。

4 切除脊肉旁多餘的油脂。

5 將覆蓋羊肋骨的肉垂直切開，切口至脊肉上方約兩公分處。

6 將肋排朝向自己彎折，由上往下直直穿過每根骨頭之間的肉。

7 沿著骨頭，切開骨頭兩旁的肉。

8 將骨頭刮乾淨，清出骨頭。

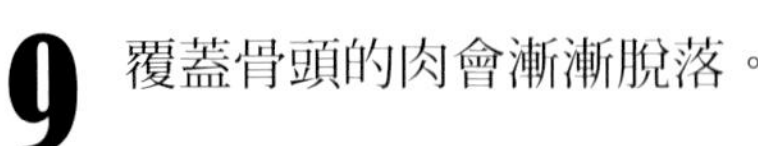

9 覆蓋骨頭的肉會漸漸脫落。

10 剝離後排肋骨上那層薄薄的肥肉。

11 保留前排肋骨的油脂。

12 在每根肋骨之間用繩子綁起來。

13 若要烘烤一整塊羊肋，請用鋁箔紙保護骨頭。

14 亦可將整塊羊肋切成只有一根或兩根肋骨的肋排形式，方便油煎。

羔羊脊肉去骨並綁成肉捲

Désosser et rouler une selle d'agneau

難度：🍳🍳🍳　　**用具：**砧板、菜刀

建議：在將脊肉捲起來之前，可在皮膜（panoufle）鋪上簡單調味的餡料（蒜泥、百里香和新鮮羅勒、鹽和胡椒）或碎蘑菇泥（見 458 頁）。

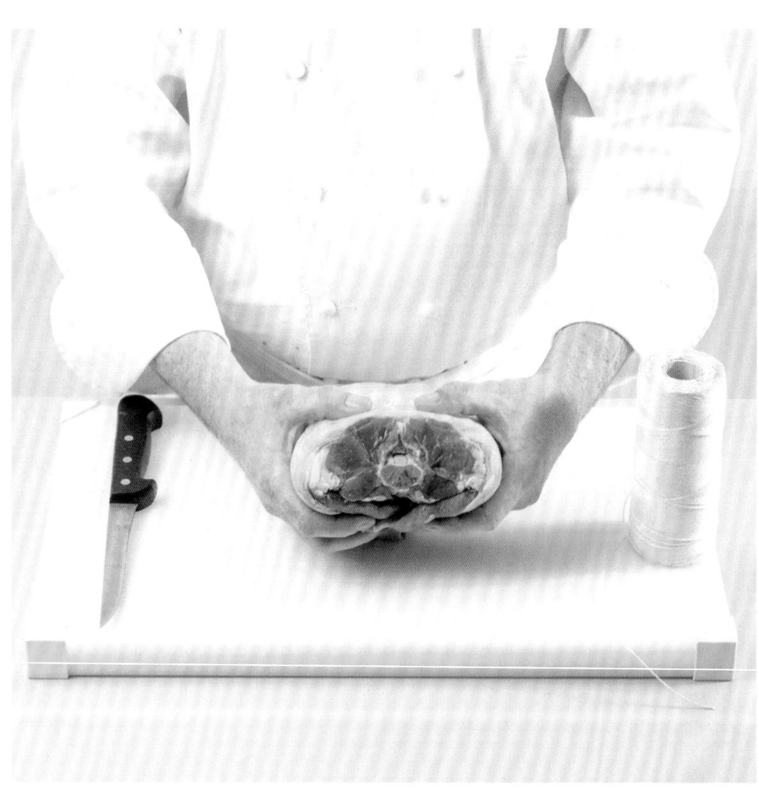

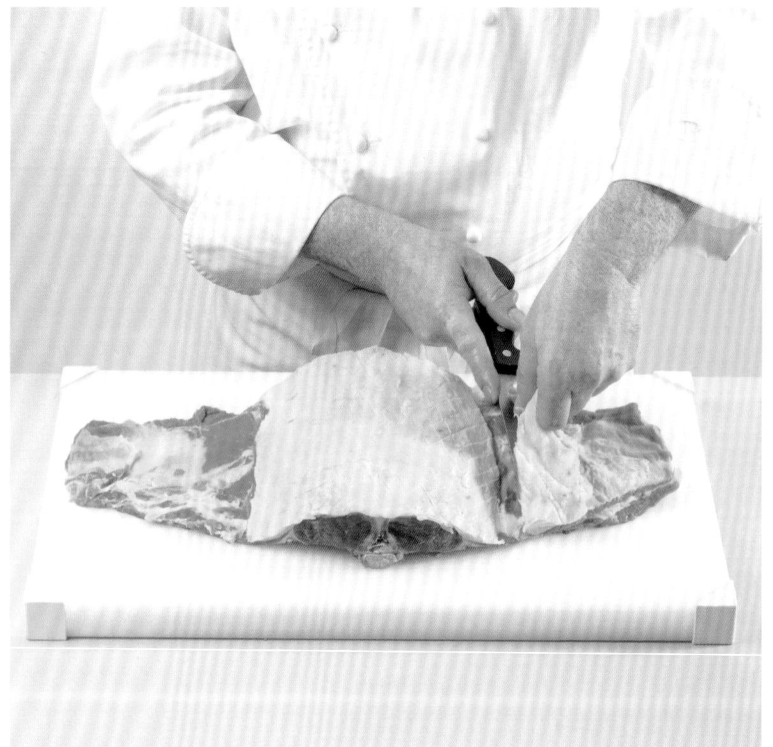

1 羔羊脊肉是由六根腰椎骨組成的小段肉塊。

2 如有需要，可稍微去除脊肉背部的脂肪，並用刀子小心地在脂肪上劃出格子狀紋路。

3 取下菲力（filet mignon）。

4 用刀子沿著肋骨平切。

5 繼續將刀子插入脊肉和脊骨之間，小心別切斷背肉的皮。

6 另一邊也重複同樣的動作。

7 輕輕將脊柱尖端與背部的皮分開，取出整個骨頭。保留骨頭和切下的碎屑作為烹調用。

8 將脊肉攤開，如有需要，小心切除油脂。

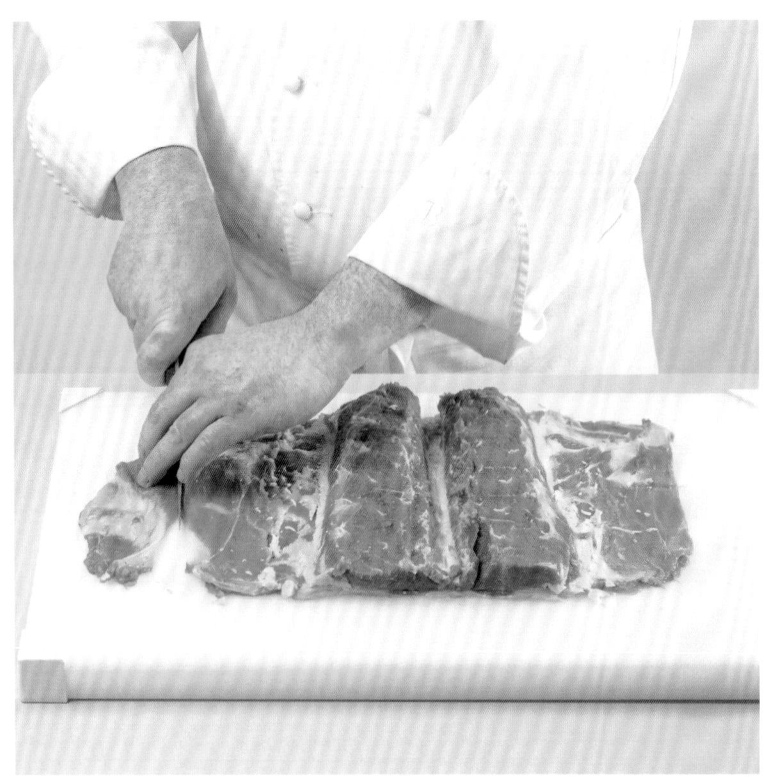

9 切去一部分的皮膜。

10 將菲力放回皮膜上，撒鹽和胡椒。

11 將皮膜朝菲力的方向折。

12 緊緊捲起來。

13 每間隔四公分就用繩子綁住。

14 在每條繩子之間，再以間距兩公分的寬度綁上繩子。準備完成。

取下羔羊脊肉並切成小排

Lever des filets et détailler des noisettes

難度：🍴🍴🍴　**用具：**砧板、菜刀

建議：帶有皮膜的肉切碎後非常適合用來取代牛肉，
或是搭配牛肉製成義式波隆納番茄肉醬。

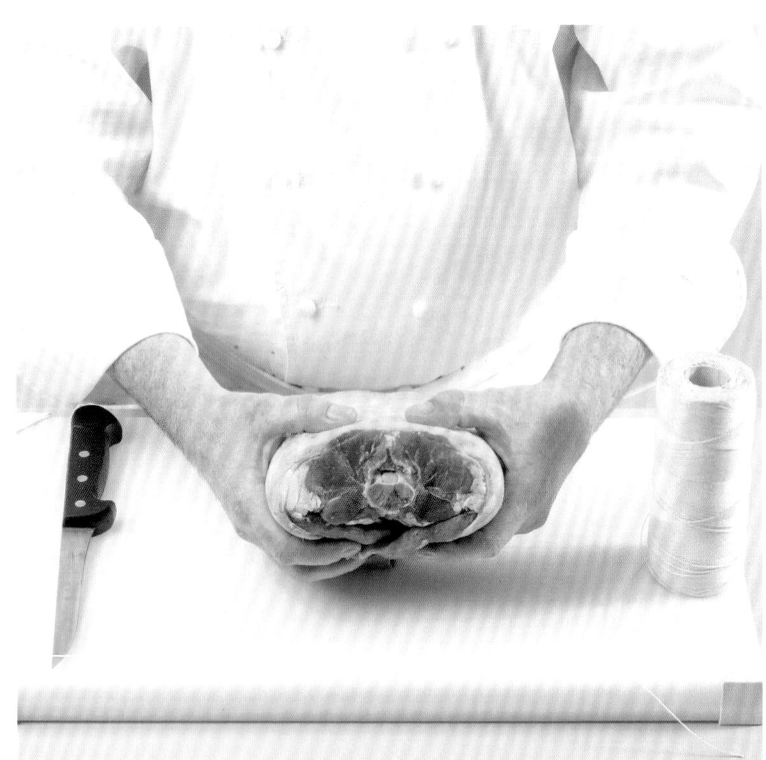

1 重複處理羔羊脊肉時的步驟一、二、三（見 190 頁），取下菲力。

2 沿著脊柱將脊肉切開。

3 將骨頭上的肉仔細刮乾淨，並沿著脊椎骨將肉切開，以免損害脊肉。

4 整齊地切下皮膜（可用來製成絞肉）。

5 用刀子剝離原先覆蓋著脊肉的薄片肥肉，再切下來。

6 若食譜指明，亦可將脊肉切成小排。

春蔬燉羔羊

Navarin d'agneau

難度： 🍳🍳
份量： 4 人份
準備時間： 35 分鐘
烹調時間： 50 分鐘

用具： 鑄鐵燉鍋 2 個
網篩

材料： 去骨羔羊肩肉 1 塊（見 184 頁），或是帶骨的羔羊頸肉或胸肉，切大丁
牛油 30 克
橄欖油 2 大匙
紅蘿蔔 1 根，切成骰子塊
洋蔥 1 顆，切成骰子塊（見 440 頁）
麵粉 1 大平匙
市售濃縮番茄糊 1 大匙
去皮大蒜 3 瓣
調味香草束 1 束
棕色羔羊高湯（以羔羊碎屑製作，配方同棕色小牛高湯，見 68 頁）或蔬菜高湯（見 79 頁）
洗淨的當季迷你蔬菜 1.5 公斤（紅蘿蔔、番茄、馬鈴薯、菇類、小蕪菁、小洋蔥、法國四季豆）
切碎的香芹 2 大匙
鹽、現磨胡椒

1 燉鍋放入橄欖油和牛油後，慢慢燉煮肉塊，直到肉塊每一面都變成金黃色。加鹽和胡椒。

2 加入紅蘿蔔塊和洋蔥塊，煮幾分鐘至出汁。

3 撒入麵粉，再以旺火將麵粉焙炒成金黃色，期間要不停攪拌肉塊。

4 加入濃縮番茄糊，再放入大蒜和調味香草束。

5 倒入棕色高湯（或蔬菜高湯），直到半淹過食材。

6 加蓋，以小火慢燉三十五到四十分鐘（若是頸肉或胸肉，約需一小時十五分鐘）。

7 利用燉煮的時間準備並川燙蔬菜（見 420 頁）。

8 烹煮結束前二十分鐘左右，將肉移入第二個鍋子裡。

9 把第一個鍋子裡的醬汁，用網篩過濾到第二個鍋子內。

10 邊開火續煮第二個鍋子，邊加入川燙好的蔬菜。

11 加入切碎的香芹。

12 關火，趁熱享用。

建議： 若你使用的是頸肉或胸肉，務必要在過濾醬汁以後、放回肉塊之前，將醬汁裡的油脂撈除乾淨。可用小火緩緩加熱醬汁，盡可能撈去浮在表面的所有油脂。

La
VOLAILLE

家禽

La volaille

家禽，白肉的魅力與益處

大家都知道亨利四世的名言，他曾發下這樣的誓言：「讓我王國內每個農民的鍋裡都有一隻雞*」。

絕無虛假，這句話見證了家禽的重要性，也見證了家禽長久以來就是所有人唯一的肉食。即使是最沒錢的人，每個禮拜至少都能吃一次雞肉。

家禽的這項特點來自於飼養家禽的便利性，在家禽飼養棚（最接近農場的部分）這女性專屬園地裡，人們飼養著飛禽和兔子，這些家畜吃得不多，而且吃剩菜。此外，牠們的體型夠小，屠宰後的保存不成問題。

今日的家禽具有多重形象，而且形象非常極端：一方面是最糟糕的農產加工食品如層架式籠養雞，另一方面是高級又昂貴的料理，例如肥母雞和閹雞。

而在此，我們擔憂的是：利於品嘗和健康的優質肉品，不僅要滿足美食和健康的需求，也必須符合道德的考量。

奢侈的雞肉

閹雞（chapon）是精選的閹割雞肉，肉質極為柔嫩細緻。飼養在布列斯（Bresse）未受光照的環境中，由穀物和乳製品組成的飼料經過嚴格控管，讓閹雞不只是皮，連肉都充滿了油脂，這也是閹雞和其他家禽不同之處。

肥母雞（poularde）同樣具有豐富的油脂。過去為了有利於雞肉的育肥，甚至會摘除牠們的卵巢。今日的育肥則是透過飲食，與閹雞雷同，同時採用穩定的生活方式。帶有 AOC 或紅標標籤的肥母雞來自布列斯、盧埃（Loué）或利曼（Mans）。

孩子們的享受，美食的樂趣

「家禽」一詞是多種動物的統稱：鵪鶉、鴨、閹雞、公雞、小雞、火雞、小火雞、鵝、珠雞、肥母雞、母雞、雞……雉雞和鴿子在經過馴養，因而不列入野味的情況下也屬於家禽。更令人驚訝的是，人為飼養的兔子同樣被視為家禽，說明了家禽飼養棚中為何會設置家兔棚的原因。

極為龐大的家族

家禽家族由許多品種所構成，可在飼養期間進行「加工處理」（閹割、育肥），進而影響肉的味道和口感。公雞、雞和閹雞儘管出生時皆為雄性，卻會形成不同的食品，而且每隻家禽都可以依照千變萬化的準備方式來烹調。

事實上，布列斯雞（poularde de Bresse）和炸雞塊之間沒有絲毫共通之處。雞塊的實際成分最好保持神祕，否則在最糟的情況下可能會引發不快，但我們卻會在布列斯雞的皮下塞入松露薄片。禮拜天的家庭烤雞則介於兩種極端之間，烤雞象徵著某種生命的美好和童年回憶。

*《亨利大帝的故事》（*L'Histoire d'Henri le Grand*），作者為巴黎大主教、國王路易十四的家庭教師阿杜安·德·佩雷菲克斯（Hardouin de Perefixe），1661 年。

雜碎的小小樂趣

雜碎是動物身上可食用，但並非從完整肉塊中取下的部位。屬於雜碎範圍的包括了翅膀、頭部、頸部和足部，以及內臟──胗、腎臟（腰子）、心臟、肝臟，最後還有公雞的雞冠。細緻而精美，自古以來便眾所周知的雜碎，只有內行的美食家才懂得食用，但在亞洲卻廣為流行。

我們可以向家禽商人和大賣場購買家禽，也可以直接跟生產者買，只是後者的情況比較少見。即使家禽是以整隻販售，大多數的時候內臟都已掏空，能夠立刻進行烹調。

在大賣場和熟食店中，我們能選擇特定部位的肉，像是腿肉、脊肉、背肉、雞柳，也可以購買已經烹調好的肉塊，比如藍帶雞排（escalopes en cordon-bleu），或甚至是以家禽肉為基底製作的加工食品，比如火腿和香腸。家禽加工食品顯示了遵守宗教禁忌的好處，很明顯地，相較於傳統以豬肉為基底製作的加工食品，家禽加工食品比較不油膩。

家禽也以冷凍的形式呈現，有時已經預先經過烹調、切塊，或是單純天然未加工的狀態。整隻的生鮮家禽必須先以冷藏的方式解凍，或是以微波爐快速解凍，以免置於室溫中過久。家禽是一種相對容易保存的新鮮食材，可在冰箱冷藏區上層保存數日，但無法承受冷藏區中層的溫度。

若你的烤箱夠大……

有很長一段時間，由於家庭式烤箱常常不夠深、不夠大，無法烘烤火雞或鵝這類家禽。到了節慶時刻，人們會把家禽帶去麵包店烘烤，麵包店再針對這項服務收費。

自五〇年代和烹飪現代化之後，只要好好遵守某些要求，在家烹煮整隻家禽已經不用再如此複雜。

用烤箱烘烤時，我們會在較大型的家禽和節慶用家禽的內裡塞入餡料。餡料會散發出香氣，使家禽的味道更豐富，而內含的油脂也會讓肉質變得更肥美。

儘管餡料是防止肉質乾燥的有效方法，我們依然建議在烘烤家禽的過程中為家禽淋上其湯汁，甚至是用煙燻五花肉片把家禽包起來。加入像是五花肉片這類肥肉片，可以減少我們打開烤箱門澆淋湯汁的次數，也就避免了烹調溫度的變化。

在餡料中加入家禽雜碎，或是其他分開購買的家禽肝臟，肯定能為家禽帶來強烈的香氣。非常重要的還有綑綁家禽，也就是將家禽的翅膀和肢體固定在身體上。這個動作可以防止家禽在烹煮時張開，擺盤時較不美觀。

我們還可以水煮家禽，也就是將家禽肉浸泡在微滾的水裡，跟切成小塊的硬質蔬菜等調味配菜一起煮。著名的法式燉雞（poule au pot）就是以類似的手法製作而成，其中的高湯就和蔬菜牛肉湯一樣，可以再用麵包或澱粉使其變得濃稠。處理如此健康的菜餚，一道既充滿元氣又清淡的高湯，我們會在烹煮時撈除浮至表面的白色泡沫。

某些家禽非常適合獨特的組合。例如，格外多汁的鵝非常適合用來搭配較甜的味道。只要加入一些水果，或是以蜂蜜和芥末調成的鹹甜醬汁烘烤，就是一道極為出色的料理。用這種方式烹調後的鵝肉，很接近我們在中世紀料理食譜中找到的鵝肉。

在不損害肉質的情況下確認熟度

當然，我們都知道建議的烹煮時間和溫度。但它們只能當作參考。為了確認整隻家禽是否已經煮熟，我們會用水果刀非常小心地插入上腿肉和身體之間。若流出的汁液為淡黃色、沒有任何一絲紅色，表示家禽已經煮至適當的熟度了。

法國美食中最奇怪的名稱

「傻瓜才不吃」（sot-l'y-laisse）是兩小塊出奇細緻的肉塊，就位於臀部上方，盤繞在髖骨內。

這塊肉非常特別，只有一口大小，細緻，而且美味非凡，是一家之主會從家禽身上切下來，特別獻給女士的部位。

鴨肉也一樣，當我們搭配酸酸甜甜的水果如柳橙、覆盆子和歐洲酸櫻桃（griottes）烹調時，鴨肉將散發出強烈的香味。

切成塊狀比較簡單……

相較於整隻家禽，切塊家禽可以當作主菜食用，也可以搭配其他食材，增加口感。

切塊家禽尤其能夠提升沙拉的美味——我們肯定無法想像缺少雞肉的凱薩沙拉——，也非常適合作為清淡晚餐或夏季午餐時的完整沙拉餐。格外美味又具節慶氣氛的做法是佩里格沙拉（salade périgourdine），搭配大量的煙燻鴨胸肉片、鴨胗、鴨頸香腸（cou farci），甚至是肥鴨肝。

腿肉、里脊、肉片、上腿肉是最大眾化的切塊家禽，鴨子最常見的是胸肉，火雞則是切塊油煎。按照部位切塊的家禽在使用上非常方便，讓我們能夠簡單地烹調日常菜餚，不用擔心如何處理剩下的部分*，也不用擔心如何分開一隻完整的家禽（不過在節慶料理時，切肉經常代表重大的時刻，熟練的切肉者可以在此時大展長才）。切塊的家禽在此代表的是日常料理，讓看到整隻動物被端上桌時可能會不舒服的孩子們展露笑顏，是讓動物超脫具體形象的絕佳方式。

……烹調時也比較簡單

按照部位切好的家禽肉塊在烹調時相當快速，也有許多自由發揮想像力的空間。我們可以在炒鍋中，簡單地用一般大火將切塊雞肉炒成金黃色，雞肉的肉質軟嫩，並因為加入的油脂——橄欖油或牛油而豐富了味道。若是先為切塊雞肉撒上麵包粉後再油炸，則能鎖住雞肉的味道，更多的油脂也會讓味道變得更濃郁。然後再用各種醬汁來搭配，清淡的、如奶油般濃稠的。若想幫助消化，只用少許的檸檬來搭配炸物會是明智的做法。

較符合營養學的選擇是紙包料理。用香草和香料調味，密封在小型的烘焙紙袋中燜烤，肉質會變得無比軟嫩而且極其細緻。

切塊家禽也非常適合以較旺的火勢來烹煮，例如燒烤。烹煮前，先讓家禽肉塊在濃稠的醃漬醬料——例如以芥末和蜂蜜為基底製成的醃醬——裡靜置數小時，讓脆弱的肉周圍形成一層保護層，以免碳火的熱度讓肉質變得乾燥。

在異國料理方面，家禽常見於亞洲料理，我們可以烤雞柳條，或是以中式炒鍋炒其他部位的雞肉薄片。我們可選擇保留原味、預先用有香料的醬油醃料浸泡，或用甜味劑或蜂蜜讓味道變得更柔和。

家禽必須煮熟

即使我們可以找到一些稱為家禽「韃靼」的食譜，但里脊仍須先用微滾的檸檬水燙過，然後再和其他材料混合。即使肉品非常安全，我們也絕不建議生吃，而且這麼做也沒有任何好處。相反地，切塊的鴨肉在肉呈現粉紅色時特別可口，只要不帶血即可。

* 不過，一如所有我們隔天再加熱的食物，家禽剩下的部分往往格外美味；它們的味道會增強，變得更加濃郁。

美味又健康的家禽

家禽白肉有著有益健康的美好形象。當我們更進一步研究它的好處時會發現，家禽白肉比我們想像得還要好，當然，前提是精挑細選的食材。

瘦肉蛋白質

家禽富含極為優質的動物性蛋白。例如雞肉，就含有人體必須的完整蛋白質，而且含量驚人。事實上，人體無法自行製造這些蛋白質，但在攝取九種胺基酸——這九種胺基酸在雞肉中都有——後便能生成。

除了較肥的家禽以外，家禽對我們來說是一種很瘦的肉。因為動物大部分的油脂都在皮裡。對於瘦身和低脂飲食來說，我們只要避免食用皮，儘管它們是如此酥脆又可口，就可以再次降低家禽肉的熱量。由於家禽肉的熱量密度很低，而且富含蛋白質，它們在飲食控制中扮演著非常重要的角色，甚至可以減重。不過要注意，只有用某些烹調方式才能確保這類瘦身效果。奶燉、油炸、夾入火腿和起司（藍帶）或是製成肉醬後，家禽的熱量當然會變得很高。

挑選的問題

家禽就和許多食材一樣，標籤是協助我們選擇最優質產品的重要參考。「紅標」（Label Rouge）標誌以重視蔬食、所需生長時間及生長環境等飼養方式，確保肉品的品質。

「有機農業」（Agriculture Biologique）標誌控管的則是動物的有機飲食，以及能夠讓動物健康且均衡成長的生活條件。這些標誌的保證與協助同等重要，讓我們能挑選美味的食品，享有更健康的、由符合衛生和道德條件飼養的動物所提供的飲食。

火雞屬於油脂含量較少的家禽肉。此外，經常吃火雞肉，透過恢復 LDL 和 HDL 膽固醇各自比例的平衡，可以協助高膽固醇患者改善脂肪狀況。火雞肉也是肉豆蔻酸含量最低的家禽肉，肉豆蔻酸是有害於心血管系統的物質，存在於所有的肉類食品裡。

滿滿的維生素

家禽富含多種維生素，其中包含不可或缺的維生素 B，以及礦物質和微量元素：鐵、磷和硒。硒為維持良好健康所必須，可以減少導致人體老化和心血管疾病的氧化壓力。

雞肉

棒腿
（pilons）

布列斯雞
（poulet de bresse）

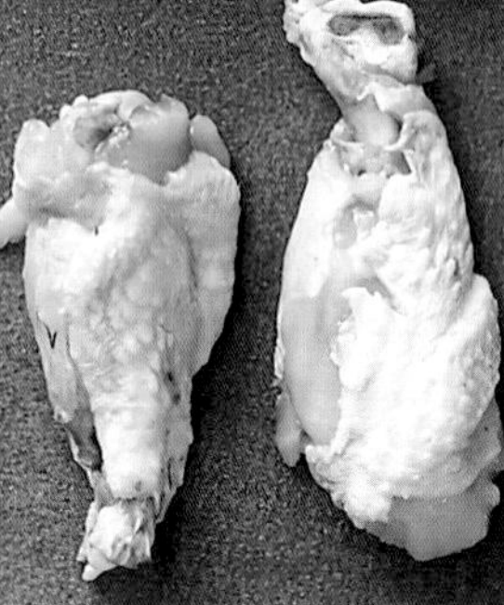

翅腿
（manchons）

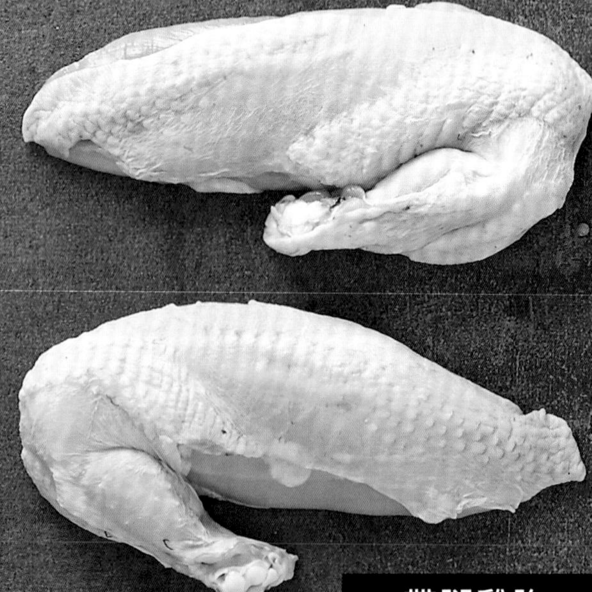

帶腿雞胸
（suprêmes）

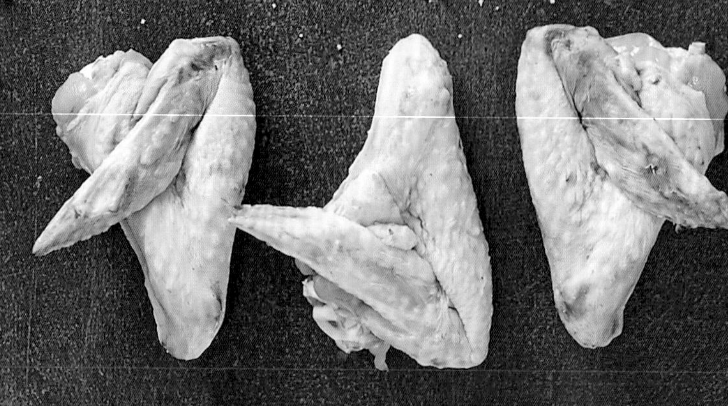

雞翅
（ailes）

雞胸肉
（blanc）
雞肝
（foies）
雞胗
（gésiers）
雞腿
（cuisses）
雞柳
（aiguillettes）
上腿肉
（hauts de cuisses）
雞叉
（fourchettes）

全雞去皮與清除內臟、處理雜碎

Habiller une volaille et préparer ses abattis

難度：

建議：這些技術也可以處理剛從農場或直銷小農買來、剛去毛的全雞。

1 用刀子去除剩餘的毛管（羽毛根部的毛囊）。

2 用瓦斯噴燈或噴槍快速燒掉表面殘留的小羽毛和絨毛。

用具：砧板、菜刀

3 切下雞爪的雞距和趾頭，只保留中間的腳趾。

4 火燒雞爪。

5 用毛巾去除浮起的皮。

6 切下每隻翅膀的尖端。

7 將雞腹朝下擺好，拉直頸部，並將頸部的皮劃開。

8 剝離頸部的皮，並沿著邊緣切下。

9 在頸部一半的位置，把皮切開。

10 拔除食道和嗉囊*。

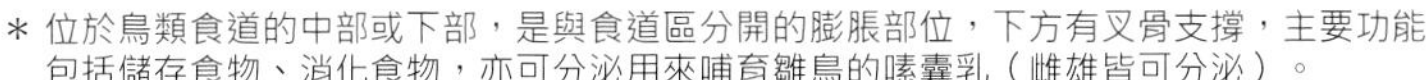

* 位於鳥類食道的中部或下部，是與食道區分開的膨脹部位，下方有叉骨支撐，主要功能包括儲存食物、消化食物，亦可分泌用來哺育雛鳥的嗉囊乳（雌雄皆可分泌）。

11 將皮打開，用刀清出雞叉的部分。

12 取出雞叉骨。

13 從頸部的洞，剝除肺部。

14 背部朝下擺放，切開尾部，將腔內的內容物全數取出。

15 挑出心臟、肝臟和雞胗（其餘的丟棄）。

16 摘掉肝臟的膽和所有染成綠色的部分，粗血管同樣摘掉。

17 拔除雞胗的厚膜，沖洗乾淨。

18 全雞已處理好，可進行綑綁。

建議：接下來可以取下雞腿或帶腿雞胸（見 216 頁），或是切成八塊以製作燉肉（見 220 頁）。在這種情況下，就不需要進行步驟三到步驟六。

縫綁全雞

Brider une volaille

難度：🍳🍳🍳

建議：這種方式可將全雞牢牢固定，確保均勻的烹煮，切割時也較為美觀。

1 將翅膀反轉到雞身下方並固定住。

2 切除雞腳的筋。

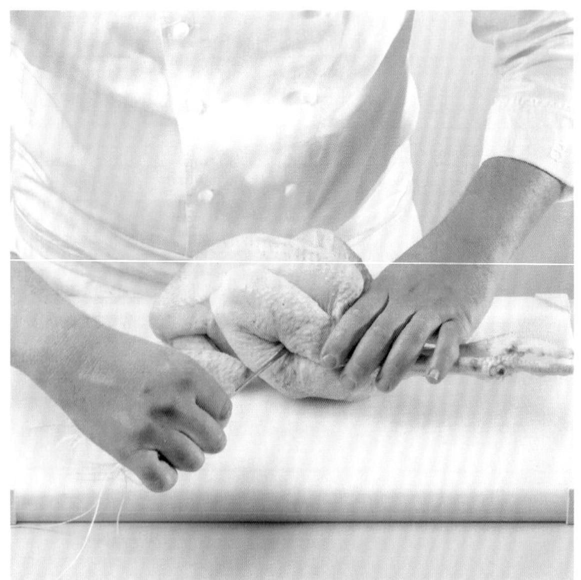

3 讓雞保持背部朝下固定、雞腳水平的狀態，將綁肉針從腿肉貫穿過去。

4 拉出針，預留十公分的繩子打結。

用具：砧板、菜刀
綁肉針

5 把雞翻過來，用皮蓋住頸部的洞口。

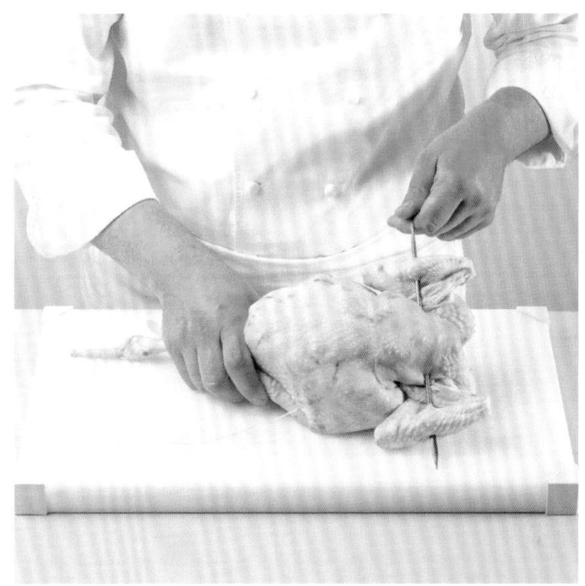

6 用針穿過蓋住的皮，同時穿過兩邊的翅膀和脊柱。每一次都要同時穿過這些部位。

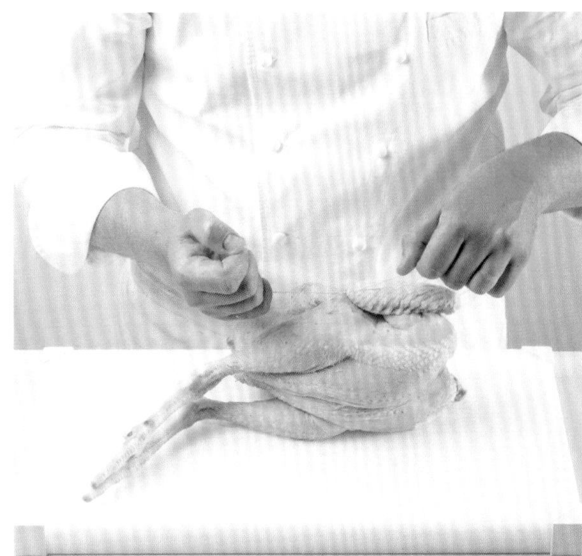

7 將繩子緊緊打結。

8 全雞已縫綁完成，可進行烘烤。

取下雞腿和帶腿雞胸

Lever les cuisses et les suprêmes d'une volaille

難度：🍳🍳　　**用具：**砧板、菜刀

建議：以此方法處理全雞只需要幾分鐘，還可收集骨架，製作高湯或醬汁。

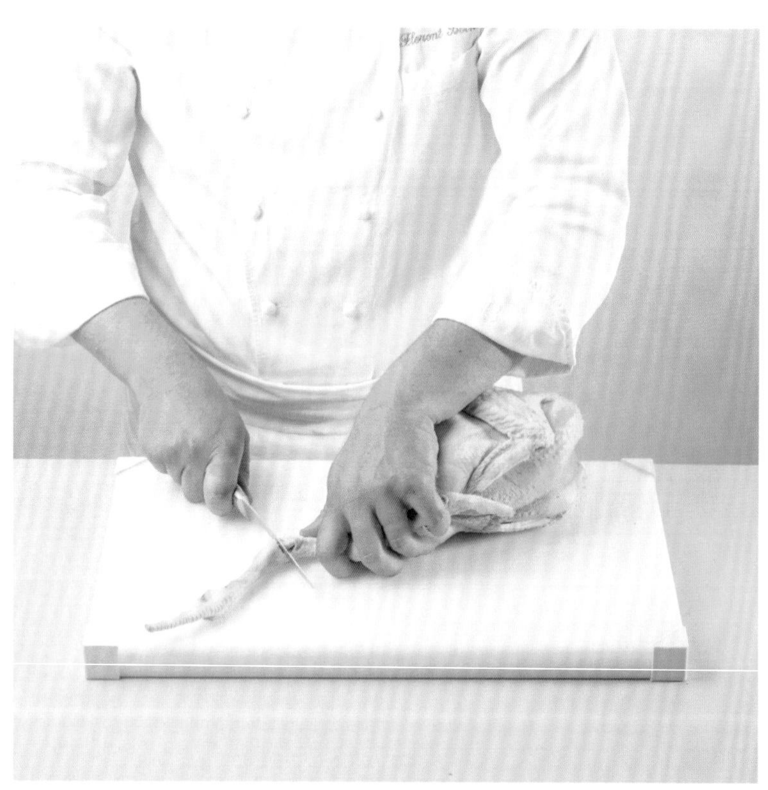

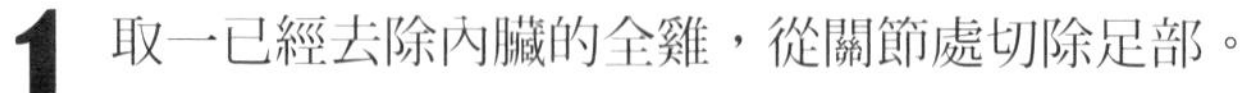

1 取一已經去除內臟的全雞，從關節處切除足部。

2 從第一關節的上方，把小翅切下來。

3 找到並清出「傻瓜才不吃」。

4 將雞背朝下擺放，劃開腿部和骨架之間的皮，再從關節處拆下腿肉。

5 從關節處將每隻腿完整地切開。

6 切開腿肉，先清出上腿肉的骨頭。

7 清完後，將骨頭連同關節的軟骨一起切除。

8 將棒腿骨切短，再將筋切下，然後將骨頭周圍的肉清乾淨，讓骨頭露出來。

9 沿著胸骨將雞胸劃出切口，並將肉從骨頭上剝離開來。

10 從關節處將每塊帶腿雞胸連同翅膀一起切開。

11 將肉往後推，清出膀尖的骨頭，讓骨頭露出來。

12 切成四塊且半去骨的雞肉已準備好，可進行烹調。

建議：處理好的帶腿雞胸由於保留了皮和翅腿，非常適合用來擺盤。而且烹煮後仍然比雞胸肉更柔軟，很容易入口。

分解帶骨全雞

Découper une volaille avec l'os

難度：🍳🍳

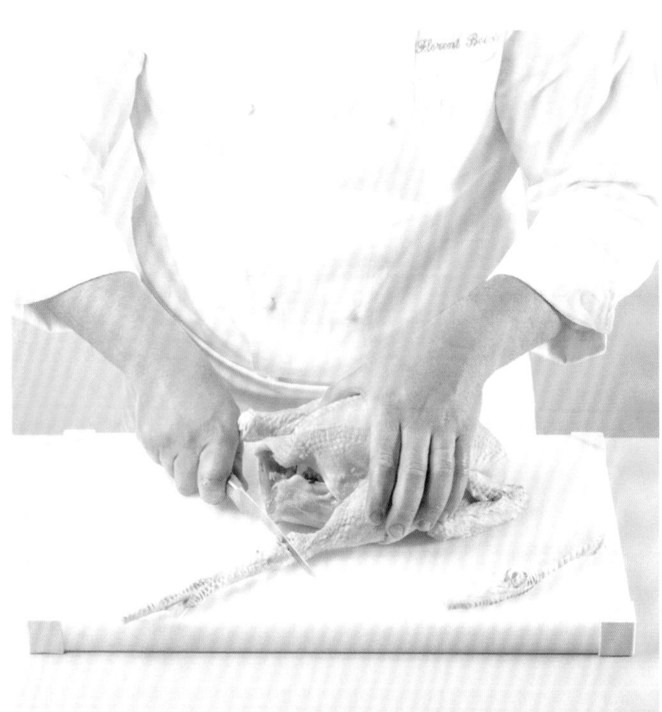

1 取一隻已經去除內臟的雞，切除足部。

2 從第一關節上方，把小翅切下來。

3 雞背朝下擺放，劃開雞腿和骨架之間的皮，再從關節處切下雞腿。

4 從關節處將兩隻雞腿完整地切開。

用具：砧板、菜刀

5 從雞腿的關節下刀，再將雞腿切成兩半。

6 先將棒腿骨切短，再切除筋，並將骨頭周圍的肉清乾淨，讓骨頭露出來。

7 斜切，將後半部和前半部的雞骨架分開。

8 將後半部拆開（保留，可製作高湯）。

9 將雞胸骨朝下擺放，一口氣將胸骨剖成兩半。

10 清出胸骨周圍的肉，小心地將肉剝離開來。

11 將胸肉切成兩半。

12 將肉往後推，清出骨頭，讓骨頭露出來。

13 再將每一部分切半。

14 全雞已分切成八塊，可製作如燉肉等菜餚。

建議：為了保持燉肉的柔軟，比如法式紅酒燉雞（coq au vin）、甘藍燉珠雞（pintade au chou）、義式白酒燉雞（poulet Marengo）、奶油燉雞（見 224 頁），切割雞肉時會保留骨頭的部分。

奶油燉雞

Volaille à la crème

難度：🍳🍳
份量：4 至 6 人份
準備時間：25 分鐘
烹調時間：30 分鐘

用具：平底炒鍋
小型手動打蛋器
網篩

材料：農場雞 1 大隻（最好是布列斯雞），切成八塊（見 220 頁）
牛油 50 克
花生油 3 大匙
洋蔥 2 顆，切碎
麵粉 40 克
白色雞高湯 1 升（見 66 頁）
液狀鮮奶油 200 毫升
鹽、現磨胡椒

1 雞肉塊撒上鹽和胡椒，放入加有牛油和油的鍋中，煎至略呈金黃色。

2 取出肉塊，預留備用。在同一個鍋中將洋蔥煎煮至出汁後，撒入麵粉。

3 煮幾分鐘，但不要煮到上色，製作油糊。

4 加入白色雞高湯，一邊倒入一邊不停攪拌。

5 煮沸後，把雞肉塊重新放回鍋內。加上蓋子，以小火慢燉約二十五分鐘。

6 煮到一半時，先取出雞翅和雞胸肉。判斷雞腿是否已熟的方法則是：如果戳雞腿最厚的地方，流出的是透明液體時，就表示雞腿已經熟了。

7 取出的雞肉塊以保溫的方式預留備用。把鮮奶油倒入同一個鍋子裡。攪拌均勻。

8 繼續煮到濃縮為想要的稠度，再調整味道。

9 用網篩過濾奶油醬。

10 加入想要的配菜，例如不上色的糖色洋蔥（見 472 頁）和川燙蘑菇。淋上奶油醬。

攤平全雞

Préparer des coquelets en crapaudine

難度：🍳🍳

建議：想要燒烤家禽時，攤平是不容錯過的手法，這種極簡單的方法能更均勻的烹煮，也很容易切割。

1 將處理好的春雞背部朝下擺放，接著斜切，將後半部和前半部的骨架分開。

2 將胸部朝前方打開。

用具：砧板、菜刀
壓板

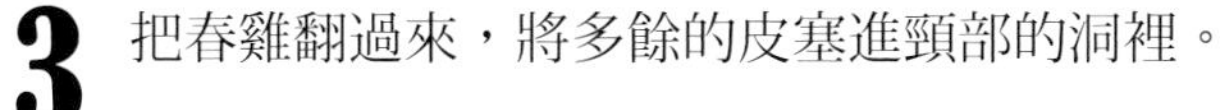

3 把春雞翻過來，將多餘的皮塞進頸部的洞裡。

4 用壓板將春雞拍平。

處理與烤美式春雞

Préparer et griller des coquelets à l'américaine

難度：🍴🍴　**用具：**砧板、菜刀
烤架

1 處理好的春雞背面朝下擺放，刀子插入內部，把貫穿的椎柱切下來。

2 春雞翻面，剖開胸骨上半部。

3 春雞平轉一百八十度，在胸骨尖端兩邊的每塊三角形雞皮中央劃一道切口。

4 在每道切口中塞進一隻腳。

5 準備烤架。為春雞上下兩面調味。斜放在烤架上，烤約三十秒，烤出紋路。

6 將雞平轉 1/4 圈，再烤三十秒，讓春雞烤出格紋。

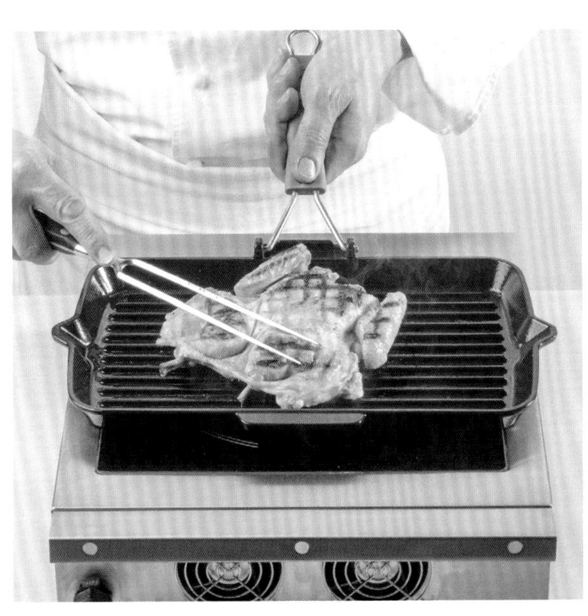

7 春雞翻面，以同樣方式將另一面烤至上色。

8 刷上花生油和芥末。裹上麵包粉，擺入烤盤。

9 放進預熱至 170℃（刻度 5-6）的烤箱烤二十分鐘。

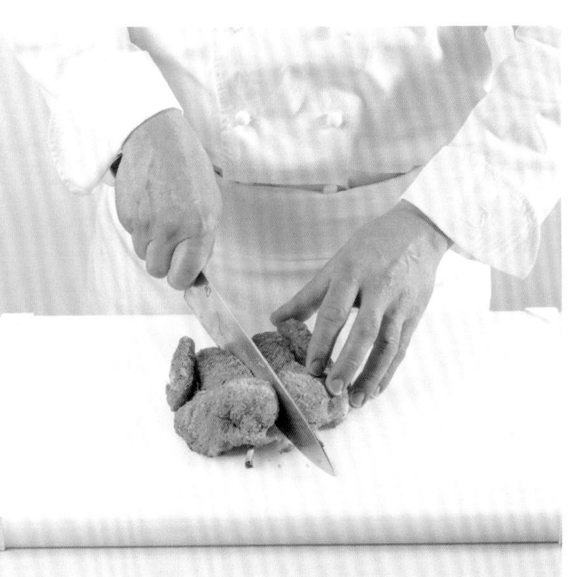

10 春雞切半後，即可上桌。

分解肥鴨

Découper un canard gras

難度：♛♛♛　　**用具：**砧板、菜刀

建議：切下鴨頭之前，請先去除毛管，並依照 208 頁「全雞去皮與清除內臟、處理雜碎」步驟四進行火燒。

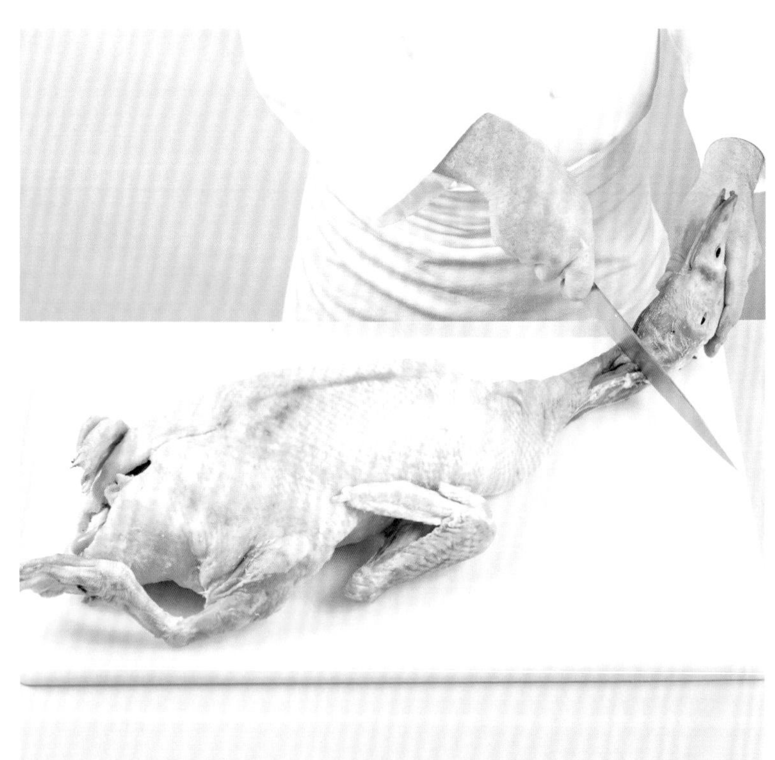

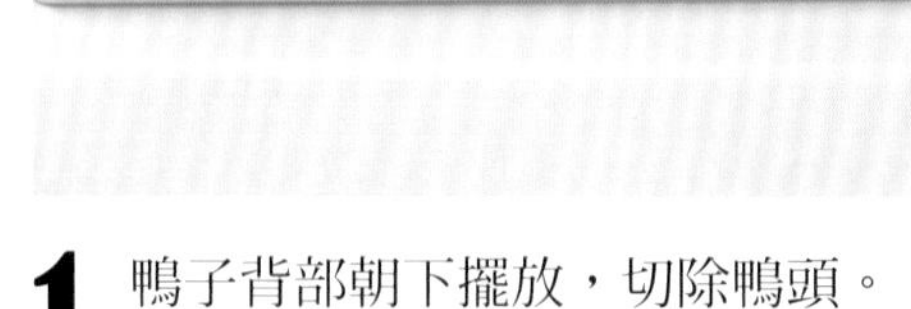

1 鴨子背部朝下擺放，切除鴨頭。

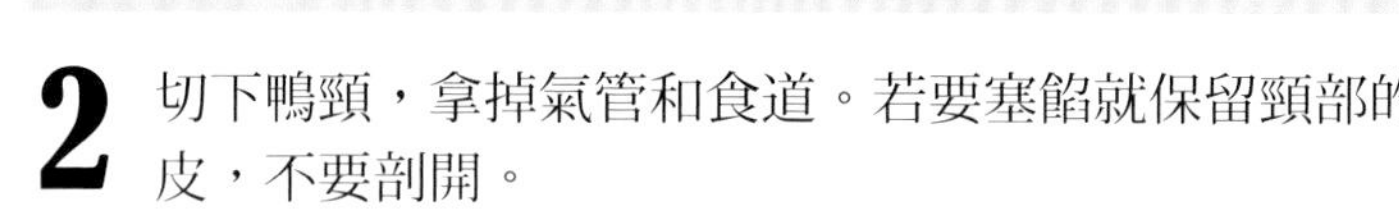

2 切下鴨頸，拿掉氣管和食道。若要塞餡就保留頸部的皮，不要剖開。

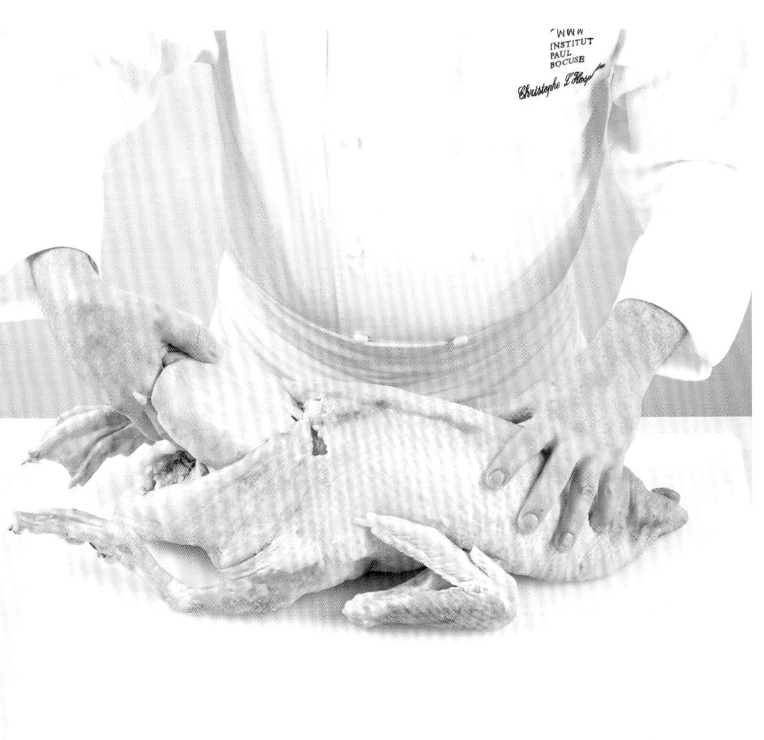

3 若是帶有鴨肝的鴨，請先小心地取出鴨肝，再去除內臟。

4 從關節處取下兩隻鴨腿。

5 切下鴨翅。

6 在鴨叉處的皮上劃切口，取下鴨叉。

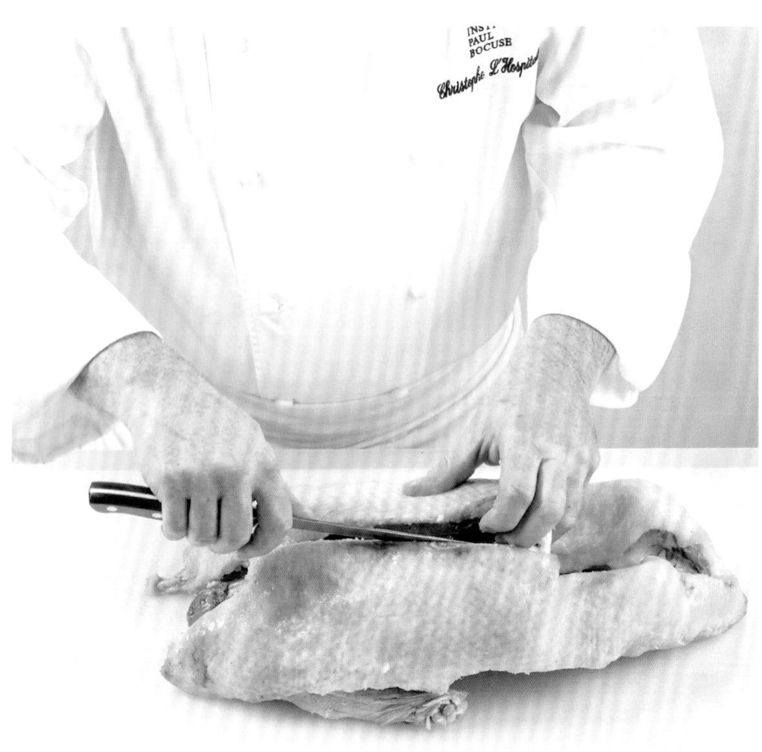

7 在胸骨表面劃一道切口，取下鴨胸。劃刀時小心沿著骨頭，才能同時取出鴨柳。

8 從鴨胸肉上取下鴨柳。

9 切掉鴨胸周圍多餘的脂肪。

10 從骨架背部把「傻瓜才不吃」切下來（用於油煎）。

11 盡可能去除骨架上所有的皮和脂肪。

12 所有的部位已準備好，可供烹調使用（骨架可用於熬製鴨高湯）。

建議：直到今日，除了餐廳通路，一般販售點很難見到一整隻肥鴨，主要販售點只有農場或法國西南部的「肥鴨市集」（foires au gras）。如今，超市不時會推出全鴨（但通常不帶肝臟），某些網站也開始提供冷凍販售和運送的服務。

收集鴨油

Récupérer la graisse de canard

難度：🍳🍳
準備時間：15 分鐘
烹調時間：1 小時

用具：厚底平底深鍋
網篩

建議：鴨油用於油炸，或是用來烘烤川燙過的馬鈴薯都非常美味。保存時可將鴨油冷凍。

1 用刀切碎的鴨皮和脂肪，放入鍋中。以小火長時間煮至融化，但不要讓脂肪煮至發出劈劈啪啪的聲音，也不要讓脂肪上色。

2 用漏勺逐步撈出油脂，裝入容器裡。

3 等到所有油脂都已經撈出來後，繼續將剩餘的鴨皮煮至金黃色（油渣）。

4 將油渣瀝乾。

5 撒鹽（油渣可用於冷熱沙拉，或是用來製作朗格多克葉子麵包〔fougasse languedocienne〕）。

6 以網篩過濾鴨油，裝入密封罐冷藏保存。

油封鴨腿

Confire des cuisses de canard

難度：🍳🍳　　**用具：**鑄鐵燉鍋

準備時間：30 分鐘

冷藏時間：12 小時

烹調時間：3 小時

建議：若想保存得久一點，可將擦乾的鴨腿連同鴨油和香料一起放入罐中，再以 100℃殺菌三小時。

1 清腿和翅腿撒上粗鹽，置於陰涼處過一夜。

2 隔天，沖洗並擦乾。

3 鴨腿放入燉鍋，並用融化的鴨油淹過。

4 加入調味香草束、幾顆胡椒粒和一些水。

5 以極小火加蓋慢燉。或是放入烤箱，以 100℃（刻度 3-4）烤約三小時。

6 讓鴨肉留在鴨油中，直到要用時再拿出來。

製作塞餡鴨腿

Préparer une jambonnette de canard

難度： ♛♛♛

建議： 同樣方式還可以處理雞肉或珠雞的雞腿。

1 用尖銳的刀子將鴨腿的大骨清出來。

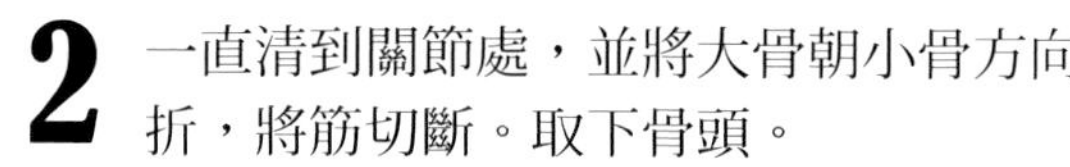

2 一直清到關節處，並將大骨朝小骨方向折，將筋切斷。取下骨頭。

3 清出棒腿的骨頭。

4 切斷棒腿骨頂端。

用具：砧板、菜刀

5 切下多餘的肉，讓每塊腿肉的重量相等。

6 把切下的碎肉再切碎，混入一個蛋白（八塊腿肉用一個蛋白）、鹽、胡椒和些許肉豆蔻粉。

7 把調好的肉餡回填到腿骨原本的位置上。

8 用預先泡過冷水的方形網油將每隻腿包起來，再放入燉鍋中煨煮。

嫩煎鴨胸

Poêler des magrets de canard

難度：🍳🍳
準備時間：15 分鐘
烹調時間：15 分鐘

建議：鴨油收集起來可以煎馬鈴薯（見 479 頁的油香蒜味馬鈴薯）。

1 用刀子在鴨胸肉的脂肪上輕輕劃出格子紋，不要切到肉。撒上鹽。

2 鴨胸肉放入冷鍋裡，帶皮面朝下。

3 以極小的火油煎，勿煮至油發出聲音或讓肉上色，只要讓鴨脂正好融化，並讓皮上色十分鐘即可。

4 一步步撈除融化的油脂。

用具：砧板、菜刀
平底鍋

5 和煎牛肉一樣，用手指測試熟度（見 144 頁）。

6 等到幾乎不再出油時，轉大火，將皮煎至酥脆（兩到三分鐘），另一面也煎一會兒。

7 將鴨胸肉從鍋中取出，取出時注意不要戳出洞，分別放入兩個盤子裡靜置幾分鐘，利用這段時間溶化並刮取鍋底的湯汁（刮鍋）。

8 將鴨胸肉斜切成厚片。撒上胡椒。

處理小雌鴨

Habiller une canette

難度：🍴🍴🍴

建議：大型宴會裡享用的烤全鴨，製作方式相同。

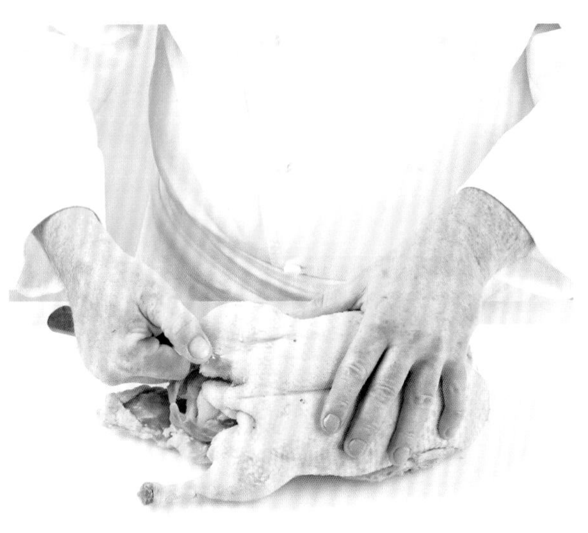

1 用刀子去除剩餘的毛管（羽毛根部的毛囊）。

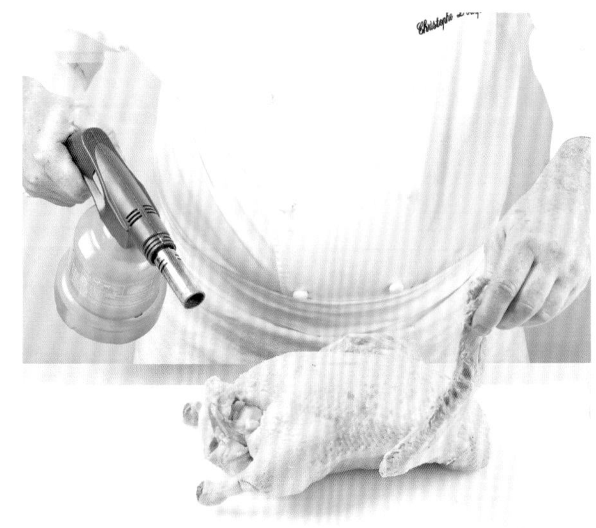

2 用瓦斯噴燈或噴槍快速火燒表面殘留的小羽毛和絨毛。

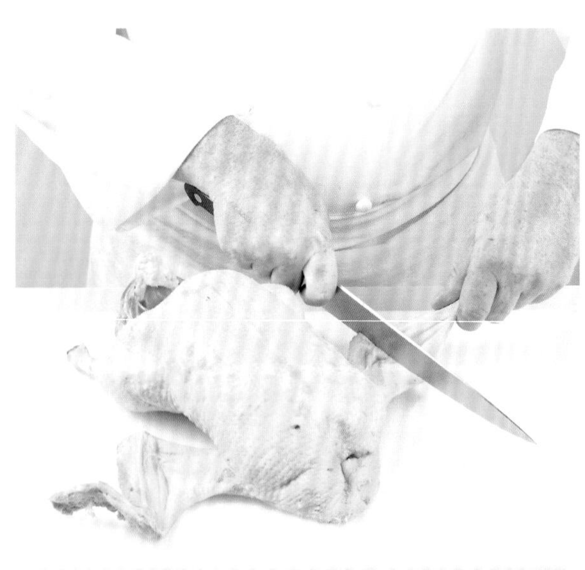

3 切除翅膀，只保留翅腿的部分。

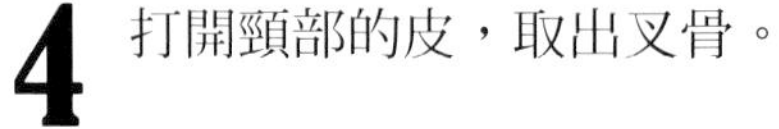

4 打開頸部的皮，取出叉骨。

用具：砧板、菜刀

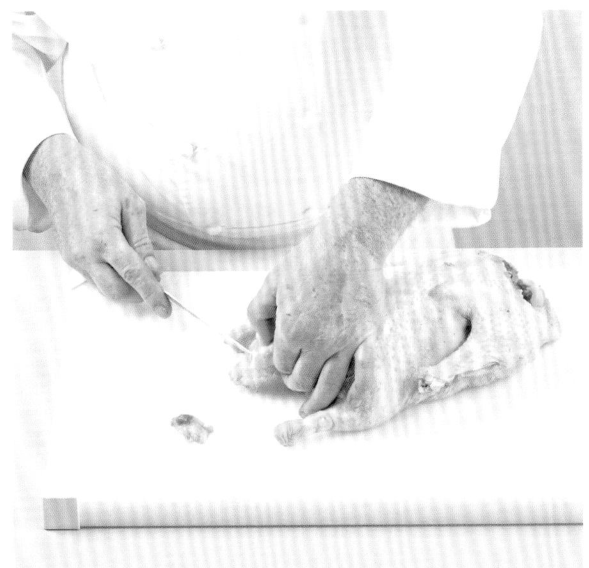

5 摘除位於尾部的腺體。

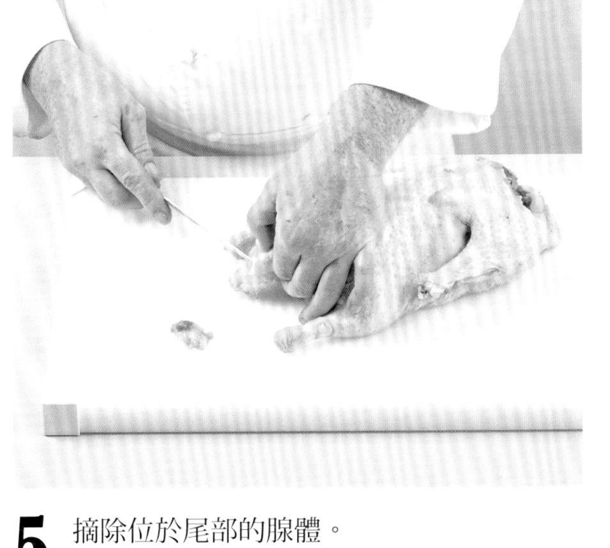

6 小心地將腔內的內容物一次取出。

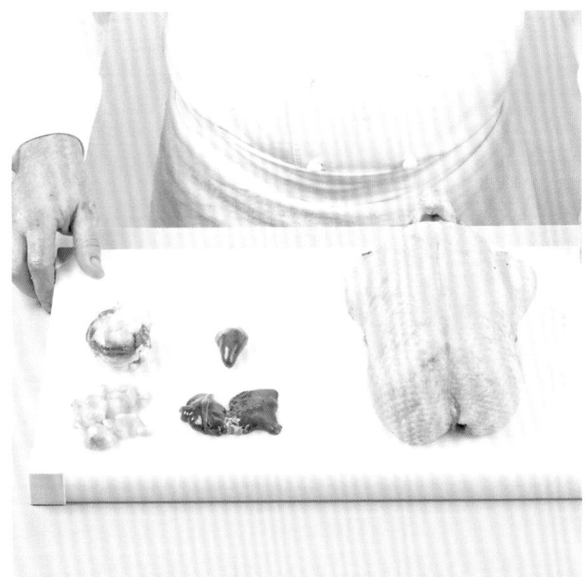

7 挑出心臟、肝臟、鴨胗和油脂，其餘內藏丟棄。

8 去掉心臟的血塊和粗纖維，將鴨胗剖開並清潔內部。去掉肝臟的膽和所有染成綠色的部分，以及粗血管。

縫綁小雌鴨

Trousser et brider une canette

難度：

建議：同樣方式還可以綑綁飛禽，如雉雞、綠頭鴨、斑尾林鴿（palombe）……等。

1 摘除尾部上方的腺體。

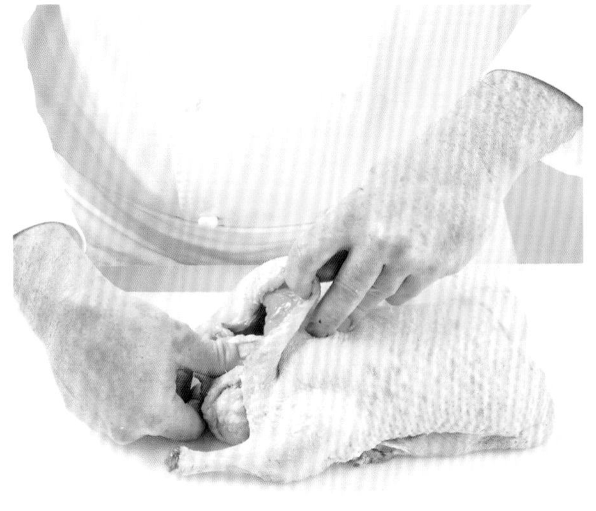

2 將尾部折斷，用力塞進洞裡。

3 在腿部上方的三角形雞皮中央劃一道切口。

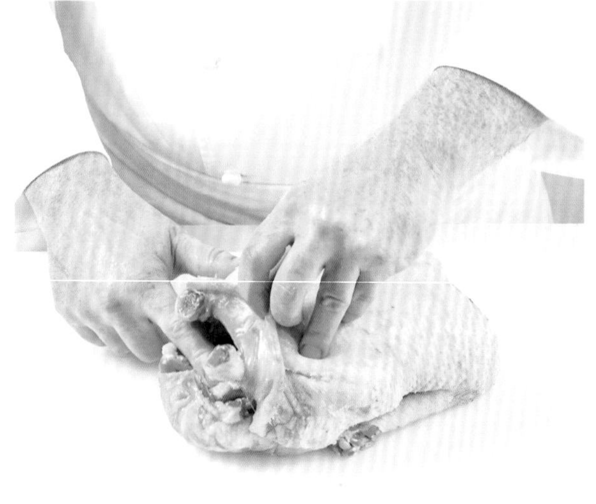

4 將腳折起並塞進切口中。

用具：砧板、菜刀
綁肉針

5 小雌鴨背部朝下擺放，用針從關節處插入並貫穿鴨肉。預留三十公分長的繩子打結。

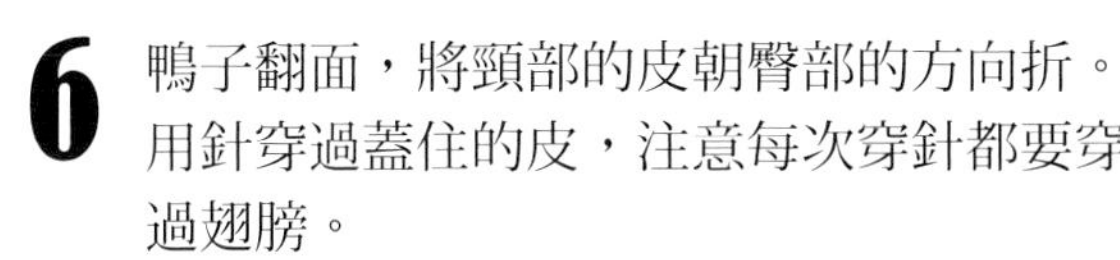

6 鴨子翻面，將頸部的皮朝臀部的方向折。用針穿過蓋住的皮，注意每次穿針都要穿過翅膀。

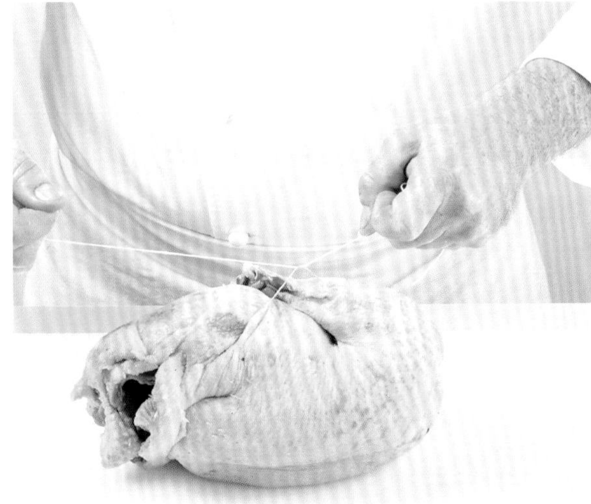

7 將繩子緊緊打結。

8 準備另一條新繩子，從棒腿骨正下方插入，穿過向內折起的尾部。緊緊打結，收緊開口。

烤小雌鴨

Rôtir une canette

難度：🍴🍴
份量：四人份
準備時間：20 分鐘
烹調時間：每半公斤的肉 15 分鐘
靜置時間：15 分鐘

用具：烤盤
網篩
平底深鍋

材料：小雌鴨 1 隻
牛油 30 克
花生油 2 大匙
金黃雞高湯150毫升（見74頁）
鹽、現磨胡椒

1 烤箱預熱至 220℃（刻度 7-8）。將小雌鴨及其雜碎放入烤盤，撒鹽和胡椒。撒上牛油丁並淋上花生油。

2 送入烤箱烤十五分鐘後，將溫度調低為 180℃（刻度 6），每半公斤的肉烤整整十五分鐘。

3 從烤盤中取出鴨肉。

4 用鋁箔紙包住鴨肉，並持續蓋著保溫十五分鐘。

5 在這段時間，用金黃雞高湯溶解黏在烤盤底部的湯汁。

6 用刮刀仔細刮取湯汁。

7 把烤盤裡的湯汁過濾到鍋子裡。

8 將湯汁收乾一半。

9 湯汁倒入碗內，用湯匙盡可能撈掉所有油脂。

10 加入鴨肉靜置時流出的肉汁。立即享用。

分切烤小雌鴨

Découper une canette

難度：🍳🍳　　**用具：**砧板、菜刀
肉叉

建議：小雌鴨的胸部必須呈現絕對粉紅。若鴨腿的部分烤得不夠，請在最後切割時把鴨腿放回烤箱再烤幾分鐘。

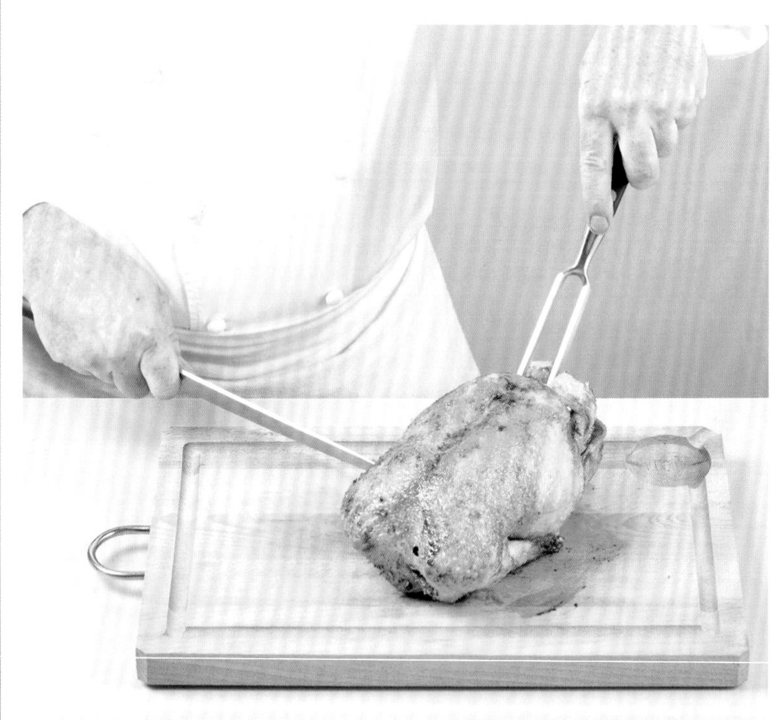

1 將小雌鴨擺在砧板上。用肉叉將胸骨固定住。

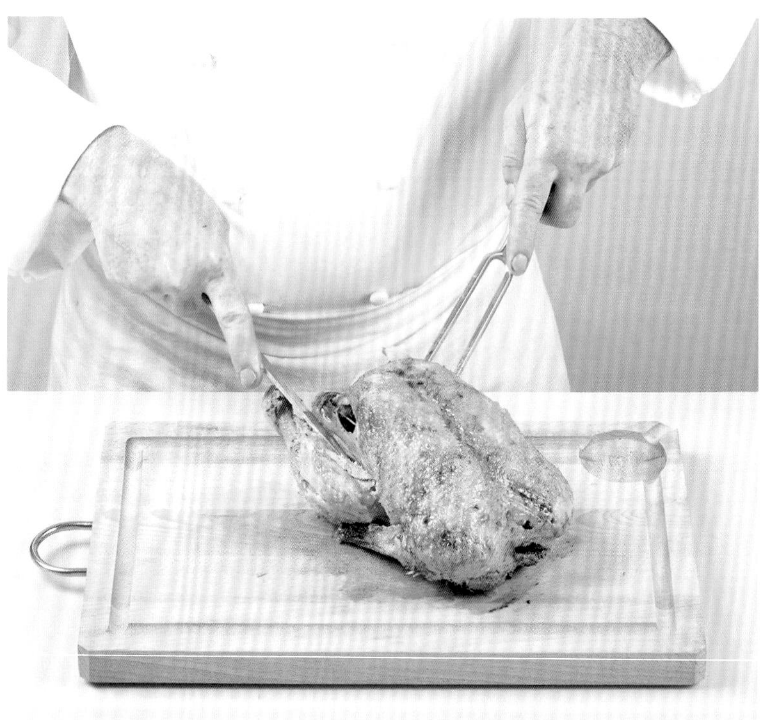

2 沿著骨架和關節把鴨腿切下來。

3 再從關節處將每隻鴨腿切成兩半。

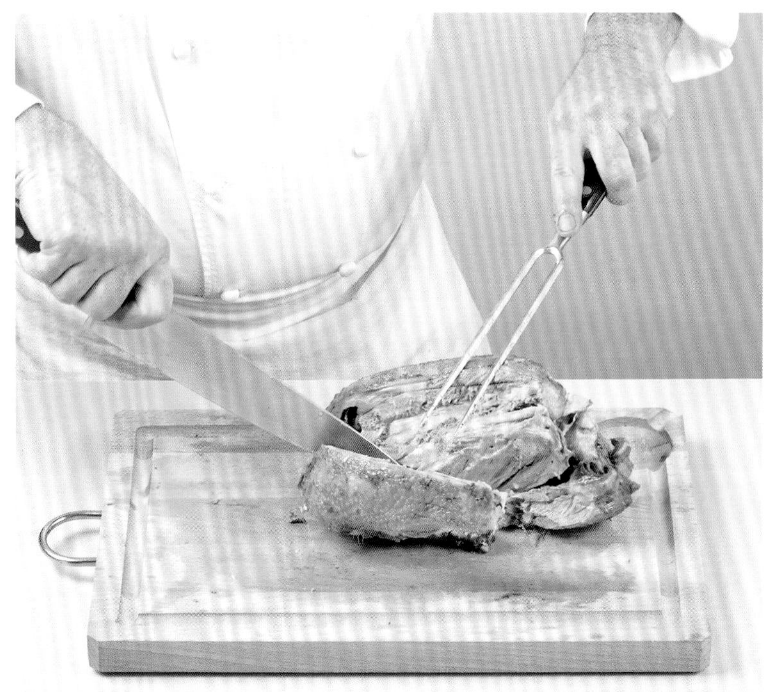

4 刀子沿著胸骨邊緣，將鴨胸連著翅膀一起切下來。

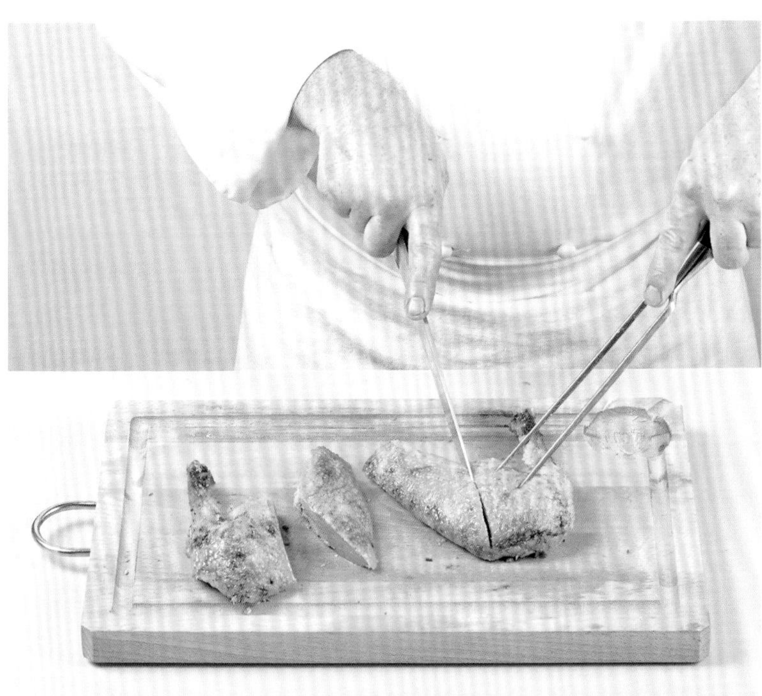

5 再將每塊帶腿鴨胸一分為二。

6 小雌鴨已成功分切成八塊。

「二次烹煮」鴿子的準備

Préparer un pigeon pour «2 cuissons»

難度：🍳🍳

■「二次烹煮」法亦適用於山鶉（perdrix）或斑尾林鴿。

建議：此法特別適用於胸肉細緻的飛禽。較難咬的腿肉會需要額外加工處理，比如油封或塞餡。

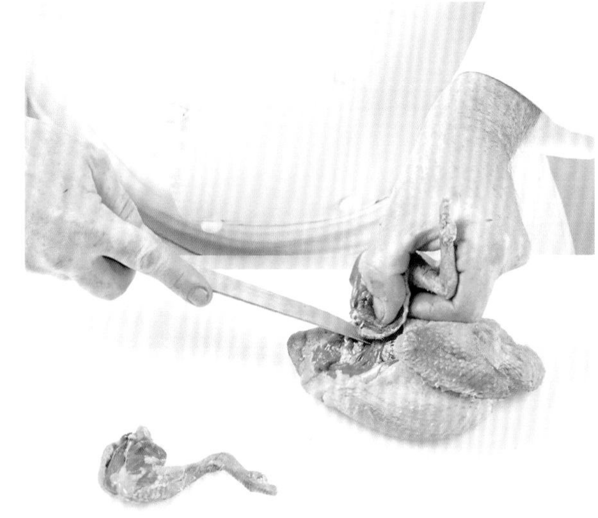

1 鴿肉側放，用刀劃開鴿腿和骨架之間的皮，再從關節處清除鴿腿骨。

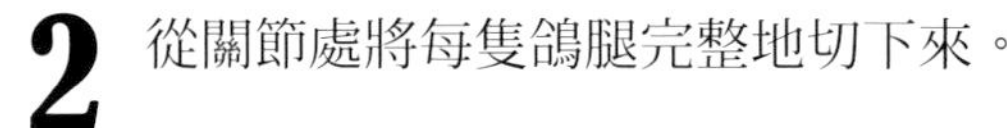

2 從關節處將每隻鴿腿完整地切下來。

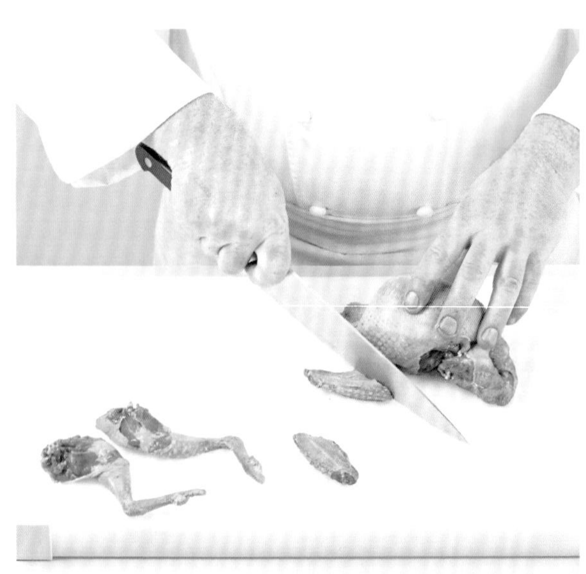

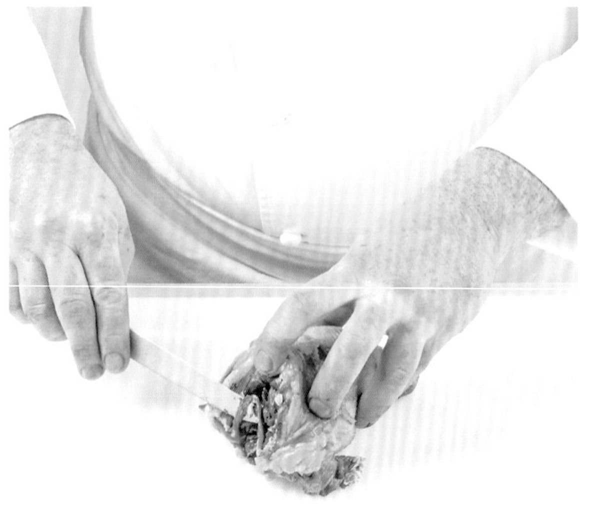

3 將翅膀切短，只保留翅腿的部分。

4 將鴿子背部朝下擺放，用刀清出叉骨的部分。

用具：砧板、菜刀

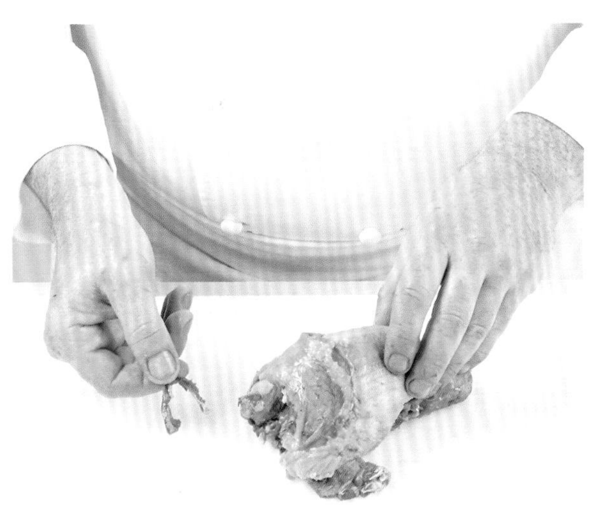

5 取下叉骨。

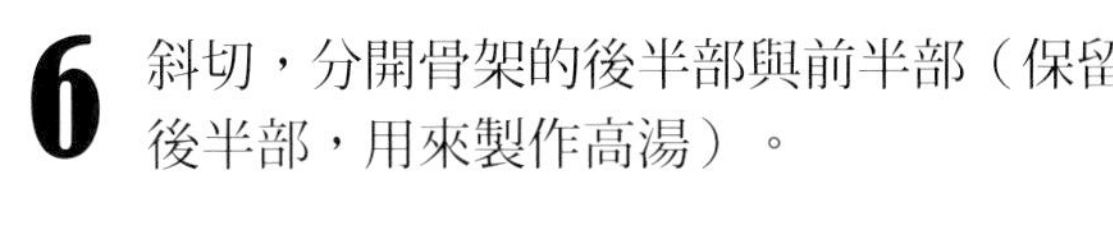

6 斜切，分開骨架的後半部與前半部（保留後半部，用來製作高湯）。

7 取下前半部的脊柱。

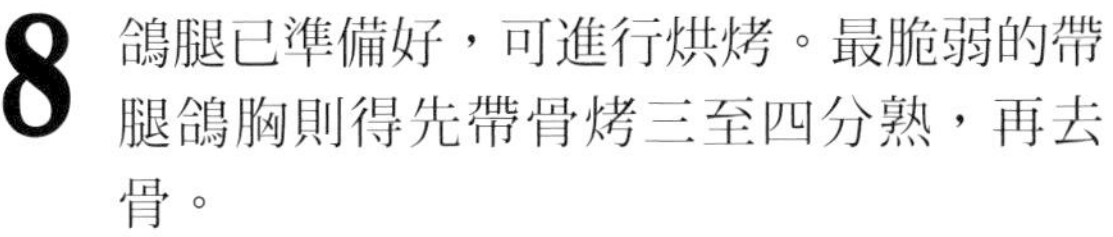

8 鴿腿已準備好，可進行烘烤。最脆弱的帶腿鴿胸則得先帶骨烤三至四分熟，再去骨。

處理肥肝、製作肥肝醬

Déveiner un foie gras et le cuire en terrine

難度：🍳🍳🍳　　**用具：**砧板、菜刀
陶罐
烤盤

建議：若食譜指示要加酒，請選擇雅馬邑（armagnac）*。

＊ 產自法國西南部的一種白蘭地，是法國最古老的蒸餾酒，被譽為「最早的生命之水」（l'eau-de-vie），入菜可增添料理的香醇。

1 肥肝預先以溫水浸泡一小時至軟化，擦乾。

2 肥肝擺在砧板上，鼓起面朝上，將兩片肝葉分開。

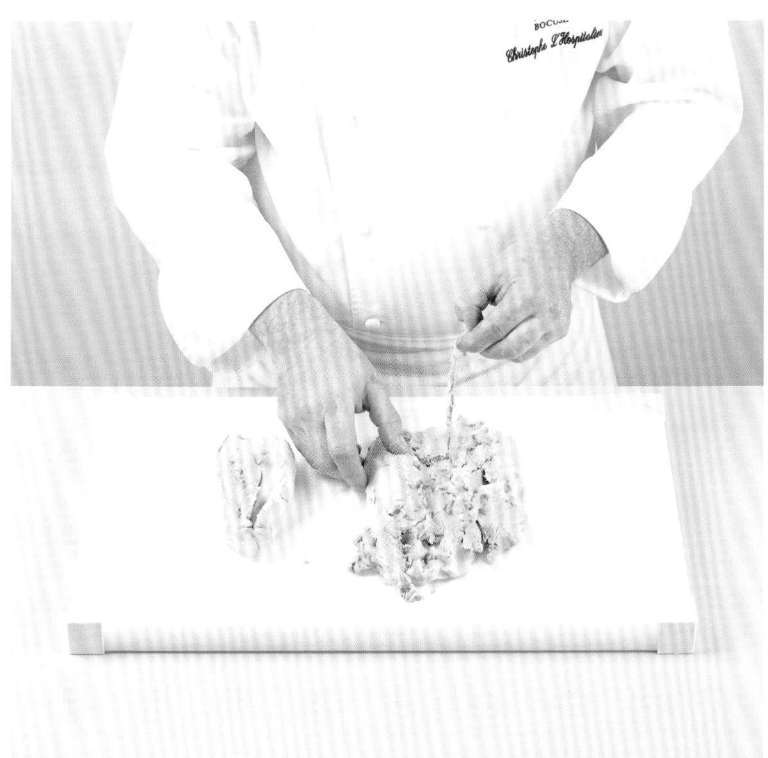

3 為大片的肝葉去除血管：用拇指在軟化的肥肝上挖洞，並沿著主要血管的脈絡，輕輕拉出血管。

4 一邊繼續輕輕拉出血管（不要拉斷），一邊用刀尖將主要的分枝清理乾淨。

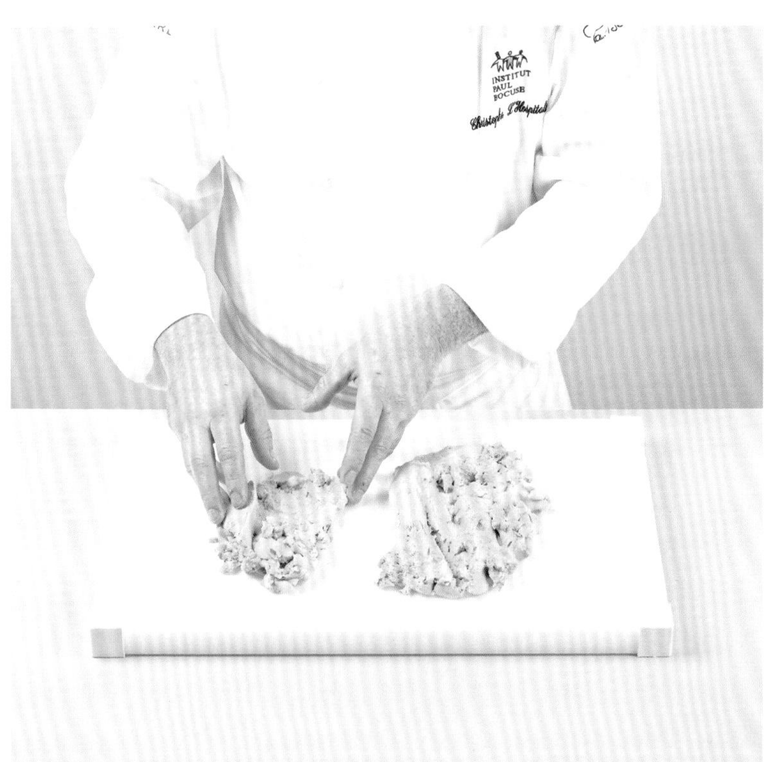

5 小片肝葉也以同樣方式處理。

6 用鹽之花和胡椒（或其他你自選的調味料：綜合胡椒、艾斯伯雷辣椒粉……）調味。

7 用手將肥肝重新捏好。

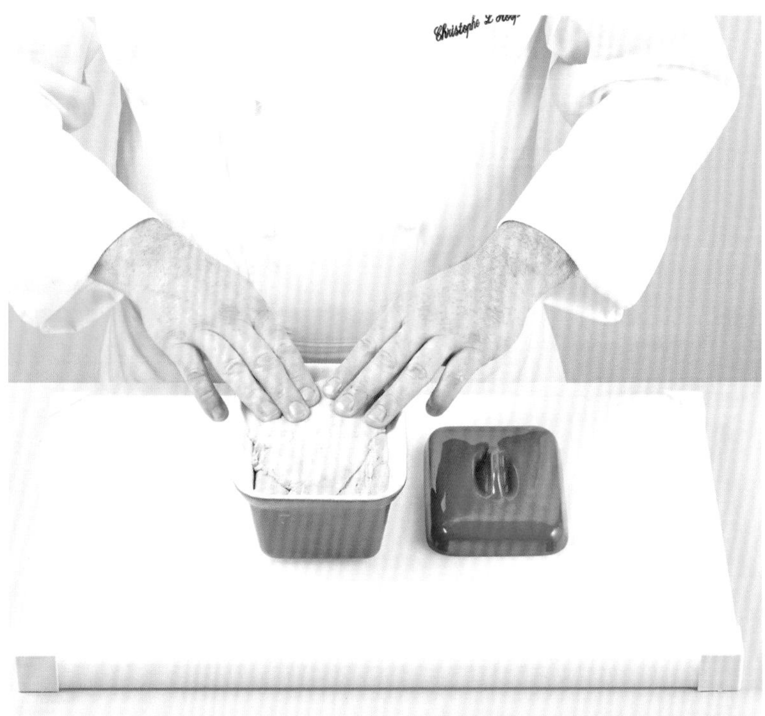

8 放入料理用陶罐。緊緊壓實，以免形成氣室。

9 烤箱預熱至 100℃（刻度 3-4）。把陶罐擺進烤盤裡。

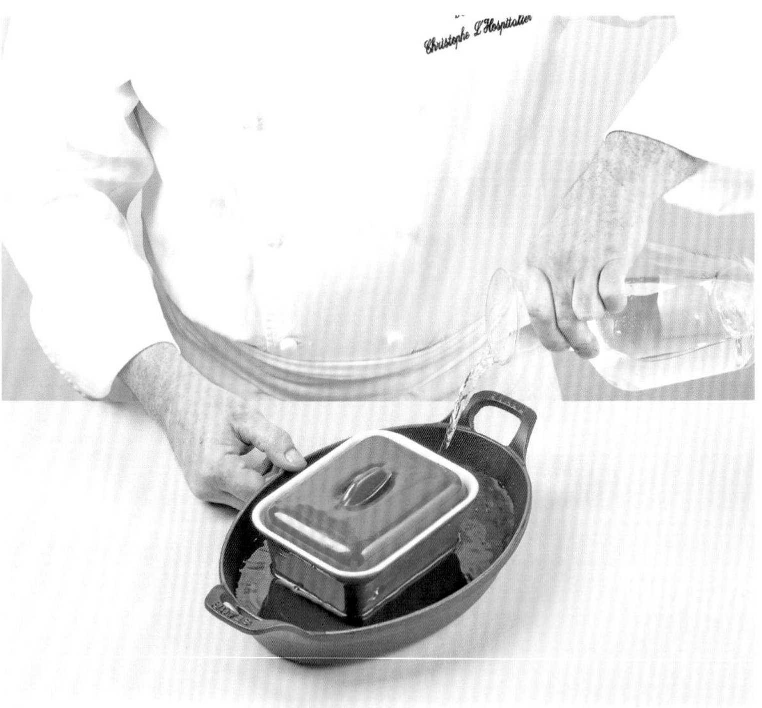

10 陶罐加蓋，並用熱水淹至陶罐 2/3 高。

11 烤四十到四十五分鐘。用溫度計確認溫度：肥肝必須達到 57℃才是「半熟」。

12 取出隔水加熱的陶罐，盡可能倒出所有的油。把油保存在陰涼處。

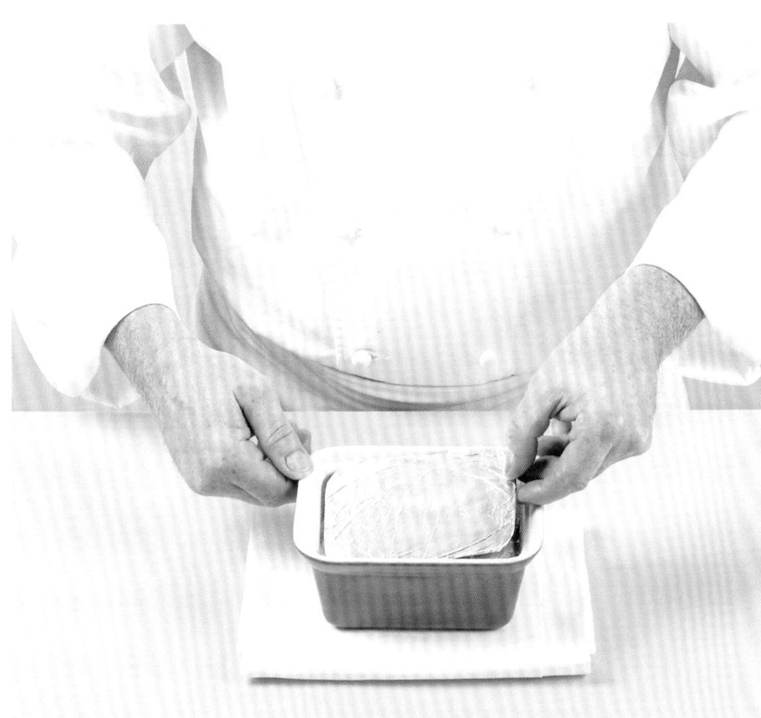

13 把長方形聚苯乙烯板，或是用鋁箔紙包住、略帶重量的小板子，擺在肥肝上，送入冰箱冷藏。

14 冷藏六小時後，移除聚苯乙烯板或鋁箔紙板，淋上融化的油。等待二十四小時再後品嘗肥肝；冷藏可保存十天。

覆盆子煎肥肝

Poêler un foie gras aux framboises

難度：🍴🍴
份量：2 人份
準備時間：10 分鐘
烹調時間：10 分鐘

建議：肥肝和新鮮水果：無花果、黑醋栗、葡萄……是絕妙的搭配。

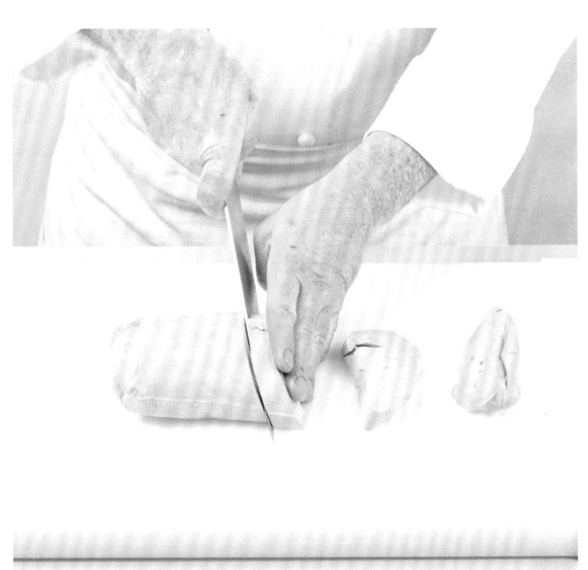

1 在下鍋烹調之前至少三十分鐘，先把肥肝切成厚約 1.5 公分的片狀。

2 撒上鹽和胡椒，擺入盤中冷藏，直到下鍋前最後一刻。

3 待乾鍋夠熱，煎肥肝，每面煎約兩分鐘。

4 立刻取出，放入事先溫熱妥當的盤子裡。

用具：砧板、菜刀
平底鍋

材料：未去血管的肥肝 250 克
紅糖（cassonade）2 小匙
雪莉酒醋 3 大匙
鴨高湯或白色雞高湯 100 毫升（見 66 頁）
覆盆子 1 小盒（125 克）
鹽、現磨胡椒

5 倒掉鍋裡的油，用同一個鍋子把紅糖煮成焦糖。

6 將雪莉酒醋淋在焦糖上，再加入白色雞高湯。

7 將湯汁濃縮成如糖漿般的濃稠醬汁後，加入覆盆子。

8 讓覆盆子在醬汁中邊滾動邊加熱。再把覆盆子和醬汁一起澆在肥肝上。

分解兔肉

Découper un lapin

難度：🍳🍳　　**用具：**砧板、菜刀

建議：可保留完整的兔腿，並按照塞餡鴨腿（見 238 頁）的原則，製作塞餡兔腿。

1 切除兔頭。

2 保留肝臟（若你想，亦可保留腰子）。

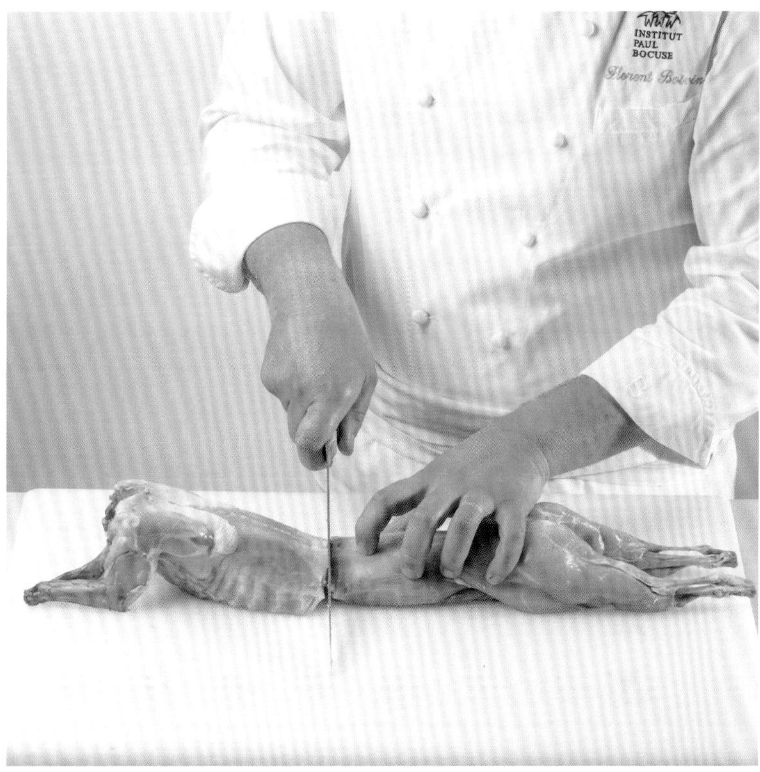

3 切開背脊前半部。

4 從肩胛骨下方（非關節）切開，取下肩肉。

5 把頸部的管子切下來。

6 從肋骨處將胸腔剖開。

7 切開脊柱處。

8 將一左一右的脊柱片，再橫切成兩塊。

9 切開兔腿的凹陷處，同時折斷關節。

10 沿著薦骨（骨頭尖端）把兔腿切下來。

11 亦可一口氣將兔腿肉再切半（關節略上方）。

12 切除薦骨尖端。

13 保留完整的脊肉，或是再切成兩到三塊。

14 兔肉已分切完成可進行燴煮，如沙瑟爾燉兔肉（見264頁）。

兔脊肉去骨並塞餡

Désosser et farcir un râble de lapin

難度：🍴🍴🍴　　**用具：**砧板、菜刀

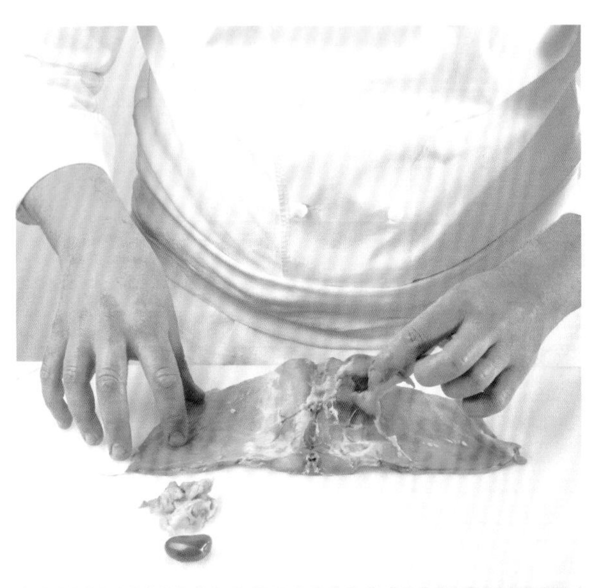

1 脊肉攤平，皮膜展開，切掉多餘的脂肪和腰子。

2 用刀子沿著中央的骨線切開，並劃過中央的骨峰，清出菲力。

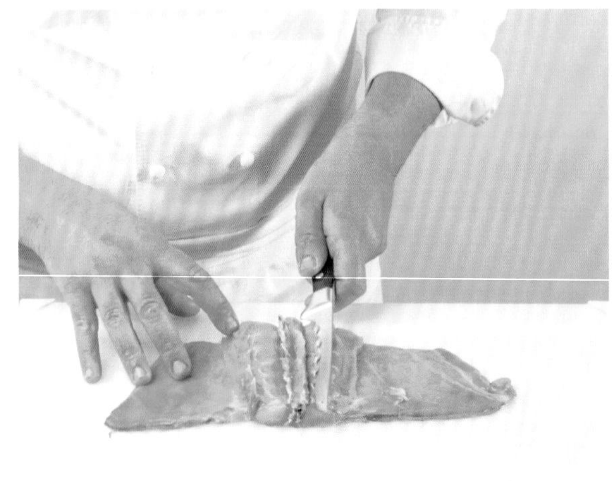

3 繼續劃過第二個骨峰，清出脊肉。

4 另一邊也重複同樣的動作。兩邊都務必要在切到背部的皮之前停下來。

5 小心地分離整條脊椎與背皮，取下脊椎。

6 將皮膜筆直切齊。

7 先撒鹽和胡椒，再鋪餡料（依食譜而定）。

8 擺上腰子，並用皮膜將脊肉捲起來。

9 依照食譜的指示，用繩子綁好，就像在綁小型烤肉。

10 或是用網油包起來。

沙瑟爾燉兔肉

Lapin chasseur

難度：🍳🍳
份量：4 人份
準備時間：30 分鐘
烹調時間：45 分鐘

用具：鑄鐵燉鍋 2 個
平底鍋
網篩

材料：兔肉 1 隻，切塊
花生油 4 大匙
紅蘿蔔 1 根，切成骰子塊
洋蔥 1 顆，切成骰子塊（見 440 頁）
麵粉 1 大匙
大蒜 2 瓣，去皮並壓碎
調味香草束 1 束
市售濃縮番茄糊 1 大匙
干邑白蘭地 50 毫升
不甜的白酒 350 毫升
棕色小牛高湯 150 毫升（見 68 頁）
蘑菇 250 克，切薄片
牛油 30 克
切碎的龍蒿 2 大匙
鹽、現磨胡椒

1 兔肉塊撒鹽和胡椒。燉鍋內倒油，以長時間將兔肉的每一面都煎成金黃色。

2 加入切成骰子塊的紅蘿蔔和洋蔥，煮幾分鐘至出汁。

3 鍋內撒入麵粉（singer）。

4 以旺火將麵粉煮成金黃色（焙炒），邊煮邊攪拌兔肉塊。

5 加入大蒜、調味香草束和市售濃縮番茄糊。

6 加入干邑白蘭地並點燃，燒掉酒精。

7 倒入白酒。

8 煮至酒精蒸發後，再加入棕色小牛高湯。

9 加蓋，以小火慢燉三十五分鐘。

10 鍋裡放入牛油，以旺火炒蘑菇。

11 將燉鍋中的兔肉塊移入第二個鍋子。

12 把燉鍋裡的醬汁過濾到第二個鍋子裡。

13 加入炒好的蘑菇。

14 撒上切碎的龍蒿，立即享用。

Les
ABATS

雜碎

Les abats

雜碎，結實而細緻，劣等肉品的小樂趣

我們所稱的「下水食品」或「雜碎」，簡言之就是可食用動物的器官和四肢。例如我們可以大啖動物的腸子、小牛頭、豬腳、豬頭肉凍（pâté de museau）、牛尾和牛頰……，更別提肝臟、腦髓和脊髓。下水食品的種種名稱往往容易引發奇怪的聯想，而不是被認定為美食。

早在羅馬時代，富人就已經以享用各種海陸動物的器官為樂。其中最珍貴的包括母豬的乳房和外陰，尤其是經證實來自不孕的母豬時。這樣的精準顯示了，這些器官的特殊性，至少是與其滋味同樣重要的。當時的烹調準備、搭配的香料與調味手法相對來說很簡單，呈現食材本身的甘甜、細緻和性質也同樣受到認可和重視。

人們經常將這些較罕為人知的部位誤認為動物的生殖器。例如將胸腺和腰子混為一談，其實胸腺是胸腔的器官之一，腰子則是動物的腎臟。把相當中性的器官聯想成其他帶有極強烈隱含意義的部位，似乎說明著，其象徵形象遠勝於簡單的味覺或營養上的考量。

白雜碎和紅雜碎

依專業人士購買前預定的用途，我們將雜碎分為白雜碎和紅雜碎。理想上，為了能夠取得實用的建議，最好到下水鋪和肉鋪購買雜碎。大賣場裡也可以找到新鮮或冷凍的雜碎，處理起來也最簡單。雜碎應該在最後一刻再買，也就是只能在烹飪的前一天。因為它們是非常脆弱的食材，無法以生鮮方式保存。

白雜碎需要專業人士以複雜的手法處理，並以燙煮的方式來烹調，經常會預先煮過，甚至是煮至熟透。我們可透過雜碎呈現的白色或象牙白來加以辨識。小牛頭就是白雜碎裡最有名的例子。小牛頭能以原始的樣貌烹調，或將半個小牛頭的肉製成肉捲。

紅雜碎在上桌前只能經受非常簡單的處理。我們應該以閃電般的速度僅僅烹煮紅雜碎本身。腰子、肝臟和舌頭就是這種情況。

最後，我們也能找到已經烹調好，可供食用的雜碎，例如頭肉凍（pâté de tête）或頭肉凍沙拉（salade de museau）。

《闡明》（*Élucidations*）

「我已經忘了這些細節，但當我站在擺放內臟的攤子前時，這些細節又湧上心頭……舌頭，還有腦髓……我詢問並找回了烹煮內臟的方法……我品味著童年的回憶。腦髓在我舌間融化，在還來不及吞咽時就消失得無影無蹤。舌頭比較有咬勁；嘴裡有著某個結實的東西，讓我一直快樂地嚼著。那天我吃了腦髓和舌頭。我出於懷念而吃了人們已不再食用的肉品，希望還能在逛市場的日子裡和它們偶遇。

亞歷克西・熱尼（Alexis Jenni.）

小酒館的氣氛

由於素材和準備方式的多變，下水食材的口感千變萬化。舉例來說，腦髓彷彿會在嘴裡融化，豬腳既酥脆又富含膠質，特別有咬勁。

牛肉雜碎散發出來的味道比較濃烈，質地比小牛或羔羊的雜碎來得濃密。後兩種稚嫩動物的雜碎香氣極為細緻，而且吃進嘴裡的口感之軟嫩，就和小牛和羔羊看起來一樣嬌弱。

烹調方式也能加強各種雜碎之間的差異。搭配醬汁的小牛頭更受人喜愛，例如搭配克麗貝琪醬（見 34 頁），將為整道菜賦予微微帶酸的味道，並讓小牛頭肉變得更辛辣。相反地，羔羊胸腺若搭配法式酸奶油（crème fraîche）和蘑菇，更能展現出羔羊胸腺的細緻，不會被其他更強烈的味道覆蓋過去。

除了這些法式料理中出色的經典菜色搭配，烹調雜碎的方式其實大大取決於根深柢固的地區傳統。北部的人比較常規律地食用雜碎，尤其是牛肉雜碎。

相反地，普羅旺斯料理就比較少食用雜碎，除了出現在無數食譜裡的羔羊雜碎以外，例如小蠶豆煎腰子（rognons sautés aux févettes），或從心臟部位切下的小肉塊、肝臟、胸腺，以及用於燒烤的腰子。

面對大幅下降的購買量，各行業工會這十幾年以來已經懂得變換下水食品的形象，並讓它們變得更具吸引力。透過無數的活動和密集的溝通，今日的雜碎已經享有截然不同的強烈形象。

此外，新興的「小酒館美食」（bistronomique）也支持雜碎料理。事實上，我們經常在這類餐廳的菜單上找到含有雜碎的菜色。這些餐點需要的食材並不貴——即使使用極為優質的食材——卻需要用到一般人並不具備的精準技術。

饕客與小酒館美食

時下的流行有利於餐廳的發展，餐廳的開店規模經常大為縮減，讓餐廳可以在玩弄既現代又正統的復古環境中接待他們的顧客。這類餐廳的菜單發揚光大了昔日的味道。小酒館料理即傳統料理，甚至是老式料理，但味道絕對優質，並因人們重新醉心於古早料理技術的魅力而提高了身價。

來自內部的健康

下水食品各有其營養價值，但沒有很大的差異。它們都屬於強身滋補的飲食，這也是戰後法國人曾經大量食用下水的原因。

下水尤其能提供和所謂「經典」肉類同樣優質的蛋白質。它們也是礦物質和微量元素的優質來源：鐵、鋅、錳、銅和硒。下水也含有足量的維生素 A、D、E，以及 B 群如 B1、B9 和 B12。

不過，某些下水應該適量食用。這類下水做為器官時，具有濾器的功能，承載了如尿酸等有毒物質，腰子就是這樣的情況。選擇有食品認證標籤或是有機飼養的，才是確保動物享有優良飲食的好方法，同時也較不含荷爾蒙和抗生素。

品嘗雜碎是老饕的強烈特徵，表示他們擺脫了雜碎獨特的外觀。雜碎是如此地多變，我們無法全部都愛，也無法完全捨棄。基於個人的回憶、口味和習慣，總是有我們在追尋或無法接受的味道。烹調和品嘗雜碎是探索慾望和忍受極限的好方法。事實上，不論對我們或是我們的賓客而言，在真正倒足胃口之前，享用雜碎都是享受美食探索之樂的好機會。

油煎小牛腰子的準備

Préparer des rognons de veau pour les faire sauter

難度：🍳🍳　**用具：**砧板、小型刀子

建議：就和所有雜碎一樣，一定要選擇絕對新鮮的腰子，而且最好向下水肉販購買。

1 剝離包覆腰子的油脂層。

2 將腰子連同保護的膜一起取下（脂肪可以保留下來，供烹調時用）。

3 將腰子剖開攤平，但不要切成兩半。

4 用刀切除白色的部分。

5 盡可能取下所有較硬的部分（尿道）。

6 將腰子切成大丁。

油炸腰子

Cuire un rognon dans sa graisse

難度：🍳🍳　　**用具：**砧板、菜刀
平底炒鍋

建議：腰子的油脂一旦以小火融化並過濾以後，就能用來油炸馬鈴薯（就像比利時的作法一樣）。

1 切除腰子的脂肪，但保留一公分厚的脂肪供烹調用。

2 確認腰子的附著面，據此找到通往血管和尿道的開口。

3 用刀尖盡可能清除所有管道，取下時勿傷及腰子。

4 為腰子撒上鹽巴和胡椒。用牛油和油的混油，油煎腰子的每一面。

5 加蓋，再放入預熱至 180℃（刻度 6）的烤箱裡烤約十六分鐘。

6 維持加蓋的狀態靜置十分鐘後，將腰子切片。

準備小牛胸腺

Préparer des ris de veau

難度：🍴🍴　　**用具：**平底炒鍋

建議：私房小祕密：羔羊胸腺也同樣美味，用油煎的最好，因為羔羊胸腺熟得很快。

1 將胸腺肉放入裝滿冰塊和水的沙拉盆，排血水一個小時，中途如有需要可換水。

2 將胸腺肉放入裝滿冷水的鍋子裡。

3 開火煮沸後，先加鹽，再把火力調小，微滾五分鐘。

4 取出胸腺肉，放入裝有冰塊的冷水中冰鎮。

5 去除主要的膜和多餘的油脂，把胸腺肉處理乾淨。小心不要讓肉散開。

6 加壓至少一小時（可以夾在兩個盤子中間）。保存在陰涼處，直到烹調時。

煨小牛胸腺

Braiser des ris de veau

難度：🍳🍳
份量：4 人份
準備時間：20 分鐘
烹調時間：30 分鐘

用具：平底炒鍋
網篩
平底深鍋

材料：小牛胸腺 2 塊
牛油 50 克
花生油 2 大匙
紅蘿蔔 1 根，切骰子塊
洋蔥 1 顆，切骰子塊
芹菜莖 1 枝，切骰子塊
蘑菇 4 朵，切骰子塊（見 440 頁）
波特酒 50 毫升（馬德拉酒、白酒亦可）
白色或棕色小牛高湯 300 毫升（見 66 或 68 頁）
液狀鮮奶油 150 毫升
鹽、現磨胡椒

1 小牛胸腺撒鹽和胡椒，放入炒鍋中，用牛油和花生油混煎至略呈金黃色。

2 取出小牛胸腺預留備用。鍋中放入四種切成骰子塊的蔬菜，炒幾分鐘至出汁。

3 倒入波特酒。

4 收乾 2/3 的湯汁。

5 加入小牛高湯。

6 將全部材料煮沸後，轉成小火，將小牛胸腺擺在蔬菜上。

7 用一張圓形烘焙紙蓋住鍋內食材。

8 以小火慢燉二十分鐘。

9 取出胸腺，保溫並預留備用。用網篩過濾醬汁。

10 把鮮奶油加入濾好的醬汁裡。

11 再度濃縮醬汁，直到醬汁能附著在湯匙上。

12 調整味道，將醬汁淋在胸腺上。

建議：我們經常在醬汁中添加菇類，傳統上會用羊肚菌。配菜方面，可以搭配新鮮麵食、什錦蔬菜或是紅蘿蔔泥。

清洗和水煮腦髓

Nettoyer et pocher des cervelles

難度： 🍳🍳　　**用具：** 平底炒鍋

■ 此方法也可以處理小牛、羔羊和豬的腦髓。

建議： 水煮腦髓切成大丁，撒上鹽和胡椒後炸成天婦羅，非常可口（見 330 頁的比目魚柳天婦羅）。

1 腦髓放入裝滿醋水和冰塊的沙拉盆，讓腦髓排血水一小時，中途如有需要可換醋水。

2 在沙拉盆或流動的清水中，小心地去除覆蓋腦髓的薄膜和可能的血塊。

3 將腦髓放入裝滿加鹽冷水的鍋子裡。加入一株百里香、一片月桂葉和幾粒胡椒，煮至微滾。

4 仔細撈去浮沫。

5 當腦髓用手指摸起來略帶彈性時，就表示煮好了。

6 用漏勺撈出腦髓，擺在廚房紙巾上吸乾水份。

粉煎*腦髓

Cervelle meunière

難度：🍳🍳（two chef-hat icons）
份量：6 人份
準備時間：5 分鐘
烹調時間：15 分鐘

用具：平底鍋

材料：排過血水的水煮腦髓 3 副
麵粉 75 克
牛油 100 克
花生油 2 大匙
檸檬汁 1/2 顆
切碎的香芹 1 大匙
切瓣檸檬
鹽、現磨胡椒

*「粉煎」（meunière）意指「將食材裹上麵粉後油煎」。

1 腦髓撒鹽和胡椒。裹上麵粉後抖一抖，去除多餘的麵粉。

2 用旺火加熱花生油和一半的牛油，再把腦髓放入鍋中。

3 每面約煎十分鐘，邊煎邊為腦髓淋上滾燙的油（鍋子可微微斜拿，讓油集中）。

4 取出腦髓預留備用，倒掉煮過的油。在鍋中加入剩下的一半牛油，煮至正好呈現金黃色。

5 加入檸檬汁和香芹。

6 待其煮沸幾秒後，淋在腦髓上。搭配切瓣檸檬上菜。

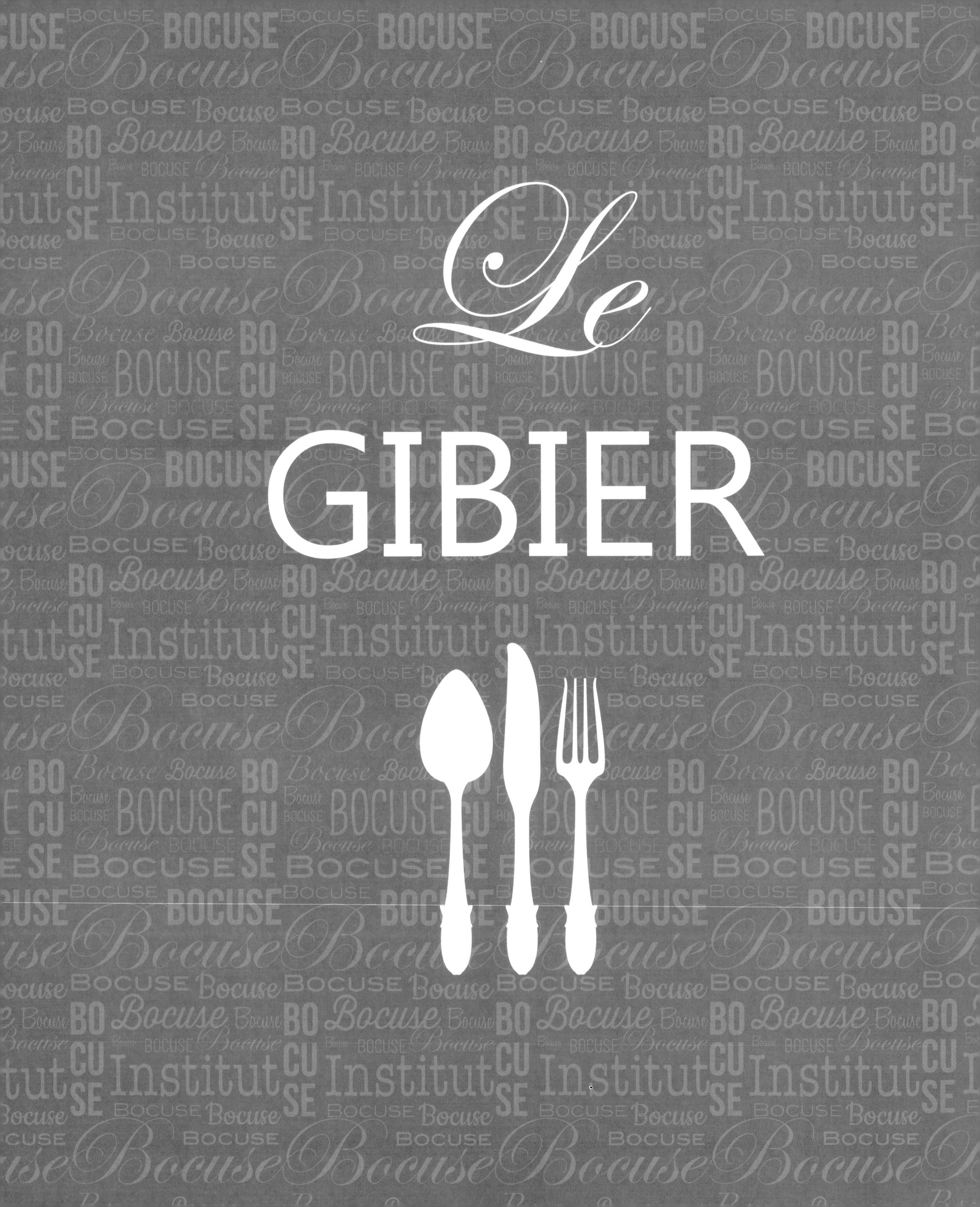
Le
GIBIER

野味

Le gibier

野味：狩獵歸來

野味或許是象徵意味最強烈的食材了。長久以來，狩獵——取得野味的藝術——一直是貴族的專利和特權，至今也依然是一項回應著社交需求和重要行為的活動。不管定義狩獵和管制狩獵的法令規章為何，以任何一種形式——非常貴族式的圍獵，或是較為大眾化的四處獵捕——進行狩獵活動的人，都和讓我們的思緒跌回法國舊制時期的皇家狩獵分享著共同的經驗。而在今日的現代飲食中，這樣的背景仍然為野味賦予了極為強烈的形象。

然而，目前大部分食用的野味並非由品嘗者狩獵得來，後者只是購買而已。我們找到的新鮮野味，有時是從獵人手中買來，但更常購自專賣野味的肉鋪。

也因此，雖然食用野味並非不重要，但仍然顯得特殊。人們食用野味的比例會在歲末年終的節慶季節裡攀高，但其餘時刻依然趨於停滯。

冬季的香氣

最經典的野味食譜、野味的肉質最吸引人的季節，這些都讓享用野味成為冬季最大的樂趣之一。最容易取得的狍*不建議在三月、四月和五月食用。二月到八月之間找不到野豬。十一月到二月則應優先考慮食用雉雞和山鶉。

我們也找得到製作成冷凍食品的野味。野味儘管保存不易，卻非常經得起冷凍。對於大部分品種都只能在秋冬兩季合法狩獵的情況下，這點尤其重要。

這些被通稱為「野味」的動物，其實有不同的分類方式。首先，我們會分成走獸（雌鹿、雄鹿、狍、兔子、野兔、野豬……）和飛禽（山鷸、鵪鶉、西方松雞、雉雞、斑鳩、山鶉、鴿子……）兩大類。由於牠們的體型非常不同，我們也稱其為小型野味和大型野味。獵人還會將牠們分成定居型野味和遷移型野味。後者通常由在年度大遷徙時遭到獵捕的鳥類所組成。

力量與鐵質

野生動物全都依照自然的生活方式，在完全獨立、自由的狀態下演化。牠們並非在囚禁中長大，而是獨自生存，發展出結實的肌肉群，因而形成深具韌性、比較不油的肉質，脂質含量僅有 1% 至 4%。

作為比較，野兔的脂肪含量比飼養兔低五倍，山鶉比雞肉低三倍，雌鹿甚至比牛肉低二十五倍！

值得注意的是，野味在多數時間都遵照以下的美味食譜來烹調：酒蔥燒野味、肉塊佐醬汁……，並搭配大量豐富的配菜。

即使野味足以被視為「節食用」肉類，卻因為傳統搭配的烹調方法，未能列入這個範疇。

＊狍（chevreuil）是一種小鹿。

如同所有優質的肉品，野味也含有非常豐富的鐵和維生素B。這些動物的飲食多變，其中包含了大量的草本植物和木頭味，為牠們的肉賦予芳香濃郁的味道。

祖傳食譜的現代化

即便我們不用負責動物的事前處理（去毛、去皮後再切塊），烹調野味肉塊仍然不是一件簡單的事。我們會用香料和酒（最好選擇味道強烈的）做成的混合醃料，醃製大型野味的肉塊。

肉塊必須在醃汁中浸泡一段很長的時間，醃汁會軟化肉質，還能清除可能存在的寄生蟲。這點對於未預先冷凍的肉來說非常重要。因為未經過加工處理且貯藏至略為變質的野味肉塊，很難完全不受到寄生蟲的侵害。

走獸非常適合強烈的味道，那些打從中世紀就開始使用的香料、味道特別濃厚的香草，還有長時間浸泡在酒裡並用作醬汁的醃汁。我們經常建議為野味搭配糖漬水果或烤水果，這是讓肉品更芳香濃郁的好方法。在野味的醬汁中加入肥豬肉丁，或是用豬五花薄片把肉裹起來，其中的油脂都可以讓野味的肉質變得更多汁。

飛禽料理比較沒那麼精緻。我們可用極其簡易的方式來烹調，就和烘烤一整隻雞一樣簡單。當然，若是這樣烹調的話，為飛禽淋上極大量的肉汁特別重要，也要盡可能地保留豐富的餡料。

驚人的事實

野豬、雄鹿、雉雞、山鶉、鴨、鵪鶉……野味也有人工飼養的，而且是在符合道德和衛生的優良條件中。這些動物並非全然野放，而是飼養在密閉環境裡，直到安排妥當、有規劃的狩獵開始，才會被釋放出來。

酒與野味的理想結盟

由於佐醬汁的野味香氣撲鼻，挑選配搭的酒時必須格外注意，才能完美的搭配。烈酒和野味的結合能讓齒頰留香，卻又不會感到沉重。理想上，同時也為了餐後的健康，佐餐酒要是能為我們帶來些許清爽感會相當有用，尤其是帶有明顯礦物香氣的酒。

野味的肉因為既結實又富含香氣，非常適合用來製作節慶菜餚裡的肉醬和陶罐派。我們可在熟食店和加工肉鋪中找到已經預先烹調好的野味肉醬和陶罐派，也可以用已經煮好並軟化的肉塊碎屑自行製作。

就野味陶罐派的保存而言，以罐裝處理最為理想。事實上，作成陶罐派正是處理野味碎肉的絕佳方法。把碎野味肉約略切碎後，可再混入果乾、酒和一些香料，再將殺菌過的密封罐放入沸水中，加熱兩到三小時。

燉肉醃汁、野味醃汁

Marinade pour daube ou gibier

難度：
份量：適用 1.5 公斤的肉
準備時間：15 分鐘

1 牛肉塊或野味肉塊放入焗烤盤，用紅酒淹過。

2 依照肉塊的性質加入蔬菜和香料。撒上胡椒。

用具：網篩

材料：醇厚口感的紅酒 750 毫升
紅蘿蔔 1 根，切成大的骰子塊
洋蔥 2 顆，切成大的骰子塊
帶葉芹菜莖 1 枝，切成大的骰子塊（見 440 頁）
大蒜 2 瓣
胡椒粒 1 小匙
杜松子 1 小匙（用於野味，非必要）
調味香草束 1 束
乾燥橙皮 1 塊（燉肉用，非必要）

3 用保鮮膜蓋住，置於陰涼處醃漬到食譜指定的時間。

4 取出肉塊。濾出醃汁並保留蔬菜（按食譜說明使用醃過的蔬菜）。

烤鹿腿

Cuissot de chevreuil

難度：🍞🍞
份量：6 人份
準備時間：30 分鐘
烹調時間：每半公斤 15 分鐘

用具：盤子 3 個
網篩
平底深鍋

材料：鹿腿 1 隻
（去除髖骨）
牛油 50 克
鹿肉高湯或棕色小牛高湯 150 毫升
（見 68 頁）
鹽、現磨胡椒

醃汁——紅酒 750 毫升
洋蔥 1 顆，切迷你細丁
紅蘿蔔 1 根，切迷你細丁
調味香草束 1 束
大蒜 2 瓣
胡椒粒
杜松子

1 烹調前一天，聚集所有醃汁的材料，鹿腿擺入盤中。

2 加入醃汁。為盤子包上保鮮膜，置於陰涼處直到隔天（不時為鹿腿翻面）。

3 烹調當天，從醃汁中取出鹿腿，擦乾，用繩子綁好，放入耐熱烤盤（若有鹿肉碎屑，一起放入）。撒上牛油塊，加鹽和胡椒。

4 耐熱烤盤置於爐火上，以長時間將鹿腿的每一面煎至上色。烤箱預熱至 210℃（刻度 7），放入烤十五分鐘，然後將溫度調低到 180℃（刻度 6）。

5 從烤盤中取出鹿腿，蓋上鋁箔紙保溫。

6 把高湯或醃汁倒入剛剛的耐熱烤盤裡，溶化烤盤底部的湯汁。

7 用刮刀仔細刮取湯汁。

8 把烤盤裡的湯汁過濾到平底深鍋裡，煮至收乾一半。

9 如同分切羊腿般，依序分切鹿腿（見 496 頁）。

10 收集切肉時流出的血水並加入醬汁中，重新加熱醬汁。

酒蔥燒鹿肉

Civet de chevreuil

難度：🍳🍳🍳
份量：6 人份
準備時間：40 分鐘
烹調時間：3 至 4 小時

■ 運用同樣的烹調方式，也可以製作酒蔥燒野豬或酒蔥燒野兔。

1 烹調前一天，用濾鍋瀝乾鹿肉塊，盡可能收集所有的血水（冷凍鹿肉尤其多）。

2 製作醃汁。倒入酒，讓鹿肉醃漬一個晚上。

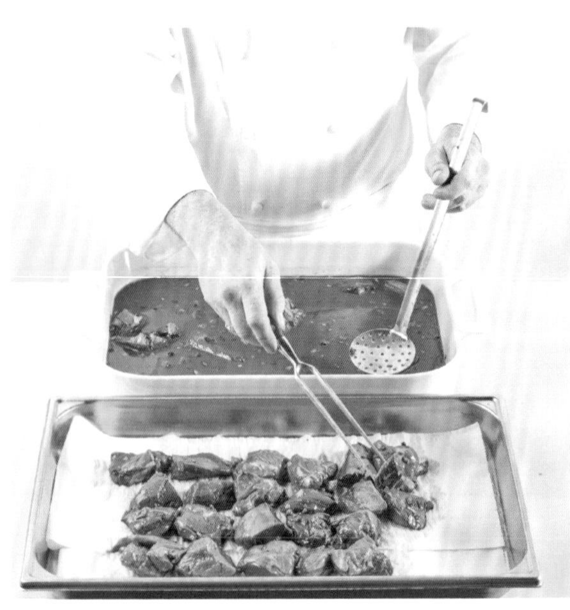

3 烹飪當天，從醃汁中取出肉，擺在廚房紙巾上瀝乾。

4 濾出醃汁，同時保留瀝乾的蔬菜。

用具： 濾鍋
鑄鐵燉鍋
漏斗型濾器
小型平底深鍋
平底鍋

材料： 鹿肉 1.5 公斤，切塊
肥豬肉丁 150 克
花生油 4 大匙
干邑白蘭地 50 毫升
炒成棕色的紅蔥頭 12 顆（見 472 頁）
蘑菇 250 克
牛油 100 克
少許麵包丁
切碎的香芹
鹽、現磨胡椒
醃汁（見 290 頁）

5 燉鍋中倒入花生油，一起油煎肥豬肉丁和鹿肉，鹿肉每一面都要煎到。加入一點點鹽和胡椒。

6 加入干邑白蘭地並點燃酒精。

7 取出鹿肉，預留備用。

8 將醃汁裡的蔬菜丁放入燉鍋裡，煮一會兒直到呈現金黃色。

9 將肉塊放回鍋內，撒上麵粉。

10 倒入濾好的醃汁。

11 整鍋煮沸並撈去浮沫。

12 不加蓋繼續燉煮，煮至酒味消散。

13 加上蓋子，以極小火慢燉，或是將燉鍋放入預熱至 140℃（刻度 4-5）的烤箱。煮或烤一個半小時到兩小時，直到肉軟化。

14 取出鹿肉並保溫備用。用漏斗型濾器過濾醬汁，一邊按壓，盡可能榨出蔬菜的果肉。

15 把濾好的醬汁煮至濃縮成能附著在湯匙上。

16 肉塊和濃縮醬汁放入同一鍋內，用醬汁重新加熱鹿肉。

17 在關火前最後一刻加入預留的血水，讓血水稠化，但不要煮沸。

18 製作一鍋炒成棕色的紅蔥頭。

19 用牛油先炒蘑菇，再加入麵包丁，一起煎成金黃色。

20 用金黃麵包丁、蘑菇和紅蔥頭為酒蔥燒鹿肉擺盤，最後撒上切碎的香芹。

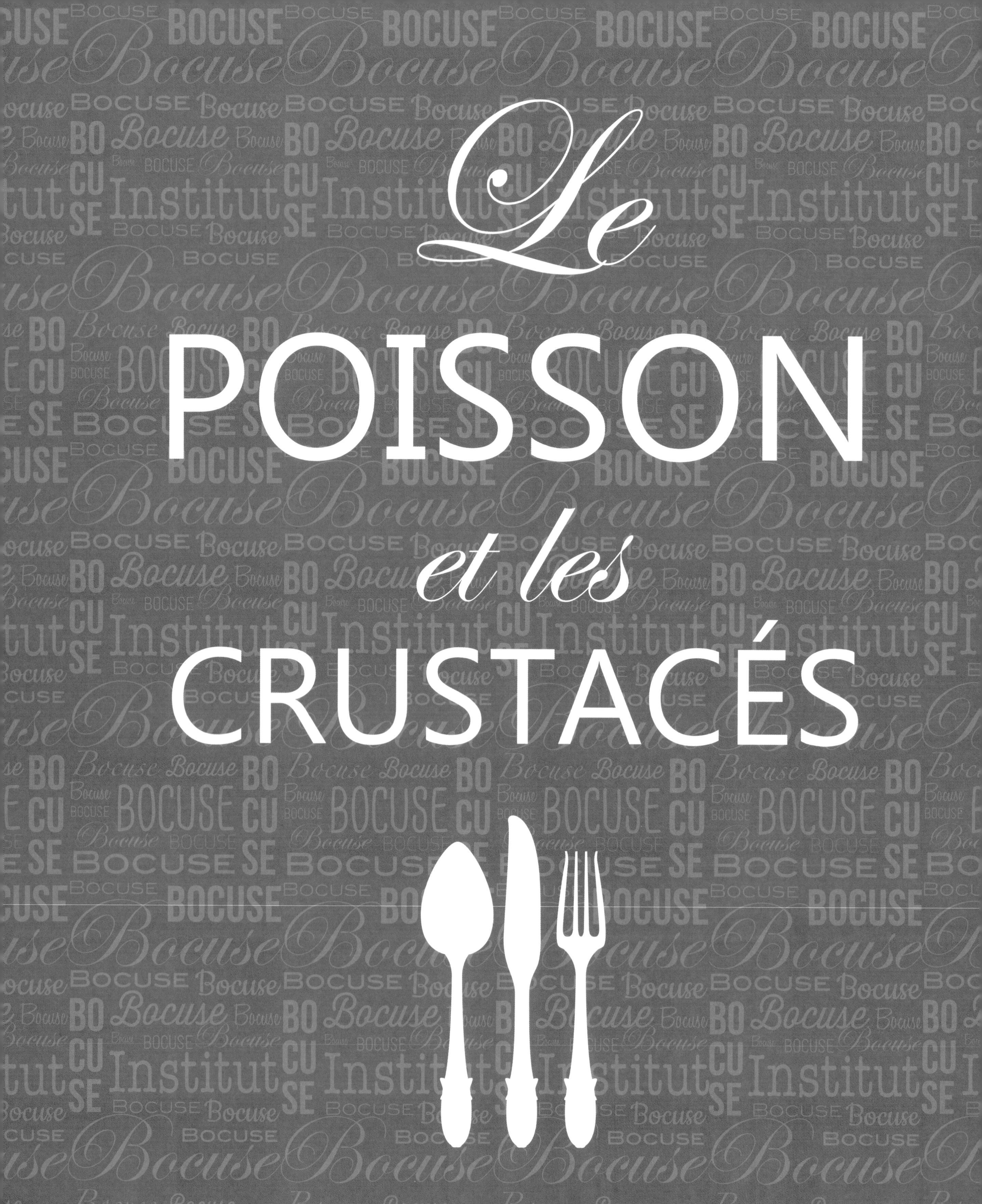

Le
POISSON
et les
CRUSTACÉS

魚和甲殼類

Le poisson et les crustacés

魚和甲殼類：健康的細緻滋味

除了沿海地帶有豐富的海味料理，和諸如阿爾薩斯（Alsace）的「麗絲玲白酒煨鱒魚」（truites au riesling），或洞布（Dombes）的「梭魚丸」（quenelles de brochet）等幾道極為典型的法國料理，傳統法國菜很少仰賴漁業物產。無論如何，相較於大家可想見或心裡期待的法國料理，我們並不常在法國菜中見到以海產為食材的餐點。

自十七世紀以來，肉類就是法國菜裡的要角。除了「大部分領土遠離海岸」這個理由，沒有人能解釋這件怪誕之事。的確，魚類不僅生活在大海與汪洋中，也住在我們的湖泊、池塘與河流裡。中世紀的四旬期（carême）*以魚為苦行的標誌，將魚隱藏在辛香料與香料之下，視其為簡樸的肉類代用品，使得魚類難以單獨成為料理的主角。

話雖如此，以美食的層面來看，魚類、貝類與甲殼類不僅各有風味，牠們的質地也讓餐點擁有不同的口感。此外，牠們也都賦予了餐點公認的重要營養價值。

小魚和大魚

法國有超過一百五十種的可食用魚，這數字讓魚的多樣性令人印象深刻。但相對地，這也讓魚非常複雜，只有內行人才辨識得出不同種類的魚。大部分時間，大家只能以二分法來區分魚的種類，包括「沒有太多脂肪的魚」或「富含脂肪的魚」、「養殖魚類」或「野生魚類」，以及「淡水魚」或「海水魚」。我們也能由此注意到魚的來源。

儘管魚的外觀與大小非常多樣化——長度從幾公分到數公尺的魚都有，但我們還是能在牠們之中找到一些共通點。

海藻——美人魚的點心？

海洋送給我們的禮物不只是魚和海鮮而已。與亞洲相反，在歐洲，我們剛開始發現海藻在食品中的重要性。海藻不僅富含豐富的礦物質，而且滋味各異。海藻特殊的自然屬性，使其成為烹飪界絕佳的創新源頭。舉例來說，比起明膠，洋菜是更方便的凝膠植物。我們現今依然不太瞭解又難以烹調的螺旋藻，則會在我們非常節制飲食（甚至太過節制）的節食瘦身期間，為我們帶來完整又有助益的蛋白質。此外，製作捲壽司時，海苔片是我們不可或缺的食材。

來自海洋的健康

首先，魚類富含人體容易消化的蛋白質，卻很少為我們帶來熱量。魚也是絕佳的維他命來源，特別是人體製造紅血球、維持神經系統完整，以及細胞代謝絕不可少的維他命B12。

＊基督宗教（含天主教與俗稱「基督教」的新教）為復活節來臨預作準備的齋戒期。

富含脂肪的魚有豐富的維他命 A 與維他命 D。維他命 A 是重要的抗氧化劑，也對視力有所助益。維他命 D 不僅能促進鈣質吸收，還能防止眾多與神經衰弱、癌症、早發性痴呆同樣嚴重的病症。

魚類也含有大量的重要礦物質，如鐵質和磷。磷除了對骨頭和牙齒健康有決定性的影響力，也對人體製造所需活力有所影響。鐵質則是人體製造紅血球和促進良好發育的必需品。別忘了還有鋅、銅和硒。最後的硒相較於其他礦物質，還能用於抗癌，同時限制癌症治療藥物引起的不良反應。

另外，魚類是不飽和脂肪酸——也就是重要的 omega-3 脂肪酸的絕妙來源。多虧魚類提供了我們充沛的活力，並為我們降低不良膽固醇（低密度脂蛋白）的比例，同時保存那些對我們的身體、細胞、血管有益的膽固醇（高密度脂蛋白）。omega-3 脂肪酸最豐富的魚，是大家描述為「富含脂肪」的那些魚，包括鯷魚（anchois）、鮭魚（saumon）、鯖魚（maquereau）、大西洋鯡（hareng）、沙丁魚（sardine）、鱒魚。事實上，這些魚的體內含有 5% 到 12% 的脂肪。相對於這些魚，沒有太多脂肪的魚只有 1% 到 4% 的脂肪。

正因為這些魚類對於健康的非凡益處，法國國家食品環境與勞動安全衛生局建議一週食用魚類兩次，而且要交替食用富含脂肪的魚和沒有太多脂肪的魚。與此同樣重要的，則是食用魚類時，必須盡可能變化魚的品種和來源——包括養殖魚類與野生魚類（或生長於自然環境中的魚類），以及海水魚與淡水魚。事實上，所有類別的魚都會受到嚴重污染影響。若人體吸收並累積這些污染物，甚至會讓自身陷入險境。預防此事的最佳方式，就是不要放任自己受制於習慣，而是變換選擇，吃各式各樣的魚。選擇的多樣性會增加食用魚類帶來的風味與新奇，對老饕而言，這也讓吃魚顯得更具吸引力，是我們這麼做的另一項小小樂趣。

養殖鮭魚或野生鮭魚？

長期因野生鮭魚廣受偏愛而悶悶不樂的養殖鮭魚，終究比可能遭到重金屬污染的野生鮭魚更加安全衛生。如果養殖鮭魚的來源是經由官方認證標章的品質保證檢驗後生產的系列產品，更是無庸置疑，如「紅標」（Label Rouge）*1、「有機農業認證」（Agriculture Biologique）*2、或「法國鮭魚」（Saumon de France）*3。

什麼是鮮美的魚

魚類以不同的樣貌出現。可能是新鮮的魚、完整而沒有內臟的魚，也可能是魚片或魚排。我們可以同時找到急速冷凍的魚、罐裝保存的魚，甚至是煙燻保存的魚。這些形形色色的魚類樣貌，展現與對應的是相異的食用與保存方式。

當然，如果可以，建議在受信任的魚攤挑選新鮮的魚。這麼做不僅能保證產品的品質與新鮮，也是我們獲得各種魚類相關忠告的最佳方式，忠告範圍可能從烹調之前的準備、烹煮方式，一直到最佳食用季節。買魚時，我們可以從魚的外表辨識其新鮮程度。以完整的魚來說，牠脆弱的雙眼必須明亮，眼球也必須凸出，魚鰓必須是紅色或粉紅色，魚肉則必須結實又有光澤。

購買新鮮魚類時，務必嚴格遵守某些規矩，以免讓魚毀損殆盡，畢竟魚是最容易壞的食材之一。我們應該要買放在最後面的魚，購買後放入保冷袋。回到家後，先用廚房紙巾將魚擦乾（細菌喜歡潮溼）再覆上保鮮膜，以徹底避免魚接觸到氧氣（細菌也喜歡空氣），並將魚在冰箱最涼爽的地方多放兩天。

*1 紅標（Label Rouge）創立於 1960 年，是一種法國的農產品認證標章制度，藉以保持與發展法國農產品的品質。
*2 有機農業認證（Agriculture Biologique）創立於 1985 年，是法國有機農產品的品質認證制度。
*3 法國鮭魚（Saumon de France）是法國的鮭魚養殖業者。

至於罐裝魚，以及經過煙燻或用鹽醃製風乾的魚，保存方面很容易，最困難的其實是購買時該如何選擇。對於這個部分，如果在營養、食品衛生安全和美味方面都追求最佳品質，在此重申，認證標章將大有幫助。

非常冰冷的新鮮

急速冷凍後販售的魚，都是捕獲後直接在漁船上處理的。這些魚在經過處理後，會立即放入溫度零下 40℃到零下 30℃之間的冷凍庫。因此不僅新鮮度有保證，在鮮魚數量不足時更成為良好的解決方案。特別注意，不要將急速冷凍魚保存超過六個月，某些營養會因長期保存而迅速改變，像是素富盛名的 omega-3 脂肪酸。

妥善烹調魚類

魚的事前準備非常多樣化，呼應著魚類五花八門的品種。不過從生食到油煎，魚適合所有的烹煮手法，甚至毋須高溫烹煮。

煙燻魚、壽司和生魚片、韃靼生魚，以及義式生魚片

儘管大家常常忘記，不過煙燻魚用的溫度只有 25℃左右，並不足以將魚煮熟。換句話說，最常在宴會中招待客人的煙燻鮭魚，其實是生的。

從其他烹飪傳統汲取靈感的魚類料理，如日本的壽司、生魚片和捲壽司，在法國統統十分受歡迎。這些料理都以未經烹煮的魚為主食材，只單純搭配米、醬油、山葵和醃過的薑。大溪地、秘魯和墨西哥則給了我們醃漬生魚（ceviche）＊1、韃靼生魚，以及在烹調時僅以青檸、鹽和辣椒極其簡單調味的義式淺漬生魚片（carpaccio）＊2。

既然體認到魚是非常容易壞的食材。在根據食譜烹調時，更應該格外留意魚的新鮮度。

水與烹調

魚肉會自然而然吸收水分，極為纖細，甚至可說是特別容易壞，卻也因此特別適合用最簡單的水煮法來烹調。

如果做水煮魚，可以使用煮魚調味湯汁（見 86 頁）。在一鍋沸水中加入香草與蔬菜，不僅能增添蒸氣的芳香，也能為煮魚的水添加香味。如果是只能以很短的時間烹煮的小魚，可以使用微波爐。

密封烹調

用燉鍋燉魚或以烹飪用紙煮魚，都有助於魚肉吸收食材的滋味。密封烹調的手法能確實地讓魚肉（必須選擇結實的魚肉）和富含香氣的配料一起封住，既保留了魚肉的質地，也因為和香草及辛香料一起烹煮，豐富了魚本身的滋味。烹煮時，香草與辛香料的份量必須精確，以免破壞魚類纖細微妙的味道。

魚骨不會破壞享受

大家有時會責怪魚骨，因為魚骨給人一種印象，宛如是在嘴裡的一球尖針。但只要在切魚時細心點，或小心地抬高魚脊肉以取出魚骨，也就夠了。你也可以在事前處理生魚時，先用夾子剔除魚骨。

＊1 以柑橘類果汁、洋蔥、番茄、辣椒等醃漬生魚做成的一道餐點，在南美洲沿岸與大西洋、太平洋沿岸都相當知名。
＊2 將魚或肉切成極薄的薄片，再以橄欖油、檸檬汁，鹽、胡椒等加以調味，是一種源於義大利的烹調方式。

烹飪用紙

過去有很長的一段時間，由於簡單又方便，大家都用鋁箔紙作為烹飪用紙。現在我們知道鋁箔紙對酸性化合物的承受力欠佳，特別是我們常用來搭配魚的檸檬，而且鋁箔紙能承受的熱度也不好。適合烹調的烹飪用紙是烘焙紙。如果你能把烘焙紙用得像芭蕉葉，就可以在味覺與視覺上賦予餐點些許異國情調。烹飪用紙是用於爐灶的烹飪工具，蒸或烤都能使用。

烹調並（幾乎）將魚託付烤箱

以烤箱烹調魚類時，我們會將魚放入烤盤，同時搭配含水量多的豐富配料，包括白酒、高湯，以及富含水分的蔬菜——以防止魚肉變乾。特別是要烤沒有太多脂肪的魚時，此手法更是重要。以烤箱烹煮魚肉需時漫長，而且要緩慢地煮、溫和地煮，這樣配料的味道才能滲透魚肉，不僅為魚肉調味，也是對魚肉真正的尊重。

略帶田野風情的戶外烤肉與燒烤

與現今流行的潮流相反。飽含脂肪的魚特別適合以燒烤或烤肉的方式烹調。但對沒有太多脂肪的魚來說，極為強烈的高溫會有烤乾魚肉的風險。只要別讓魚太接近高溫的炭火，燒烤其實是很健康的烹調手法，也能讓魚肉表現自然的香氣。

烹調與油煎

油煎是一種極其美味的煮魚法。這種烹調方式會以一層精細的麵衣或麵包粉裹住即將油煎的魚，藉以保護細嫩的魚肉，並慷慨和善地賦予煎魚賞心悅目的外貌。這也是如粉煎比目魚這類菜餚「粉煎」（meunière）*的烹調原則，或是油煎如胡瓜魚（éperlan）等體型很小的小魚時的遵循原則，而且我們往往是一起鍋，僅僅瀝乾、加鹽，就狼吞虎嚥大吃起來。想當然耳，有人會說這種烹調方式比較不健康。但對那些還不熟悉魚類的人來說，油煎是一種讓他們熟悉魚類的優秀料理手法。

一旦我們對魚產生興趣——無論是因為牠們不同凡響的品種多樣性，或是因為各種各樣的烹煮方式——我們就能讓食譜倍增而且不用擔心會有厭倦的一天，同時提供健康又安全的菜餚，並在宴客餐桌及日常餐點中，妥善地找到屬於自己的位置。

海洋芳香的柔和力道

貝類動物與甲殼類動物形成了一個龐大的（海鮮）家族。儘管這個家族的一些特色如今依然罕為人知，但老饕與美食家總是選出牠們，用來整治出一整桌貨真價實的饗宴。這些古怪的動物多半是汪洋大海送給我們的禮物，較少來自淡水。牠們不僅擁有獨一無二的精緻，而且個個與眾不同。這些動物的肉帶著微妙的珠貝光澤，既可單獨品嘗，也可搭配最精美的菜餚。牠們的肉是奢華的產物，通常保留給非比尋常的時刻與宴會餐點。

螃蟹（crabe）、蝦（crevette）、大螯龍蝦（homard）、螯蝦（écrevisse）、龍蝦（langouste）、挪威海螯蝦（langoustine）……，絕大多數甲殼類動物都是海生動物，只有幾種品種是陸生動物。外骨骼覆蓋了甲殼動物的身軀，也成為牠們身上一件有關節的盔甲。這些動物都由頭部、（或多或少連接頭胸部的）胸腔，以及配備了附屬器官（腳爪與鉗子）的腹部所組成。為了多取得一些碎肉，我們會刮清或帶著強烈的欲望折斷這些甲殼動物的腳爪和鉗子。甲殼動物不僅從頭到腳都能食用，還可作為烹飪食材，製作湯底和醬汁。

* 粉煎（meunière）是法式料理的烹調手法之一，意指「將食材裹上麵粉後油煎」。

聖賈克貝（coquille Saint-Jacques）、牡蠣（huître）、淡菜（moule）、蛤蜊（clam）、蚶（palourde），以及帶子（pétoncle）……，貝類動物是軟體動物的一部分。正如「貝類動物」名稱所示，貝類動物的身體柔軟，由頭部、腳，和一塊完全由石灰質構成的貝殼加以保護的內臟所組成。貝類動物的體型、質地和滋味形形色色。這些動物中有些會分泌珍珠和珍珠母，藉以抵禦有侵略性的成分（沙粒）。

極度新鮮

甲殼類動物與貝類動物的熱量都很低，油脂含量也都很少。相對於此，這些動物都和魚類一樣，富含微量元素和至關緊要的礦物質，如硒、銅、鋅，還有特別值得一提的碘。

這些海鮮也同樣都是蛋白質與鐵質的絕佳來源。儘管大家都將紅肉視為人體蛋白質和鐵質的最佳來源，某些甲殼類與貝類動物含有的蛋白質與鐵質，甚至比紅肉來得更多，如淡菜與牡蠣。

為了百分之百的衛生安全，海鮮必須在最新鮮的狀況下食用。品質最好和最受歡迎的海鮮都以活體出售。對消費者而言，活海鮮有時會成為某種沉重的心理壓力，因為必須強制加熱處理。若將活生生的海鮮包裹在沾溼的廚房紙巾裡，縛住牠們的腳爪和鉗子，以避免一切可能對牠們自己，也可能對牠們的同類造成的傷害，最多可在冰箱中保存兩天。同樣地，貝類動物也經常以活體出售。為了確認出售的貝類動物新鮮依舊，在我們觸碰貝類時，應檢查貝殼是否迅即緊閉起來。

既敏感又對烹飪藝術中某種粗暴層面較不習慣的人，往往偏愛極速冷凍產品。極速冷凍的海鮮就跟魚類一樣，為了絕對的新鮮，從這些動物一離開水面就會加工處理。

碘和新陳代謝

碘是身體運作的必需品。它是甲狀腺素的主要成分之一，參與了身體的基礎代謝，包括體溫調節、生長發育，以及繁殖和血管細胞的製造。這些荷爾蒙也介入神經系統發展和肌肉運作。

佛朗西斯·龐奇的牡蠣

「牡蠣，體積是普通鵝卵石大小，外貌較為粗糙，顏色比較沒那麼單一，也比較沒那麼明亮的米白色。牡蠣是頑強緊閉的世界。然而，我們卻能開啓這個世界──應該要把牠固定於抹布凹陷處，用有缺口又沒那麼完整的刀具一吃再吃。帶著好奇心的指頭為牡蠣割傷，指甲也因而折斷──撬開牡蠣是種粗魯的活兒。眾人帶給牡蠣的打擊，在牡蠣的外殼留下大家應牠之邀而問候牠的印記，那是一種光暈。在牡蠣內部，我們會徹底發現另一個世界，那是個吃與喝的世界：在（確切來說，是）珍珠母構成的那片蒼穹之下，居上位的藍天垂向位處下方的天空，不會再僅止於形成水塘，也不會只成為黏糊糊向味覺與視覺流動洶湧，並以煙灰色花邊裝飾袋緣的暗綠色小袋。」

法國詩人佛朗西斯·龐奇（Francis Ponge），《採取事物的立場》（*Le Parti pris des choses*）

昇華與簡約

想將海鮮的滋味與香氣提升到像軟體和甲殼類動物那麼細緻美好，最確定可行的烹調方式，就是樸實無華地處理食材。這樣的烹飪方式既是調味與烹煮的節制，也是最看重海鮮尊嚴的手法。也因此，水煮和蒸煮是最強烈推薦的作法。

蒸煮貝類時會直接放入密閉容器，並以一點帶有香草香氣的水煮沸。這樣烹調淡菜與蛤蜊是最理想的。經過如此烹調，品嘗時只要單純搭配清淡調味，或配上薄薄抹了奶油的切片麵包就好。

某些貝類在未經烹煮、僅僅以檸檬汁醃漬的生食狀態，甚至更讓人喜愛，比如說聖賈克貝。更別提活生生端上桌的牡蠣了，我們只簡單地撬開牡蠣殼就大快朵頤。

可想而知，偉大的烹飪指南經典當然存在。這些經典食譜需要的烹調工作也更加複雜。大部分經典食譜都是從十九世紀傳承到我們手中，這說明了何以這些食譜富含奶油（這麼做是為了加強肉的美味，而且含有豐富脂肪的食材是當時的品味指標）。就另一方面來說，奢侈的配料也強調了這些料理的高尚。「香檳沙巴庯燴牡蠣」（huîtres en sabayon au champagne）食譜正是其中的完美範例。

自路易十五以來，有字母「R」的月份*……

由於好幾起致命的中毒事件，以及在戶外溫度——放在戶外是當時保存牡蠣的唯一方式——太高時食用牡蠣卻出事，法國國王於一七五九年頒布法令，禁止在四月一日至十月三十一日之間販售牡蠣。這道禁令不僅保護了消費者，也讓牡蠣得以避免在繁殖期間被捕獲。

＊ 指一月到四月以及九月到十二月，這些月份的法文都有字母「r」。

季節性

即使一年到頭都可以取得貝類與甲殼類，為了在最滿意的條件及最低的價格中覓得這些食材，尊重季節性乃明智之舉。

	1月	2月	3月	4月	5月	6月	7月	8月	9月	10月	11月	12月
甲殼類動物												
螃蟹					X	X	X					
蝦	X	X	X	X	X	X	X	X	X	X	X	X
螯蝦						X	X	X	X	X		
對蝦（gambas）						X	X					
大螯龍蝦						X	X	X	X			
挪威海螯蝦					X	X	X	X	X			
貝類動物												
海螺（bigorneau）												
峨螺（bulot）			X	X	X	X	X	X	X	X	X	X
聖賈克貝	X	X	X	X						X	X	X
牡蠣	X	X	X						X	X	X	X
淡菜	X	X							X	X	X	X

魚類

梭魚
（brochet）
鯔魚
（rouget）
比目魚
（sole）
北極紅點鮭
（omble chevalier）
鱒魚
（truite）
牙鱈
（merlan）
鯛魚
（dorade）

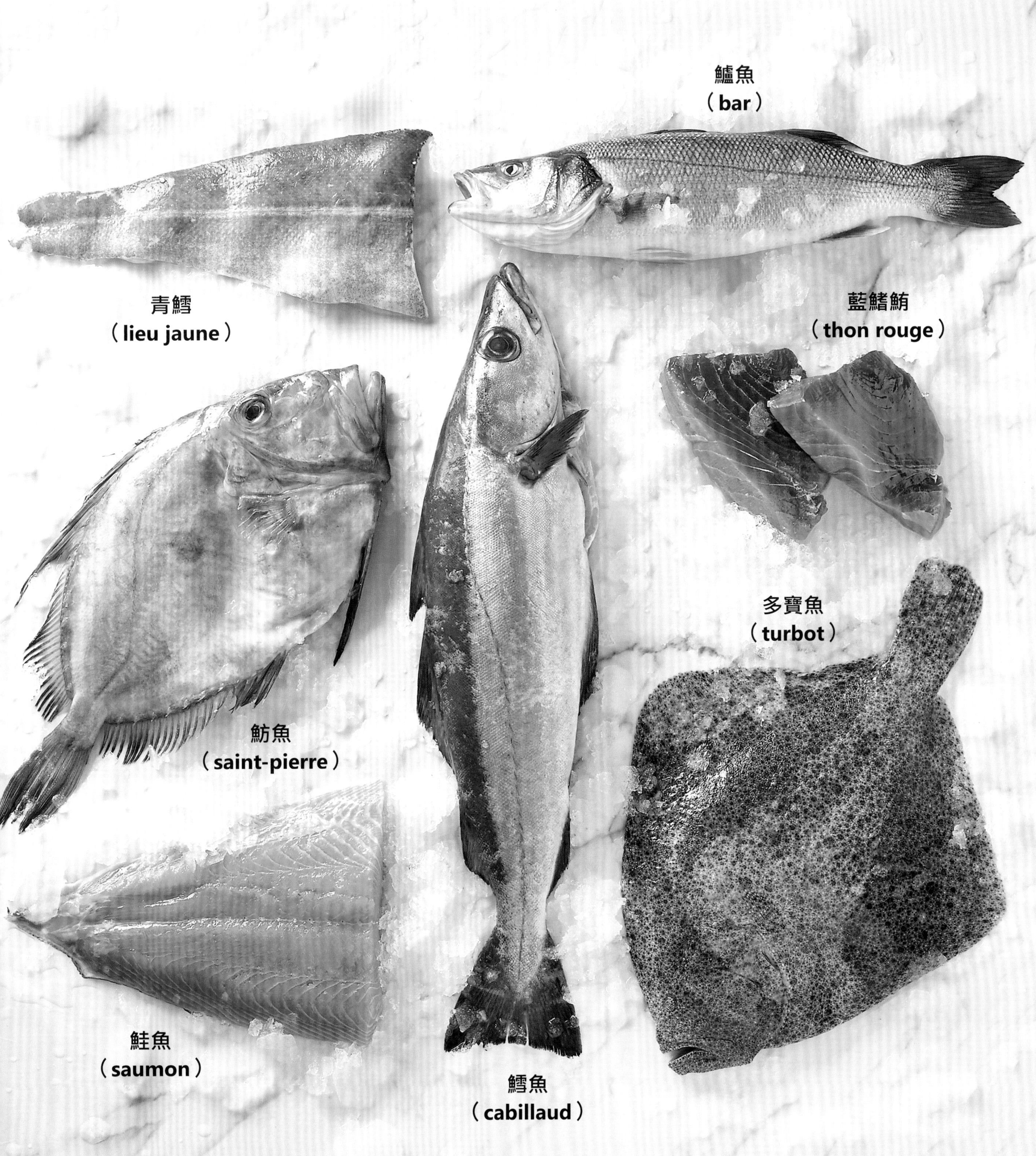
鱸魚
（bar）
青鱈
（lieu jaune）
藍鰭鮪
（thon rouge）
多寶魚
（turbot）
魴魚
（saint-pierre）
鮭魚
（saumon）
鱈魚
（cabillaud）

甲殼類

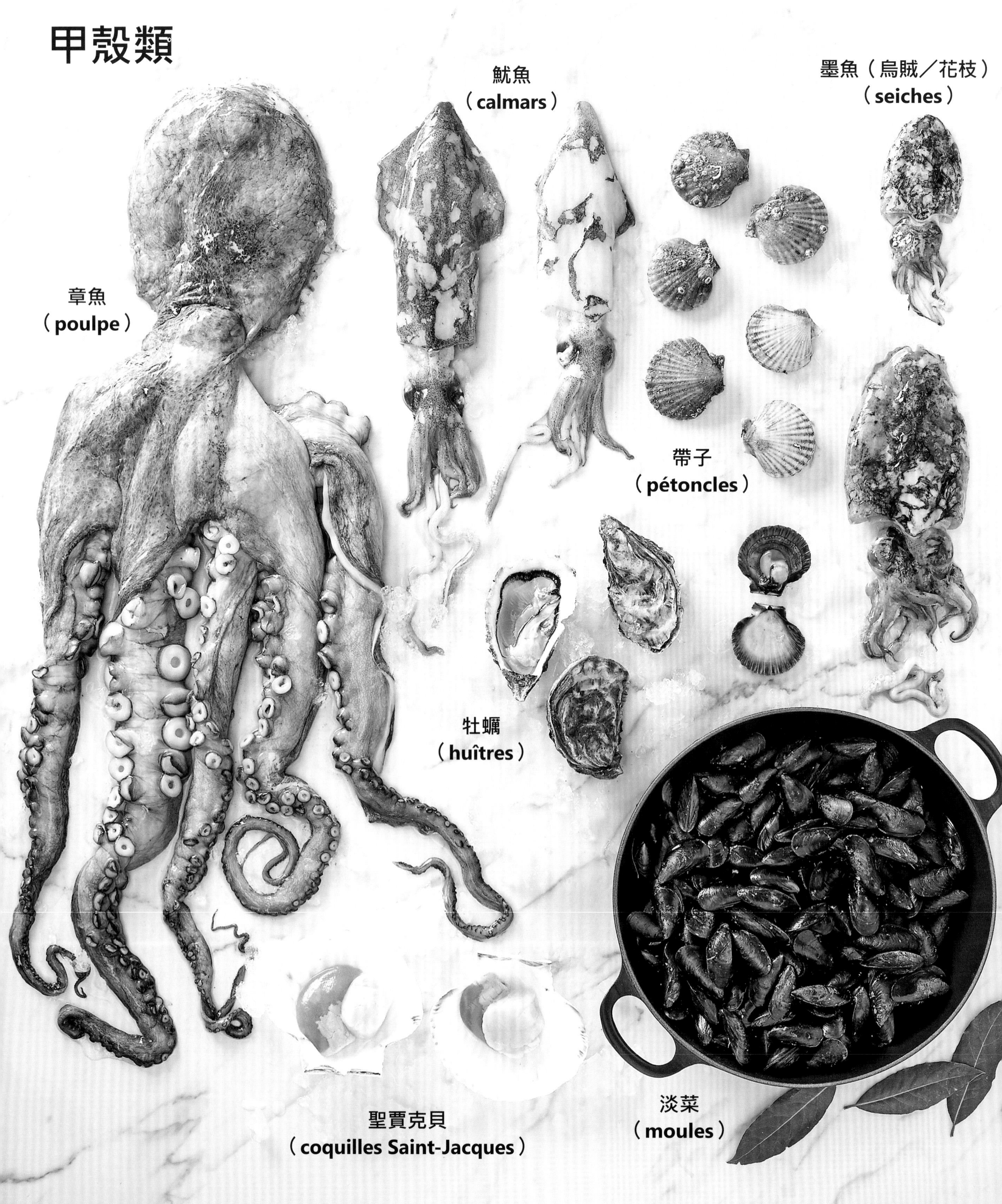

魷魚
（calmars）
墨魚（烏賊／花枝）
（seiches）
章魚
（poulpe）
帶子
（pétoncles）
牡蠣
（huîtres）
聖賈克貝
（coquilles Saint-Jacques）
淡菜
（moules）

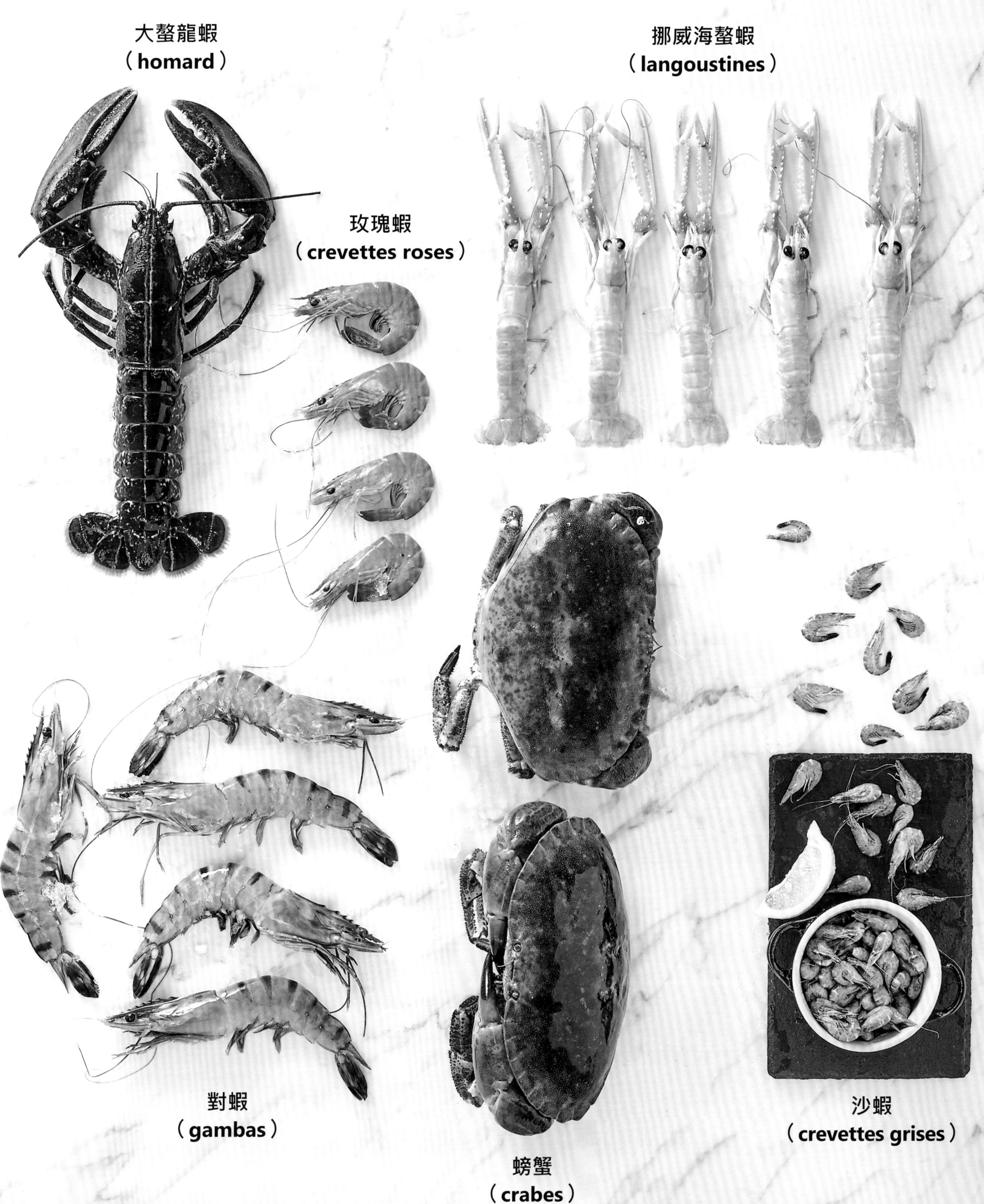
大螯龍蝦
（homard）
挪威海螯蝦
（langoustines）
玫瑰蝦
（crevettes roses）
對蝦
（gambas）
螃蟹
（crabes）
沙蝦
（crevettes grises）

分切鱈魚與切塊

Habiller et détailler un gros cabillaud

難度：

用具：砧板、菜刀
剪刀
大型鋸齒刀
西式片魚刀（非必要）

■ 同樣的方式也可以處理綠青鱈（colin）。

1 切下鱈魚的頸部，保留這個部位煮湯或製作魚高湯（見 88 頁）。

2 剪刀走向順著從魚尾到魚頭的方向，修剪鱈魚的背鰭與腹鰭。

3 摘除魚肚的黑色薄膜。

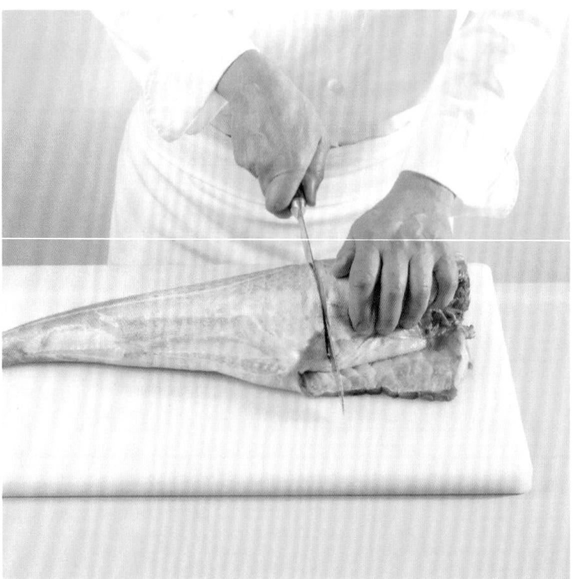

4 借助大型鋸齒刀，把內含肋骨的魚身與尾部切割開來。

5 為了取得方正整齊的厚切鱈魚肚，先切下一大塊鱈魚。方法是把刀放在魚肚上，讓刀沿著脊骨劃過魚肉，清出脊骨兩側的魚肉。

6 輕輕為每半邊的鱈魚肉剔除不宜食用的部分。如必要，同時取出魚肉中殘存的小片魚骨。

7 若食譜指定以片魚刀（靈活的刀刃）去除魚皮，就依食譜指示處理。

8 可以將每塊鱈魚肚向內捲起，放入燉鍋煮成兩人份的烤魚。

9 也可以將每個部分都切成兩塊方正的厚切鱈魚肚。

10 尾部可取下魚片（見 312 頁），或在取下魚肚後，再切成魚排。

分切鮭魚與取下魚片

Lever et détailler des filets de saumon

難度：🍳🍳🍳　　**用具：**砧板
西式片魚刀
拔毛夾或削皮刀

建議：鮭魚皮油煎後約略弄碎，和壽司捲中的生鮭魚是美味組合。

1 將處理好的鮭魚（見 316 頁）以對角線斜放在砧板上。魚頭朝外，魚背向著自己。

2 用一隻手固定鮭魚，讓鮭魚維持平穩，再從魚頭後方切下去，一直切到脊骨上方幾公分處。

3 順著魚脊製作第一片魚片。片魚刀（靈活的刀刃）從沿著脊骨生長的魚脊肉最前方開始下刀。

4 鮭魚翻面，刀子沿著魚肚細緻的脊骨，繼續切開魚脊肉。

5 鮭魚再次翻面，切開魚頭後方的魚肉，取下第一片魚片。

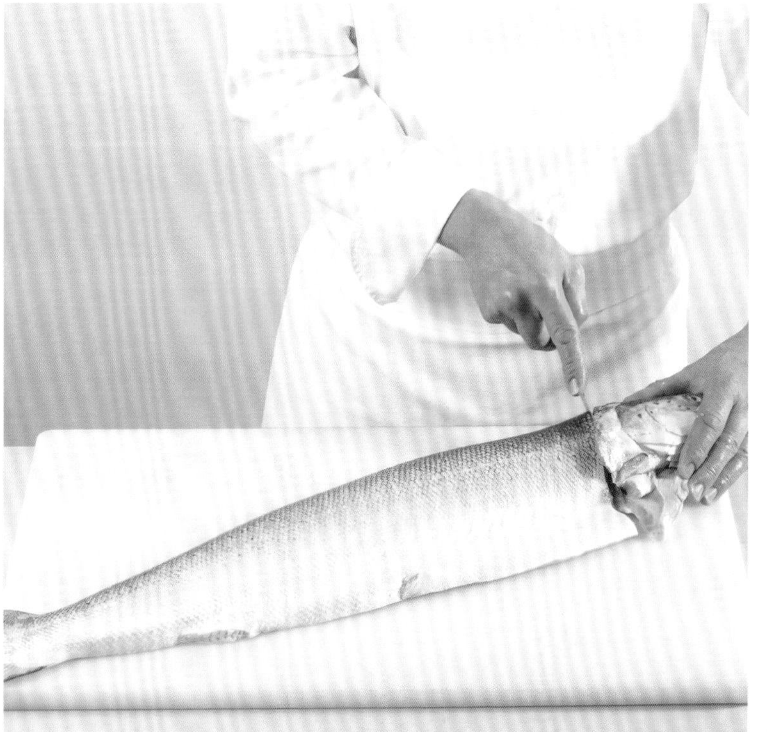

6 鮭魚再一次翻面，開始切第二塊魚片。首先切開魚頭後方的肉。

7 把魚脊和脊肉切開來，邊切邊往上拉住整塊魚肉。

8 切除魚脊肉兩側連接魚鰭處，同時極輕巧地剔除魚片邊緣不宜食用的部分。

9 用手指找出魚肉表面下的殘存魚骨，以拔毛夾去除。拔毛夾需先用火加熱，再置於冷水中漸漸冷卻（或以大拇指和削皮刀尖端取出殘存魚骨。）

10 接下來，就可以從魚片某一端，將魚肉切成適合烹調的厚度。

11 若食譜指定去皮，用片魚刀去除魚皮。去皮時需從魚尾緊緊握住魚皮

12 根據食譜所需，將去皮的魚片切成厚塊，或切成薄片。

建議：別猶豫，加工處理一大塊極其新鮮的鮭魚，然後用在數份食譜裡——

- 魚片中最厚的部分可以做威靈頓魚排（Wellington），或做成生魚片。
- 無論魚肉是否有魚皮，都切成方正厚片（冷凍保存）。
- 魚尾沒有太多脂肪的部分，做成韃靼生魚。
- 用剩下的魚肉做成魚肉泥（見 360 頁）。

處理鮭魚

Habiller un saumon

難度：🎩🎩🎩

用具：砧板、菜刀
剪刀
去鱗器

1 剪刀走向順著從魚尾到魚頭的方向，修剪背鰭與腹鰭（小心，有些魚鰭非常鋒利）。

2 固定住尾部讓魚保持不動，為整隻鮭魚去鱗。為魚腹去鱗時，動作必須輕柔。

3 分開魚鰓並抓住鰓裂，用剪刀剪斷魚鰓，但千萬不要剪斷魚腹連接魚頭下方的小三角形尖端。

4 檢查是否已清理乾淨。如有必要，取出殘留的內臟。

韃靼鮭魚

Tartare de saumon

難度：🍳🍳
份量：4 人份
準備時間：20 分鐘

用具：砧板、菜刀

材料：極為新鮮的鮭魚片 400g，
去皮去骨
紅蔥頭 1 顆或紅洋蔥 1/4 顆，切碎
芹菜莖 1 小枝或茴香 1/4 顆，切骰子塊
（見 440 頁）
切碎的任選香草植物混合 3 大匙
（蒔蘿、細葉芹、羅勒、香菜……）
橄欖油 3 大匙
檸檬 1/2 顆，擠汁
鹽、現磨胡椒或粉紅胡椒*

擺盤裝飾食材（非必要）——
聖女小番茄 1 顆，燙煮去皮
川燙過的檸檬皮若干
帶葉的蒔蘿嫩枝少許

* 粉紅胡椒（baies roses）是巴西胡椒木（Schinus terebinthifolius）所生漿果。因其帶有胡椒香氣，烹飪時常作為辛香調味料使用。

1 鮭魚先切成條狀，再切成小丁。

2 沙拉碗中混合鮭魚和蔬菜、香草、油與檸檬汁。依據個人喜好添加鹽和胡椒。

3 在預定盛裝這道菜的餐盤裡，用圓形模具為混合妥當的食材塑形。

4 擺盤裝飾之後，馬上送上桌。

鹽漬鮭魚

gravlax

難度：🍳🍳
份量：8 人份
準備時間：20 分鐘
冷藏時間：12 小時到 18 小時，視鮭魚大小而定

用具：西式片魚刀

材料：砂糖 100 克
蓋宏德*灰色粗海鹽（Guérande）250 克
蒔蘿 1 把，切碎
帶皮的鮭魚片 1 大片（見 312 頁）

建議：斯堪地那維亞人食用鹽漬鮭魚時，會同時搭配加了蒔蘿、蜂蜜、芥末的油醋汁，以及些許帶皮馬鈴薯。

* 蓋宏德（Guérande）為法國西部市鎮，濱大西洋，是法國夙負盛名的天然海鹽產地。

1 在碗中混合糖、粗鹽和蒔蘿。

2 大烤盤底部先鋪少許混合好的調味料，放入整塊魚片，帶皮面朝下。再用剩下的調味料覆蓋住。

3 將覆蓋在魚片上的混合調味料弄均勻，並以手掌按壓。

4 覆上保鮮膜，並將魚片放入冰箱冷藏十二到十八個小時。期間需倒出魚片醃漬時流出的汁兩次或三次。

5 以廚房紙巾仔細清理魚片上殘存的所有液體與蒔蘿。

6 以片魚刀（靈活的刀刃）將鮭魚切成 8 公釐左右的厚片。

處理比目魚或鰈魚

Habiller une sole ou une limande

難度： 🍳🍳🍳　　**用具：** 砧板、菜刀
剪刀
去鱗器

建議： 倘若魚很新鮮，黑色的魚皮不僅能妥當完善地撕除，也完全不會損傷魚肉。

1 用剪刀修剪比目魚，去除所有魚鰭。

2 從魚尾切開深色魚皮，並分開一部分魚皮。

3 抓住魚皮（若魚皮太滑，用抹布抓住它），用力拉魚皮數次。在此同時，以另一隻手固定魚，讓魚保持平穩。固定比目魚的那隻手需逐步前移。

4 以去鱗器（或刀）刮白色魚皮。

5 用剪刀剪除鰓裂。

6 檢查是否已處理乾淨。如必要，取出體內殘留的內臟。

分切大比目魚

Lever des filets sur des grosses soles

難度： 🍳🍳🍳　　**用具：** 砧板、菜刀
剪刀

■ 大比目魚又稱為「比目魚菲力魚排」。

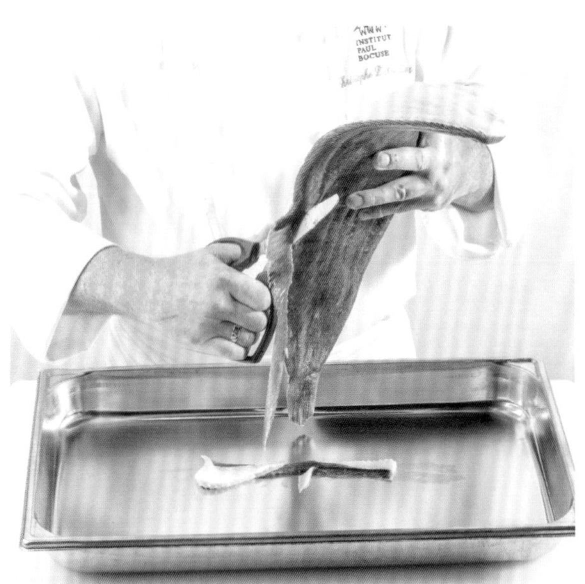

1 以剪刀修剪比目魚，除去所有魚鰭。

2 自魚尾切開深色魚皮，同時分開部分魚皮。

3 抓住魚皮（魚皮若太滑，以抹布抓住它），並用力拉扯魚皮數次。在此同時，用另一隻手固定魚，讓魚保持平穩，並逐步往前移動。

4 以同樣的方式除去白色魚皮。

5 將比目魚平放在砧板上，順著中線下刀，刀尖切到魚脊所在處。

6 刀子沿著脊骨，切開魚脊附近的魚肉（切的時候要繞過魚頭，以取得肥厚的魚肉）。

7 將魚換個方向，刀子順著魚腹的魚骨，切出魚肚部位的魚肉。

8 將比目魚翻面，重複步驟五、六、七。

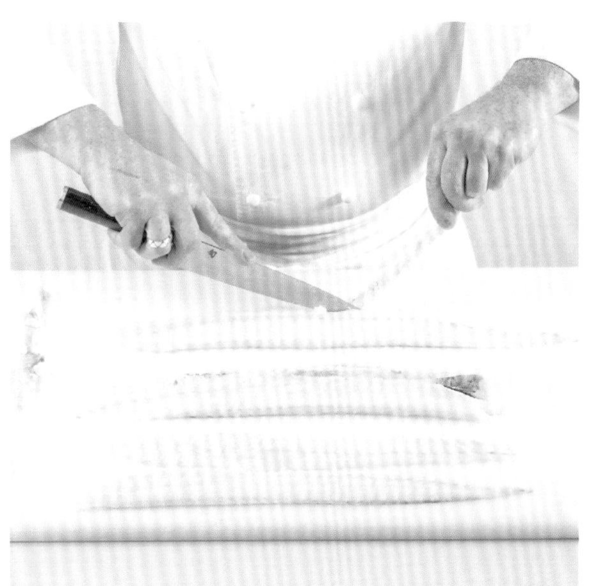

9 取下鰭邊肉並剔除不宜食用的部分，修整魚片。保留魚骨和從骨頭上切下來的碎魚肉、鰭邊肉，用來製作高湯。

10 你可以使用一整塊魚片，或以對角線切開做成魚柳，或把魚捲折起來，做成「家常比目魚排」（見 326 頁）。

粉煎比目魚

Sole meunière

難度：🍳🍳
份量：3 到 4 人份
準備時間：10 分鐘
烹調時間：7 到 8 分鐘

用具：煎魚用的平底鍋

材料：大比目魚 1 隻
麵粉 150 克
牛油 120 克
花生油 2 大匙
檸檬 1/2 顆，擠汁
切碎的香芹 1 大匙
鹽、現磨胡椒

建議：「粉煎」（meunière）是一種十分簡單的烹調手法，意指「將食材裹上麵粉後油煎」，幾乎適用於所有的魚和魚排。

1 比目魚撒上鹽與胡椒後，裹上麵粉並輕輕抖動，讓多餘的麵粉自然掉落。

2 以旺火加熱花生油和一半的牛油，把魚放入鍋子裡，白色魚皮那面朝下。

3 煎三到四分鐘後，翻面。煎到最末時，調成小火並稍微傾斜鍋子，將熱油淋在魚身上。

4 取出比目魚保留備用，倒掉鍋裡的油。將剩餘的牛油放入鍋裡，煮成恰如其分的金黃色。

5 在鍋裡加進檸檬汁。

6 將牛油與檸檬汁煮沸幾秒鐘，灑上香芹，澆淋在煎好的比目魚上。

家常比目魚排

Filets de sole bonne femme

難度：🍳🍳
份量：4 人份
準備時間：25 分鐘
烹調時間：7 分鐘

用具：平底深鍋

材料：軟奶油（beurre mou）100 克
蘑菇 200 克，切薄片
優質比目魚排 4 片（見 322 頁）
用切下來的碎魚肉熬製的魚高湯 200 毫升（見 88 頁）
液狀鮮奶油 200 毫升
切得特別細碎的香芹 2 大匙
鹽、現磨胡椒

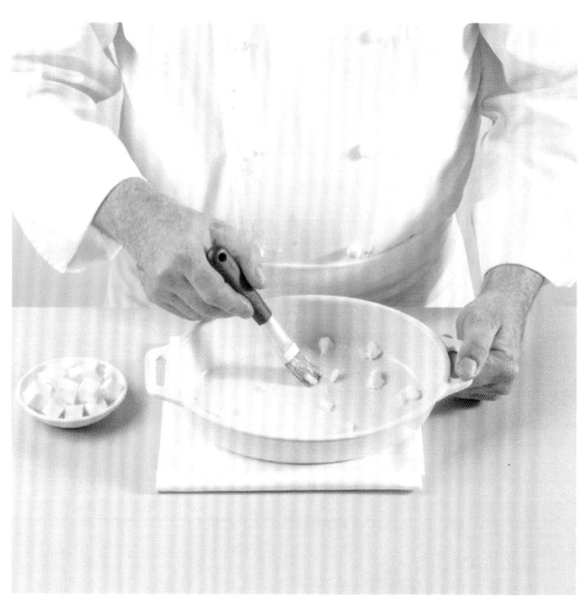

1 用 1/3 的牛油為烤盤抹油。

2 蘑菇散置烤盤底部，依序放入魚排，撒上鹽與胡椒。

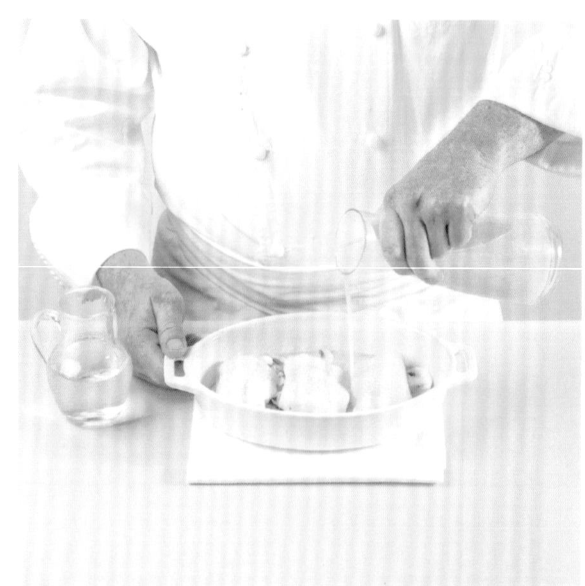

3 倒入魚高湯。

4 用抹了油的烘焙紙蓋住烤盤裡的食材。

5 先放上爐火烹煮，再移入預熱到 160℃（刻度 5-6）的烤箱裡，烤大約五分鐘。

6 將煮熟的魚排和少許湯汁放入略深的橢圓盤，保溫備用。然後將剩餘的湯汁與配菜倒入鍋子裡。

7 以旺火收乾湯汁，直到湯汁濃稠得能覆蓋在湯匙上。

8 加入鮮奶油，再度收乾醬汁。

9 鍋子離火，將剩下的牛油小塊小塊加進去，用打蛋器輕輕攪勻或輕晃鍋子，使牛油自然融入醬汁裡。加入香芹。

10 先將醬汁淋在魚排上，再將魚排以明火烤箱或燒烤爐烘烤片刻，立即享用。

英式炸牙鱈

Paner des merlans à l'anglaise

難度：🍳🍳
份量：4 人份
準備時間：15 分鐘
烹調時間：8 分鐘

建議：這種英國式裹上麵包粉油炸的方法，可用於所有的魚排，如青鱈、鱈魚、藍魣鱈（julienne）。

1 牙鱈從背部去骨（見 338 頁）。準備三個盤子，分別放麵粉、蛋液和麵包粉。

2 牙鱈撒上鹽與胡椒。

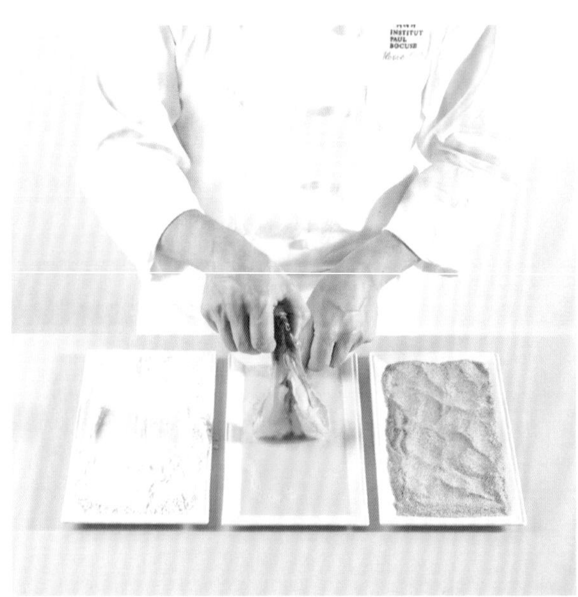

3 牙鱈先裹上麵粉，再裹上蛋液，最後裹上麵包粉。

4 在不沾鍋中加熱花生油與牛油，開始炸牙鱈。

用具：平底炒鍋
鍋鏟

材料：牙鱈 4 片
全蛋 2 顆，打散
麵粉 140 克
細麵包粉 140 克
牛油 50 克
花生油 50 毫升
鹽、現磨胡椒
檸檬 1 顆

5 第一面煎成金黃色時，將魚輕輕翻面。

6 繼續煎第二面，而且規律地將熱油淋在魚身上三分鐘。

7 把炸好的牙鱈放在數張廚房紙巾上。

8 搭配 1/4 顆檸檬與塔塔醬（見 32 頁），立刻享用。

比目魚柳天婦羅

Goujonnettes de sole en tempura

難度：🍳🍳
份量：3 或 4 人份
準備時間：10 分鐘
烹調時間：5 分鐘

用具：平底炒鍋
小型手動打蛋器
油炸鍋 1 個

材料：麵粉 100 克
玉米粉 50 克
泡打粉 1/2 小匙
冰水 250 毫升
大比目魚 1 隻，切成魚柳（見 322 頁）
鹽、現磨胡椒

1 油炸鍋內的油加熱至 170℃。熱油時，先混合麵粉、玉米粉和泡打粉，再倒入冰水，用打蛋器攪拌成麵衣糊。

2 魚柳撒上鹽與胡椒，放入麵糊裡迅速浸一下，放入鍋裡油炸。

3 讓魚柳在鍋中炸數分鐘，直到炸成金黃色。

4 將魚柳在數張廚房紙巾上瀝去油分，以檸檬或青醬（見 36 頁）調味，立即食用。

處理多寶魚

Habiller un turbot

難度：🍳🍳🍳　　**用具：**砧板、菜刀、剪刀

■ 菱鮃（barbue）也可以用同樣的方式處理。

1 以剪刀修剪多寶魚，剪除所有魚鰭。

2 剪去鰓裂。

3 檢查魚是否已清理乾淨。若必要，取出殘留的魚內臟，取出時若不方便，可以再把魚肚的切口切大一點。

4 用廚房紙巾仔細擦乾魚肚和表面。多寶魚已備妥。

分切多寶魚與取下魚片

Lever des filets de turbot

難度： 🍴🍴🍴　**用具：** 砧板、菜刀、西式片魚刀

■ 菱鮃也可以使用同樣的切法。

建議： 養殖的多寶魚已經發展得越來越能與野生多寶魚相提並論。在品質上，養殖的也已經與布列塔尼出產的相同。

1 將處理好的多寶魚（見 331 頁）放在砧板上。魚頭朝砧板右側，魚背部朝向自己。沿著中線下刀，直切到魚脊為止。

2 刀子沿著魚脊，切開魚脊附近的魚肉（切的時候繞過魚頭，以取得肥厚的魚肉）。

3 將魚平轉一百八十度，順著魚腹的骨頭切出魚肚部位的魚肉。

4 把魚翻面，順著中線切開，直切到魚骨所在處。重複步驟二和三。

5 緊緊握住魚尾的魚皮，以西式片魚刀（靈活的刀刃）輕輕除去一整片魚的魚皮。

6 若需要，切除不宜食用的部分來修整魚片，同時切掉魚鰭。保留魚骨、魚皮和切下來的碎魚肉，用於製作高湯。魚鰭可做成奶油酥盒（vol-au-vent）類的配菜。

多寶魚切塊

Tronçonner un turbot

難度： 🍳🍳　　**用具：** 砧板、菜刀
大切肉刀或大型刀子

■ 菱鮃也可以用同樣的方式切段。

1 以裁切半圓的方式切除魚頭，務必盡可能取出魚頭後面的魚肉。

2 從尾部固定住魚，以切肉大刀朝魚的脊骨中央敏捷有力地下刀數次，完整地把魚剖開。

3 每半邊魚肉再切成三或四塊。為了讓每一塊魚的重量相近，魚肉較薄的部分要切得比魚肉肥厚的部分大塊些。

4 以冷水妥善清洗每一塊魚肉，以去除所有可能留存的血跡，仔細擦乾。

水煮魚塊

Pocher des tronçons de poisson au court-bouillon

難度：🍳🍳　　**用具：**平底炒鍋

■ 切塊的多寶魚或菱鮃也可以用相同的方式川燙。

1 煮沸 1 公升的煮魚調味湯汁（見 86 頁），放入魚塊。

2 火力轉小，根據魚肉的厚度煮八到十分鐘。煮魚時，湯汁必須維持在接近沸騰的狀態。

3 以漏勺取出煮好的魚塊。

4 輕輕取下魚皮和魚骨。魚肉應該很容易就會和魚皮和魚骨分離開來，不會再有粉紅色的血痕。食用時可搭配些許奶油白醬（見 52 頁）或荷蘭醬（見 42 頁）。

處理圓形魚

Habiller un poisson rond

難度：🍴🍴🍴

建議：
- 鱸魚、牙鱈、鯔魚、白鮭（féra）……等，這些從正面看起來是圓形的魚，都可以用這種方式處理。
- 如果沒有去鱗器，可以改用湯匙。為免魚鱗四處飛散，建議在裝滿水的水槽中去鱗，而且水槽要有濾網，才能收集刮下來的魚鱗。

1 用剪刀修剪魚的背鰭和腹鰭（小心，有些魚鰭非常鋒利），剪刀的方向從魚尾朝向魚頭。

2 把魚尾稍微再修剪得更短些。

3 緊抓魚尾，刮除魚身每一面所有鱗片。為魚腹去鱗時，動作必須特別輕柔。

4 分開魚鰓，抓住鰓裂。

用具：砧板、菜刀
剪刀
去鱗器

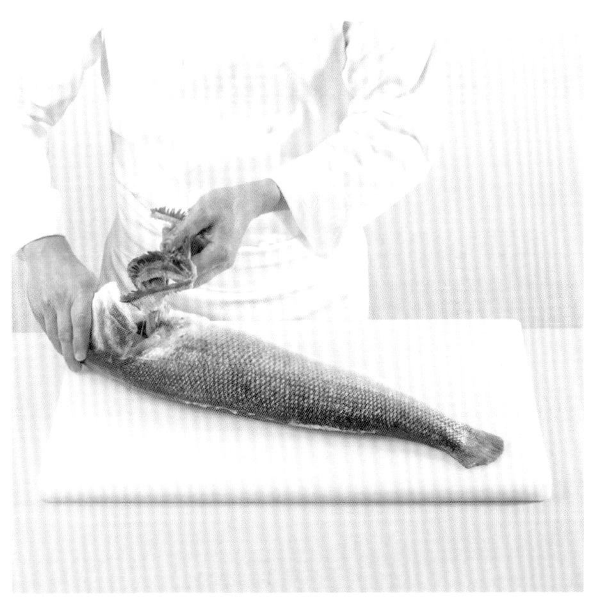

5 輕輕拉除鰓裂。拉的時候要小心，鰓裂很利會割手。通常在拉出鰓裂時，部分內臟會隨之拉出，注意勿扯裂魚肚。

6 以剪刀輕巧地將魚體肛門處的洞剪大，取出剩餘的內臟。

7 務必取出魚體內帶有苦味的黑色部分。這個部分在魚體內部脊骨中央，和覆蓋魚肚內壁的黑色薄膜位置相同。

8 用廚房紙巾仔細將魚擦乾。

圓形魚去骨

Désosser un poisson rond par le dos

難度：🍳🍳🍳

用具：砧板、菜刀
剪刀
去鱗器

建議：鱸魚、牙鱈或鱒魚都可以用這種方式去骨。

1 用剪刀修剪魚的背鰭和腹鰭，剪刀的方向從魚尾朝向魚頭。

2 把魚尾稍微再修剪得更短些。

3 緊抓魚尾，刮除魚身每一面所有鱗片。為魚腹去鱗時，動作必須特別輕柔。

4 分開魚鰓，抓住鰓裂。

5 輕輕拉除鰓裂。拉的時候要小心，鰓裂很利會割手。藉由這個開口，盡可能取出所有內臟。注意勿扯裂魚肚。對牙鱈這類魚來說，腹部是極為脆弱的部分。

6 讓刀子從魚頭朝向魚尾，沿著魚脊兩側，從背部切開魚。

7 切下魚脊兩旁的魚肉。不能切到魚頭，魚肚也必須毫髮無損。

8 用大剪刀先剪斷連接魚頭的魚脊骨，再剪斷魚尾處的魚脊骨。

9 取出魚脊並輕輕拉動，以完全拉出魚肚部位的纖細魚骨。

10 剪除腹鰭在魚身上的附著點，不要刺穿魚皮。

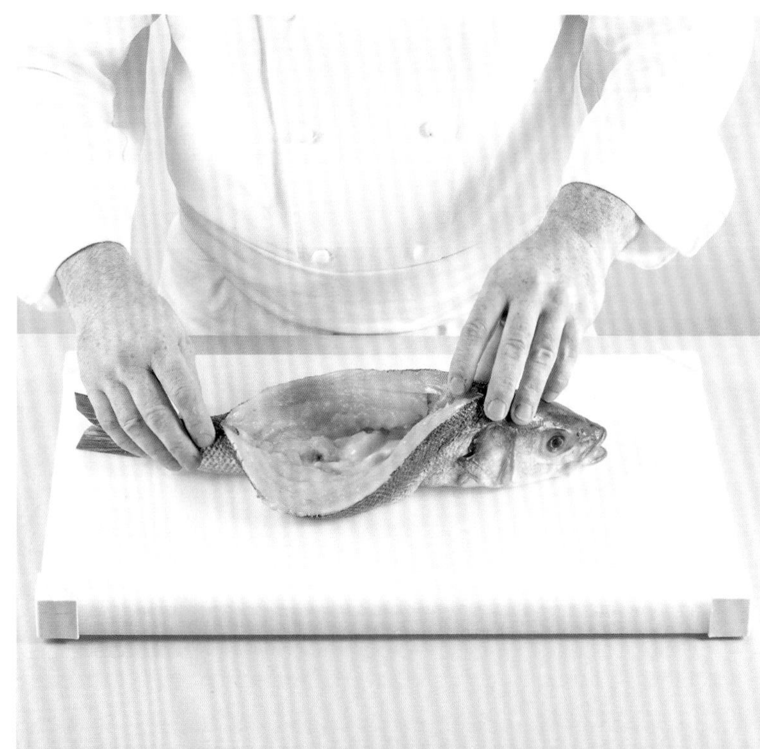

11 小心地清洗魚的內裡。注意務必取出殘留的內臟以及覆蓋魚肚內壁的黑色薄膜。用廚房紙巾將魚擦乾。

12 魚骨清除完畢，可以裹上麵包粉或填餡。

建議：此技巧可用於準備要裹上麵包粉以英式油炸的魚（見 328 頁），或是準備把魚肉泥之類的餡料（見 360 頁）填進魚肚的魚。

圓形魚取下魚片

Lever des filets de poisson rond

難度：🎩🎩

■ 示範中使用的是鱸魚。

建議：順便完成以魚骨和碎肉製作的魚高湯（見 88 頁），並冷凍做好的魚高湯，以備未來之用。

1 將魚以對角線放在砧板上。魚頭朝左，背部向外。

2 以一隻手固定魚，讓魚保持平穩，同時從魚頭後方下刀，把魚切開，刀尖抵著魚脊。

3 切開魚頭但繞過魚鰓，才能妥善取得魚頭部位的肉。

4 維持對角線，取下第一片魚身。

用具：砧板、菜刀
西式片魚刀（非必要）

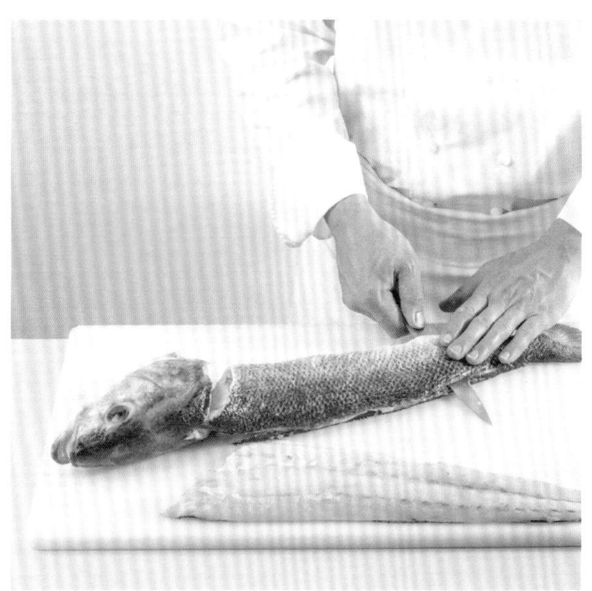

5 將魚翻面，讓魚頭改朝右邊。取下第二片魚身。

6 若需要，清除魚肚內壁不宜食用的部分。在切除某些魚時，動作必須非常輕巧。

7 若食譜表明需去除魚皮，緊緊握住魚尾處的魚皮，以西式片魚刀（靈活的刀刃）為魚去皮。

8 將魚片修整乾淨。

分切安康魚與取下魚片

Lever des filets et tailler des médaillons de lotte

難度：🍳🍳　　**用具**：砧板、菜刀

建議：也可以把魚片切成方正厚片，或是緊緊綁成小肉捲（見 311 頁）。
如有需要，還可以用培根圍繞魚肉捲。

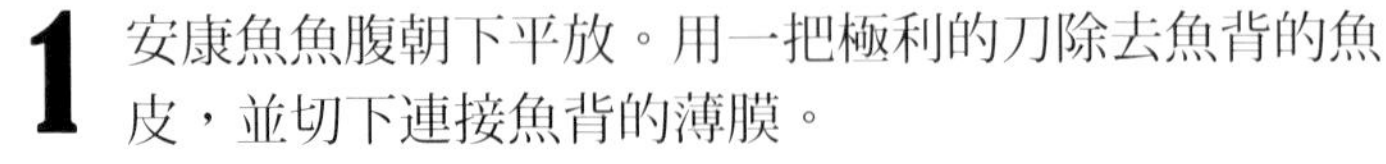

1 安康魚魚腹朝下平放。用一把極利的刀除去魚背的魚皮，並切下連接魚背的薄膜。

2 切下中間軟骨兩側的魚肉，應可取下兩大片魚肉。

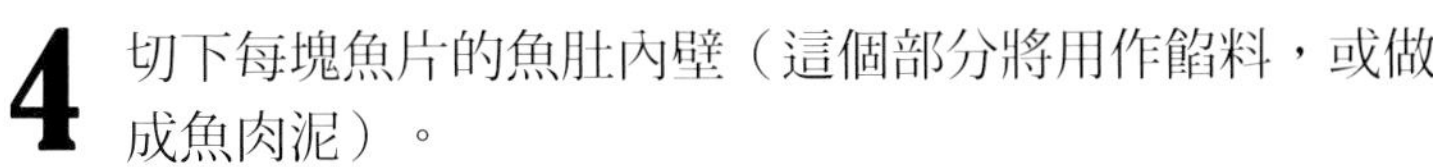

3 剔除魚片上不宜食用的部分。

4 切下每塊魚片的魚肚內壁（這個部分將用作餡料，或做成魚肉泥）。

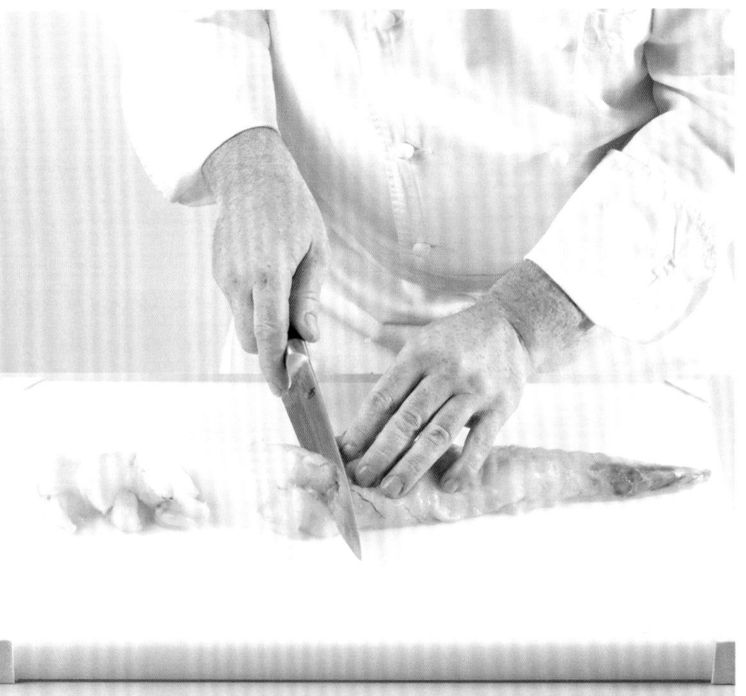

5 為魚片做最後修整，剔除不宜食用的部分（切下的碎魚肉可熬煮魚高湯）。

6 把魚片切成每塊 2 公分厚的魚肉塊。

製作安康魚捲

Préparer un gigot de lotte

難度：🍳🍳
份量：6 人份
準備時間：20 分鐘
烹調時間：每 500 克 5 分鐘

1 安康魚腹部朝下平放。用一把極利的刀除去魚背的魚皮，並切下魚皮連接魚背的薄膜。

2 盡可能把小片薄膜清除乾淨。

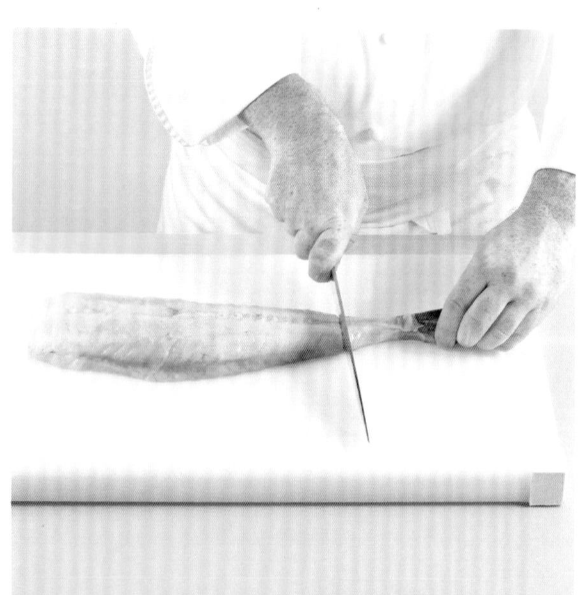

3 切下魚尾沒有太多脂肪的部分。

4 在魚肉上切出開口，裡頭塞入大蒜與少許迷迭香細枝。

用具：砧板、菜刀
燉鍋

材料：安康魚尾部 1 公斤
剝皮大蒜 6 瓣，切半
摘去葉片的迷迭香 1 枝
麵粉 50 克
牛油 50 克
橄欖油 4 大匙
檸檬片
鹽、現磨胡椒

5 像是用肥肉薄片裹住嫩菲力一樣，緊緊綑綁安康魚捲。綁法可見 152 頁。

6 輕輕地抹上鹽與胡椒，裹上麵粉。

7 在燉鍋中將牛油與橄欖油一起燒熱，放入安康魚捲，將每一面都煎成金黃色。

8 燉鍋整個放入預熱至 220℃（刻度 6-7）的烤箱，每 500 克魚肉烘烤五分鐘。烘烤過程中，澆淋肉汁數次。

燒烤厚切魚排

Griller un pavé de poisson

難度： 🍳🍳　**用具：** 鑄鐵燒烤盤
烤盤

■ 鮪魚或劍魚（espadon）也可以用同樣的方式燒烤。

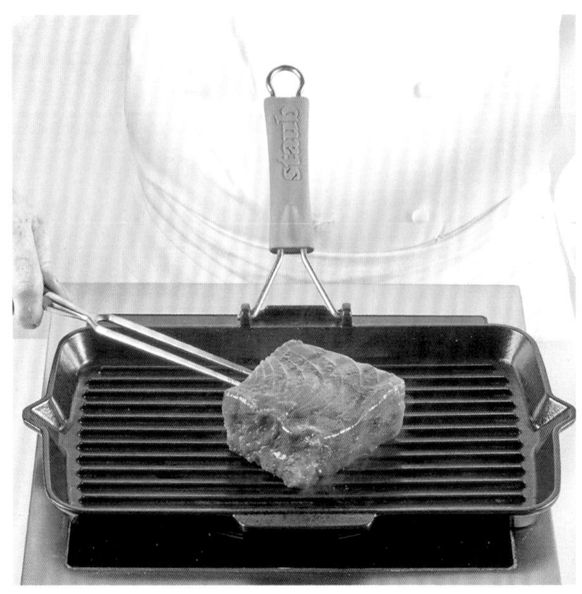

1 厚切魚排在自選醃料（見 115 頁）中醃漬約一小時後，取出並瀝乾。將魚排放在已加熱的燒烤盤上。

2 炙烤約三十秒後，將魚排平轉 1/4 圈，再炙烤約三十秒。然後將厚切魚排翻面，烤另外一面。

3 將厚切魚片移入烤盤，塗上醃料。

4 最後放入預熱至 170℃的烤箱（刻度 5-6）烤四分鐘左右，完成。

燒烤鯔魚

Giller des rougets

難度：🍴🍴　　**用具：**鑄鐵燒烤盤

建議：避免過度調整鯔魚的炙烤位置。
若過度調整，魚皮可能會剝落。

1 在自選醃料（見 115 頁）中，將內臟已清除乾淨且去鱗的鯔魚醃漬一小時左右。

2 瀝乾鯔魚，抹上鹽與胡椒，放在已加熱的燒烤盤上。烤三分鐘後，將魚平轉 1/4 圈，烙出格子狀烤痕。

3 輕輕翻面，以同樣的方式烤另一面。

4 為烤好的鯔魚淋上橄欖油，同時放上幾葉羅勒和檸檬片。

梭魚丸

Quenelles de brochet

難度：🍳🍳🍳
份量：1.5 公斤的魚肉約可製作重 50 克的魚丸 30 個
準備時間：40 分鐘
烹調時間：6 分鐘 / 次
冷藏：3 小時

■ 在傳統上，梭魚丸多半會搭配南迪亞蝦醬（見 92 頁）

用具：網篩
厚底平底炒鍋

材料：去皮梭魚片 500 克
蛋黃 1 個
蛋白 2 個
室溫軟化的牛油 150 克
加熱融化的牛油 60 克
鹽、現磨胡椒（或卡宴辣椒粉）
奶糊（panade）——牛奶 250 毫升
牛油 100 克
過篩麵粉 125 克
蛋 4 顆
鹽

1 梭魚切成條狀，跟蛋黃、蛋白以及室溫奶油一起放入食物調理機攪打，直到成為光滑的麵糊。加鹽與胡椒調味。

2 取一大碗，用網篩把麵糊過濾到大碗裡，大碗需放置在一個更大、裝滿冰塊的容器裡。

3 把加熱融化的牛油倒進大碗中，跟碗裡的麵糊攪拌均勻。

4 準備製作奶糊。在厚底炒鍋中把牛油與牛奶一起煮沸，加鹽。

5 鍋中的牛油牛奶一沸騰馬上離火，一次加入所有的麵粉，用力混合所有食材。

6 把鍋子重新放回爐上，以文火收乾，邊收乾邊不斷攪動，直到奶糊變得相當光滑。靜置冷卻。

7 奶糊倒入沙拉碗，一次打入一顆蛋混勻，直到四顆蛋都打完。

8 把奶糊倒入梭魚糊裡混合均勻，然後用保鮮膜蓋住，冷藏三小時。

9 煮滾一鍋鹽水。用湯匙製作魚丸：先舀一匙備妥的食材，再將食材在兩支湯匙間反覆移轉，藉以形塑成梭子的形狀。

10 把成形的梭魚丸放入滾水中，煮約六分鐘，並在煮至半熟時轉動魚丸。最後用漏勺撈出魚丸，放在紙巾上吸水。

處理海螯蝦

Préparer des langoustines

難度： 🍳🍳　　**用具：**菜刀

建議：海螯蝦是甲殼類裡最脆弱的。牠們以冰鎮運送，也以冰鎮活體出售（冰冷會使海螯蝦失去知覺），或在捕撈處以海水直接煮熟食用。挑選時請避開已經去除蝦頭又柔軟的海螯蝦，也要避開發出任何一種氣味的海螯蝦，即使只是微弱的阿摩尼亞味。

1 摘除蝦頭。

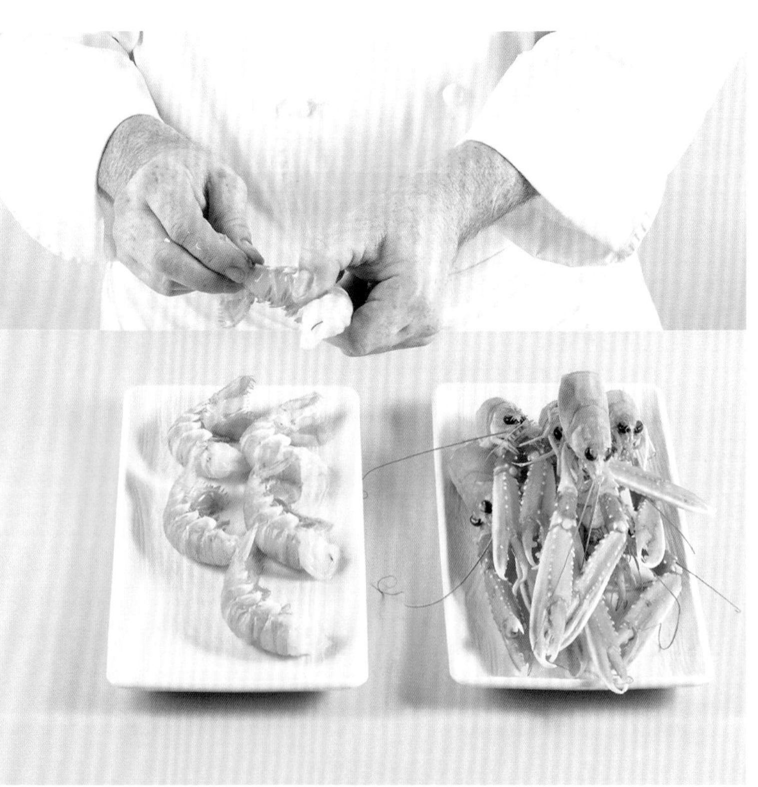

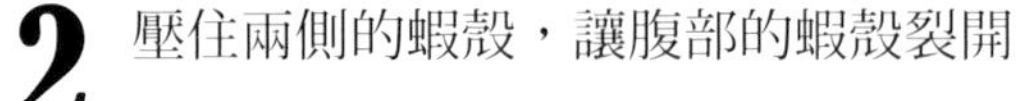

2 壓住兩側的蝦殼，讓腹部的蝦殼裂開。

3 輕巧地分開尾部兩側的蝦殼，為海螯蝦去殼。

4 稍微切開蝦背，讓刀子進入腸泥。

5 以刀尖挑出腸泥。

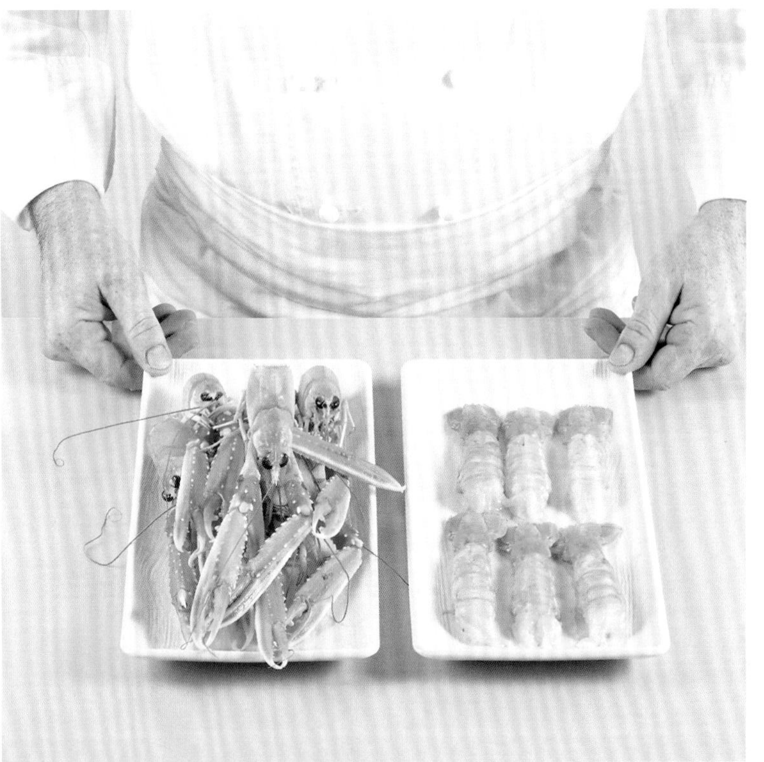

6 可以煎炒的海螯蝦準備完成。蝦頭可來製作美式龍蝦醬（見 98 頁）或甲殼類高湯（見 90 頁），還有法式海鮮濃湯。

清除腸泥

Châtrer les écrevisses

難度：

■ 92 頁、600 頁和 634 頁的食譜都會用到這種技巧。

1 螯蝦仔細洗乾淨後，取一隻，辨識其尾部中央的蝦尾。再把那片蝦尾往上折，分開它。

2 以輕柔的動作拉出帶有苦味的腸泥。

大螯龍蝦切塊

Tronçonner un homard

難度： 🍞　　**用具：**砧板、菜刀

1 獨獨只先切開龍蝦的頭部和胸部前方。分開蝦尾，清除內臟（見 357 頁步驟五）。

2 用大型刀子將龍蝦切成每塊約 2 公分厚。

大螯龍蝦對切（燒烤用）

Partager un homard en deux pour le gril

難度： 　**用具：**大型刀子

建議：燒烤大螯龍蝦時，只需簡單塗上鹹奶油即可。
如有需要，可加些大螯龍蝦卵或大蒜。

1 緊緊固定住大螯龍蝦後，把刀子垂直插入龍蝦頭部後方。

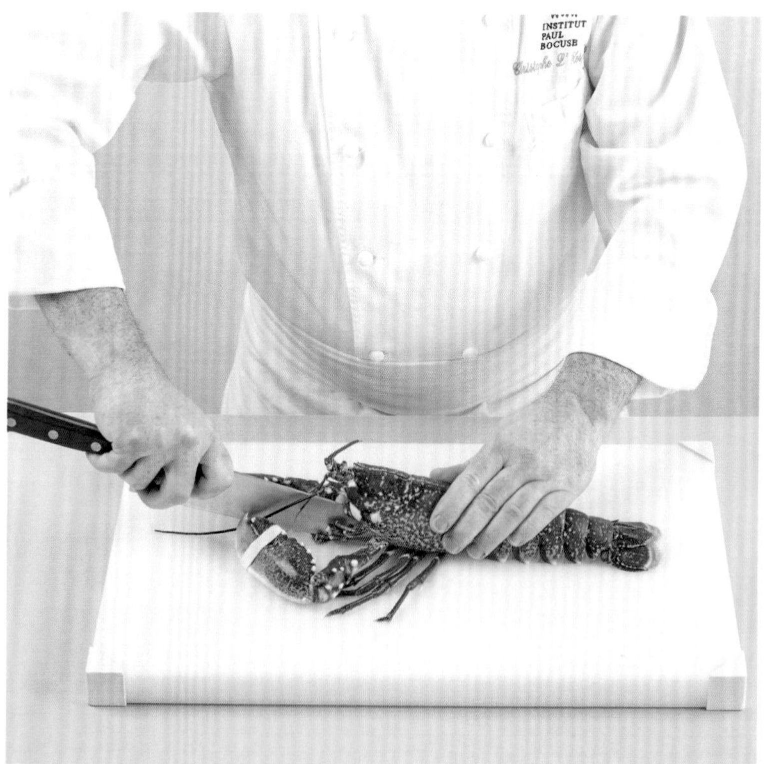

2 以刀尖為支撐的中心點，筆直切開龍蝦頭部前方。

3 把龍蝦水平轉一百八十度，切開蝦身後半部。

4 將對切成兩半的龍蝦平放在砧板上。

5 取出龍蝦體腔內肥厚油膩的部分，以及位於胸腔上半部的沙袋。留下寶貴的深綠色龍蝦卵，或保留蝦卵作為醬汁之用。

6 取出腸泥。

處理聖賈克貝

Ouvrir et préparer des coquilles Saint-Jacques

難度：🍳🍳　**用具：**牡蠣刀
菜刀

1 用一塊對折餐巾保護著左手，拿穩扇貝。扇貝殼開始變成波浪處有個小縫隙，從那個縫隙插入牡蠣刀。

2 刀子插進去後，順著扇貝的圓弧線條切割，切斷與上貝殼平行的閉殼肌。

3 貝殼斷開後，稍微拉開貝殼，取下它。

4 清除貝殼裡所有東西，只留下干貝（貝柱）與扇貝卵，並保留扇貝的外套膜（barbes）。

5 用湯匙從貝殼裡取下干貝和扇貝卵。

6 去除扇貝卵上不宜食用的黑色部分。

7 削去干貝旁的一小塊硬肉。

8 快速清洗干貝與扇貝卵。

9 仔細擦乾干貝與扇貝卵。

10 清洗扇貝的外套膜，可用來做甲殼類高湯（見 90 頁）。步驟七切下的硬肉亦同。

貝肉泥

Farce mousseline aux Saint-Jacques

難度：🍳🍳
貝肉泥份量：1 公斤
準備時間：20 分鐘

用具：食物調理機
抹刀或刮刀

材料：干貝 500 克
蛋白 1 個
冰的全脂液狀鮮奶油 400 毫升
加熱融化的牛油 80 克
鹽、現磨胡椒（或卡宴辣椒粉）

1 干貝放入食物調理機的盆缽。

2 攪碎干貝，並在調理機運轉時，從蓋子上方的開口倒入蛋白。

3 將食材移入圓底攪拌碗*，並將這個碗放在另一個更大、裝滿冰塊的容器裡。

4 一點一點加入鮮奶油，邊倒邊用抹刀用力攪拌。

5 繼續攪拌，同時再倒入已加熱融化的牛油。

6 加鹽與胡椒調味。將備妥的貝肉泥留在冰塊上，直到要用的時候。

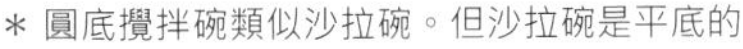

* 圓底攪拌碗類似沙拉碗。但沙拉碗是平底的。

處理魷魚與小墨魚

Préparer des calmars ou des petites seiches

難度：🍳🍳🍳　　**用具：**砧板、菜刀

1 拔除魷魚的鰭，以及覆蓋魷魚身體的外皮。

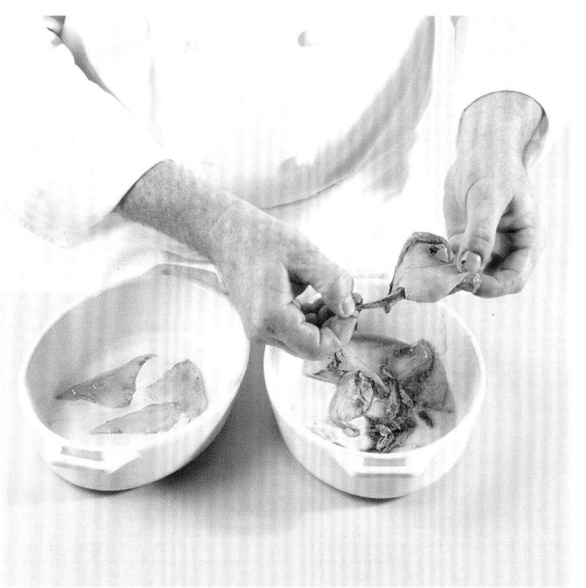

2 去除魷魚鰭的外皮。

3 用力拉出魷魚的頭部。

4 將魷魚頭平放，從魷魚雙眼正上方切開。同時去除魷魚嘴部，和附著於魷魚頭部的臟器。

5 取出魷魚的骨板（墨魚的骨板是一塊小小的骨片）。

6 將魷魚內外翻面，確定已經清除乾淨。

7 仔細清洗魷魚的身體、觸腕和鰭，並在廚房紙巾上擦乾它們。

8 將魷魚身體切為圓片，就能取得魷魚圈。

9 若是預備煎炒，先剖開魷魚。再根據大小切成條狀或長方形（如果魷魚片較厚，用小刀割出格子狀）。

10 若是為了製成餡料，將魷魚的觸腕和鰭切成細末，混入餡料裡。

清洗淡菜

Nettoyer des moules

難度：🍳　　**用具：**鈍刀
網篩
漏勺

■ 淡菜的新鮮度是最重要的，清洗時必須毫不妥協。

1 用鈍刀刮理淡菜的外殼，並朝淡菜的尖端用力拉出足絲。

2 用大量的水清洗淡菜。洗的時候除了充分淘洗，還要換水數次，直到洗乾淨為止。

3 用網篩從水中取出淡菜，這樣如果有沙子，沙子就會留在水裡。

4 丟棄破碎的和殼已開的淡菜。半開的淡菜則先輕壓看看，如果殼沒有自動闔上（無反應），同樣丟掉。

處理淡菜

Ouvrir des moules crues

難度：🍴🍴　　**用具：**小型鈍刀或牡蠣刀

■ 和牡蠣一樣，生淡菜往往搭配檸檬汁或是醋漬碎紅蔥頭。

1 用一塊對折餐巾保護著左手，拿穩淡菜。淡菜的尖端朝前。緊壓淡菜側邊，從較直的那一側插入小刀。

2 以畫圓般的動作，切斷上片貝殼凹陷處的閉殼肌。

3 朝淡菜尖端移動刀子，切斷連結上下貝殼的第二條閉殼肌。

4 微微抬起上片貝殼並取下貝殼。

白酒煮淡菜

Moules en marinière

難度：🍳🍳
份量：1 公斤
準備時間：10 分鐘
烹調時間：5 分鐘

1 大湯鍋中放入淡菜（或貝類）、紅蔥頭和一半的牛油。

2 鍋中倒入白酒，放入調味香草束。

3 蓋上鍋蓋，以旺火煮到淡菜全部打開為止，約需五分鐘。邊煮邊晃動鍋子兩、三次。

4 用漏勺取出淡菜。把打開的淡菜殼順勢一分為二，捨棄仍然緊閉的淡菜。

用具：大型附蓋湯鍋
平底深鍋

材料：淡菜（或其他貝類）1 公斤，
處理並洗淨（見 364 頁）
紅蔥頭 2 顆，切薄片
牛油 60 克
白酒 100 毫升
調味香草束 1 束
切碎的香芹 3 大匙

5 將煮完淡菜的湯汁倒入平底鍋。若大湯鍋裡有沙，讓沙留在鍋底。

6 煮沸湯汁，將剩下的牛油切成小塊放入，輕晃鍋子使其自然融化增加稠度。灑入香芹。

7 將煮好的湯汁淋在淡菜上。

8 撒上剩餘的香芹。

牡蠣開殼

Ouvrir des huîtres creuses

難度：

建議：夏天是牡蠣的繁殖期，此時的牡蠣帶有乳狀液體，捕獲量較少。某些人將此時牡蠣的肉質肥厚且微帶白色，誤認為「特別」之處。

1 左手拿牡蠣（若您是右撇子），並用一塊對折的布保護左手。在牡蠣側邊一半左右的位置找個縫隙，插入牡蠣刀。

2 以微微上下擺動的方式，將刀子插得更深一點。

用具：牡蠣刀

3 一邊刮切上片貝殼，一邊把刀子朝自己的方向往回拉，以切斷與上貝殼平行的閉殼肌。

4 牡蠣屈服之後，抬高並取下貝殼。倒掉可能含有貝殼碎片的汁液，汁液隨後就會再生成。

Les PÂTES, CÉRÉALES *et* LÉGUMES SECS

麵食、穀物、豆類

Les pâtes, céréales et légumes secs

麵食、穀物、豆類：穀粒、種子與禾本科植物

扁豆（lentille）、白豆（haricots coco）、米、麥、鷹嘴豆（pois chiche）……，這是我們能與老饕一個接著一個講不停的一長串五彩繽紛系列名單。作為眾多文明的基本食糧，不僅在亞洲、非洲及拉丁美洲，絕大多數人都食用豆科植物與穀類作物，過去數世紀間，豆類與穀類也是大部分歐洲人的基礎食物。

對植物學家來說，穀類與豆類完全不一樣。但對諸多廚師而言——例如家裡的媽媽，看中的是穀類與豆類的共同優點：便於使用，易於烹煮，依照美味又健康的食譜烹煮它們之前，可以毫無困難地長期保存。

隱蔽於外皮中的微小珍寶

豆類，或說是豆科植物，指的是包含在植物外皮內的種子。豆科植物擁有極罕見的特性——它們的根會讓土壤重新充滿氮，而非從土壤中汲取氮，與其他植物完全相反。為了讓土壤重新變得肥沃，此一特色使得豆科植物在農耕的循環週期中不可或缺。

豆科植物相當健壯，只需要很少的肥料即可成長。而且一旦收割，輕而易舉即可讓種子保存一年。甚至不受炎熱與光線侵擾。即使我們將種子遺忘在鄉下房子的倉庫裡，致使昆蟲在種子上築巢，也無法侵犯它們。

超越流行的健康

豆科植物是古代法國農村最受歡迎的基礎食物。我們可以在許許多多的祖傳食譜中找到它們，像是「白豆什錦燉肉」（cassoulet）和這道菜中的大白豆（haricot lingot），以及「扁豆燉鹹豬肉」（petit salé aux lentilles），或是輕易跨越義大利邊境，在尼斯人的餐桌上取得一席之地的「油炸鷹嘴豆泥」（panisse de pois chiches）。這些料理中的豆類，反映出豆類繁複多樣的形象。

對某些消費者而言，豆類與「太過古老、通俗，甚至顯得平凡無奇的菜餚」形象相吻合。對其他消費者來說，在產地、名稱、製作方式等標籤都證明其品質出眾時，豆類就能喚起他們心中那股力圖保存傳統的欣慰快樂感。而對於那些人數越來越多、對於健康與飲食均衡不安的消費者來說，豆類則是奇妙的食品。

確實，豆科植物油脂不多，又富含纖維與礦物鹽。而且豆科植物與穀類結合時（例如在印度料理中），提供了令人滿意的植物性蛋白質。由於豆科植物提供的複合碳水化合物，它們也是人類活力的絕佳來源。因為這樣的條件，我們建議運動員賽前以豆科植物作為食物。

很多沸水和很多耐心

曾經有很長的一段時日，大家都以極簡單的方式處理豆類。首先，浸泡是不可或缺的第一步。在大量的水中浸泡一夜就已足夠。但絕對得在涼爽處浸泡，以徹底避免豆類在浸泡時發酵。從實用的觀點來看，浸泡豆類能減少烹煮需要的時間，尤其能讓豆科植物的營養更容易被吸收。浸泡之後是清洗，接著是煮沸。用大量的水來煮，至少煮三十五到四十分鐘，有時候更久。我們會在烹煮豆類的水中添加香草（百里香、月桂或鼠尾草）。這些香草既能加強豆類香味，也讓它們更容易消化。我們同時建議在烹煮豆類的水裡加上海藻，以軟化過於頑強的豆科植物。用壓

力鍋來煮的話，則可將烹煮時間減半。

有時候，我們會以近似水煮的方式將豆科植物做成端上桌的佳餚。有時候則攪碎並煮成湯，例如瓜地馬拉人幾乎每餐都吃的「黑豆濃湯」（velouté de haricots noirs）。

一般說來，豆科植物的味道不太明顯。大部分豆科植物的滋味都柔和細微，能與不同的辛香料和香草相互協調。就算是最著名的食譜配方，我們都可以毫無畏懼地用豆科植物搭配蔬菜和肉，完全不會讓那些天生精細的味覺過於震驚。

近日豆類在樣貌上的調整，促成了新的製備形式。這些新近出現的豆類事前準備比較簡單，耗用的時間不用那麼久，較適合我們充滿壓力的日常生活。現在幾乎所有的豆類都是片狀的——它們都被搗得極碎，謹慎地預先煮好，然後輕輕壓扁。隨之而來地，則是這樣的豆類與未加工的豆科植物相比較，保存時間較短。

我們可將片狀豆類搭配切成細絲的新鮮蔬菜，做成法式鹹薄餅。法式鹹薄餅以略顯油膩的食材烹煮，對於遊牧廚藝（cuisine nomade）[*1]來說很容易帶著走，也非常受到小孩子的喜愛。

我們也可將片狀豆類混入內餡裡。這是一種素食者常用的烹飪技巧，讓某些食材的濃稠度得以略增。

我們還可以找到搗碎磨成粉的豆科植物。這些豆科植物因為其細粉狀，便於摻水攪拌。接著我們可以加熱由水與豆科植物粉攪拌而成的混合物，使它變得濃稠，讓含水太多的食材得以藉由這項混合物變濃。最大膽的做法，則是把豆科植物粉加水混合，做成濃湯或醬汁。

在健康食品店或有機商店內，我們可以毫無困難地找到樣貌創新的豆類製品。為了滿足快速成長的顧客群，大型商場內現在甚至闢出豆類製品專屬貨架。

大豆，最合適的替代品

在豆科植物中，大豆擁有獨特地位[*2]。來自亞洲，在日本傳統膳食中尤其扮演重要角色的大豆，自從發展為奶蛋素食者與純素食者的餐點之後，它的多樣形態在歐洲也已廣為人知。

我們會發現大豆以替代牛奶的「豆奶」樣貌，或者以霜狀的模樣出現。「奶」的稱呼反映了這種白色液體的甜味，即使實際上豆奶只關乎我們加水磨碎的發酵種子。若要製作豆霜，我們會在豆子上加些水、葵花油和些許小麥糖漿（sirop de blé）。豆腐則是凝結的豆漿，可以很結實，也可以很滑膩。豆腐的滑膩（或說柔滑）讓它得以取代奶油，卻又與香堤鮮奶油霜（chantilly）的滑潤不同。結實的豆腐則可以放入加有香草的醬汁中醃漬。豆腐的確非常淡而無味，卻也很容易就接納各種用來搭配它的食材滋味。豆腐還有極為豐富的蛋白質，讓素食者常以豆腐代替肉類。

一旦我們醃漬了豆腐，我們就可以用它來做燒烤豆腐、油煎豆腐、燉煮豆腐……。絕無僅有且滋味清淡的豆腐是沙拉的良伴，可以作為毫無負擔卻極富營養的輕食。

我們可以在亞洲食品雜貨店裡購買味噌，它是一種長時間發酵的豆糊。大家都知道味噌，特別是它作為日本味噌湯的基本成分。味噌濃郁的香味和它豐富的蛋白質，讓它同樣成為極有價值的佐料。除了增添某些醬料的醇厚風味，味噌也賦予這些醬料備受讚賞的亞洲風情。

大豆有益健康嗎？

讚揚大豆屬性的健康諫言為數眾多。它能降低不良膽固醇的比例，或許也可以預防某些女性癌症，還能讓大家全力對抗體重過重的問題。但是科學家也擔憂大豆的異黃酮濃度。異黃酮的作用和雌激素類似，因此對女性有調節作用，對男性也有相同功效。此外，大豆是最常以基因改造（OGM）方式生產的農產品，原因是這些產品最適合優先用於有機農業。無論大豆具備的功能是什麼，甚至目前對此事的意見依然分歧，對於均衡的多樣化飲食來說，大豆的攝取無疑仍是吸引力高於危險。

＊1 遊牧廚藝（cuisine nomade）源於古羅馬，原本是家裡沒有廚房的窮人在城裡街上買的食物，如今指街上或市場等公共場所販售的現成外帶食物。

＊2 這裡指的不是大豆發芽的問題。實際上所謂「發芽」指的是綠豆芽，而我們將綠豆芽納入蔬菜。

穀物，活力與蛋白質的泉源

在理想狀況下，穀類作物必須搭配豆科植物。根據傳統烹調方式的教誨，均衡膳食的完美比例，是在食用三分之一豆科植物的同時，搭配三分之二的穀物。這也正是我們在印度豆糊與印度燉飯等典型印度料理中發現的烹飪原則。其他烹飪傳統雖也看重穀類作物與豆科植物的結合，但並未妥善遵循這樣的比例。這是馬格雷布（Maghreb）地區用粗麥粉和鷹嘴豆搭配製成庫斯庫斯（couscous）*的基礎，也是亞洲地區米飯搭配醬油的基本原理。

在法國，在一般所稱的「澱粉類食物」這用語下，我們有混淆豆類和穀物的傾向。自一九七〇年代起，由於澱粉可能是導致體重增加的重要因素，大家都力圖減少攝取澱粉。然而，麵包——穀物製品的一種，基本上是小麥製品——如今不僅依舊是我們不可或缺的食品，也是餐桌的象徵。

穀物喚醒活力——早餐

歐洲大陸的早餐是我們一整天的營養品。而在早餐中，穀物最具象徵性。

可製成麵包的穀類作物，也就是含有加水揉麵製作麵團所需麩質的作物，是麵包店和點心坊製作烘焙麵團的必要之物。

由於穀物富含營養，大家因而將穀物和「人類必要活力的蓄水池」此概念相互結合，特別是對孩童而言。這也是我們難以在飲食中省略穀物的緣由。穀物食品擁有受人喜愛的一切滋味，包括麵包片（tartine）、甜酥麵包（viennoiserie）、布利歐甜麵包（brioche）、烤麵包片（biscotte）、做成棒狀或加入牛奶裡的巧克力口味穀片、燕麥糊、果乾穀片（muesli），或果乾穀片經不同方式烘烤並添加蜂蜜製成的「營養蜜穀麥」（granola）……等等。

我們甚至會在植物「奶」中喝下穀物，例如燕麥奶。在添加巧克力或苦苣（chicorée）作為調味的飲料中，我們也能找到大麥、麥芽、黑麥等穀物。

無論是成為餅乾或巧克力棒，穀物能適應形形色色的樣貌。事實上，穀物也是眾多零食、茶點、輕食的基礎。

印加米與阿茲特克奇觀

藜麥與莧屬植物都是藜科家族的準穀物。它們不含麩質，也不是可用來製作麵包的穀物。準穀物含有的營養格外豐富，特別是蛋白質。所有輪替出現的飲食潮流，現今都以壓倒性票數選擇了準穀物，包括素食、有機飲食、生機活力飲食，以及「排毒」等等。準穀物小小的種子和小麥與米的穀粒一樣，很容易烹調拌煮。我們也能在早餐中找到收割下來的藜麥。由於準穀物的新奇和它們挑起的狂熱，準穀物比其他穀物的價值高出許多。

麵粉、種子與薄片

無論大廠牌多麼致力於用小麥穀粒或最近的藜麥取代麵和米，我們仍然很少食用那些樣貌未經轉變的穀類作物。

我們會在不同的樣貌中發現穀類作物。這些不同的形態相當近似於豆科植物改變外形後適應得最好的模樣。

比方說，我們有植物「奶」。要製備植物奶，只需先烹煮浸泡後的穀物種子，接著以品質很好的水，在強而有力的果汁機中攪打這些種子，繼而過濾。植物奶是美味的飲品。如果我們想限制牛奶帶來的脂質，或非常純粹只是想改變自己的飲食，植物奶都是易於取代牛奶，相對來說也沒有顯著影響的中性飲料。

* 庫斯庫斯（couscous）源於非洲西北部馬格雷布（Maghreb）地區，由粗麥製成，外形近似俗稱「小米」的粟，常搭配蔬菜或肉類食用。

以「糊」為名的穀物食品則是將穀物磨成極細的粉。我們用它讓含水過多的麵糊變得濃稠、用來製備醬料，以及藉此賦予湯汁濃度。麵粉是這類產品中最知名也最常使用的，尤其是用以製作麵包。

最後，我們也運用「粗粒」模樣的穀物（即預先煮好的極細顆粒），以及與豆類薄片類似的穀物薄片，例如最適合做成開胃鹹餅的燕麥片。

從活力到未加工狀態

長久以來，在大眾的想像中，穀物是吃了容易飽、能滿足饑餓胃部的食物。而這樣的印象，或許就是當年的瑪麗安東妮（Marie-Antoinette）皇后，向需要麵包的百姓提議食用布利歐甜麵包的原因。

穀物不僅可減輕饑餓，還是貨真價實的活力蓄水池，也是身體發育的要素。此外，某些保留給家畜食用的穀物也值得一提。

穀類作物含有豐富的複合碳水化合物（澱粉）、蛋白質、礦物鹽和纖維。它只有極少的脂質，而且都是有益健康的脂質。穀物含有的脂質主要來自胚芽，我們可以從中提煉出胚芽油（玉米油或小麥胚芽油，也用於化妝品）。

以健康與口味來說，我們藉由不同的漂白處理、是否去除麩皮等，區分經過加工的穀物和全穀物。全穀物的外表較為質樸，因為穀物仍然包裹在其棕色外殼內。全穀物也保留了一切營養成分，富含營養得多。但是，該如何在這兩種穀物之間做出選擇，或許不像大家一開始相信的那樣顯而易見。因為全穀物是在外殼之中的穀類作物，而穀物的外殼也儲存了植物繁殖所需的大部分營養。所以我們寧可購買經「有機農業認證」認證的全穀物。

在眾多穀物中，有兩種在我們的膳食裡占有非常特定的位置。一種是我們食用其穀粒初始形態的米，另一種則是我們用來製麵的硬粒小麥（blé dur）。

麵筋，蛋白質的濃縮物

微白的麵筋擁有非常不引人注目的滋味，質地則略帶膠狀。儘管這樣的外觀看來極不美味，我們卻能用它製作大眾完全能夠接受，甚至顯得可口的食品，並以各式各樣的辛香料、醬料、調味品為它調味。我們可購買已備妥的麵筋，但自己準備麵筋也不會過於複雜。要製作麵筋，得先將水加進些許小麥麵粉或斯佩爾特小麥（épeautre）麵粉中揉麵。接著用水洗沖洗麵團數次，藉此去除所有澱粉，只保留含有極豐富蛋白質，以及鐵質與維他命 B2 的麩質。接下來，我們為麵筋調味，並在一鍋沸水中長時間烹煮它。麵筋最初是佛教僧侶的基本膳食之一，素食者也已經接納它。素食者在使用麵筋之前，會先醃漬麵筋，用它在形形色色的菜餚中代替肉類，像是以白醬燉煮麵筋，或將麵筋做成蔬菜餡料、波隆納肉醬……等等。

麵，矯揉繁複又天真單純

麵團是經由捏揉加了水和鹽的穀物粗粒製成之物。大家可能還會在麵團裡加上蛋（要製作稱為「雞蛋麵」的麵團，每公斤粗麵粉至少得加上全蛋或蛋黃 140 克），以及香草或植物香料。接下來我們會為麵團塑形，繼而風乾。製麵過程看起來很簡單，只需少許技術，也適用於最古老的烹飪形式。在美索不達米亞、中國漢朝和古羅馬，都已發現麵的存在——羅馬帝國時代家財萬貫的富翁阿皮基烏斯（Apicius）確實是第一位做出千層麵的人。麵的古老，讓它在民族神話中有其地位，也讓美食者的愛國主義轉為某些含糊其辭的爭論，令每個人都堅持自己才是麵食源起的首位要角。

儘管舊日時光對此較為寬宏大量，馬可波羅仍應深感慶幸從那趟中國之旅為義大利帶回了新的麵食滋味。但這時候，眾人卻開始別過頭，不再爭論這個問題。

打從一開始，歐洲就以硬粒小麥粗麵粉，或是全麥粗麵粉、斯佩爾特小麥粗麵粉、蕎麥粗麵粉製備麵食。若要製作新鮮麵皮，則使用普通小麥（blé tendre）粗麵粉。然而在亞洲，多半使用以米製成的粉以及普通小麥製成的麵粉。

中世紀的麵條一旦乾燥之後，可保存兩到三年。這對一個生氣勃勃，卻正擔憂匱乏、收成不佳、糧食難以保存的社會而言，是超乎尋常的事。如今狀況依舊。乾燥麵條與新鮮麵條相反，因為含水量低於 12%，避開光線可保存一整季。

麵食能完全適應各種產品與各地愛好。在德國南部、瑞士與阿爾薩斯，都發展出了「德式麵疙瘩」（spaetzle）——這些加了雞蛋的麵團非常軟，得撕成小塊小塊扔入沸水烹煮。另一個向我們展示麵食變化的範例則是「薩瓦焗麵」（crozets de Savoie）——我們在這道料理中加進蕎麥麵粉，而且只以低溫烤乾，讓它的滋味變得較為濃烈。某些以坐墊或滿月樣貌出現的麵食，包了蔬菜餡料、肉餡，或乳酪製成的餡料，如日本的餃子（gyoza）、義大利的義大利餃（ravioli）、法國東南部多菲內（Dauphiné）的小餃子（raviole），以及波蘭的波蘭餃（pierogi）。

麵的水分

煮麵的規則隨家庭習慣不同而有所改變。它的基本原則很簡單：我們把麵放進大量的水裡，水中必須加鹽，而且煮麵水需煮滾至激烈沸騰，以免水裡的澱粉太過濃稠。煮麵時要觀察，必須規律地經常翻攪麵條。煮麵的時間只在煮麵水再度沸騰後才減少。想當然耳，煮麵所需時間會依麵的性質與尺寸有所不同。對於時不時簡化烹飪的法國作家大仲馬（Alexandre Dumas）來說，煮麵只是「憑感覺」。

多數時候，我們會用一點油來煮麵，多半是橄欖油。但這其實沒多大用處：油無法溶於水，反而為煮麵帶來不便。在濾掉煮麵水時添加一丁點油反而有點意思。因為油或奶油接觸很燙的麵，不僅會變成流動得更順暢的流質，而且還會覆蓋在麵條上，防止麵條黏在一起。

瀝乾麵時不用太執著，一點點水能讓我們感覺到其中的澱粉，不但能讓醬料顯得更稠膩，還能賦予麵條彈性。某些人甚至主張保留一或兩匙煮麵水加進醬料裡，增添醬料的口感層次。我們已經瞭解麵食應結合豆科植物食用，但傳統上，我們卻寧可以肉醬搭配麵條，甚或將麵食做成一道僅以醬料（番茄醬、肉醬、蘑菇醬等）與融化的乳酪為配料的料理。

在義大利，把麵煮到「彈牙」（al dente）後，濾掉水分，就會直接加進仍在烹煮的醬料裡。在法國，我們寧可把麵煮到可以品嘗的地步，而且在麵還十分燙的時候端上桌，如果麵條不會因此黏住，讓事情變成難以應付的話。在美國時尚的影響之下，大家也越來越常以焗烤的方式吃麵。而在日本以及現今的法國，「拉麵」已成為非常在地的麵食，同時也是備受喜愛的速食之一。

麩質與不耐症患者

我們遭受污染的周遭環境廣泛助長了過敏，也使麩質不耐症看起來彷彿流行一樣散播開來。大家不應混淆不耐症與腹腔疾病。由於不耐受麩質，就以相似的方式對待如鐵和鈣之類的某些營養物，的確是行不通的事，況且還要它為嚴重的癌症負起責任。透過所有停止食用麩質者感覺到自身狀況變好，可使不耐受麩質的症狀特徵得以顯現。而品質更好的膳食、更有營養的食物（放棄食用經加工的精緻產品，如麵粉和少有纖維與礦物鹽的白麵包），以及相對減少麩質的攝取量，也常常都能說明這種身體更好的狀態。

健康的歡愉

麵是一種健康的食物。但當大家談到麵食，突顯麵食特色的卻不是健康。這無疑是因為我們在煮麵時加入的食材，決定了麵食的營養價值。當然，麵含有豐富的複合碳水化合物，而這些複合碳水化合物會長時間維持我們的氣力。這也是紐約馬拉松比賽前夕，供應給參加者的晚餐是麵食的原因之一。有很長的一段時日，義大利人都指責法國人煮麵煮得太熟，但這已經不再是我們所知的現況。煮得「彈牙」的麵熱量較少，而且比較健康，因為這樣的麵食消化速度較慢。

直到一九七〇年代，大家在精心製作的菜餚中非但仍對麵食不屑一顧，還藐視它的簡單，責怪麵食太有營養……而今，麵食成為生命力與活力的象徵，廣受歡迎。

口味與外形

目前大家都偏愛新鮮麵條。製造商卻總是在麵的造型展現更多的創造性。法國最受歡迎的麵食品牌潘札尼（Panzani）甚至在一九八〇年代末就已懂得創造驚喜，要求偉大的設計師為麵的造型，創造出獨一無二的典範，如菲利普・史塔克（Philippe Starck）和他設計的、名為「曼陀羅」（Mandala）的義大利麵。

如今除了有添加菠菜、紅蘿蔔香味的麵，在古拉索島（Curaçao），呈現在我們面前的麵食甚至五彩繽紛，還有綠松色的麵。

麵食豐富的麩質讓它既有彈性又顯得柔軟，烹煮後不會變形。較之以普通小麥和米製成的麵，以硬粒小麥製成的麵更經得起扭曲變形。這些以硬粒小麥製成的麵，幾乎永遠都以較簡單的麵條或帶狀模樣出現。

麵的外型不僅是美學問題，也依我們希望製備麵食的方式而定。

所有小型麵用來煮湯或做蔬菜濃湯（potage）都很理想，如米粒麵（langue d'oiseau）、小星星麵（petites étoiles）、字母麵（lettres de l'alphabet）。有紋路的麵能留住稀薄的醬汁。至於螺旋狀的麵，如螺旋麵（fusilli）和螺紋麵（rochetti），則能在螺旋形狀中留住含有奶油或是已融化濃郁乳酪的醬汁。

麵食已從過去缺乏下廚靈感的學生以極其簡單的沙拉碗盛裝的波隆納肉醬麵，變成家中週日漂亮餐桌上的佳餚。

麵食的自由變化，讓它適合做成所有餐點。我們甚至能用最低限度的水煮熟的麵，重新詮釋義大利燉飯。製成義大利燉飯的麵會吸收所有的湯汁，而且我們還會為它「強行加上」帕馬森乳酪。有時我們更會以米取代麵，使用麵製成的餐點加入甜點之列。

米飯和它瘋狂的小穀粒

米是印度與亞洲料理不可或缺的食材，儘管這些餐點彼此大相逕庭。在印度香米飯（biryani）、壽司與印尼炒飯（nasi goreng）之間，倘若它們用的不是米，這些餐點沒有絲毫共同之處。而在拉丁美洲、北美與歐洲，大家也大量以米作為烹飪食材。

稻米的種植條件嚴苛。由於它對光線、高溫以及溼度的大量需求，我們只能在熱帶與亞熱帶氣候地區發現稻米。也由於經濟發展和地理因素，在這些能夠種稻的區域裡，只有相當少的地區能讓稻米種植機械化。

我們在並非用來製作麵包的粉狀物、在預先煮好的「糊」，以及在可想而知的植物奶中，都會遇見爆好的米——童年享用牛奶巧克力的歡愉。米超越其他穀物之處在於它的食用方式，我們直接食用稻米穀粒，沒有讓米遭受過多的改變。

糙米、白米、蒸穀米？

關心稻米形態的同時，我們還可依穀粒的外形、稻米生產的區域，以及米飯的滋味等等，將世界上形形色色的食用米種，再細分為八千種不同的米。

在烹飪中，我們根據米的保存時間、烹調時間、營養水準，將特定的米分為三大族群。

糙米，或說棕米

糙米是棕色的米，它只是擺脫原有的外殼而已。我們保留麩皮和胚芽。胚芽集中豐富的營養精華，包括礦物鹽、維他命 B、纖維和抗氧化劑。糙米烹煮時熟得很慢，至少需要四十五分鐘，而且不易保存。糙米細微的榛果香氣，讓它實際上成為食材的選擇之一，例如用來做綜合沙拉。麩皮雖有「集中稻米用於繁殖的化學成分」這項特點，但選擇以有機方式栽培的棕米更好。

白米

白米不僅剝除了胚芽與麩皮，也為了獲得宛如珠貝般純淨清亮的米粒而無比光滑。為白米加工的過程，會讓米內含的營養益處有一大部分都消失無蹤。儘管白米很精緻，卻很容易保存。在最受喜愛的白米之中，做義大利燉飯不可或缺的「阿柏里歐米」（arborio），和那些結合最巧妙的烹飪散發出微妙香味的米，如茉莉香米（jasmin）、泰國香米、印度香米（basmati）等品種可為代表。烹煮白米的時間以二十分鐘左右為限。若米在烹煮前已洗過或曾浸泡，則烹煮時間較短。

蒸穀米（riz étuvé）*

這種米在去殼前，帶著穀粒外殼在真空狀態下預先煮過，然後再脫水乾燥。蒸穀米以真空狀態加熱時，原本包含在胚芽與麩皮中的營養，會為了滲入穀粒中心移動。這樣的處理有利於保存，也讓蒸穀米的營養讓人深感興趣。蒸穀米不僅便於使用，比起其他種類的米，它在烹煮時也熟得較快，五分鐘就已足夠。

野米

現今我們食用一種稱為「野米」（riz sauvage）的穀類作物。即使根據植物學來說，野米並非真的與稻米有關，只是一種極為近似稻米的植物。

野米產於北美五大湖區，是一種非常強韌的植物，不需要特別給予營養。享用野米的狂熱起於它鮮明的滋味和軟硬兼具的質地。此外，這種「米」含有極豐富的蛋白質和纖維。因此在美食家和關心健康的人眼中，野米享有同樣教人喜愛的聲譽。

紅米與黑米

在糙米之中，以紅米和黑米為代表。紅米來自喜馬拉雅山和非洲。黑米──或說是「備受尊崇的米」，則來自中國。這兩種米都因其罕見、微妙的滋味與營養價值，顯得特別誘人。理所當然，它們新穎的外貌，也讓以這兩種米為食材的菜餚，展現出大膽的模樣。

圍繞兩種烹調方式的變化

我們饒富興味地察覺到，儘管稻米種類繁多，其多樣性也讓我們得以做出變化無窮的餐點，製備米飯的方式卻非常簡單，但這並非粗略。烹煮米飯的方式只限兩種：以大量的水烹煮，以及藉由吸收湯汁烹煮，也就是大家說的

* 指稻穀經清理、浸泡、蒸煮、乾燥等處理後，再循一般碾米方式加工生產的產品。又稱「預熟米」或「半熟米」。

「水煮」和「燴煮」，縱使這兩種煮飯方式千變萬化。

以水煮的方式煮飯，是在大量的沸水中將米煮熟。以蒸穀米來說，幾分鐘內就可煮好。但對糙米而言，煮熟米飯則需 3/4 小時。強烈建議用這樣的烹煮方式來煮糙米和野米。某些人會在烹煮程序結束前就停止煮飯，然後緊閉器皿，好讓米吸收一部分用來煮飯的水。我們也可以用辛香料或香草來為烹煮米飯用的水調味。

除了極其簡單之外，水煮法的主要優點是煮出來的米飯粒粒分明，恰好回應一句知名諺語，米飯絕不能黏在一起。

用電鍋烹煮米飯的原理與水煮法相同，同樣使用蒸氣。以蒸氣烹煮的米飯有一種獨特香味，部分原因來自於我們用來煮飯的容器。在一段長時間的浸泡之後（這個程序可能會持續整夜），我們在一塊覆蓋蒸籠底部的布上放一層很薄的米。布的織紋必須夠大，讓蒸氣得以穿過這塊布。然後把蒸籠放在一個裝了沸水的平底深鍋上約三十分鐘。

燴煮也是相當簡單的煮飯方式。但這種方式對烹煮米飯的水量要求比較精確，因為米必須完整吸收湯汁。

義大利燉飯也根據與燴煮相同的程序處理，除了烹煮米飯用的湯汁必須一點一點趁熱加入，好讓米能逐步吸收湯汁。一如某些燴煮方式，要做義大利燉飯，我們會先用一點油把米炒過，並加入香草，炒到米變成半透明為止。

傳統上，大多以魚或是與白醬一起燉煮的白肉來搭配米飯。時至今日，義大利燉飯已成為非常流行的獨特料理。這得歸功於義大利燉飯的靈活自由度，儘管這道料理的製備錯綜複雜：務必馬上做好，而且對烹煮過程的精確度要求很高。

夏天的時候，米飯常作為一份綜合沙拉的基本食材。在以蔬菜為餡料的料理中，我們也可以加上米飯，或用米飯代替肉泥。

最後以一則甜蜜的附註作結。米也可以用來做甜點，就像是童年的甜點象徵，傳統的「米布丁」。米布丁是在加了香料調味的牛奶中煮米，並讓鍋中食材保持液狀煮至沸騰。米蛋糕則是米布丁的變化版本。米蛋糕是先讓米在牛奶中烹煮，再加上全蛋打成的蛋液和焦糖之後，放在爐子上隔水燉煮而成。

應該洗米嗎？

無論認為洗米是不可或缺或不可思議，都是根據不同家庭而定。就實際做法來說，洗米指的是以大量的水清洗米粒。米粒會因為相互摩擦而失去澱粉，並以白色物質的形態溶解在水中。依據不同習慣，我們可能會在水接觸到米卻依然清澈時停止洗米，或在水仍然混濁不清時就停止洗米。洗米是為了清洗那些略顯骯髒，而且滿是碎片或塵埃的米粒。若想清除米粒帶有的澱粉，藉此降低米的黏性時，洗米這道程序也很有用。因此，如何洗米並沒有好壞之分。若是那些要求米飯必須粒粒分明的食譜，洗米程序必不可少。但如果我們希望米保有黏性，就不建議洗米。

麵食

多菲內小餃子
（ravioles du dauphiné）
義大利寬麵
（tagliatelle）
義大利餃
（raviolis）
千層麵
（pâte à lasagnes）
德式麵疙瘩
（spaetzles）
義式麵疙瘩
（gnocchis）

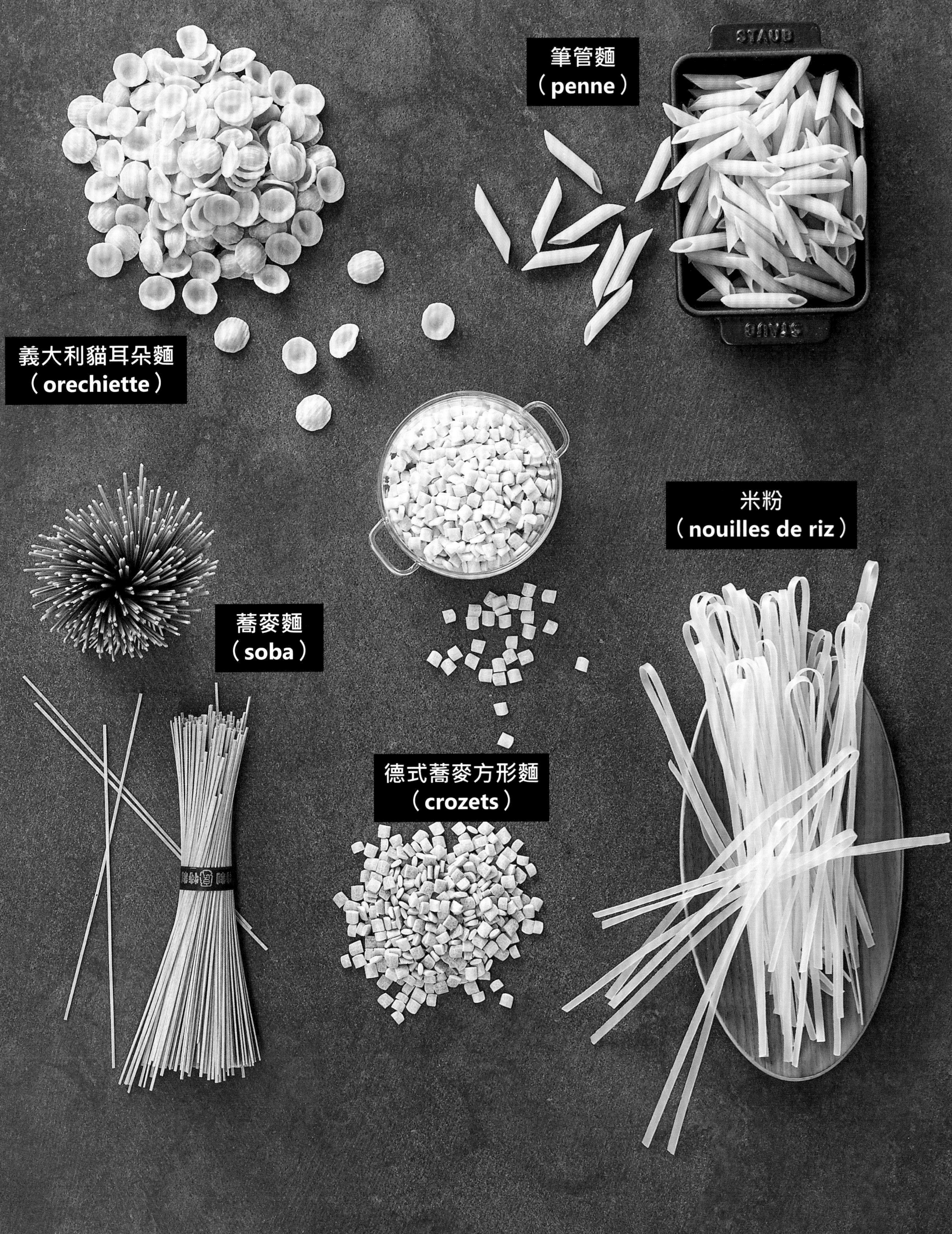
筆管麵
（penne）
STAUB
義大利貓耳朵麵
（orechiette）
米粉
（nouilles de riz）
蕎麥麵
（soba）
德式蕎麥方形麵
（crozets）

豆類

大白豆
（lingot）
蠶豆
（fève）
白豆
（coco de Paimpol）
紅腰豆
（haricot rouge）
黑龜豆
（haricot noir）

紅扁豆
（lentille corail）
豌豆片
（pois cassés verts）
鷹嘴豆
（pois chiche）
片狀豆類
（pois cassés）
綠扁豆
（lentille verte du Puy）

米

印度蒸穀長米
（riz long étuvé indica）
印度香米
（riz basmati）
野米
（riz sauvage）
卡馬格白長米
（riz de Camargue long blanc）
阿柏里歐米
（riz arborio）

穀物

粗粒大麥粉
（semoule d'orge）

蕎麥
（sarrasin）

斯佩爾特小麥
（épeautre）

白藜麥
（quinoa blanc）

高粒山小麥
（blé Khorasan）

燕麥片
（flocon d'avoine）

製作新鮮麵皮

Préparer des pâtes fraîches

難度：🍳🍳　**用具**：製麵機　**材料**：麵粉 300 克

份量：1 公斤

極細的硬粒小麥粉 300 克（亞洲食品店有售）

新鮮的蛋 6 顆

1 麵粉和小麥粉放入食物攪拌機（附有麵團勾）的盆缽裡混合，或在工作檯上混合麵粉和小麥粉。然後把蛋打進去。

2 將上述食材揉成均勻的麵團，在室溫中靜置一小時。

3 將麵團均分成八個小球，放入製麵機裡壓成麵皮，麵皮厚度為 1（最厚）。一再反覆壓整麵皮，並逐次降低麵皮厚度，直到刻度 5 為止。

4 在布上灑小麥粉，放上壓整好的麵皮。在切麵皮前（見 387 頁），先讓麵皮乾燥十五分鐘左右。

切割麵皮

Découper des pâtes

難度：🍞🍞　**用具：**菜刀
製麵機

1 在裁切麵皮前，先將麵皮切成數大塊長方形。要做千層麵，直接將麵皮切成約 8 × 16 公分的長方形。

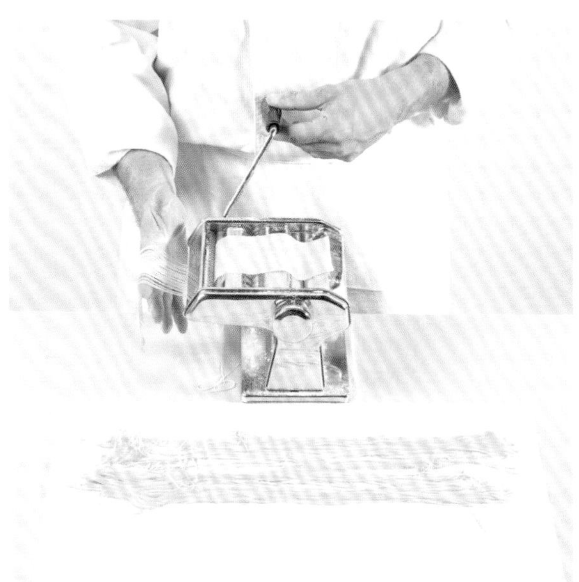

2 要做緞帶麵（fettucini），先在製麵機滾筒上撒麵粉，再將麵皮切成麵條。切好後，將麵條放在平坦處乾燥，或掛在麵條專用的曬麵架上乾燥。

3 要做義大利寬麵，先將步驟一切成小長方形的麵皮對折兩次。

4 將對折的麵皮規律地切細，再攤開麵條放在平坦處乾燥。或把麵條捲成鳥巢狀，撒上麵粉。

為新鮮麵皮調味、加色

Préparer des pâtes fraîches colorées et parfumées

難度：🍳🍳　**用具：**製麵機

份量：1 公斤

材料：新鮮的蛋 6 顆
麵粉 300 克
極細的硬粒小麥粉 300 克（亞洲食品店有售）
墨魚麵皮——墨魚汁 4 大匙
綠色蔬菜麵皮——羅勒 1 束（或揀選洗淨的新鮮菠菜 250 克）
紅椒番茄麵皮——市售濃縮番茄糊 3 大匙
艾斯伯雷辣椒粉（Espelette）1/4 小匙
牛肝菌麵皮——乾燥牛肝菌 2 大匙

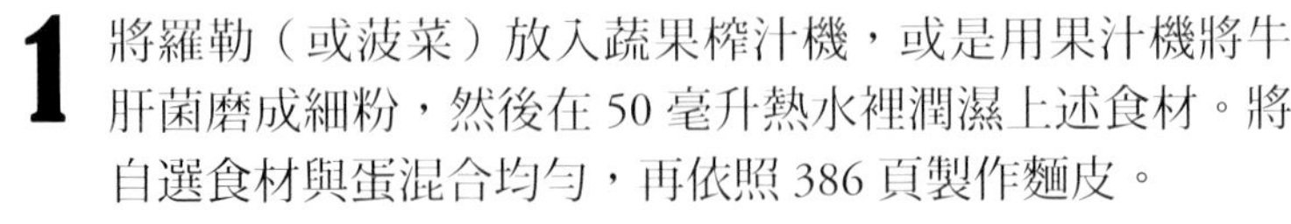

1 將羅勒（或菠菜）放入蔬果榨汁機，或是用果汁機將牛肝菌磨成細粉，然後在 50 毫升熱水裡潤濕上述食材。將自選食材與蛋混合均勻，再依照 386 頁製作麵皮。

2 各種五彩繽紛、滋味各異的麵團。

半月形菠菜起司義大利餃

Ravioles demi-lunes ricotta-épinards

難度：🍳🍳
份量：1.5 公斤
準備時間：30 分鐘

材料：綠色蔬菜麵皮 1 公斤（見 388 頁）
蛋白 1 個
菠菜起司餡——瑞可達（ricotta）或布魯斯（brousse）起司 400 克
菠菜 300 克，鹽水川燙後（見 469 頁）瀝乾，切細末
蛋 1 顆
肉豆蔻
鹽、現磨胡椒

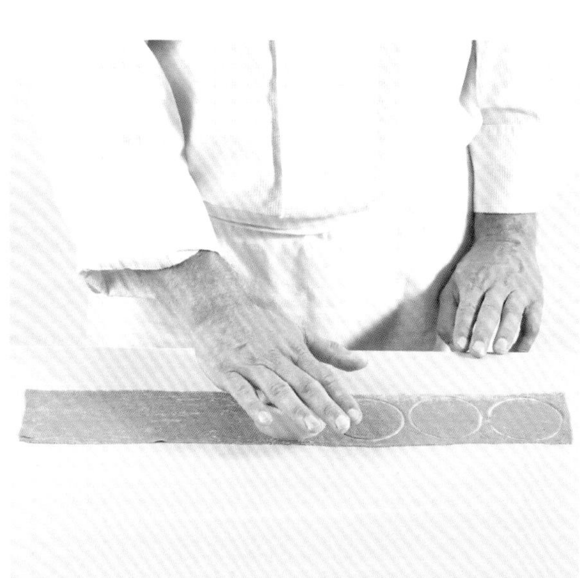

1 用直徑 6 ～ 7 公分的圓形壓模將麵皮切成圓片。壓模邊緣光滑或呈鋸齒狀均可。

2 在圓麵皮的半圓邊緣刷上蛋白。

3 混合菠菜起司餡的食材後，將餡料一一放在每張圓麵皮的同一邊。

4 闔上義大利餃的麵皮。把壓模翻轉過來壓在麵皮上，黏住麵皮。

三角形義大利餃與義式小餛飩

Triangles et tortellinis

難度： 🍳🍳
份量： 1.5 公斤
準備時間： 30 分鐘

材料： 紅椒番茄麵皮 1 公斤（見 388 頁）
蛋白 1 個
番茄乾羊奶起司餡——新鮮羊奶起司 500 克
橄欖油漬番茄乾 200 克、切碎
蛋 1 顆
新鮮百里香、切碎
鹽、現磨胡椒

1 借助尺和刀，或是使用披薩刀，將麵皮切成邊長 6 公分的正方形（見 396 頁步驟一～三）。

2 把蛋白塗抹在每塊正方形麵皮的同一角落。

3 將餡料一一擠入每張麵皮的角落。

4 將正方形麵皮對折，用手指將麵皮黏好。

5 若是三角形義大利餃，為了做出完美的三角形，用刀子或鋸齒輪刀修整每個餃子的邊緣。

6 若是義式小餛飩，將三角形兩端尖角朝中央彎折起來，用手指用力捏合。

製作圓形義大利餃（做法一）

Ravioles aux saint-jacques

難度：🍳🍳
份量：1.5 公斤
準備時間：40 分鐘

材料：墨魚麵皮 1 公斤（見 388 頁）
蛋黃 1 個
干貝餡——干貝 400 克，以牛油煎炒
咖哩 1 小匙

1 用直徑 6～7 公分的圓形壓模將麵皮切成圓片狀。

2 用筆刷為一半的圓麵皮塗上蛋黃，整個塗滿，直塗到邊緣。

3 將餡料分成小塊，放在麵皮正中央。

4 將預留的另外一半圓麵皮蓋上去。蓋住時要一邊仔細按壓麵皮邊緣，一邊壓出裡頭的空氣。

5 壓模倒轉過來，黏住麵皮。

6 再次為餃子刷抹蛋黃。煮義大利餃時，在平底深鍋中以加鹽沸水煮三分鐘。

製作圓形義大利餃（做法二）

Réaliser des ravioles rondes

難度：🍳🍳🍳
份量：1.5 公斤
準備時間：30 分鐘

材料：墨魚麵皮 1 公斤（見 388 頁）
蛋白 1 個
干貝餡——干貝 400 克，以牛油煎炒
咖哩 1 小匙

1 依照 396 頁製作方形義大利餃的程序（見步驟一～三）。接下來準備餡料，並將餡料一小堆一小堆放在麵皮上。

2 將蛋白刷抹在餡料之間的麵皮上，再把預留的另一片麵皮覆蓋上去。

3 用手指仔細按壓麵皮，黏住餃子之間的空隙，並由麵皮中央向外擠壓，逐步擠出裡頭的空氣。

4 用圓形壓模切割出餃子的外形。壓模邊緣光滑或呈鋸齒狀皆可。

烹煮包餡麵食

Cuire des pâtes fraîches farcies

難度：🍳🍳　　**用具：**平底深鍋

1 大型平底深鍋裡裝入滾燙的鹽水，加熱至沸騰。放入餃子後，略微調低火力，滾水才不會煮壞餃子。

2 煮約三分鐘。以手指按壓，確認烹煮狀況：餃子中心應該不再是硬的，但也不是軟爛的。

3 用漏勺輕輕撈出餃子，濾除水分。

4 加上少許加熱融化的牛油，或是一點橄欖油、磨碎的帕馬森起司和些許香草後，立即享用。

製作方形義大利餃

Réaliser des ravioles carrées

難度：🍳🍳🍳
份量：1.5 公斤
準備時間：30 分鐘

1 將麵皮的寬度修整成 12 公分寬。

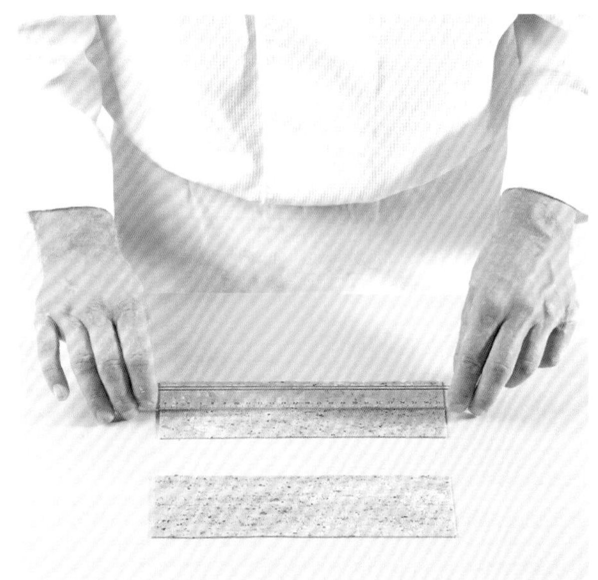

2 用尺量出麵皮寬度的一半，在該處輕壓做記號。

3 在另一個方向也做上記號，畫出邊長 6 公分的正方形界限。

4 混合餡料的食材。再將餡料分成小塊，堆放在每個正方形中間。

材料： 牛肝菌麵皮 1 公斤（見 388 頁）
蛋白 1 個
牛肝菌餡料——紅蔥頭 3 顆切薄片，與碎牛肝菌（見 458 頁）400 克一起用奶油炒到出汁
高脂鮮奶油或馬斯卡彭起司（mascarpone）2 大匙
蛋 1 顆
鹽、現磨胡椒

5 把蛋白刷抹在每小堆餡料中間的麵皮上。

6 把另一片預先保留的麵皮蓋上去。

7 用尺仔細按壓麵皮，黏住餃子間的空隙，並由中央向外擠壓，逐步趕出空氣。

8 以刀子或鋸齒輪刀切開餃子。

煮馬鈴薯麵疙瘩

Gnocchis de pomme de terre

難度： 🎩🎩🎩
份量： 4 人份
準備時間： 20 分鐘
靜置時間： 30 分鐘
烹調時間： 3 分鐘

用具： 網篩
平底深鍋

材料： 馬鈴薯 500 克，蒸煮或鹽水川燙（見 469 頁）後壓成泥
蛋黃 1 個
麵粉約 200 克（多寡依馬鈴薯品質而定）
鹽

1 不加任何液體直接壓碎熟馬鈴薯，再利用網篩將馬鈴薯泥過篩。

2 加入蛋黃並以抹刀攪拌。加鹽調味。

3 一點一點加入麵粉，直到麵團黏稠度如派皮般柔軟，但不會黏住手指。

4 將麵團滾成圓球。

5 在撒了麵粉的工作檯上先將麵團分成若干份，再將每份麵團塑形成直徑一指寬的長條狀。

6 將麵團切成長 2 公分的小段，並搓成小小的梭形。

7 用叉子尖為每個麵團梭子戳出紋路，隨後放在撒有麵粉的布上，讓麵疙瘩乾燥三十分鐘。

8 麵疙瘩放入內裝加鹽沸水的大型平底深鍋，同時降低火力。

9 讓麵疙瘩煮約三分鐘左右。等麵疙瘩一浮起來，馬上用漏勺輕輕撈出並瀝乾。

10 簡單地加上少許金黃奶油（見 57 頁）或一點橄欖油、一點羅勒，以及些許磨碎的帕馬森起司後，立即享用。

煮布格麥*

Cuire de boulgour

難度： 🍞　　**用具：** 大型附蓋平底深鍋

* 譯註：布格麥（boulgour）由硬粒小麥去殼經蒸煮與乾燥後碾碎而成，在中東、亞美尼亞、希臘、土耳其等地菜餚中常見。

1 鍋中裝水（水量計算方式：一份布格麥和水的比例是 1：2），加熱至沸騰。

2 將布格麥如雨點般倒進鍋子裡，加鹽後關火。

3 蓋上鍋蓋，讓鍋裡的布格麥膨脹二十分鐘。

4 加入核桃大小的牛油塊或少許橄欖油，再用叉子分開布格麥，使其粒粒分明。

煮藜麥

Cuire le quinoa

難度：🍴🍴　　**用具：**大型平底深鍋
網篩

1 用冷水長時間清洗藜麥，洗去因皂苷而帶來的苦味。

2 瀝乾藜麥，倒入裝有加鹽沸水的平底深鍋，煮約十分鐘。

3 環繞藜麥的小圈圈開始脫離時，代表已經煮熟。煮熟的藜麥口感應該仍然是脆的。

4 用冷水冷卻煮好的藜麥。

煮手抓飯

Cuire du riz pilaf

難度：🍳🍳　　**用具：**附蓋平底炒鍋

建議：這種方式特別適合美國長米（riz long grain américain）或卡馬格長米（Camargue）。混合的米也適用。

1 在平底炒鍋內快炒切碎的洋蔥數分鐘。炒到洋蔥出水即可，不要炒到上色。

2 量米（四人份米量為 250 毫升，約 200 克）。將米如雨點般倒進鍋裡，以鍋鏟妥善攪拌，直到米粒帶有珠貝光澤。

3 一次倒入所有的高湯並煮沸。米和高湯的比例預計是 1：1.5（依據食譜使用蔬菜高湯、雞高湯、魚或甲殼類高湯）。

4 加入調味香草束 1 束。

5 鍋中先蓋上一片圓盤狀烘焙紙，再加蓋。將整個鍋子放上預熱至 160℃（刻度 5-6）的爐火，煮約十七分鐘。

6 米飯煮好後離火。加入核桃大小的牛油塊並輕輕攪拌，讓米飯分開來，粒粒分明。

煮亞洲料理的飯

Cuire du riz à l'asiatique

難度： 🎩🎩　　**用具：** 濾鍋
厚底平底深鍋

材料： 印度香米或茉莉香米 1 份或數份
（四人份米量為 250 毫升，約 200 克）
米和冷水的比例為 1：1.5
（若是壽司米，比例為 1：1.25）
鹽

建議： 以印度香米而言，要在亞洲食品雜貨店中選擇高級米。又長又細的高級香米在烹煮時能保有穩定的品質。

1 在沙拉碗中以冷水洗米。洗米時需妥善攪動水中的米，並更換洗米水數次，直到洗米水變得清澈，以去除米粒上面的過量澱粉。以濾鍋瀝乾。

2 將米放入鍋中，加進冷水，然後加鹽。

3 以旺火煮沸。

4 一待煮沸，馬上將火力調到最小。隨後蓋上鍋蓋密封鍋子。若需要，用布繞住鍋蓋。

5 煮二十分鐘，煮時不要打開蓋子，也不要去動鍋裡的米。蒸氣最終會在米飯中形成小火山。

6 鍋蓋不要掀開，離火靜置五分鐘。然後用飯匙輕柔地讓米飯透透氣。

煮義大利燉飯

Réaliser un risotto

難度：🍳🍳
份量：4 人份
準備時間：10 分鐘
烹煮時間：20 分鐘

建議：做義大利燉飯一定要用義大利米，一般都用阿柏里歐米。不過卡納羅利米（carnaroli）聲譽更佳，因為用它做的義大利燉飯乳脂更濃厚。

1 在平底炒鍋內以油炒紅蔥頭（或洋蔥）幾分鐘。炒到紅蔥頭（或洋蔥）出水，但不要上色。

2 把米加進鍋裡，以鍋鏟充分拌炒。炒到米變成半透明，但不要炒到上色。

3 倒入酒以潤濕鍋中食材，並讓酒炒到蒸發。

4 倒入約兩大勺的熱高湯，並改用小火烹煮，讓米吸收高湯。

用具：平底炒鍋

材料：紅蔥頭 2 顆（或小洋蔥 1 顆），切碎
橄欖油 3 大匙
阿柏里歐米 200 克
白酒 100 毫升
高湯約 1 升（依照食譜高湯種類）
牛油 50 克（或馬斯卡彭起司 2 大匙，或全脂液狀鮮奶油 100 毫升）
帕馬森起司 50 克
鹽、現磨胡椒

5 重複步驟四數次，直到米煮熟為止。米飯必須呈現乳脂狀。

6 摻入牛油（或馬斯卡彭起司，或鮮奶油）。

7 摻入磨碎的帕馬森起司（魚或海鮮口味的燉飯不摻）。加鹽和胡椒調味。

8 上桌之前，蓋上鍋蓋靜置五分鐘。

煮斯佩爾特小麥燉飯

Réaliser un risotto d'épeautre

難度：🍳🍳
份量：4 人份
準備時間：10 分鐘
烹煮時間：15 或 40 分鐘

用具：附蓋平底炒鍋

材料：洋蔥 1 顆，切碎
橄欖油 3 大匙
斯佩爾特小麥 200 克
蔬菜高湯約 1 公升（見 79 頁）
牛油 30 克
鹽、現磨胡椒

1 在平底炒鍋中以橄欖油炒洋蔥三分鐘，炒到洋蔥出水。

2 加入斯佩爾特小麥，不斷攪動，直到小麥全部適度地裹上油脂。

3 加進兩大勺熱高湯。轉小火，煮時不停攪動，直到高湯被小麥吸收進去。

4 重覆同樣的步驟，同時規律攪動鍋中食材。烹煮時間不一定（參見包裝）：預先煮過的小麥約需十五分鐘，傳統的小麥需要四十分鐘。

5 妥善地規律攪動鍋中食材，直到濃稠度終於合乎所需。

6 加入牛油並調味。上桌之前，蓋上鍋蓋靜置五分鐘。

煮玉米糊

Cuire la polenta

難度：🍳🍳　　**用具：**厚底平底炒鍋
小型手動打蛋器

建議：烹煮時間不一定（參考包裝）：預先煮過的玉米糊約需五分鐘，傳統玉米糊需要四十五分鐘。

1 鍋中加入水 1 公升、牛奶 250 毫升、鹽和現磨胡椒各 1 小平匙。煮至沸騰後，將玉米糊 250 克（六到八人份）如細雨般倒進鍋裡，用打蛋器強而有力地快速攪拌所有食材。

2 調降火力讓其溫和地慢慢煮，同時不斷攪動食材。想煮出軟得像馬鈴薯泥的玉米糊，可以依照自己偏好的口感，以液狀鮮奶油讓玉米糊變得鬆軟。在玉米糊凝固前，立即享用。

煎玉米糊

Poêler de la polenta

難度：🍳🍳　　**用具：**模框
不沾平底鍋

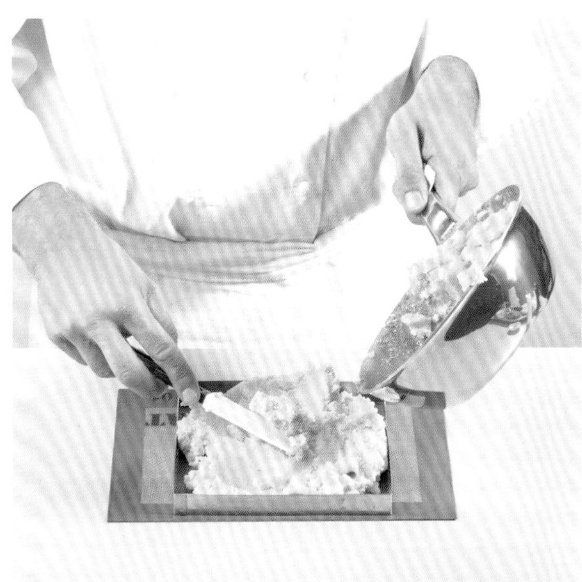

1 用鹽水 750 毫升和不含乳脂的牛奶 250 毫升煮玉米糊，並趁熱將玉米糊倒入鋪妥矽膠烘焙墊的模框內。

2 借助抹刀與些許加熱融化的牛油，抹平玉米糊表面。待玉米糊冷卻後，靜放在涼爽處兩小時。

3 將冷卻的玉米糊切成喜歡的形狀，例如棒狀。再放入加有少許橄欖油的不沾鍋裡。

4 煎玉米糊，每一面都煎三分鐘，煎成金黃色。

煮乾燥白腰豆

Cuire des haricots blancs secs

難度：🍲　　**用具：**大型附蓋湯鍋

- 同樣的方式可以煮笛豆（flageolet）、紅腰豆和鷹嘴豆。也可以煮扁豆，但要跳過步驟一。

建議：用快鍋煮豆子，烹煮時間可減少一半。

1 在裝了冷水的沙拉碗中浸泡豆子一夜。

2 隔天瀝乾豆子，並將豆子放進裝滿冷水的大湯鍋內，水不用加鹽。煮至沸騰後，撈除泡沫與浮渣。

3 放入調味香草束 1 束、洋蔥 1 顆，以及切成四塊的紅蘿蔔 1 根。

4 蓋上鍋蓋，以中火煮三十五到四十分鐘。烹煮時間過了 2/3 時，加鹽。烹煮時間長短依據豆子的品種和新鮮程度而定。

5 **試吃：**煮好的豆子必須柔嫩，但不會煮得支離破碎。撈起豆子瀝乾。

6 取出香草束。你也可以用肉汁來拌豆子。

亞洲風扁豆沙拉

Lentilles en salade asiatique

難度： 🍳🍳
份量： 6 人份
準備時間： 15 分鐘
烹調時間： 20 分鐘

用具： 平底炒鍋
平底鍋

材料： 扁豆 200 克
花生米 50 克
肥肝 200 克，切成方塊
油醋汁——切碎的薑 1 小匙
葡萄籽油 1 大匙
芝麻油 1 小匙
蘋果醋 1 小匙
切碎的細香蔥 2 大匙

1 扁豆放入冷水中，煮約二十分鐘。煮到扁豆雖已煮熟，卻仍略為堅硬（參考 412 頁）。

2 用平底鍋把花生米烘炒成金黃色。

3 加進肥肝，只要加熱片刻即可。

4 瀝乾微溫的扁豆，並把花生米和肥肝加進扁豆裡。

5 在沙拉碗中混合製作油醋汁的材料。

6 調味。

Les
LÉGMES

蔬菜

Les légumes

對蔬菜的些許狂熱、非常狂熱與激情

根據《法蘭西共和國政府公報》（*Journal officiel*）出版的物種和品種官方目錄，在法國，有兩千種以上大家認得出來，而且允許進入市場銷售的蔬菜。僅單獨以番茄的品種而論，就有四百種以上！換言之，假設我們每天品嘗三種新近出現的蔬菜，遍嘗一輪所有蔬菜需要的時間，可能不少於整整兩年！

自然界很少表現出同樣的寬容。然而在法國，光是三種蔬菜——馬鈴薯、番茄與紅蘿蔔——就代表了每個人每一年2/3以上的蔬菜食用量。

這種對蔬菜的一無所知絕對是憾事一樁。這樣的一無所知來自於堅實的歷史源由。在十九世紀，除了馬鈴薯，對於身上貼有貧困標籤的人們來說，蔬菜是不足以讓人精力充沛、無法吸引人的食物。此事也與較為富裕的人有關，因為有錢人同樣得忍受收成不佳以及戰爭帶來的影響。不過，在使蔬菜屈居「配菜」一角久矣之後，大家終究確實而幸福地發現了蔬菜的豐富、蔬菜的滋味，以及蔬菜色彩的遼闊無際。

吃了幾公斤？

根據法國國家統計與經濟研究所（INSEE）最近的統計數據，我們觀察到每戶人家平均每年食用馬鈴薯30公斤、番茄14公斤、紅蘿蔔9公斤。尾隨在後的蔬菜食用量則立刻降為3公斤。

健康與青春的混合物

除了令人驚歎的品種數量，蔬菜也完美無瑕地聚集了無以數計的美食之樂，以及健康效益。

嚼得津津有味的繽紛色彩

想維持人體細胞的年輕與健康良好，對抗自由基（radical libre）是不可或缺之事。自由基在遭受污染和有壓力的環境中更多。事實上，自由基對於過早老化，以及某些和癌症與心血管疾病同樣嚴重的病症，都應該負起責任。吸收抗氧化劑是限制自由基擴散，並加強身體抵抗力最有效的武器。大家在水果和蔬菜中，都能找到更多的抗氧化劑。

在諸多抗氧化劑中，以植物性色素「類胡蘿蔔素」為代表。類胡蘿蔔素讓蔬菜擁有令人胃口大開的顏色。從鮮明的黃色到幾近黑色的紫色，盡可能增加食用植物的色彩，是保證這些營養千變萬化既簡單又愉快的方式。

某些抗氧化劑是脂溶性抗氧化劑，例如讓番茄變紅的茄紅素。烹調這些具脂溶性抗氧化劑的蔬果時，若搭配油脂，身體比較容易吸收。以實例來說，這就是主張以些許橄欖油烹調蔬果的地中海料理具備的健康祕密之一。

七個家族的遊戲

蔬菜分類方式林林總總。在烹飪中，我們可將蔬菜區分為七大家族。

家族名稱	描述	範例
葉菜	我們食用這類蔬菜的葉子，它們通常是綠色。	沙拉菜、甘藍、菠菜、酸模。
莖菜	我們食用這類蔬菜的莖，它們或多或少都有粗纖維。	蘆筍、韭蔥、西洋芹。
果菜	我們用來稱呼這類蔬菜的「果實」是植物學用語，它們絕大多數都作為蔬菜食用。	茄子、番茄、酪梨、四季豆。
根菜和塊根蔬菜	這類蔬菜是植物埋藏在地下的部分。	馬鈴薯、紅蘿蔔、櫻桃蘿蔔、蕪菁。
球莖蔬菜和香辛蔬菜	這類蔬菜常用作調味料，是香草植物的草葉或球莖。	大蒜、洋蔥、細香蔥、香芹。
豆類與豆科植物	這類蔬菜可長期保存，且其特質更接近穀類作物。	扁豆、豌豆、鷹嘴豆。

脆弱的維他命

維他命在我們身體的良好運作中扮演要角。由於我們的身體無法自行製造維他命，必須由食物吸收，蔬菜因此成為我們攝取維生素 A 和維他命 C 的絕佳來源。

維生素 A 承擔保護皮膚、視力與腦細胞的職責。維他命 C 除了促進生長發育和免疫，對於鐵質的吸收和膠原蛋白的建構也是必需品。

維他命是纖細微妙之物。它們雖保存於蔬菜中，卻會逐漸消失。而且維他命不耐烹煮，因此仔細選擇烹調方式很重要。這些營養也都是水溶性物質。所以若蔬菜浸泡得太久，維他命就會溶解在洗滌蔬菜的水中。

維他命和礦物鹽都集中在蔬菜的外皮上，所以去皮時盡可能靈巧為宜。幼嫩的蔬菜最好不要去皮，比如新鮮紅蘿蔔與小蕪菁，這些稚嫩蔬菜的外皮吃起來相當可口。

纖維與水

有水的話，蔬菜中的纖維會顯得無比巨大。無論是可溶性纖維或是不可溶性纖維，酵素都不會腐蝕纖維。由於纖維能幫助身體快速清除有毒廢物，它也擁有令腸道舒適的特質。

可溶性纖維將減緩碳水化合物的消化與吸收，因此能控制血糖與糖尿病指數。纖維也具備抑制不良膽固醇「低密度脂蛋白」的特性，同時為我們減少冠狀動脈疾病。

蔬菜還可以充飢。它們提供非凡的營養密度，卻只有非常低的能量密度。以這樣的條件來說，為了兼顧美食之樂與營養均衡，蔬菜是不可或缺的食物。

當然，蔬菜能提供的所有益處，都依我們烹調蔬菜的方式而定。其中首要的影響因素，取決於我們烹煮蔬菜的方式。

有魔力的鼎鑊

烹煮幾乎可謂為不可思議的程序。它不僅會改變食物的化學成分，也會轉化食物的滋味、香氣、質地、色彩……。

直到一九七○年代，蔬菜的烹煮都表現出「多餘」的特徵，包括時間的多餘，以及溫度的多餘。當時這些多餘不僅破壞了蔬菜的營養，使蔬菜黯然失色，也扼殺了蔬菜的滋味，更將有所差異的蔬菜質地，全部轉變為整齊劃一的柔軟。

現代烹飪明顯較為尊重蔬菜之間的微妙特色，並提出烹煮蔬菜的五大方式。若將生菜或蔬菜薄片沙拉計算在內，烹煮方式甚至可以說是六種。

川燙（blanchir）

烹煮蔬菜之前，我們會先川燙蔬菜：在一鍋沸水中燙蔬菜一會兒之後，立即將蔬菜浸入冰水裡，藉此抑制蔬菜過熟，使其顏色鮮豔，並保留其爽脆口感。川燙蔬菜可在隨後的烹煮程序前，保護蔬菜的滋味與營養品質，不僅能減少蔬菜的氧化程度，也縮短了隨後的烹煮時間。我們也會在將蔬菜冷凍之前先川燙蔬菜，這樣做能讓蔬菜保存得更好。

烹煮，或不是真的煮

無論是做成沙拉、切絲或切成棒狀，蔬菜生吃都比較有營養，除非是太早就切好蔬菜，或是未以流動的水洗滌。不過，生吃蔬菜對於保健養生而言並非永遠是最佳選擇，因為纖維未經烹煮，可能非常不容易消化。

把紅甜菜根（betterave rouge）、茴香、蘑菇、櫻桃蘿蔔（radis rose）和黑皮蘿蔔（radis noir）這些蔬菜做成蔬菜薄片沙拉的時候，這些蔬菜都毋須以高溫煮熟，只要放入柑橘類水果帶有酸味的汁液或油醋汁中醃漬即可。即使這些切成細緻小薄片的蔬菜內含的一部分營養已不復存在，若它們既新鮮又品質良好，對於健康依然有著極大助益。

蔬菜沒有煮熟的時候，既能呈現更美麗的色彩，所提供的營養價值也更好。

追求單純，以熱水烹煮

在大量的加鹽沸水中燙蔬菜是最普遍的蔬菜烹調方式之一。只要盡可能以短時間烹煮蔬菜，而且在一鍋冰水中冷卻它，以立即中止烹調過程，就能展現出蔬菜的原汁原味。

像是馬鈴薯這類根部呈現粉狀的根菜，均可經長時間烹煮。烹煮根菜比較好的方式，是將根菜浸入冷水裡慢慢烹煮。這種烹煮方式緩慢而漸進，會讓烹調的成果更均勻一致。

諸如地中海薊（cardon）、莙薘菜（côte de blette）或朝鮮薊心（cœur d'artichaut）等白色蔬菜，多半都會快速氧化。我們可以塗上檸檬汁，或是在烹煮的水裡加一點麵粉，就能防止氧化，也就是所謂的「變白」（à blanc）。

想溫柔地烹調，建議蒸煮

蒸煮是源於水煮的烹煮方式，也是一種既簡單又有益的烹煮蔬菜手法，這種方式既保存了蔬菜重要的營養，也保留了蔬菜的香氣、色彩與質地這些我們希望能在享用蔬菜時品嘗到的元素。所有的蔬菜都能從這種烹煮方式獲得大量益處，除了那些太快變黑的蔬菜，以及那些我們會用「變白」手法烹煮的蔬菜，還有諸如櫛瓜、番茄、茄子等充滿水分的蔬菜。

要蒸煮蔬菜，我們得在一個作為底部的容器上方，放置金屬或竹製蒸籠。這個作為底部的容器將用來煮沸少量的水，而且我們可以在水中添加香草植物，藉此為蔬菜增添清淡的香味。我們只用最低限度的水，以免蒸籠底部的食物整個泡在水裡。為了不要流失蒸氣，蒸籠必須密封。在販售蒸籠的商店裡，我們會發現它是非常方便使用的烹飪工具。

直到一九八〇年代，壓力鍋都是非常流行的烹飪工具。提供了一種以高溫和壓力帶來效率的水煮法。「快鍋」則是大家引申給予所有壓力鍋的名稱。我們以快鍋強調的快速來煮熟蔬菜。

最弔詭的是大家在使用它時，也同時詆毀它的微波爐。如果我們將少量的水連同蔬菜一併放入微波爐，就能以另一種蒸煮方式來烹調蔬菜。就算無法忽略使用微波爐烹飪對健康造成的整體風險，只要重視三項簡單原則，就能限制微波爐帶來的有害影響：滾燙的水與蔬菜之間不得有任何直接的接觸、最大火力上限為 1000W、烹煮時間低於兩分鐘。

生食主義

生食主義誕生於二十世紀初，結合了營養科學研究與心靈追尋，也結合了健康自然的生活原則。生食主義者只食用生食，這些人有時也茹素。「生食烹調」（為食物調味而沒有烹煮）除了必須使用替代品和新技術，也得擁有恆久不變的創造性。

想匯聚滋味，適合使用爐灶

無論蔬菜是放在烤盤上以油調味，或置於密閉容器中添加香料與些許油脂——這種方式大家稱為「燜燉」，在爐灶上煮熟的蔬菜，都能從低溫慢煮中獲益。低溫慢煮有利於匯聚滋味，特別是糖分，而且特別能展現番茄、紅蔥頭與茄子的甜味。

用烹飪用紙烹煮也是一種燜燉，因為我們會將自己要煮的食材，放在一張對折闔上的烘焙紙中。我們可以用香草或香料調味，而且這些作為調味料使用的植物，也會在燜燉時煮熟。

想擁有非常美味的均衡，煎炒

將蔬菜切成尺寸很小的塊狀或細緻小薄片，以非常旺的大火在少量油脂中用中式炒鍋迅速煎炒。這種十分快速的烹煮手法能讓蔬菜原有的爽脆口感以及色彩，都不會因為烹煮而變質。只要蔬菜極為新鮮，它們的特質都會被保留下來。這種烹煮方式的靈感來自亞洲，非常適合用來煮那些我們習慣生吃的蔬菜，如黃瓜、或被誤稱為「黃豆芽」的綠豆芽。

想讓人愛上蔬菜，油炸吧

無論是切成規則塊狀的蔬菜，或是為了做薯片而切成薄片的蔬菜，全都浸入一鍋沒有特殊味道又滾燙的油中一次或兩次。這種烹煮方式以脂質改變蔬菜，讓蔬菜變得極其美味。

蔬菜的滋味藉由油脂提升，而且每塊蔬菜都表現出一種外在鬆脆、內在柔軟的質地。這樣的烹煮方式贏得極大的成功，甚至讓不喜歡蔬菜的人也願意接近蔬菜。

美食的煉金術

因為知道該如何做、因為我們喜歡、因為這麼做比較簡單——上述種種導致了我們常常藉著重複一成不變的食譜，來決定餐桌上的菜餚，像是紅蘿蔔就都切絲，番茄就都填進餡料，而濃湯則一律做韭蔥馬鈴薯濃湯。儘管這些偉大的經典食譜很成功，足以保證菜餚的品質，但我們為什麼要放棄其他可能性呢？

為了促使餐點變得更多樣，讓我們備妥的蔬菜能以更妥善的食譜來烹調，我們可以在家庭食譜中加入其他菜餚，並在這麼做的同時，依然遵守製備餐點的大原則。我們不應低估美食煉金術的基礎，它對營養均衡與健康雙雙有利。

當我們處理在最好的環境下栽培出來、格外新鮮的蔬菜時，若是因為烹煮過久而「糟蹋」了它們的營養，將十分荒謬可笑。

一杯蔬菜

如果蔬菜都像黃瓜與甜椒一樣充滿水分，最新鮮的蔬菜寧可生吃，或是做成果汁或冰沙。只要以果汁機或食物調理機短暫地磨碎蔬菜（一瞬間就好），再添加些許香草即可。這些蔬菜品嘗起來極為清涼，而且提供了大量的營養。

這樣的蔬菜和諸如柑橘類或紅色莓果（fruit rouge）的果汁搭配得很好。它們以碎冰打成，加酒或不加酒均可，還會讓開胃雞尾酒顯得別出心裁，或變得更加古典，「血腥瑪麗」（bloody mary）就是用番茄汁和伏特加為基礎。

要製作蔬菜汁，購買榨汁機或蔬果榨汁機並非必要。我們可以用簡單的果汁機製作蔬菜汁，並在其中加點水。如果用來做蔬菜汁的蔬菜有點乏味，也可以加進些許柑橘類水果的果汁。為了讓做出來的蔬菜汁不會太過濃稠，我們會過濾做好的蔬果汁。不過在過濾蔬果汁時，我們也放棄了果肉，失去了一部分的營養。

什麼是美食煉金術？

這是一種食譜與最佳烹飪方式的結合，藉此做出美味與健康兼具的獨特菜餚。

那些改變湯的湯品

要做羹湯或濃湯，首先必須用水烹煮蔬菜或是蒸煮蔬菜——水煮或蒸煮要看情形決定。稍早已經解釋過，這取決於蔬菜本身的含水比例。

接下來，用機器攪碎蔬菜。我們可以混合數種蔬菜，讓做出來的蔬菜汁滋味沒那麼明顯，或只用一種蔬菜，讓蔬菜汁具有明顯風味。添加些許紅蘿蔔總是會讓成品的風貌既清楚又強烈，非常受到小孩子的喜愛。

蔬菜和其餘食材一起攪碎時，鮮奶油、新鮮起司（fromage blanc）、加熱融化的乳酪（也就是融化不同乳酪獲得的成品），都能提供冷濃湯較多的黏稠劑。藉由添加少許油脂（包括奶油、鮮奶油、香草植物油）、接觸溫熱流質後會融化的少許乳酪、些許火腿丁或肉丁，也會讓湯品在溫熱時較為可口。要讓湯的質地滑膩，鮮奶油並非不可取代。在濃湯中加些煮熟搗碎的馬鈴薯，很容易就可以讓濃湯擁有濃稠口感。

所有的蔬菜都適合做成羹湯。反之，如義大利蔬菜湯（minestrone）或大多數亞洲湯品，也就是那些在高湯中添加切成小塊的蔬菜和肉，而且加上麵食做成的湯，則適用質地較為結實的蔬菜，如四季豆、豌豆（pois gourmand）和紅蘿蔔。這是因為質地結實的蔬菜接觸高湯時不會迅速煮化。為了做出令人滿意的湯品，用猛火燒煮會有所助益。換言之，就是用中式炒鍋或平底鍋以旺火快煮。

以往我們會提供高湯給病人或上了年紀的人喝。如今大家已經不這麼做了，儘管湯裡富含許多蔬菜在烹煮過程中流失在湯水裡的營養。湯品永遠都要在烹煮後盡快食用。以少許香草植物調味的高湯，無論是熱湯或冷湯，不僅令人滿足，還是絕佳的活力來源。當我們竭力試圖限制糖分攝取時，高湯也是早晨果汁的良好替代品。

韃靼蔬菜與蔬菜薄片沙拉——生吃蔬菜

正如我們先前瞭解的，生菜或只簡單以酸性醬汁醃漬的蔬菜，特別有益健康。和蔬菜汁一樣，生吃蔬菜時必須選擇特別新鮮且品質絕佳的蔬菜，以確保效益。

綠色沙拉是傳統膳食的主要元素之一。這道餐點由魚類、含有澱粉的食材、乳酪和豆類組成，充實的內容讓我們有時候會將它視為一道完整的餐點。綠色沙拉的樣式往往也讓其他生食黯然失色。

這些生吃的蔬菜藉由磨碎的混合物、蔬菜薄片沙拉，以及韃靼蔬菜，展現出一個非常廣闊的範圍。要製作韃靼蔬菜，我們會先把硬質蔬菜切成迷你細丁並醃漬過，像是茴香以橘子醃漬，兩者的結合就非常完美。未煮熟的四季豆、馬鈴薯與茄子，幾乎是唯一沒有表現出生吃優點的蔬菜，而且未經烹調也無法食用。

有時候，生吃蔬菜始終如一的味道會讓人感到不快。為了替這些生吃蔬菜增色，調味料就很重要了。在這些調味料中，有三種類型能讓我們無限變化：第一種是新鮮乳酪與香料，第二種是圍繞於油膩物質旁的乳狀物，如蛋黃醬和鯷魚醬（anchoïade），最後則是用水果或蔬菜混合而成的醬料，如酪梨醬（guacamole）。

壓碎、攪碎、混合——蔬菜泥

無論以蔬果調理機攪碎，或單純以叉子壓碎，對於製作質地柔滑、僅僅殘留小塊蔬菜的蔬菜泥來說，某些蔬菜的柔軟質地是製作蔬菜泥的理想食材。煮熟後略帶辛香的茄子，相當配得上「魚子醬」之名*。以些許肉豆蔻調味的根芹菜和葫蘆科植物（包括櫛瓜、南瓜等約八百種瓜果蔬菜），則是冬日搭配醬肉的無瑕良伴。

在滋味鮮明的蔬菜中加入些許馬鈴薯，就能軟化這些蔬菜的強烈味道，讓每個人都愛上。

製備蔬菜泥可能比我們想像中的更不容易：要以均一的方式烹煮蔬菜，煮到連中間都熟透，同時精確測量所需的湯水份量，才能煮出擁有良好濃稠度的蔬菜泥。正因如此，我們不會為茄子加水，茄子只需要對半切開放入烤箱就能煮熟，櫛瓜和小南瓜則必須非常仔細地瀝乾。挑選何種馬鈴薯對於製作蔬菜泥具有決定性的影響。質地堅硬的蔬菜包括紅蘿蔔、甜心馬鈴薯（chérie）和哈特馬鈴薯（ratte），都是製作蔬菜泥的完美食材。

*在法國，「茄子魚子醬」（caviar d'aubergine）是唯一得以承擔「魚子醬」之名的蔬菜料理。

à savoir

壓泥器 V.S 食物調理機

當我們以食物調理機製作馬鈴薯泥，馬鈴薯中含有的澱粉會延展開來，讓做出來的馬鈴薯泥質地柔軟（甚至黏稠）。這是我們為什麼寧願用手持式壓泥器做馬鈴薯泥，或是用叉子壓碎馬鈴薯的原因。

遊牧與遊戲

我們已經瞭解到，油炸這種烹調手法能做出薯條、馬鈴薯片和炸蔬菜。

有時候是傳統的細棒狀（細薯條），有時候是較粗短的棒狀（粗薯條），薯條有很多種樣貌。藉由將質地堅硬的蔬菜切成棒狀做成炸薯條，或是切成薄片做成炸薯片，大家都在為質地堅硬的蔬菜增添各種變化。

這些切成勻稱塊狀的馬鈴薯會在一鍋沒有特殊味道的滾燙炸油中炸熟，然後撒上大量的鹽。在法國北部，傳統上會以牛油製備薯條。

大家都知道油的沸點約為 180℃，也就是一小塊麵包浸在油炸鍋裡產生大量小泡泡時的溫度。但我們得避免一次油炸過多的蔬菜，因為可能會迅速拉低油溫。油炸是必須使用很多油的烹煮方式。在家裡炸蔬菜時，只要遵守油炸的簡單原則，就能預防某些健康風險。

炸蔬菜總是顯得比較細緻，因為它們常常用來烹調像是櫛瓜花之類的高級食材，或是運用在饒富異國風情的印度菜或日本料理中。

炸蔬菜的製作原理和炸薯條或馬鈴薯片的原因相當接近。但會先以非常精細的薄麵糊包裹蔬菜，再把蔬菜浸入炸油裡。這層麵糊會形成一層鬆脆的外殼，讓藏在其中的蔬菜質地維持柔軟。

妥善掌握油炸三原則

1. 只要鍋裡的油流動得不順暢，或在鍋裡發現雜質，就要換油。
2. 只用可加熱到 180℃卻不會冒煙的油，如花生油或菜籽油。
3. 從炸油中取出炸好的蔬菜後要立刻放在廚房紙巾上瀝油。

炸薯條、馬鈴薯片與炸蔬菜不僅都在餐桌上占有一席之地，我們也可以在其他地方吃到它們，像是在街上、旅途中、野餐時。這些用手指拿著吃的炸蔬菜，可說是典型的「帶著走」食糧。

塔或派是另一種以「帶著走」形態製備蔬菜的手法，以延展性極佳的千層派皮或薄酥皮（pâte filo）製作，將蔬菜做成傳統又精緻的塔派。我們還可以做「翻轉塔」──蔬菜被焦香的麵皮覆蓋著，富含油脂的主要食材（起司或肥肉丁）則直接接觸烤盤。

以這種手法烹調那些始終都無法讓人聯想到美食的蔬菜，將給予成品出其不意的滋味，比如苦苣，焦香將大大緩和苦苣的苦味。

內容物與容器──填餡

在法國，準確地說是在凡爾賽，率先在十八世紀開始把肉泥餡與蔬果肉塞進蔬菜的外皮或外殼內。不過那時候並未包括將番茄填餡，因為當時的人還不認識番茄。十八世紀的人們會在粗壯的蔬菜中填進餡料，比方說南瓜，好讓餐桌顯得更加壯觀。那時追求的是利用來自菜園的出色蔬菜，以及蔬菜的天然外表。

如今，我們是為了讚揚成熟蔬菜的風味而為蔬菜填餡，讓蔬果肉在爐灶裡緩緩沉入外皮之中。這些外皮將鎖住並強調餡料的滋味與汁液。填入的餡料傳統上以肉泥為基礎。

適合填餡的蔬菜多半滋味溫和或是帶有甜味，比如番茄、茄子、洋蔥，都適合以填餡的手法來烹調。

以混合食材填餡的簡單方式，能讓中間挖空的蔬菜裡填滿各式各樣的餡料，包括穀物、乳酪，或是其他蔬菜。

如果我們為體積很小的蔬菜填入餡料，如櫻桃番茄或是去蒂蘑菇，將能夠展現出既衛生又簡單的開胃小點變化版。

完完全全的香醇──焗烤

焗烤或是焗烤的南法版本「烤蔬菜薄片」（tian），以一種格外美味又豐盛的方式來展現蔬菜。將蔬菜切成只有幾毫米厚的薄片，放入烤箱慢慢烘烤。這些蔬菜薄片都放在厚重的盤子裡。如果要做焗烤就水平鋪放；如果要做烤蔬菜薄片就垂直擺放。我們還會以一層任君選擇的食材覆蓋蔬菜，食材選項包括了鮮奶油、牛奶、乳酪，有時是用全蛋打成的蛋液。以馬鈴薯為基礎的「奶香焗烤馬鈴薯」（gratin dauphinois）是一道最有名的焗烤料理，在各地和不同的家庭傳統中都能發現其身影，在瑞士會撒上格耶爾乳酪（gruyère），在洞布則以鮮奶油為主。

我們可以在焗烤料理上頭覆上一層麵包粉或乳酪，再藉由燒烤帶來無比鬆脆的口感。這層精緻美味的外皮還能鎖住滋味與熱度。

大多數時候，焗烤料理不會只用單一蔬菜製作，而是結合兩種或三種蔬菜，齊心協力共同展現美味──只要我們在烹煮時，挑選自己需要且因應時令的蔬菜。

想當然耳，烤蔬菜薄片經常被視為是不同的烹調方式。然而在傳統上，烤蔬菜薄片是由普羅旺斯料理中最常使用的蔬果所組成，包括番茄、茄子與櫛瓜。這些切成薄圓片的蔬果在盤子裡規律地交替擺放，彼此緊靠著，才能在蔬菜因為烹煮而縮小體積時，整體樣貌依舊不變。在大快朵頤之前，我們會在覆有大量普羅旺斯香草和橄欖油的蔬菜之間，悄悄塞入幾片新鮮大蒜。

依照構成這些料理的蔬菜，和它們使人聯想到的配搭，我們往往視焗烤料理為冬季美食，烤蔬菜薄片則是屬於夏日的樂趣。

從前菜到甜點

一個新的烹飪觀念促進了烹調技術與糕點的交會，並因為其他烹飪傳統的影響而變得更加豐富。這些革新意圖探索以新潮的方式運用蔬菜，用蔬菜來製作甜點。

另一方面，我們也把製作糕點的技術與方式運用在蔬菜上，讓我們能在用餐時享用蔬菜。在夏天，用蔬菜製作的義式冰沙（granité）與雪酪（sorbet）有效地使前菜煥然一新。冬季蔬菜如洋蔥則醃漬成果泥狀，藉以增強紅酒燉煮或肥肝醬甜味的感受。蔬菜乳酪夾心馬卡龍現已成為大家都能接受的開胃點心，法式甜鹹蔬菜丁烤布蕾也是。最後，紅蘿蔔蛋糕如今已在法國成為知名甜點的一員。

妥善選購蔬菜

無論我們打算烹調哪一道蔬菜料理，仔細選擇蔬菜都其必要。能夠取得蔬菜的方式如此之多，多到有時候讓選擇顯得異常複雜。

首先，對蔬菜的季節性擁有正確的認識，會讓我們優先購買在固定時刻合乎自然規律生長的產品。眾所周知，這是讓蔬菜豐富的營養與滋味都處於巔峰的最佳方式。

支持地方產品也很重要。當蔬菜毋須為了在我們的廚房現身而跨越大半個地球，它們會有更多機會在成熟時才採收，而非在成熟之前就被採收下來。冷藏貨櫃裡的蔬菜被剝奪了在陽光下「成熟」的權利。

幸福的結合

－酪梨柔軟芳淳的質地，與黑巧克力是絕配。

－南瓜帶有甜味的橘黃色果肉，是做果醬和法式水果軟糖的絕佳食材。

－紅甜菜根非常合適用來製作熔岩巧克力蛋糕。

在市場買菜

每種蔬菜都有自己的特性，這使得蔬菜向我們指出自己正處於最佳狀況的徵兆，既複雜又難以定義。不過，仍然有一些共通之處可以在此指出：蔬菜的外皮必須非常閃亮，看起來不像是人工假造，也沒有過於乾枯。蔬菜的外皮在手指按壓下必須保持結實，像它們可食用的部分一樣。禁止購買那些太過均一、太過「完美」的蔬菜。那些已經切開、隆起變形、碰傷損壞的蔬菜也不建議購買。現今我們很常談到非標準尺寸的 NG 蔬菜，它們跟其他蔬菜一樣有價值。這些蔬菜的外表不一定能證明它們保存不佳，也未必是它們沒能接受一致待遇的證據。

曾經有很長的一段時日，在市場買菜是毫無疑問的。對於經常出入南法、某些鄉村、旅遊區獨特市場的人來說，逛市場買菜也依舊令人愉悅。可惜的是，現今由於某些攤位販售的是從批發商批來的產品，而同樣的批發商有時也供貨給超級市場，使得我們再也無法百分之百信任市場。

為了回應消費者希望更瞭解產品來源的強烈欲望，超級市場越來越常與地方生產者簽訂協議。大型購物中心的優勢之一在於快速。這些購物中心讓新鮮產品快速進入庫存，再銷售給為數眾多的消費者。這樣的貨物交替循環限制了蔬菜在貨架上的時間，這一點和小型的地區超市正好相反。

市場是讓蔬果提前上市成為供應新鮮蔬菜的好法子之一，即使這類蔬果的售價往往較高。市場也是尋找「古早味原種蔬菜」*1這類罕見蔬菜的最佳去處。超級市場為了自身收益，往往無法大批採購罕見蔬菜。

市場和有機商店提供的產品，營養與滋味品質都是最引人注目的。在過去幾年間，這類商家幾乎已在所有城市充分發展，而且為了與大型購物中心販售的產品競爭，它們的實際售價都有降低的趨勢。

最後，為了幫助我們縮短購物路線，生產者直銷是極出色的解決之道。現在透過法國「農民支持協會」（AMAP）網路系統，直接聯繫已比以前簡單許多。

在花園種菜

菜園依然是最適合取得蔬菜的選項之一。自己種菜不但能獲得最鮮美的食材，還是一項才能，就像是擁有好廚藝一樣。

法國「農民支持協會」

簡稱為「AMAP」的「農民支持協會」，法文全名為「Associations pour le maintien d'une agriculture paysanne」。

這個網路系統在過去幾年來，已強化並成長許多。大家可以很容易地加入這個協會，特別是透過企業委員會或地區協會加入。這是一種主張農民本身的經濟選擇權，讓農民得以徹底自給自足的有效方式。

在花園種菜，也是讓諸如碟瓜（pâtisson）、酸模、馬齒莧（pourpier）等在零售商店無法或難以找到的蔬菜，自行生長出來的奇妙方式。

遺憾的是，只有一小部分消費者得以親近這樣的花園。畢竟不是處處都有花園，或是人人都有時間照顧。

一座維護得很好、提供眾多蔬菜的花園，豐收往往是自然而然的，也促進了贈與和交換的經濟學。這些蔬菜同樣可以用冷凍的方式加以保存。

令人深思的好蔬菜

如今，蔬菜在我們的膳食中占有重要地位。為了使蔬菜最終能提升至卓越境地，大家應該指望像是一九七〇年代那樣，受到米歇爾・蓋哈（Michel Guérard）或喬爾・侯布雄（Joël Robuchon）等主廚支持的「新式烹飪」（Nouvelle Cuisine）*2引起的革命。

只有在大眾已經發現蔬菜的豐富滋味，也瞭解可以自由運用蔬菜時，蔬菜才能在我們的餐盤裡贏得它們應得的一席之地。由於近來大眾對於健康與營養均衡的憂慮，以及煩惱是否能夠瘦得更健康，此類覺察正逐漸提升。

話雖如此，並非所有人都帶著好感接受了這個由蔬菜組成的大家庭。小孩子是對於食物最頑強、最不肯屈服的人，特別是蔬菜滋味非常明顯時。也因此，甘藍、菠菜和苦苣統統受到小孩子一致的厭惡。也多虧孩子們的雙眼，番茄與紅蘿蔔——別談到馬鈴薯——都成了確實找得到的罕見蔬菜，它們都是顏色鮮豔的蔬菜，自然容易吸引目光，而且小孩子對它們知之甚詳。

我們可以從小孩子年紀較小的時候，也就是四或五個月大時，逐漸在他們的餐點中加入幾匙既無特殊味道，也沒有太多纖維的蔬菜，藉此慫恿他們食用蔬菜，同時也讓他們慣於品嘗蔬菜。

*1「古早味原種蔬菜」（légumes oubliés）即「légumes anciens」，指未經插枝、嫁接、基因改造等程序改變外觀或滋味，從祖父母輩就開始食用的原種蔬菜。
*2「新式烹飪」（Nouvelle Cuisine）是 1970 年代法國的廚藝運動。強調供應少量餐點，而且不使用醬汁，以保持食材原有的風味。

即使蔬菜在烹飪時能與相異的食材結合，它們的形象卻與肉類完全相反。蔬菜在實際烹調上，呈現出與女性完全一致的特質。蔬菜為我們的餐點提供了一抹五光十色世界裡的輕盈，這個五光十色的世界是由眾多最當代的抉擇以及諸多效率所組成。

最後，由於完全不會妨礙宗教信仰與哲學思想，蔬菜能夠合乎大部分的飲食限制。確實，無論蔬菜以什麼方式烹調，即使是最嚴格的宗教戒律都無法禁止食用蔬菜。

由於蔬菜的千變萬化、準備方式的潛力無窮，以及蔬菜帶來的健康助益，和它們在完全尊重某些個人選擇的情況之中仍然能為我們帶來的百般歡愉，蔬菜或許是人類能夠取得的最佳食品。就品味而言，每個人也都有能力烹調蔬菜，來證明自己的品味。

妥善冷凍蔬菜

先川燙蔬菜，再將蔬菜分裝成小份量，存放在完全密閉的包裝裡，置於溫度低於 -10℃的冷凍櫃中。

季節時蔬產季與保存方式

下面是法國主要都市的季節時蔬表和蔬菜保存建議。今日的蔬菜來自全球各地，再加上當前的生產方式，無論是哪一個季節，我們幾乎都能找到所有蔬菜。

重視蔬菜的季節性，不僅能讓我們買到滋味與營養品質皆優的蔬菜，也讓我們能以最低價格購入。當令蔬菜的狀態永遠都是最佳的。

蔬菜名稱	保存建議	1月	2月	3月	4月	5月	6月	7月	8月	9月	10月	11月	12月
大蒜	新鮮大蒜只能在冰箱保存數日。乾燥大蒜則可在周遭環境乾燥涼爽，而且避免光線照射處放置數月。				X	X	X	X	X				
朝鮮薊	朝鮮薊在冰箱可保存三到四天，而且必須在烹煮當天食用。					X	X	X	X	X	X		
蘆筍	非常嬌嫩的新鮮蘆筍綁成束置於溼布中，放在冰箱可保存一到兩天，存放時蘆筍尖端需朝上。				X	X	X						
茄子	只要不會太冷，也不至於太過乾燥，茄子放在冰箱蔬果室保存可達五到六天。					X	X	X	X	X			
酪梨	酪梨常常很快就從「不夠熟」變得「太熟」，可將它們放在水果籃內以室溫保存。	X	X	X	X	X						X	X
紅甜菜根	新鮮的紅甜菜根在冰箱蔬果室可保存一星期。					X	X	X	X	X	X		
青花菜	只要保持完整，而且置於密閉盒中，或以保鮮膜包覆，青花菜可在冰箱蔬果室保存四到五天。						X	X	X	X	X		
紅蘿蔔	完整的紅蘿蔔在冰箱蔬果室中保存可達兩星期。	X	X	X	X						X	X	X
西洋芹	和大部分莖菜一樣，西洋芹保存在溼布中較好。保存在溼布中的西洋芹，可在冰箱裡存放四到五天。	X	X	X							X	X	X
根芹菜	完整而沒有削皮的根芹菜，能輕易在冰箱蔬果室中保存兩星期。						X	X	X	X	X	X	
蘑菇	放在密閉盒中置於冰箱，蘑菇可保存一到兩天。	X	X	X	X	X	X	X	X	X	X	X	X
甘藍（白甘藍、綠甘藍，或紫甘藍）	放在冰箱蔬果室的完整甘藍，可保存四到五天。	X	X	X	X						X	X	X
花椰菜	完整或分朵存放的花椰菜，在冰箱蔬果室可保存三到四天。	X	X	X	X					X	X	X	X
黃瓜	黃瓜不耐冷。若冰箱溫度太冷，最好存放於室溫中。黃瓜在室溫中可存放兩到三天。			X	X	X	X	X	X	X			
南瓜	完整的南瓜在涼爽乾燥處可存放整個冬季。切片以保鮮膜包裹的南瓜，則可在冰箱保存四到五天。	X									X	X	X

蔬菜名稱	保存建議	1月	2月	3月	4月	5月	6月	7月	8月	9月	10月	11月	12月
櫛瓜	完整的櫛瓜在冰箱蔬果室中可保存三到四天。					X	X	X	X	X			
苦苣	最好避免將苦苣存放於空曠處，因為光線除了會讓苦苣變綠，也會讓它變得更苦。苦苣放在冰箱蔬果室中，可保存一星期。	X	X	X	X						X	X	X
菠菜	非常容易壞的菠菜置於溼布中放在冰箱，只能保存兩天。	X	X	X	X	X	X	X			X	X	X
茴香	茴香在冰箱蔬果室中可保存七天。	X	X	X	X								X
四季豆	四季豆是非常嬌嫩的蔬菜。置於冰箱溼布中的四季豆，可保存兩到三天。							X	X	X			
哈密瓜	哈密瓜在室溫下只能保存一到兩天，放在冰箱蔬果室最多能保存三到四天。						X	X	X	X			
蕪菁	蕪菁在冰箱蔬果室中可保存七天。	X	X	X	X	X					X	X	X
洋蔥	洋蔥在室溫下可保存一整個月。一旦切成薄片，密封放入冰箱，可保存三到四天。	X	X	X	X					X	X	X	X
韭蔥	韭蔥在冰箱蔬果室中可保存四到五天。生韭蔥切成薄片放入密閉盒，可在冰箱存放兩到三天。	X	X	X	X					X	X	X	X
甜椒	完整的甜椒可存放於冰箱七天。切開的甜椒若以保鮮膜包覆，可在冰箱保存三到四天。												
馬鈴薯	只要防止受潮和太冷，馬鈴薯可保存數個月。馬鈴薯的芽不危險，這和馬鈴薯芽成熟變綠相反。	X	X			X	X	X	X	X	X	X	
櫻桃蘿蔔	櫻桃蘿蔔容易壞。帶葉的櫻桃蘿蔔放在冰箱蔬果室，只能保存一到兩天。			X	X	X	X						
沙拉菜	放在冰箱的沙拉菜，置於蔬果室或洗淨後放在溼布中，可保存整整四到五天。	X	X		X	X	X	X	X	X	X	X	
番茄	只要果梗依然保護著番茄，而且從未放進冰箱，番茄在室溫下可保存三到四天。					X	X	X	X	X			

根莖類

菊芋
（topinambours）
馬鈴薯
（pomme de terre）
紅蘿蔔
（carottes）
防風根
（panais）
婆羅門參
（salsifis）

甜菜
（betteraves）
小紅蘿蔔
（radis rouges）
櫻桃蘿蔔
（radis roses）
蕪菁
（navets）
根芹菜
（céleri-raves）
黑皮蘿蔔
（radis noir）

果菜

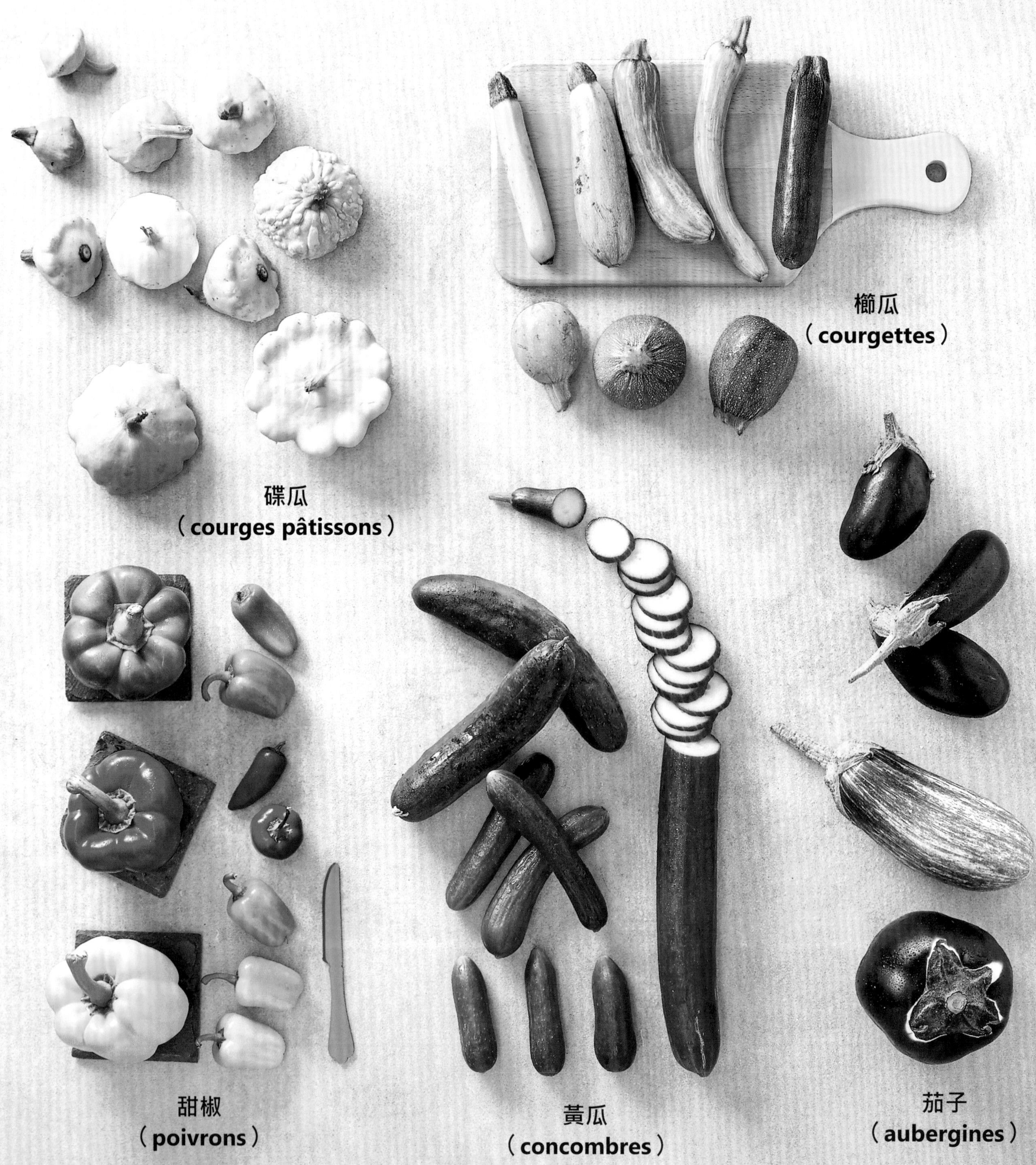

櫛瓜
（courgettes）
碟瓜
（courges pâtissons）
甜椒
（poivrons）
黃瓜
（concombres）
茄子
（aubergines）

醋漬小黃瓜
（cornichons）
哈密瓜
（melon）
番茄
（tomate）
櫻桃番茄
（cerise rouge）
酪梨
（avocats）
鳥嘴紅辣椒
（piment bec d'oiseau）
克里米亞黑番茄
（noire de crimée）
聖馬札諾迷你番茄
（mini san marzano）
牛心番茄
（cœur-de-bœuf）
安地斯角番茄
（cornue des andes）
青辣椒
（piment vert）
巴里番茄
（bali）
鳳梨番茄
（ananas）

葉菜

綠甘藍
（chou vert）
青花菜
（brocoli）
莙薘菜
（blettes）
大白菜
（chou chinois）
茴香
（fenouil）
羅馬花椰菜
（chou romanesco）
花椰菜
（choux-fleurs）
紫甘藍
（chou rouge）
苦苣
（endives）

綜合生菜
（mesclun）
菠菜
（épinards）
水芹
（cresson）
大黃
（rhubarbe）
芝麻菜
（roquette）
芹菜葉
（céleri feuille）
野萵苣
（mâche）
冰雪女王萵苣
（reine des glaces）
各種沙拉菜葉：
萵苣、綠捲鬚生菜、闊葉苦苣
（salade: batavia, frisée, scarole）

馬鈴薯

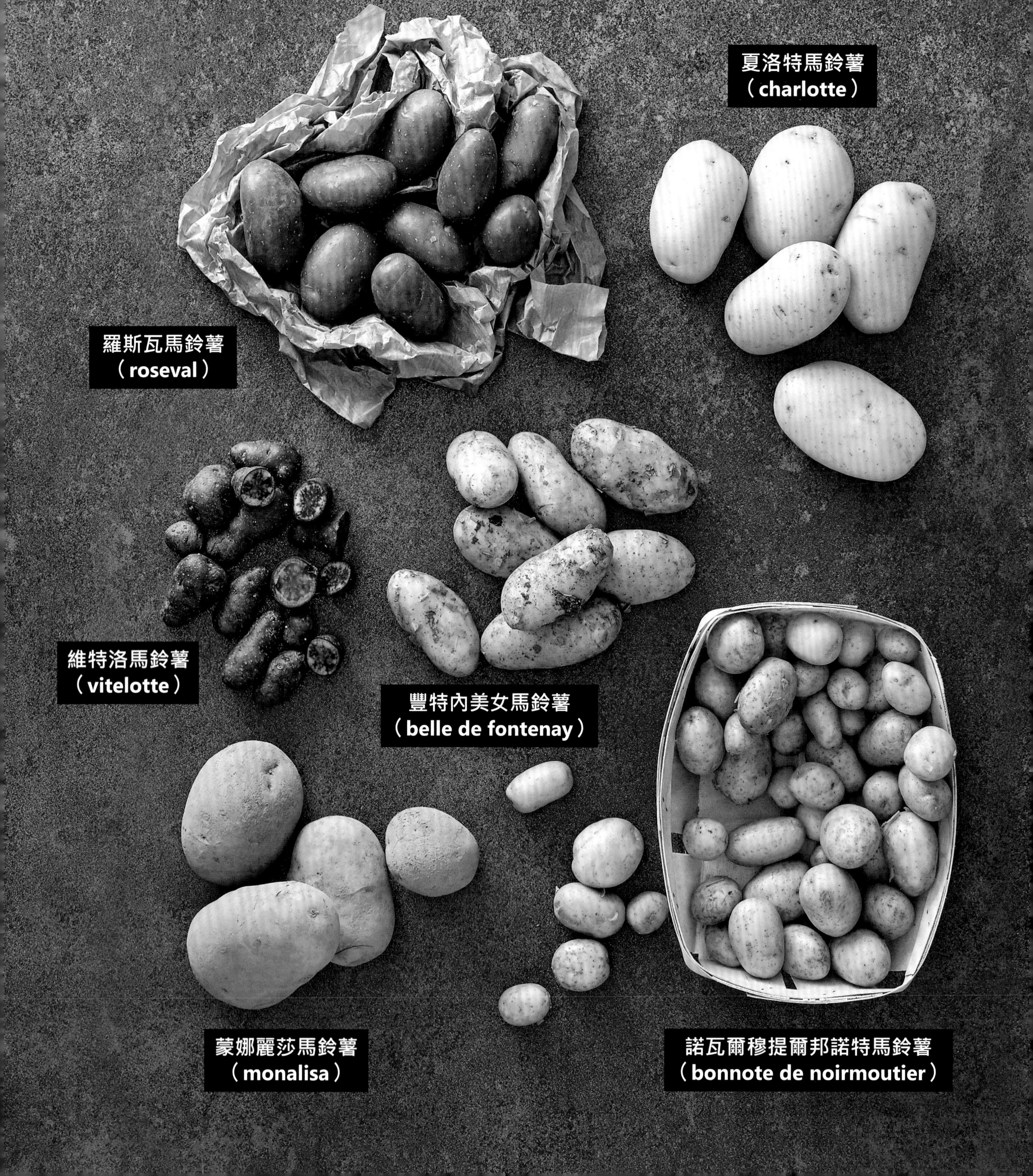

夏洛特馬鈴薯
（charlotte）

羅斯瓦馬鈴薯
（roseval）

維特洛馬鈴薯
（vitelotte）

豐特內美女馬鈴薯
（belle de fontenay）

蒙娜麗莎馬鈴薯
（monalisa）

諾瓦爾穆提爾邦諾特馬鈴薯
（bonnote de noirmoutier）

賓杰馬鈴薯
（bintje）
阿爾托靛藍馬鈴薯
（bleue d’artois）
阿曼丁馬鈴薯
（amandine）
哈特馬鈴薯
（ratte）
阿加莎馬鈴薯
（agatha）
法蘭席琳馬鈴薯
（franceline）

紅蘿蔔切圓片或斜切

Tailler des carottes en rondelles ou en sifflet

難度：🍞　　**用具：**砧板、菜刀

1 您可以將紅蘿蔔切成薄圓片。

2 您也可以斜切，將紅蘿蔔片切成斜的。

紅蘿蔔切三角丁

Tailler des carottes à la paysanne

難度：🍳　　**用具：**砧板、菜刀

1 先將去皮的紅蘿蔔以縱向對半剖開，再將半邊紅蘿蔔同樣沿著縱向，切成四條扇形。

2 長條扇狀紅蘿蔔橫放在砧板上，切成小三角形，即為三角丁。

蔬菜切骰子塊

Tailler des légumes en mirepoix

難度： 🍳 **用具：**砧板、菜刀

1 **切洋蔥：**去皮洋蔥對半剖開成兩半，一一切除洋蔥底部。

2 將每一半的洋蔥一分為四。

3 粗略地橫切洋蔥，每一刀之間保留一定距離。

4 **切紅蘿蔔：**紅蘿蔔去皮，對半剖開成兩半，再將每半邊紅蘿蔔切成 1/4 紅蘿蔔條。1/4 紅蘿蔔條兩兩並排放在砧板上，粗略地橫切成塊狀。

蔬菜切丁

Tailler des légumes en macédoine

難度：🍳🍳　　**用具：**蔬果切片器
砧板、菜刀

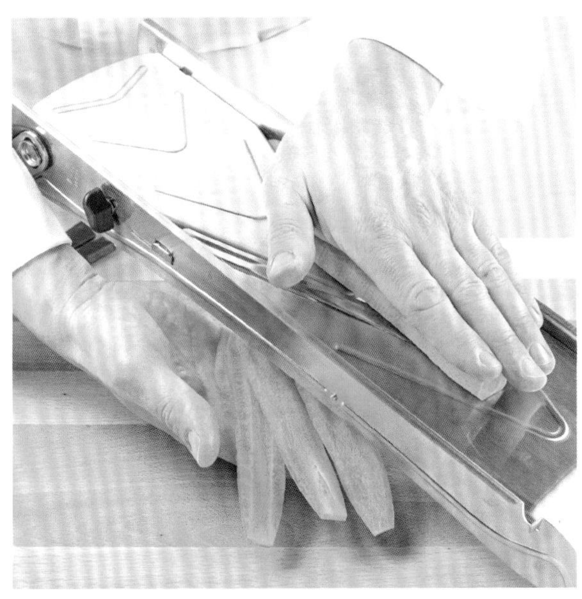

1 蔬果切片器厚度調為 6 公釐，將去皮紅蘿蔔切成長薄片。

2 將紅蘿蔔薄片切成長方形。

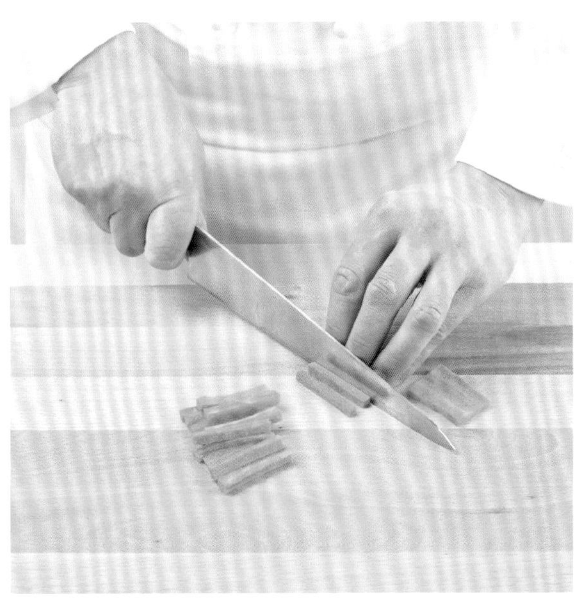

3 再將長方形紅蘿蔔片切成棒狀。

4 將棒狀紅蘿蔔再切成丁。

蔬菜切絲

Tailler des légumes en julienne

難度：🍳🍳　　**用具：**蔬果切片器
砧板、菜刀

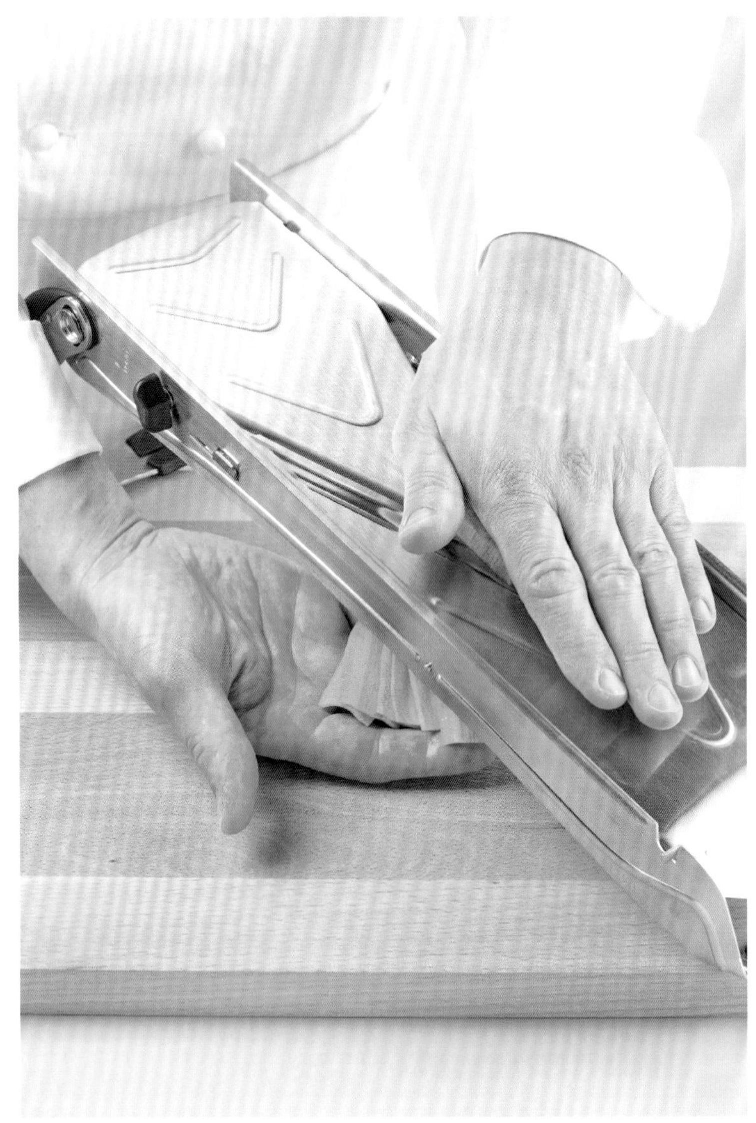

1 蔬果切片器厚度調為1公釐，將去皮紅蘿蔔切成長薄片。

2 將紅蘿蔔薄片疊起來，切成細絲。

蔬菜切迷你細丁

Tailler des légumes en brunoise

難度：🍳🍳　**用具：**蔬果切片器
砧板、菜刀

1 蔬果切片器厚度調為 3 公釐，先將蔬菜切成薄片。

2 再將蔬菜薄片切成細棒，再成束放妥，切成迷你細丁。

茴香切絲

Émincer du fenouil

難度：🍳　　**用具：**砧板、菜刀

1 在貼近球莖處切除茴香頂部後，將茴香球莖對半剖開。

2 依據食譜所需厚薄，將茴香球莖平放在砧板上，切成絲。

櫛瓜雕花並切片

Canneler et couper une courgette

難度：🍳　　**用具：**蔬果雕刻刀
砧板、西式菜刀

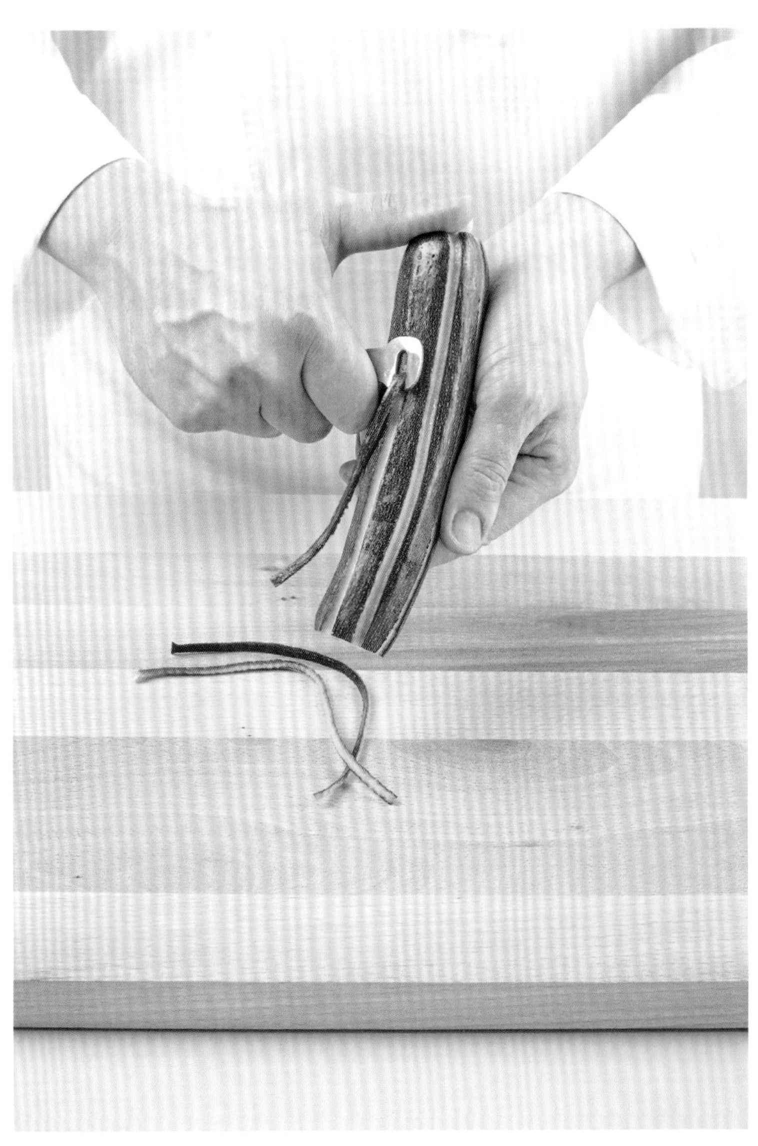

1 切除櫛瓜上下兩端，用蔬果雕刻刀從兩端刮下帶狀櫛瓜皮。

2 以縱向將櫛瓜對切為二。再依食譜所需厚薄，將櫛瓜切片。

黃瓜切片

Émincer un concombre

難度：🍳　　**用具：**砧板、菜刀

1 將去皮的黃瓜以縱向對剖為二，再用湯匙刮除種籽與囊。

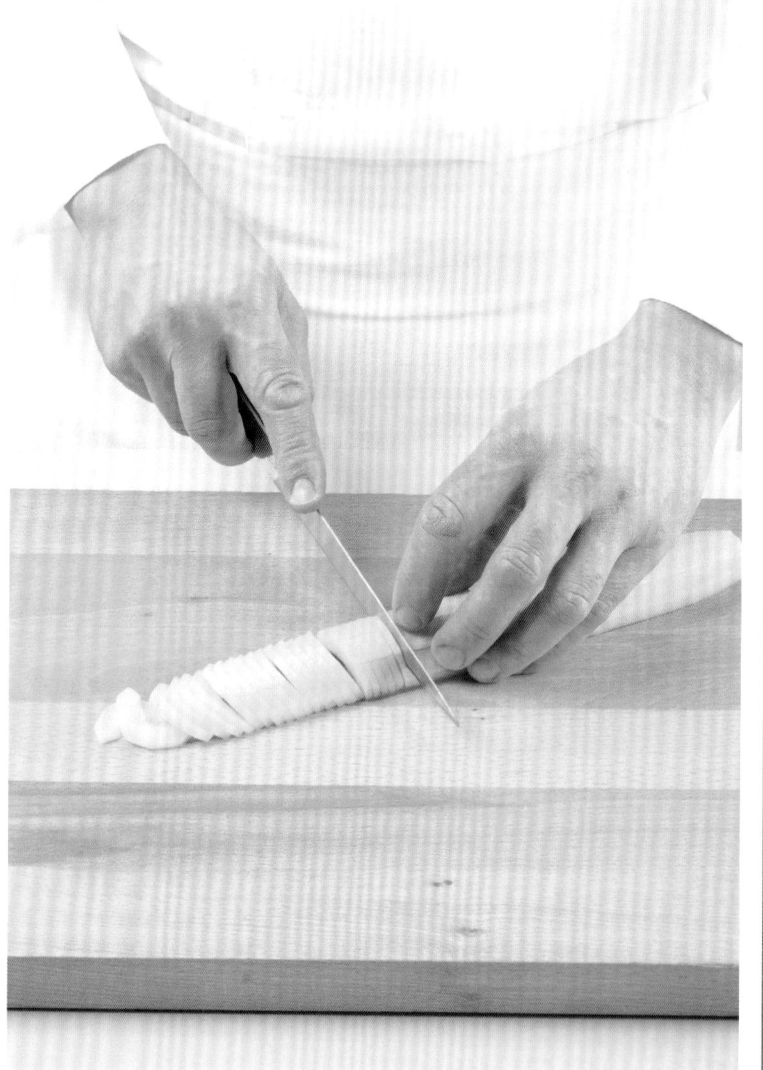

2 依食譜所需厚薄，在砧板上用刀子將黃瓜切成片狀。

黃瓜雕花與切片

Canneler et couper un concombre

難度：🍴　　**用具：**蔬果雕刻刀
雙頭挖球器

1 黃瓜洗淨並擦乾後，以蔬果雕刻刀從兩端刮下帶狀黃瓜皮。

2 除了切成薄圓片，還可以把黃瓜切成 4 ～ 6 公分的段狀，並從每段黃瓜上方，以挖球器挖空黃瓜內部，但底部保留 1 公分左右的厚度。

處理韭蔥

Préparer des poireaux

難度：🍞　　**用具：**砧板、菜刀

建議：留意手指的位置，以免切到自己的手。

首先切下根部和深綠色的部分（保留下來煮高湯）。**切圓片：**接著仔細洗淨韭蔥，切成薄圓片。

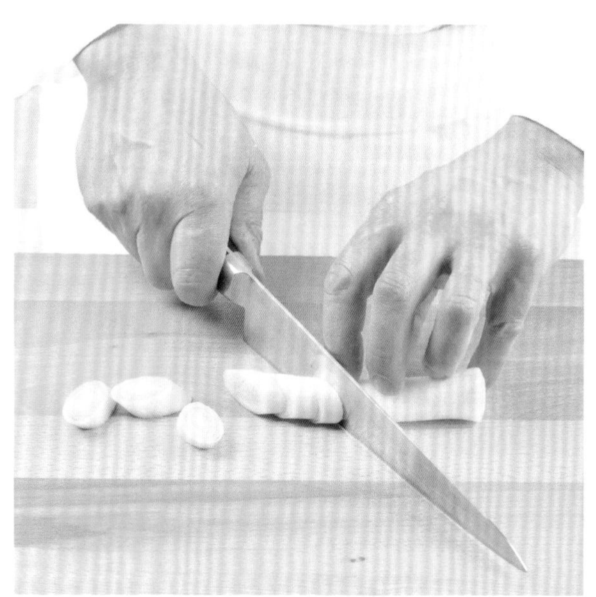

切斜片：刀子斜切，將韭蔥切成斜片。

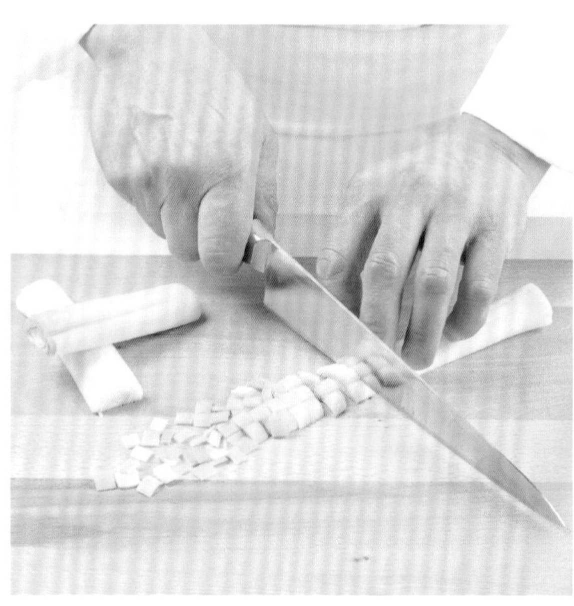

切成亂丁：以縱向對半剖開韭蔥後，將每半邊韭蔥同樣以縱向一切為三，但不要切到根部。接著橫切，將韭蔥切成亂丁。

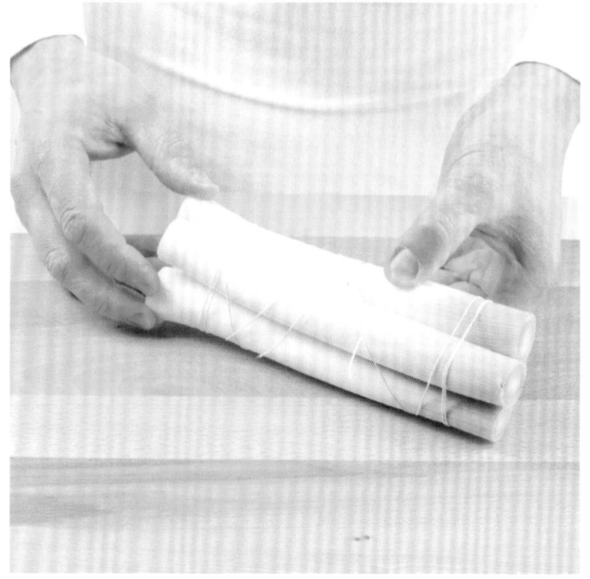

用細繩將韭蔥捆綁成束：用於水煮或做蔬菜燉肉鍋（pot-au-feu）。

處理西洋芹

Préparer du céleri

難度： 🍳 **用具：** 砧板、菜刀
削皮刀

■ 同樣的方式也可處理莙薘菜與地中海薊。

1 削除西洋芹的梗，摘除芹菜葉。

2 以削皮刀為芹菜莖去絲。

3 用大刀子將切成小段的西洋芹再細切成薄片。

4 也可以先將芹菜切成大段，然後切成小薄片，最後再將芹菜薄片切成細絲。

處理蘆筍與去皮

Préparer et peler des asperges

難度：🍞🍞　　**用具：**砧板
削皮刀
握把式簡易削皮刀

1 除了蘆筍尖，去除蘆筍的側芽以及枯萎的側芽。

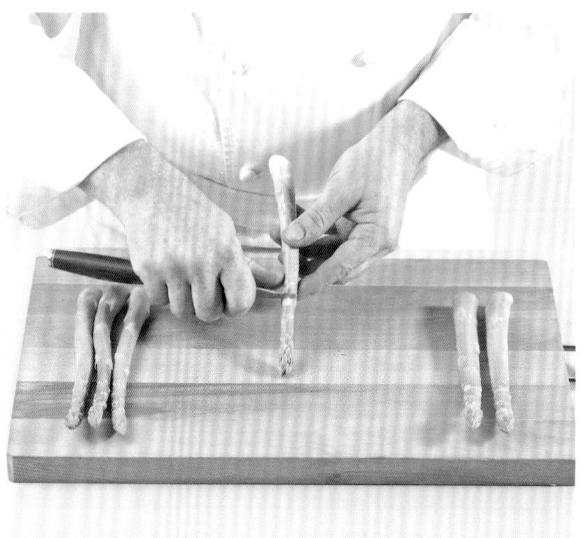

2 從底部到蘆筍莖一半的高度，修整蘆筍略微凸起的部分。

3 以握把式簡易削皮刀，謹慎削去蘆筍莖根部的外皮。

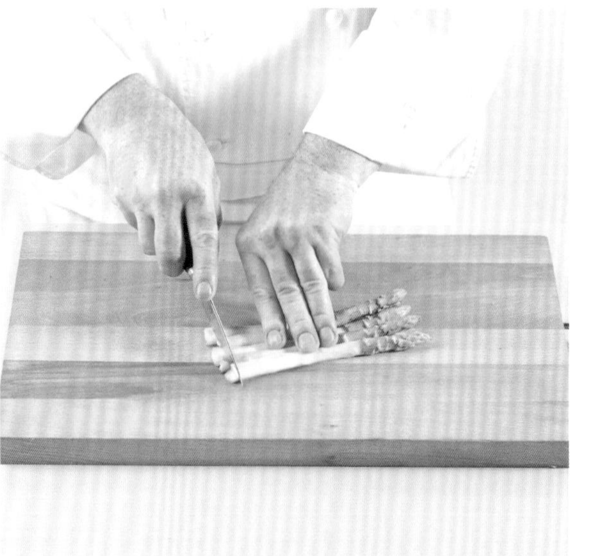

4 將蘆筍切齊。

處理花椰菜或青花菜

Préparer du chou-fleur ou du brocoli

難度：🍞 **用具：**砧板、削皮刀

1 先切下一朵青花菜。摘除葉子，分開花朵與葉片。

2 以削皮刀將花椰菜莖的花球切成一小朵。

處理菠菜

Préparer des épinards

難度：🍳　　**用具：**砧板、削皮刀

■ 同樣的方式也可以處理酸模。

1 揀選菠菜，用大量的水仔細清洗菜葉，若需要就重複清洗兩次或三次，然後瀝乾。用手摘除菠菜梗，為菜葉去梗。

2 依據食譜所需粗細，在砧板上用刀子將菠菜切成細絲。

萵苣切細絲

Préparer une chiffonnade de laitue

難度： 🍳 **用具：** 砧板、菜刀

1 萵苣洗淨並瀝乾，切除葉梗。

2 用刀子在砧板上將萵苣切成做沙拉用的萵苣絲。

削整朝鮮薊心

Tourner des fonds d'artichauts

難度：🍳🍳

建議：若不會立即使用朝鮮薊心，先留在烹煮用的水裡，
薊心才不會變乾。

1 朝鮮薊先去梗，然後用大刀子一刀切除薊心上端的葉片。

2 用削皮刀沿著薊心，邊繞邊切下葉片。

用具：砧板、菜刀
削皮刀
平底深鍋

3 削好的朝鮮薊心放入鍋中，同時逐步倒入加鹽冷水、1 顆檸檬的檸檬皮和檸檬汁（或白醋）。

4 朝鮮薊心煮好後，取出瀝乾並放涼，再以小湯匙刮除絨毛。

削整紫朝鮮薊心

Tourner des petits artichauts poivrade ou violets

難度：🍳🍳　　**用具：**砧板、菜刀
削皮刀

1 紫朝鮮薊先去梗。接著將最外面三排葉片往向後折，以便切除這三排葉片。

2 借助削皮刀，以繞著朝鮮薊切除的方式，切除所有葉片。

3 修整薊心梗部。

4 切除薊心上端殘餘的葉片。

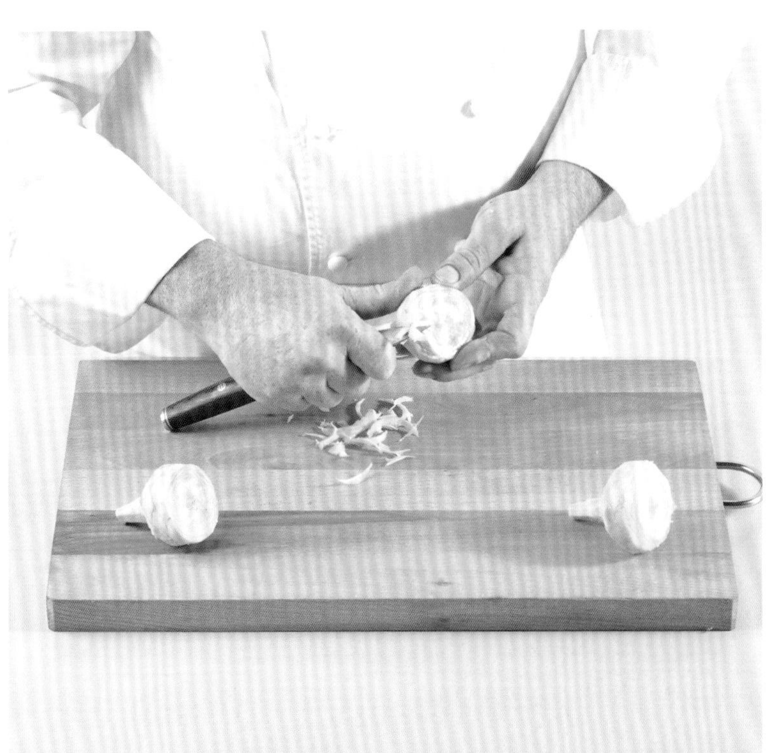

5 仔細修整，徹底去除薊心上不宜食用的部分。

6 刮除每一顆薊心的絨毛，一顆顆放入裝有檸檬水的沙拉碗中。

切蘑菇

Tailler des champignons de Paris

難度： 🍳 **用具：** 砧板、菜刀
削皮刀

■ 切之前，要先用醋水迅速清洗蘑菇，再用廚房紙巾擦乾。

將蘑菇切成四塊，或是斜切成四塊。

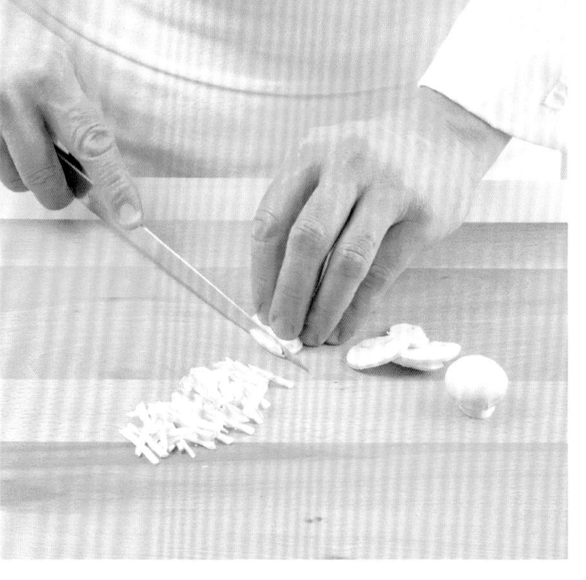

蘑菇切絲：先將蘑菇切成薄片，再將好幾片重疊堆在一起，一起切成細絲。

蘑菇切碎製醬：將蘑菇絲再繼續切下去，就可以將蘑菇切碎。

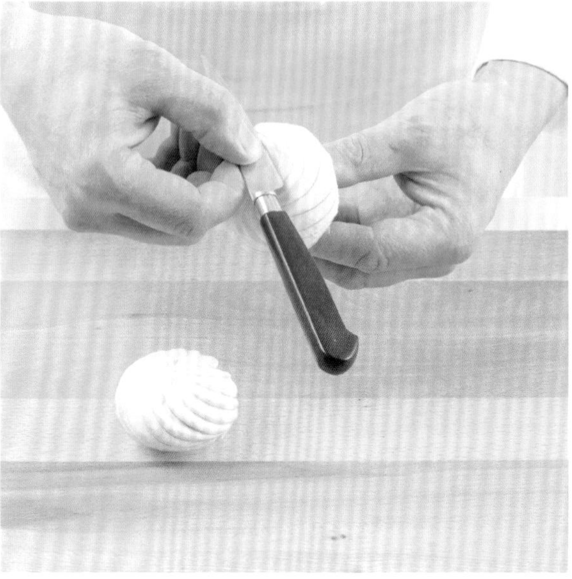

旋轉蘑菇：握著削皮刀刀背，以蘑菇蒂為中心旋轉整個蘑菇，就會在蘑菇蕈傘上削出缺口，並為蘑菇刻出花朵般的外形。

處理菇類

Préparer des gros champignons

難度：🍳　　**用具：**砧板
削皮刀

1 用削皮刀為磨菇去皮。

2 蘑菇去蒂。蘑菇蒂可製作蘑菇醬（切碎方式可參考 458 頁）。

番茄燙煮去皮與切塊

Monder et couper des tomates

難度：🍳
烹煮時間：1 分鐘

用具：砧板、菜刀
削皮刀
平底深鍋

建議：若要製作番茄碎（或番茄糊），紅蔥頭先切細並以橄欖油炒到出水，然後和番茄丁一起煮。調味。

1 蕃茄去蒂，同時在番茄表皮切出十字形開口。

2 平底深鍋內裝水煮沸，放入番茄川燙一分鐘，再把番茄放入冰水裡冷卻。

3 以削皮刀為番茄剝除外皮。

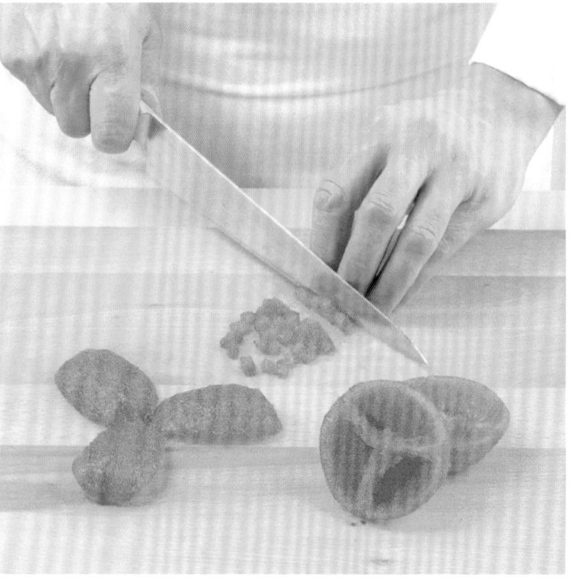

4 將番茄對切為二，去籽。依食譜所需，切成瓣或切成丁。

製作蔬菜球

Réaliser des billes de légumes

難度：🍳 **用具：**各種尺寸的雙頭挖球器

從馬鈴薯中挖出馬鈴薯大球。

在紅蘿蔔、櫛瓜，或其他蔬菜中挖出小蔬菜球，作為五彩繽紛的配菜。

洋蔥切末

Ciseler un oignon

難度：🍴🍴　　**用具：**砧板、菜刀

建議：留意手指的位置，以免切到自己的手。

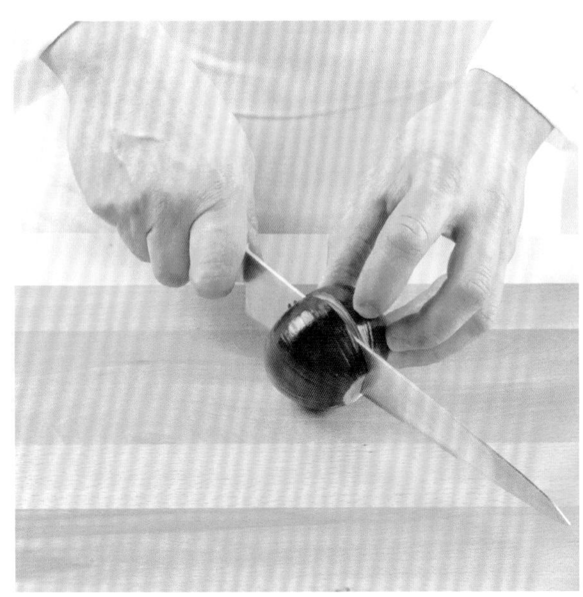

1 洋蔥剝皮，以縱向對半切開。

2 仍是縱向，規律地直切七到八刀，但不要切到洋蔥底部。

3 將洋蔥以水平方向橫剖為三等分，同樣不要切到洋蔥底部。

4 重新以垂直方向切斷，將洋蔥切成細末。

切洋蔥圈

Couper un oignon en bracelets

難度：🍞🍞　　**用具：**砧板、菜刀

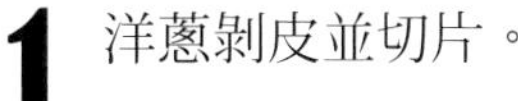

1 洋蔥剝皮並切片。

2 小心地將切片洋蔥一圈圈分開。

紅蔥頭切末

Ciseler une échalote

難度：🍴🍴　　**用具：**砧板、菜刀

建議：留意手指的位置，以免切到手指。

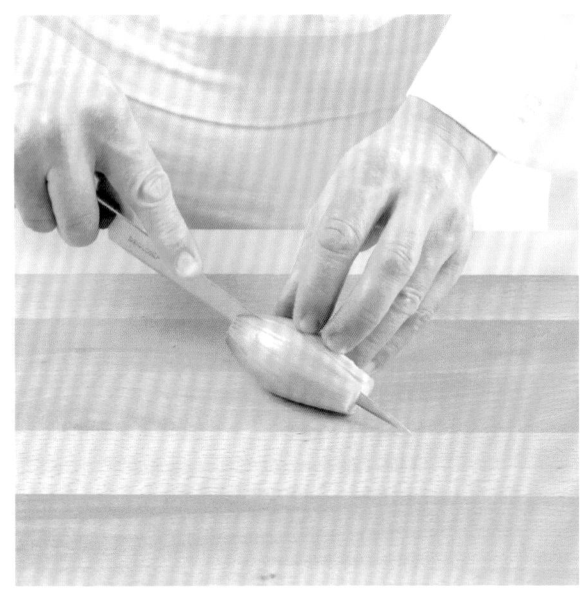

1 紅蔥頭剝皮，以縱向對切成兩半。

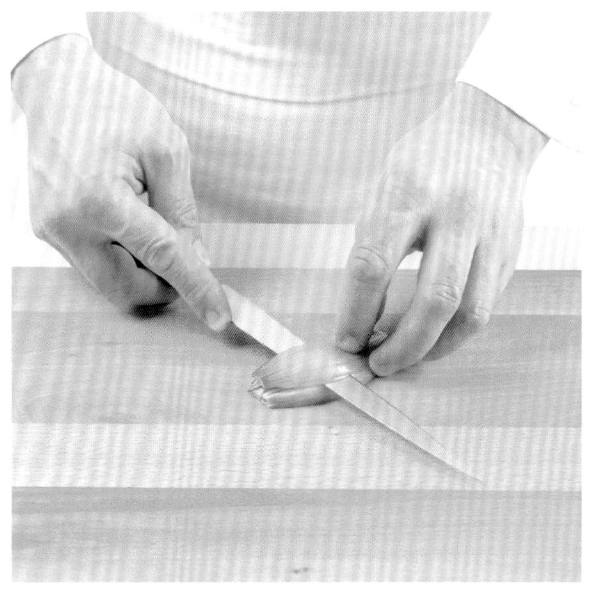

2 以水平方向將紅蔥頭橫剖為兩等分或三等分，不要切到紅蔥頭底部。

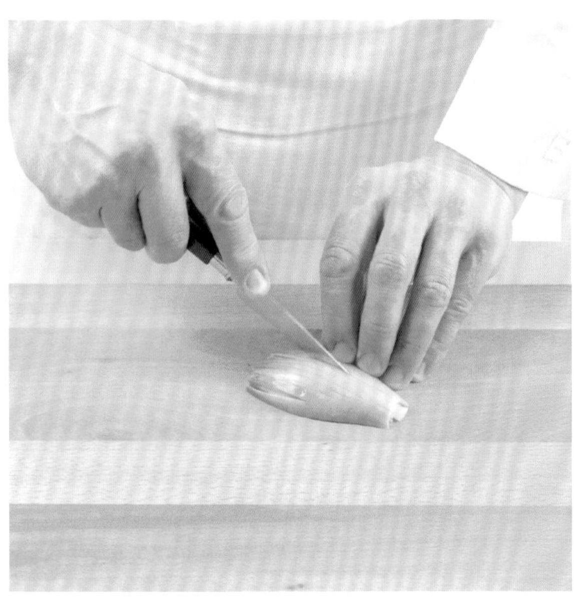

3 改成縱向，規律地直切四或五次，同樣不要切到紅蔥頭底部。

4 重新以垂直方向切斷，將紅蔥頭切成細末。

剁碎大蒜

Hacher de l'ail

難度：🍳　　**用具：**砧板、菜刀

1 大蒜剝皮後，先將每瓣大蒜對切成二，再切成薄片，再切成細棒狀。

2 將細棒狀的大蒜成束切碎。

剁碎香芹

Hacher du persil

難度：🍴　　**用具：**砧板、菜刀

1 香芹清洗乾淨後，在廚房紙巾上擦乾。摘除葉片。

2 用一把大刀子切碎香芹。切時用手按著刀背，讓刀尖維持在定點不動，刀子保持平衡，邊移動邊切。

細香蔥切末

Ciseler de la ciboulette

難度：🍴　　**用具：**砧板、菜刀

建議：注意手指的位置，以免切到手指。

1 成束的細香蔥不要解開，直接先用水清洗，再用廚房紙巾擦乾。

2 用一把大刀子將細香蔥切成細末。

香草植物切末

Ciseler des herbes

難度：🍳 　　**用具：**砧板、菜刀

1 把香草植物（這裡用的是羅勒、細葉芹和龍蒿）洗乾淨後，在廚房紙巾上擦乾。摘掉葉子。

2 用一把大刀子把香草植物切成細末。

鹽水川燙蔬菜

Cuire des légumes à l'anglaise

難度： 🍳　　**用具：** 平底深鍋

1 鍋內裝水並加鹽，煮沸後，放入蔬菜。根據個人喜好決定蔬菜的軟硬度，看是要煮到軟爛或維持其爽脆。

2 撈出並瀝乾蔬菜，放入裝有冷水與冰塊的大碗裡，盡快冷卻蔬菜。之後再一次瀝乾蔬菜。

麵粉水川燙蔬菜

Cuire des légumes dans un blanc

難度：🍳　**用具：**平底深鍋
小型手動打蛋器
材料：麵粉 2 大匙
檸檬 1 顆
鹽

建議：這種烹煮方式特別適合容易氧化的蔬菜，如朝鮮薊心、苦苣、婆蓬菜、地中海薊等等。

1 取一大碗，將麵粉與 150 毫升的水混合均勻。再將麵粉水倒入 2 公升加了檸檬汁的冷水裡，以打蛋器攪拌後，加鹽。

2 整鍋煮沸之後，放入蔬菜烹煮。可依個人喜好決定蔬菜的軟爛度，或維持其爽脆的口感。這些蔬菜將因此保持原有的顏色。

將紅蘿蔔炒上糖色

Glacer des carottes

難度：🍳
準備時間：5 分鐘
烹調時間：10 分鐘

用具：平底深鍋

材料：紅蘿蔔圓柱 500 克（見 475 頁）
牛油 50 克
砂糖 1 大匙

1 鍋中放入紅蘿蔔、牛油和砂糖。再倒入 100 毫升的水或白色雞高湯（見 66 頁），浸過食材。

2 用一張與鍋子直徑相同的圓形烘焙紙，覆蓋鍋中所有食材（烘焙紙中間需剪開一個小氣孔）。

3 以慢火煮約十分鐘。鍋中液體必須煮到幾乎蒸發完畢。

4 紅蘿蔔應該煮得閃閃發光，彷彿塗了一層亮光漆，但不要煮到上色。

將珍珠洋蔥炒上糖色

Glacer des oignons grelot

難度：🍳
準備時間：5 分鐘
烹調時間：10 分鐘

用具：平底深鍋

材料：珍珠洋蔥 500 克，剝皮
牛油 50 克
砂糖 1 大匙

1 鍋中放入洋蔥、牛油、糖，以及 100 毫升的水或白色雞高湯（見 66 頁）。

2 用一張有中央有孔的圓形烘焙紙覆蓋所有食材，慢慢烹煮十分鐘左右。

3 洋蔥必須煮到閃閃發光，就像刷上了亮光漆，但不要煮到上色。

4 若延長烹煮時間，煮到洋蔥焦糖化，就是所謂的「煮成褐色」（à brun）。

燉蔬菜

Braiser des légumes

難度：🍳🍳
準備時間：5 分鐘
烹調時間：20 分鐘

用具：平底深鍋

材料：蔬菜（茴香、芹菜心）500 克，切成四塊
牛油 50 克
砂糖 1 大匙

1 將切塊蔬菜在鍋中擺放成宛如花瓣的攤開狀，再加入牛油、糖和 50 毫升的水或白色雞高湯（見 66 頁）。

2 以慢火烹煮，直到水或高湯都已蒸發，糖也變焦。依照蔬菜，所需烹煮時間從十到二十分鐘不等。煮到一半時，把已經半熟的蔬菜輕輕翻面。

燜豌豆仁

Cuire des petits pois à l'étuvée

難度：🍳
烹煮時間：5 到 10 分鐘

用具：平底鍋

材料：剝去豆莢的新鮮豌豆仁 500 克
牛油 50 克

1 平底鍋放入豌豆仁、牛油和 150 毫升的水，加鹽。

2 用一張中央有小孔的圓形烘焙紙覆蓋鍋內所有食材。依豌豆仁的大小與新鮮程度，慢煮五到十分鐘（鍋裡的汁液應該會濃縮變稠，但豌豆仁仍然是綠色，並帶有些許爽脆口感）。

削整馬鈴薯

Tourner des pommes de terre

難度：🍳🍳　**用具：**砧板、削皮刀

1 切除已均勻去皮的粗胖馬鈴薯上下兩端。若必要，將馬鈴薯再對半切成兩塊，甚至是四塊。

2 一邊轉動馬鈴薯，一邊用削皮刀大片大片地削除粗厚的外層，將馬鈴薯削成梭形。

3 根據馬鈴薯的大小，可將馬鈴薯切成六面或八面的梭形。

4 依照大小，可將不同尺寸的馬鈴薯圓柱分成「蒸氣型」、「城堡型」與「心肝寶貝」（從左到右）。

以蔬果切片器切馬鈴薯

Tailler des pommes de terre à la mandoline

難度：🍳🍳　　**用具：**蔬果切片器

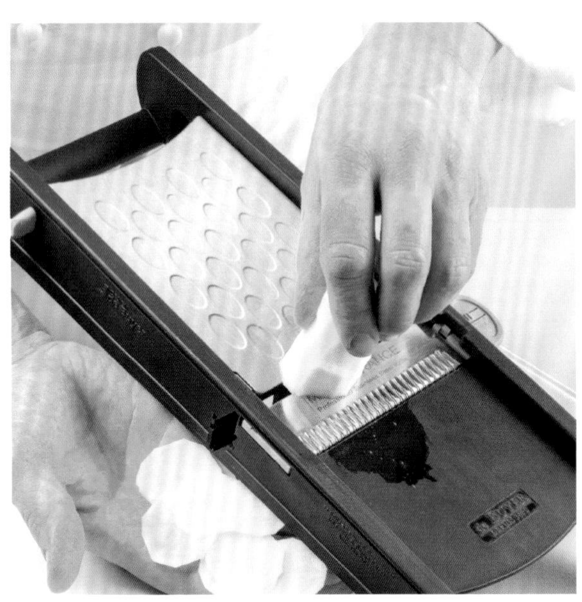

做薯片：使用附有刀片的蔬果切片器，厚度調為 1 公釐，即可將已去皮的馬鈴薯切成薄片。

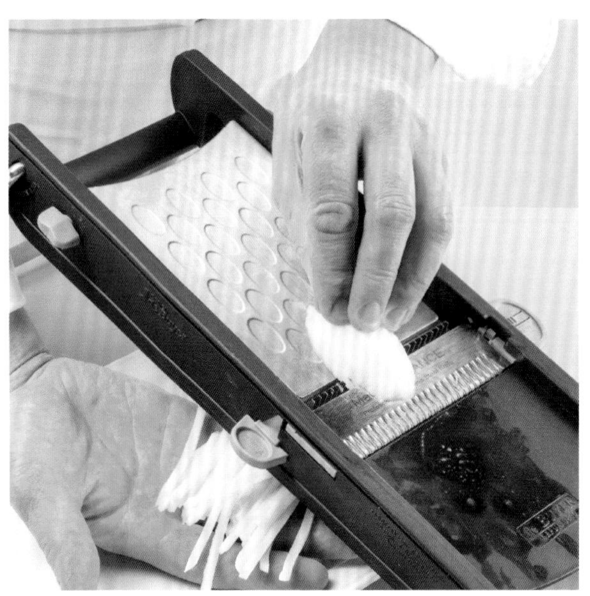

做薯條：使用細棒狀刀片來將馬鈴薯切成細長條狀。

做馬鈴薯薄餅：使用波浪狀的刀片切馬鈴薯。

做出格子薄餅的格紋：每一次切片時都將馬鈴薯抬高並旋轉手腕 1/4 圈。

手切薯條

Couper des pommes de terre à la main

難度：🍳　**用具：**砧板、菜刀

切除去皮馬鈴薯上下兩端後，將馬鈴薯切成厚片，就可得到長方形的馬鈴薯片。

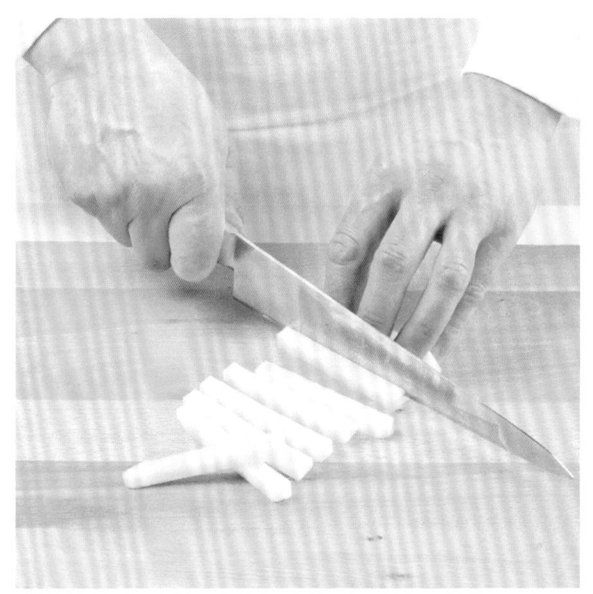

傳統薯條：將馬鈴薯片切成寬 8 公釐的棒狀。

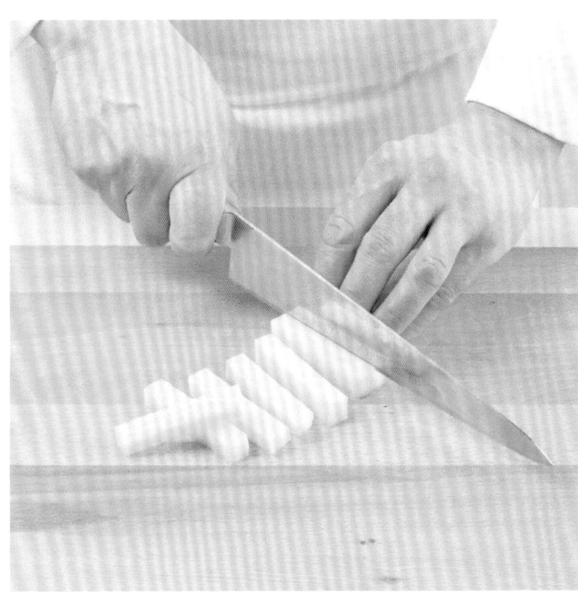

粗薯條：將馬鈴薯片切成寬 15 公釐的棒狀。

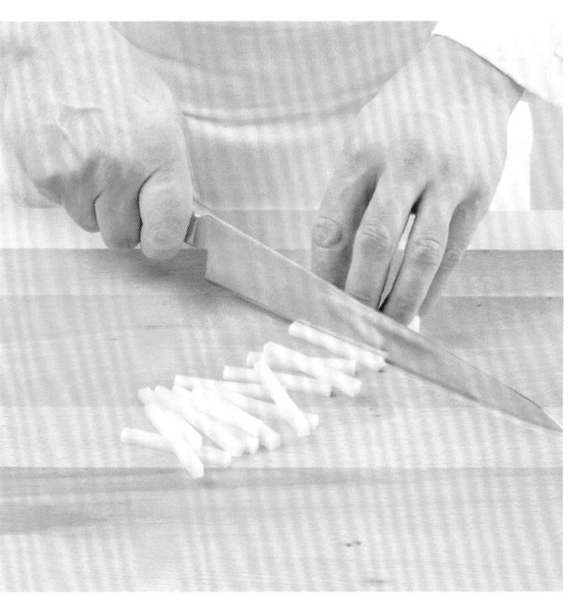

火柴棒薯條：將馬鈴薯片切成寬 4 公釐的細長棒狀。

油煎馬鈴薯

Sauter des pommes de terre à cru

難度：🍳
準備時間：5 分鐘
烹調時間：10 分鐘

用具：平底鍋

材料：牛油 40 克
葵花油 2 大匙
馬鈴薯 500 克，切成薄圓片且已川燙（見 420 頁）

1 在平底鍋中先將牛油與葵花油一起加熱，然後再加入馬鈴薯。

2 煎十分鐘左右，邊煎邊不定時輕輕搖晃鍋子，將馬鈴薯煎成金黃色。

油香蒜味馬鈴薯

Pommes de terre à la sarladaise

難度： 🧑‍🍳🧑‍🍳
準備時間： 5 分鐘
烹調時間： 12 分鐘

用具： 平底鍋

材料： 鴨油 70 克
馬鈴薯 500 克，切成薄圓片且已川燙（見 420 頁）
大蒜 2 瓣，剁碎
切碎的香芹 2 大匙

1 油煎馬鈴薯（見 478 頁），但以鴨油取代牛油與葵花油，並加入大蒜與香芹。

2 讓馬鈴薯多煎兩分鐘。

將馬鈴薯煎成金黃色

Faire rissoler des pommes de terre

難度： 🍳
準備時間： 10 分鐘
烹調時間： 15 到 20 分鐘

用具： 平底深鍋
平底鍋

材料： 梭形馬鈴薯 500 克（見 475 頁）
牛油 40 克
葵花油 2 大匙
鹽

1 在加鹽沸水中川燙馬鈴薯五分鐘後，將馬鈴薯移入冷水。

2 撈出並仔細瀝乾馬鈴薯，靜置待其乾燥。

3 平底鍋放入馬鈴薯、葵花油和牛油，以中火煎。

4 用手腕的力氣規律晃動鍋子，煎到馬鈴薯變軟，變成金黃色又保有鬆脆的口感。約需十五到二十分鐘，依馬鈴薯大小不同而定。

馬鈴薯薄片煎餅

Pommes de terre anna

難度：🍳🍳
準備時間：10 分鐘
烹調時間：7 分鐘

用具：蔬果切片器
小平底鍋（做布利尼薄餅 blini 專用）

材料：直徑 5 ～ 6 公分的梭形馬鈴薯 2 個（見 475 頁）
澄清奶油 30 克（見 56 頁）
鹽

1 用蔬果切片器將馬鈴薯切成很薄的薄片。

2 小平底鍋內先抹上澄清奶油，再將馬鈴薯薄片在鍋裡擺放成花的模樣。加鹽調味。

3 在馬鈴薯薄片上大量塗抹澄清奶油。

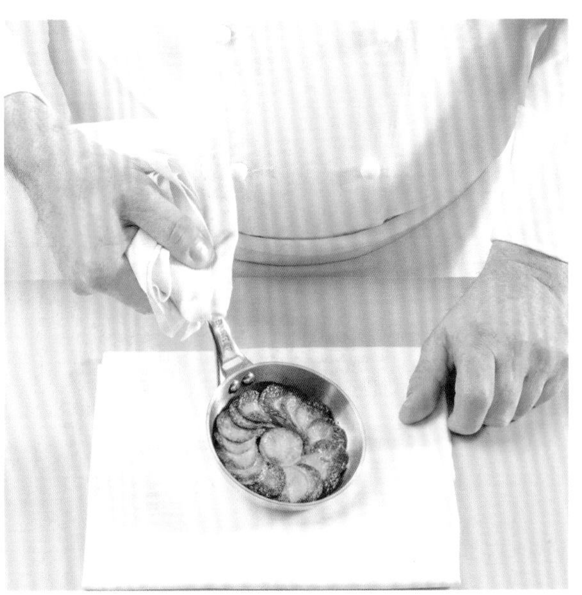

4 放入預熱至 180℃的烤箱（刻度 6）烘烤，烤到馬鈴薯表面變成金黃色。

烤馬鈴薯片

Pommes boulangères

難度：🍳🍳
份量：4 人份
準備時間：15 分鐘
烹調時間：20 分鐘

用具：平底深鍋
烤盤

材料：洋蔥 2 顆，切薄片
牛油 50 克
馬鈴薯 8 個，以蔬果切片器切片（見476頁）
調味香草束 1 束
牛肉或肉類高湯 500 毫升（見 76 頁）
鹽、現磨胡椒

1 在鍋內用牛油炒洋蔥，炒到洋蔥出水。加鹽與胡椒。

2 將洋蔥片與馬鈴薯片一層層相互交替輪流疊在烤盤裡，最上面一層以馬鈴薯作結。

3 放入調味香草束。倒入熱高湯，約達 3/4 的食材高度。

4 烤箱預熱至 170℃（刻度 5-6），烤盤放入烤二十分鐘，立即享用。

製作馬鈴薯泥

Réaliser une purée de pommes de terre

難度：🍳🍳
份量：4 人份
準備時間：15 分鐘
烹調時間：20 分鐘

用具：平底深鍋 2 個
食物研磨器或杵臼

材料：馬鈴薯 8 個
牛油
滾燙的牛奶
（或是牛奶和液狀鮮奶油各半）

1 馬鈴薯以鹽水川燙（見 469 頁），瀝乾。

2 用食物研磨器（或杵臼）研磨水煮馬鈴薯。

3 根據個人喜好摻入牛油。

4 倒入滾燙的牛奶（或是牛奶與液狀鮮奶油各半），攪拌所有的食材，直到馬鈴薯泥的黏稠度達到你偏好的程度。

兩階段式炸薯條

Cuire des frites en 2 étapes

難度： 🍴🍴　**用具：** 油炸鍋
準備時間： 10 分鐘
烹調時間： 10 分鐘

1 馬鈴薯切成傳統薯條或粗薯條，洗淨，用布仔細擦乾。

2 油炸鍋加熱至 160℃，將薯條放入鍋裡。炸四到五分鐘，不要炸到薯條上色。

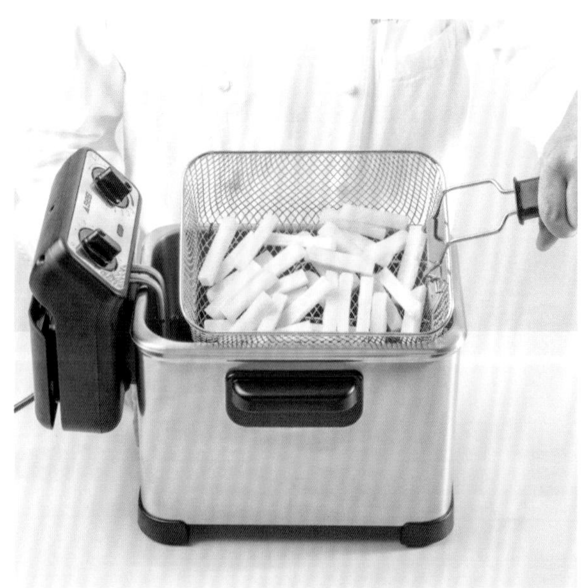

3 薯條瀝乾油份，留存備用（此道預炸步驟可提前進行）。將油炸鍋內的油溫升高到 180℃。

4 將薯條再次放入油中，炸成金黃色。接著在數張廚房紙巾上瀝乾，加鹽，即可享用。

炸馬鈴薯片

Faire frire des chips

難度：🍳🍳　　**用具：**油炸鍋
準備時間：5 分鐘
烹調時間：3 到 4 分鐘

1 將馬鈴薯切成薄片（見 476 頁），洗淨並仔細擦乾後，放入加熱至 170℃的油炸鍋內。

2 炸到馬鈴薯片都變成金黃色。

3 在廚房紙巾上瀝乾炸好的馬鈴薯片，灑上少許鹽。

4 這種簡單方便的烹調方式也可用於炸細薯條、馬鈴薯薄餅和火柴棒薯條。

馬鈴薯泥塔

Pommes duchesse

難度：🍳🍳
份量：4 人份
準備時間：10 分鐘
烹調時間：8 分鐘

用具：附擠花袋的大型星形花嘴

材料：牛油 50 克
蛋 1 顆
以食物研磨器製成、口感夠乾的原味馬鈴薯泥 500 克（見 483 頁）

1 在溫熱的馬鈴薯泥中混入牛油和蛋。

2 將備妥的食材裝入擠花袋。

3 在烘焙紙上擠花，再放進預熱至 170℃的烤箱（刻度 5-6），烤到上色。

4 一從烤箱取出馬鈴薯泥塔，馬上享用。

炸薯泥球

Croquettes de pommes de terre

難度：🍳🍳
份量：4 人份
準備時間：15 分鐘
烹調時間：5 分鐘

用具：油炸鍋

材料：牛油 50 克
蛋 3 顆
以食物研磨器製成、口感夠乾的原味馬鈴薯泥 500 克（見 483 頁）
麵粉 100 克
細麵包粉 150 克
油炸用油 1 鍋

1 在溫熱的馬鈴薯泥中混入牛油和蛋。用沾滿麵粉的雙手將馬鈴薯泥搓成小球，再將薯泥小球放在麵粉中滾動。

2 薯球先放入用兩顆全蛋打成的蛋液裡，再放入細麵包粉中。

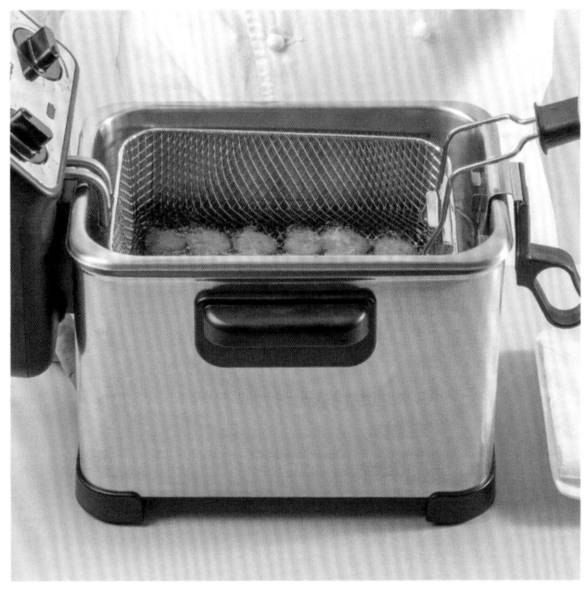

3 將薯球放入熱油鍋。

4 炸到薯泥球都變成金黃色後，在廚房紙巾上瀝乾。

法式炸薯球

Pommes dauphine

難度：🍴🍴🍴
份量：8 人份
準備時間：25 分鐘
烹調時間：5 分鐘

建議：為了成功做出這道料理，馬鈴薯泥的口感必須真的很乾。最理想是馬鈴薯連皮一起煮，而且在剝皮與搗碎前先妥善瀝乾。

1 平底炒鍋放入水 100 毫升、牛奶、牛油、鹽和肉豆蔻。煮沸後，一次放入所有麵粉，邊倒邊攪拌。

2 用文火收乾，期間要不斷攪拌。一直收乾到麵糊能完美地與鍋子分離開來。

3 鍋子離火後，先讓鍋子的溫度稍微冷卻一下，再打入第一顆蛋，並以鍋鏟拌勻。

4 剩下的兩顆蛋同樣一次一顆地加入麵糊裡，同時用力攪拌，直到麵糊變得相當光滑，可以像緞帶一樣垂下來。

用具：平底炒鍋
油炸鍋

材料：牛奶 100 毫升
牛油 65 克
鹽 1 小匙
肉豆蔻 1 小撮
麵粉 100 克，過篩
蛋 3 顆
口感很乾的原味馬鈴薯泥 500 克（不加牛奶、牛油、鮮奶油）
油炸用油 1 鍋

5 借助抹刀，將馬鈴薯泥摻入麵糊。

6 仔細混合所有食材。

7 用兩支小湯匙將麵糊做成小球，並將馬鈴薯小球依序放入已加熱的油鍋中。

8 以旋轉法油炸馬鈴薯小球五分鐘左右，直到馬鈴薯小球都炸成金黃色。在廚房紙巾上瀝乾油份後，立即享用。

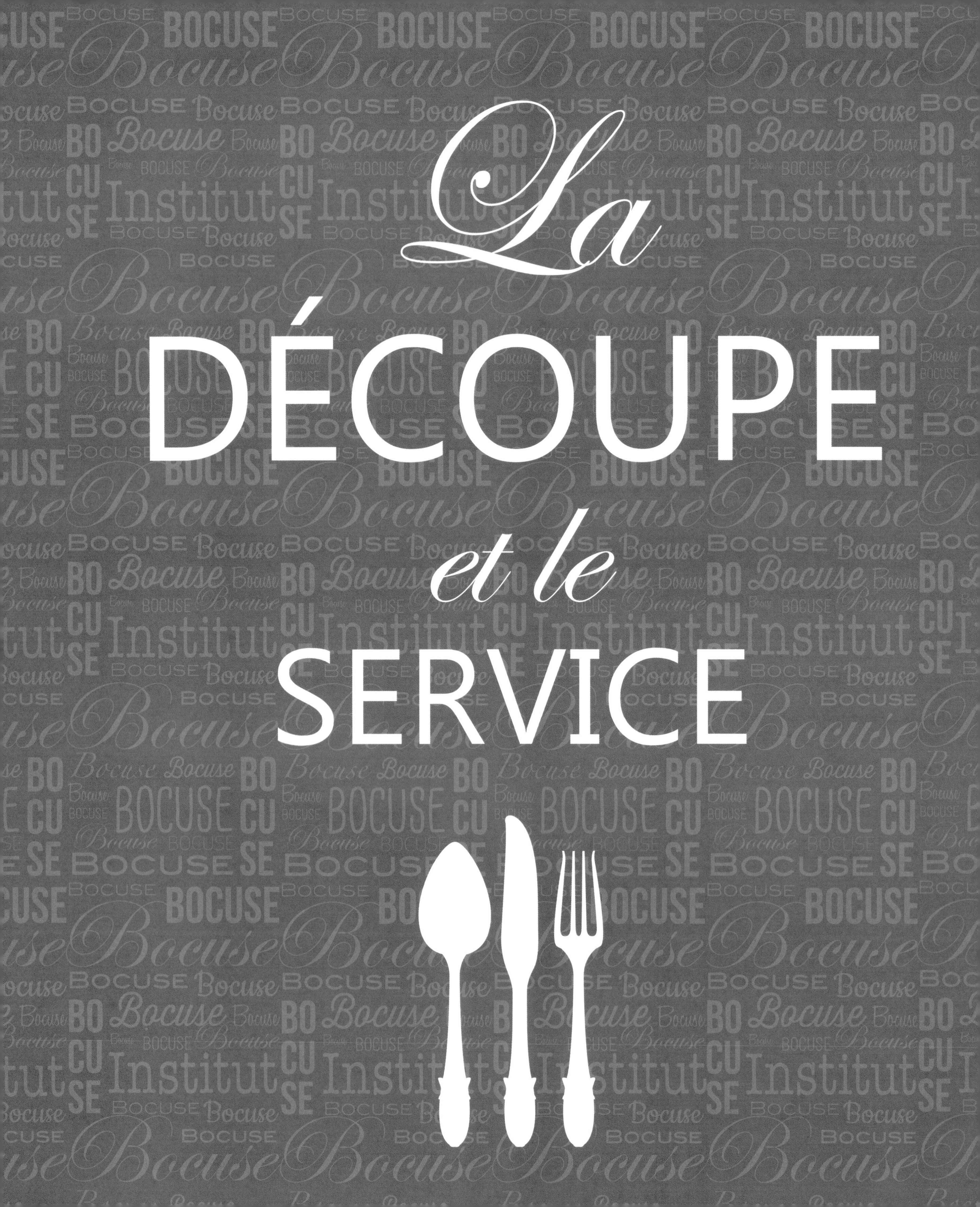
La
DÉCOUPE
et le
SERVICE

分切餐點與裝盤上菜

分切烤鴨

Découper un canard rôti

建議：鴨腿烹調需時較久。多煮一段時間之後，第二次上菜時再將它們端上桌。

1 將烤鴨放入稍後要端上桌的上菜盤內，並準備一柄夠鋒利的切片刀。

2 用叉子和大湯匙讓烤鴨呈垂直狀，讓烘烤時的湯汁自然流出。

3 將烤鴨放在四邊有凹槽的砧板邊緣，鴨腹對著自己，頭部朝右，準備分切。

4 把叉子插入烤鴨的上腿骨和腿部肥肉之間。叉子圓弧面朝下。

5 用刀子切開鴨腿周圍的鴨皮。

6 從鴨翅下方水平滑入刀子，以撐住烤鴨。同時以叉子為操控桿，將鴨腿與鴨身分離開來。

7 鴨腿分離以後，將它放在砧板上，面向自己。這樣擺比較容易預先切下關節，品嘗起來更容易。

8 在砧板上重新放好烤鴨，鴨腹朝下。將叉子插入與烤鴨肋骨齊平處，以支撐住烤鴨。用刀子切開烤鴨背部和兩側的皮。

9 叉子牢牢撐住烤鴨，刀子從胸骨鴨翅處順著烤鴨的外形，一片片切下厚約 2 公釐的肉片。

10 將切下來的肉片放在事前已保溫的上菜盤內。

分切香料帶骨羊排

Découper un carré d'agneau en croûte d'herbes fines

1 準備湯匙和叉子各一，作為鉗子使用。同時準備一塊有凹槽的砧板。用湯匙和叉子將羊排移到砧板上，但湯匙和叉子都不要插入羊肉裡。羊排放到砧板上時，肉較多的那一面朝向賓客。

2 準備一把切片刀，並將叉子垂直插入由左算起第二根肋骨處。

3 從羊排最右邊切下第一刀，讓切面展現出羊肉的熟度。

4 繼續往前切時，刀子必須緊緊靠著下一塊羊排的骨頭，好讓每塊端上桌的小羊排都能有一根骨頭，而且厚度相近。

5 用湯匙和叉子背部在每個餐盤內放上兩塊小羊排，而且永遠不要將湯匙和叉子插入肉中。

6 用套筒裝飾小羊排的骨頭，以便品嘗。

分切羊腿

Découper un gigot d'agneau

建議：若沒有羊腿專用鉗，拿一條乾淨的餐巾在分切羊腿時支撐骨頭。

1 在上菜盤中展示小羊腿。同時準備一把刀身細緻靈活的切肉刀和一支叉子。用羊腿專用鉗固定住羊腿的骨頭部分。

2 將小羊腿放在分切用的砧板上。先用整隻手握住羊腿骨，讓上後腿肉（即羊腿凸出處）朝上，再用刀子切下羊腿肉。

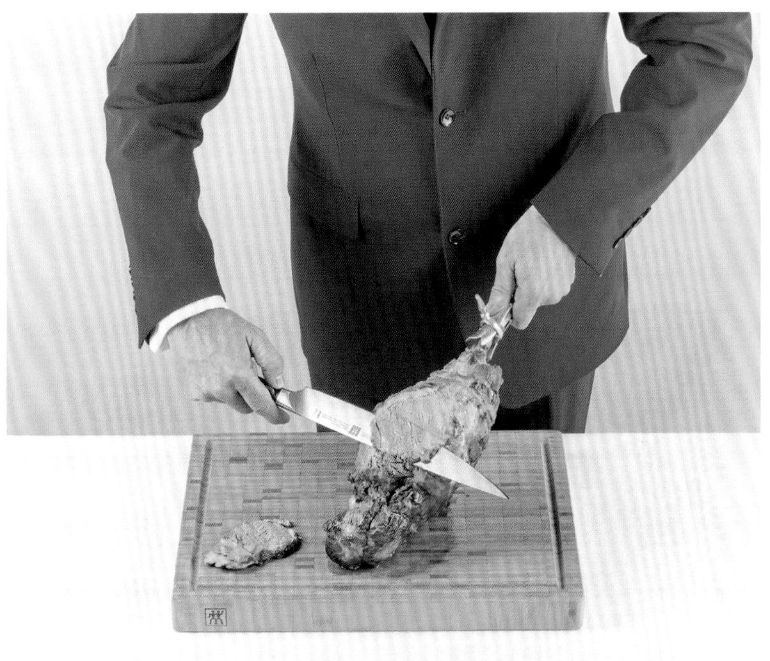

3 刀子和腿骨平行，從下往上將上後腿肉切成薄肉片，將肉片留在上菜盤裡。

4 等到分切到骨頭處時，就翻轉羊腿，切下後腿肉，並將肉片放入盤中。

5 將腿骨周圍的小羊腿肉全部切下來，繼而切成肉條。

6 在每個餐盤內都放一片上後腿肉、一片後腿肉以及一片羊腿肉條。

分切牛肋排

Découper une côte de boeuf

1 將牛肋排放在砧板上。帶骨的部分面向自己，多肉的部分面對賓客。

2 以叉子背部固定住肋排，時時注意叉子絕對不能插入肉裡。切片刀沿著肋排多肉的部分，切除多餘肥肉。

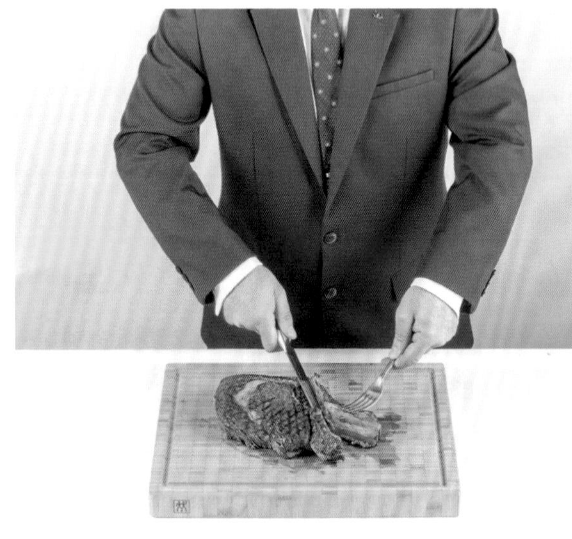

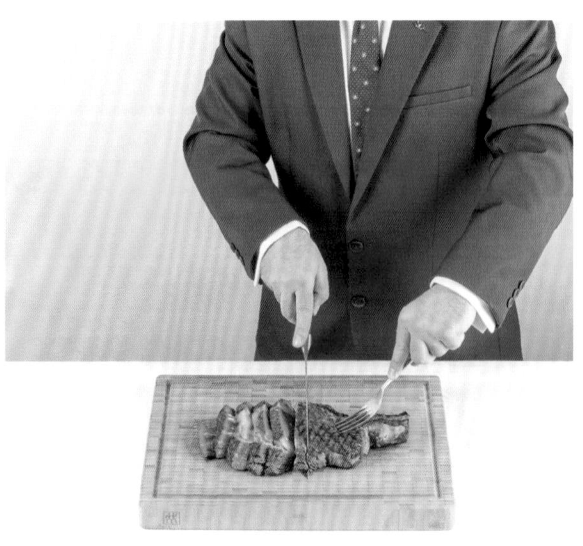

3 沿著骨頭切開肋排，讓肋排的肉與骨頭分離開來。

4 為了平均分配肋排中間與邊緣的肉，按照肋排肉原本附在骨頭上的垂直方向，切成 1.5 ～ 2 公分厚的肉片。

分切煙燻鮭魚

Découper un saumon fumé

1 將煙燻鮭魚排放在鮭魚專用盤內，魚頭朝右。同時準備一把削皮刀，和一把刀身靈活的肉排刀。

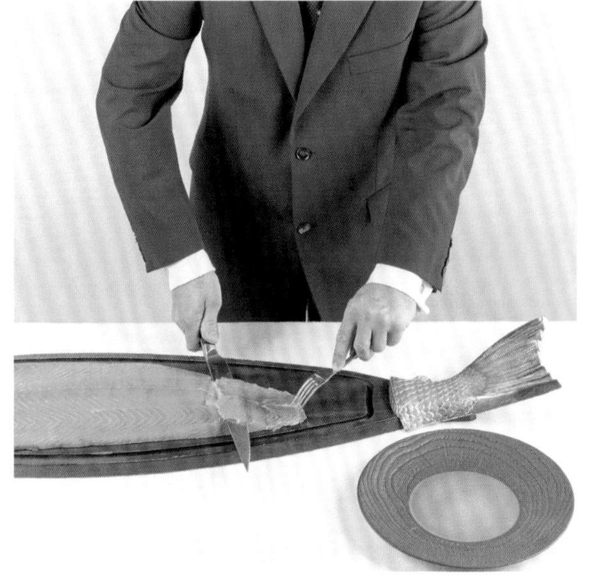

2 用左手將叉子插入魚尾末端，藉由刀子充分的反覆動作，從魚頭向魚尾切下每片 1 ～ 2 公分厚的魚肉片。

3 將叉子其中一個叉齒滑入已切好的魚肉片下方，敏捷地轉動叉子，讓魚肉片裹住叉子。

4 將魚肉片放入餐盤，並在盤內巧妙地將魚肉片攤開來。

分切酥皮狼鱸佐修隆醬

Découper un loup en croûte sauce Choron

建議：把餐盤放入烤箱，盡可能地為您的賓客將菜餚保持在最熱的狀態。

1 將酥皮狼鱸放入魚類專用上菜盤，魚頭朝左。將修隆醬倒入醬汁壺。

2 順著魚的形狀，用削皮刀切開酥皮，並用一支吃魚餐叉小心地把酥皮抬高。

3 取下酥皮，放入餐盤備用，稍後就會用到。

4 叉子從魚鰓處把魚固定住。從魚頭向魚尾，刀尖抵著中央脊骨，切開魚的背部和側邊。

5 先沿著魚的側邊線條，分開背部和腹部的魚排，再將它們分配在兩個餐盤內。

6 在魚脊貼近魚頭處插進叉子，同時以刀身順著魚的脊骨來回劃一次，藉此鬆動脊骨，使它能和魚肉分開，取出魚脊。

7 用刀子將魚脊完整起出，並折斷脊骨與魚頭連接處。之後再取出魚尾和其他魚骨。

8 利用湯匙將魚排的內餡做成一個丸子。

9 在魚排和其搭配的丸子上，輕巧地淋上一匙修隆醬。

10 搭配一塊酥皮，完成分裝。

分切粉煎比目魚

Fileter une sole meunière

建議：以文火保存粉煎比目魚的奶油，直到切魚程序最後。
並於最後一刻在魚排上澆一層奶油。

1 魚排放入上菜盤，魚頭向左，魚腹朝自己。用叉子的背面壓住魚頭，再用刀子切開鰓裂後方，沿著魚的中央脊骨，一路切到魚尾。

2 順著魚的形狀，在魚肉與魚鰭開端之間切出開口，同時以魚背為起點，切開這個開口。

3 **折斷魚尾：**叉子插入魚排底部的魚尾旁邊，湯匙滑入魚尾下方，用湯匙背抬高魚尾，直到魚尾折斷為止。

4 插入湯匙，並用湯匙背順著魚的中央脊骨，從魚頭到魚尾輕輕掠過，藉以分開魚肉。起出魚排。

5 以同樣的方式處理腹部，並將腹部的魚排放入餐盤盤底。

6 為了取出魚脊，將湯匙滑入魚脊和魚脊肉之間。湯匙始終都是以湯匙背，以免損傷魚肉。並用叉子背部將魚固定住。

7 湯匙滑到魚頭後，將叉子插入魚脊，藉此維持脊骨傾斜卻不會折斷的狀態。再用湯匙切下魚頭，並將魚頭和脊骨移入剩菜盤內。

8 湯匙從魚頭滑向魚尾，分開魚的軟骨和魚肉，然後從反方向取出軟骨。並以相同的方式和同樣的程序處理魚腹的軟骨。

9 用湯匙分開兩塊魚排。

10 **將兩塊魚排都放入餐盤，兩塊魚排彼此交錯：**一塊魚排背部朝上，腹部朝下；另一塊魚排背部朝下，腹部朝上。

分切多寶魚

Fileter un turbot

1 將多寶魚放入上菜盤，魚頭朝右，魚尾向左。同時準備一支湯匙以及三件吃魚專用餐具：刀子、叉子與魚鏟。沿著魚的軟骨切開魚皮。

2 以規律地旋轉叉子進而捲起魚皮的方式，從魚頭朝魚尾剝下魚皮。

3 在魚脊肉和中央脊骨之間插入湯匙，並讓湯匙從魚頭朝魚尾方向滑動，先分切出右側上方的魚排。

4 借助魚鏟和湯匙，抬起左側上方的魚脊肉。

建議：在上菜盤底先鋪一條白色餐巾，再放上黑皮多寶魚。
分切多寶魚時，魚皮就會黏在餐巾上。

5 用刀子和湯匙輕巧地分開魚的軟骨。

6 湯匙沿著魚脊，從魚尾朝向魚頭來回移動，藉以鬆動魚脊，讓脊骨更容易取出。然後輕輕抬起魚脊，將它放在剩菜盤內。

7 用湯匙分開剩下的魚排。多寶魚的黑色魚皮會黏在餐巾上。

8 借助湯匙，取出魚頰肉。

白蘭地火燒牛肉佐法式黑胡椒醬

Filet de boeuf flambé au cognac sauce au poivre

1 以面對賓客的小瓦斯爐安排你的火燄烹調工作，並將需要用到的材料都放在手邊。

2 平底鍋放入榛果大小的牛油塊，並在你認為合適的熟度將牛肉熄火。

3 加入紅蔥頭煮到出水，再添加胡椒。

4 鍋子離火，倒入干邑白蘭地，然後再重新煮沸，同時傾斜平底鍋，讓酒精燃燒。

製作火焰牛排材料： 牛油
切碎的紅蔥頭
干邑白蘭地
白酒
牛肉湯底
鮮奶油
粗磨胡椒
研磨鹽粒

5 先取出肉。接著在鍋裡加熱白酒，並濃縮醬汁。隨後加入小牛高湯，並再度濃縮醬汁。

6 鍋中加入鮮奶油並攪拌，以做出柔滑順口的醬汁。

7 試吃醬汁的味道。若需要，調整調味料的份量。

8 將牛肉重新放回平底鍋，好在肉放入餐盤之前，先裹上一層醬汁。

火燒大茴香鯛魚

Flamber une dorade à l'anis

1 以面對賓客的小瓦斯爐安排你的火燄烹調工作，同時準備一個平底鍋和一杯大茴香酒。先在平底鍋內展示鯛魚。爐子點火以後，讓平底鍋以近乎垂直的傾斜角度烹煮。

2 鍋子離火，輕巧地將杯子裡的大茴香酒從魚頭淋到魚尾。

建議：稍微以大茴香酒調味的美味鯛魚，配菜若是搭配以文火燉煮的茴香，將會是場完美的組合。

3 將傾斜的平底鍋放回爐火上方，讓酒的蒸氣燃燒。

4 一旦酒精燃燒完畢，就將平底鍋平放在爐子上，同時立刻熄火。隨後著手切魚。

韃靼牛肉

Tartare de boeuf

材料： 剁碎的牛肉泥 250～300 克
蛋黃 1 個
橄欖油 80 毫升
芥末 1 小匙
番茄醬 1 小匙
紅蔥頭 1 顆，切薄片
切碎的香芹 2 小匙
切碎的酸豆 1 小匙
切碎的醋漬小黃瓜 1 小匙
切碎的細香蔥 1 小匙
鹽
胡椒
塔巴斯科（Tabasco）辣椒醬
伍斯特醬（Worcestershire）

1 準備食材，並先準備一個湯盤、一支湯匙和叉子。

2 蛋黃倒入湯盤中央，加入芥末，並用叉子混合均勻。在持續攪拌的同時，倒入一點橄欖油，直到醬料變得濃滑油膩。

3 湯盤中加入香芹、酸豆、漬小黃瓜和細香蔥末。將番茄醬、伍斯特醬和塔巴斯科辣椒醬放在中央，並依個人好加鹽與胡椒調味。

4 向內攪拌混合，並用湯匙搗碎湯盤中所有材料，藉此呈現最好的滋味。

5 用湯匙將醬料摻入牛肉泥裡。再用叉子均勻攪拌，混合所有食材。

6 放入餐盤之前先試吃，若需要就再調整味道。用香芹芽、帕馬森起司碎片、酸豆等等裝飾擺盤。

分切燜雞

Découper une volaille en vessie

建議：在把這道餐點放入深底餐盤送上桌前，為了保持氣囊妥善膨脹，可以澆淋烹煮時使用的高湯。

1 把上菜盤放在保溫爐上，氣囊裡的燜雞擺放方向則與桌邊平行（與自己形成一個直角）。

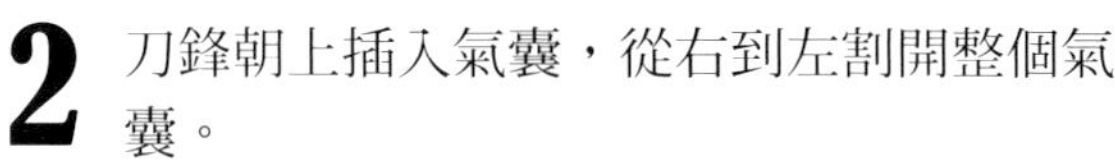

2 刀鋒朝上插入氣囊，從右到左割開整個氣囊。

3 用湯匙和叉子垂直拿著雞，瀝乾湯汁。再將雞移入分切砧板，頸部朝右。

4 將刀子插入頸部，叉子則插入雞屁股旁，讓雞轉 1/4 圈。此時，雞必須側放在砧板上。

5 將刀身橫向滑入雞翅膀底下，並以叉子為操控桿折斷雞腿關節，同時卸下雞腿。

6 一切開雞腿，就將雞腿朝向自己放在砧板上，先切下雞爪，再預切關節，以便品嘗時更方便。

7 將砧板上的雞稍微依照對角線平放，再把叉子插入雞胸肉下方，並在腹部的兩塊雞胸肉之間，切出一道開口。

8 以刀身靠著骨頭切下兩塊雞胸肉，並將刀子緊壓砧板，分開雞翅膀的關節。

9 借助湯匙取下雞皮，取出「傻瓜才不吃」。將雞骨移入剩菜盤。

10 將雞肉分裝成兩盤棒腿和雞胸肉，以及兩盤雞腿上部旁邊的肉和雞胸肉。

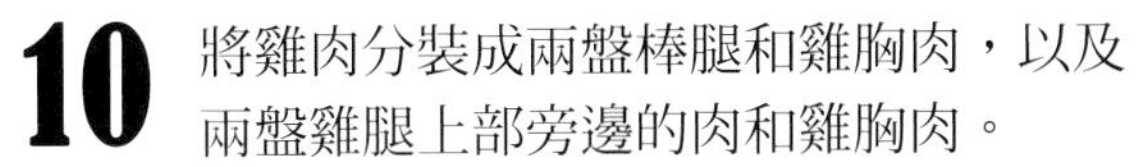

Les
RECETTES
des
CHEFS

主廚食譜

香料罌粟籽炙燒鮪魚佐草莓與巴薩米克醋

Tataki de thon aux herbes et pavot, fraises et balsamique

炙燒鮪魚——
500 克鮪魚排
20 克澄清奶油（見 56 頁）
鹽之花
現磨胡椒

配菜——
1 顆迷你紫洋蔥
150 克茴香
150 毫升巴薩米克醋
50 毫升野草莓果泥
10 克薑末
少許香菜葉

漬菜——
32 個迷你紅蘿蔔（醃汁：100 毫升白米醋、1 顆萊姆皮、1 根百里香）
24 朵花椰菜花球（醃汁：1 根香草莢、100 毫升橄欖油、1 小匙糖漿）
8 顆草莓（醃汁：100 毫升橄欖油、少許羅勒葉、幾滴新鮮柳橙汁）

濃縮西瓜——
1 公斤西瓜
100 毫升白米醋
1 大匙蜂蜜

芒果醋——
1/4 顆芒果
50 毫升白米醋
1 大匙蜂蜜

鮪魚外裹香料——
50 克罌粟籽
1/2 束香菜與羅勒，切碎

開胃小菜
難度：2
份量：八人份
準備時間：1 小時
醃漬時間：6 小時
烹煮時間：10 分鐘

炙燒鮪魚——烤箱預熱至 140℃（刻度 4-5）。鮪魚切成八個 2×6 公分的長條狀，塗上澄清奶油，再用鋁箔紙裹住，烤兩分鐘後，在架子上放涼。

準備配菜——紫洋蔥和茴香去皮後切片。混合巴薩米克醋、野草莓泥、薑末和香菜，放入紫洋蔥與茴香醃漬。

漬菜——將紅蘿蔔削尖成鉛筆粗細，放入醃汁裡醃六小時。剪下花椰菜花球，放入醃汁醃六小時。草莓切成四塊，放入醃汁醃半小時。

濃縮西瓜——西瓜削皮切塊，與白米醋、蜂蜜一起放入真空袋。重複壓縮五次後，用圓形模具把西瓜切成直徑 2.5 公分、厚度 5 公釐的圓餅。

芒果醋——芒果削皮，果肉切丁，連同白米醋、蜂蜜，一起用電動攪拌器攪碎至均勻。

裹住鮪魚——先混合罌粟籽與香草末，再放入鮪魚條沾覆均勻，並切成 2×2 公分的小塊。

擺盤——將三個西瓜餅擺成一直線，每個西瓜上面先放一塊炙燒鮪魚，再把紫洋蔥與茴香放在鮪魚上。將漬菜和諧地擺在盤子上，再滴上幾滴芒果醋，完成。

菠菜煙燻鮭魚捲佐蒔蘿奶霜

Rouleaux de saumon fumé, épinards, crème d'aneth

菠菜煙燻鮭魚捲——
1 公斤蘇格蘭鮪魚排
10 片大的菠菜葉

蒔蘿奶霜——
1/4 束蒔蘿
1 根紅蔥頭
250 毫升液狀鮮奶油
2 片吉利丁
1 顆檸檬，搾汁

擺盤——
6 張薄酥皮
100 克澄清奶油（見 56 頁）
糖粉
1/4 把櫻桃蘿蔔
橄欖油
黃芥末
鹽之花

開胃小菜
難度：
份量：十人份
準備時間：1 小時
煙燻時間：20 分鐘
烹煮時間：12 分鐘

鮭魚去皮、去刺。煙燻二十分鐘，再切成十個 60 克重的長條，備用。

洗淨菠菜、去梗，快速川燙後先瀝乾，再用乾淨的布擦乾。

洗淨蒔蘿、摘下葉子，保留幾小撮於擺盤使用，其餘切末。紅蔥頭剝皮切碎。鮮奶油加熱後，再加入事先泡水軟化並擰乾的吉利丁，並加入蒔蘿、紅蔥頭和檸檬汁拌勻。在 30 × 10 公分的方形模具裡鋪上鋁箔紙，倒入拌勻的液體，放入冷凍庫靜置成形。

此時，烤箱預熱至 180℃（刻度 6）。分開薄酥皮，取一片平放在砧板上，塗上澄清奶油，灑上糖粉（圖 1、圖 2）。再放上一張薄酥皮，重複相同動作，以做出三層的薄酥皮。重複同樣的動作，做出兩份三層薄酥皮。將薄酥皮先切成五十個長方形，再用圓形模具在長方形上隨意挖空，做出不同的造型（圖 3、圖 4）。取一圓柱包上鋁箔紙，把鏤空酥皮放在圓柱上，烤八分鐘（圖 5、圖 6），放涼備用。

接下來處理鮭魚。工作檯鋪妥保鮮膜，放上一片菠菜和鮭魚，緊緊捲成圓柱狀（圖 7、圖 8）。用烘焙紙或不沾烤布捲起，以 70℃蒸氣蒸四分鐘後，放入冰箱冷藏。

洗淨櫻桃蘿蔔，切成極薄的圓片，放入冰水裡備用。

在烘焙紙上將蒔蘿奶霜脫模，切成五十個小圓餅。拿掉菠菜鮭魚捲的烘焙紙，將每一個鮭魚捲平均切成五塊，並刷上橄欖油，保持表面油亮。

擺盤——每個盤子裡分別放上五個蒔蘿奶霜圓餅、五塊鮭魚捲，搭配造型薄酥皮、數片櫻桃蘿蔔、預先留下的蒔蘿葉和幾滴黃芥末。最後再灑上一點鹽之花，完成。

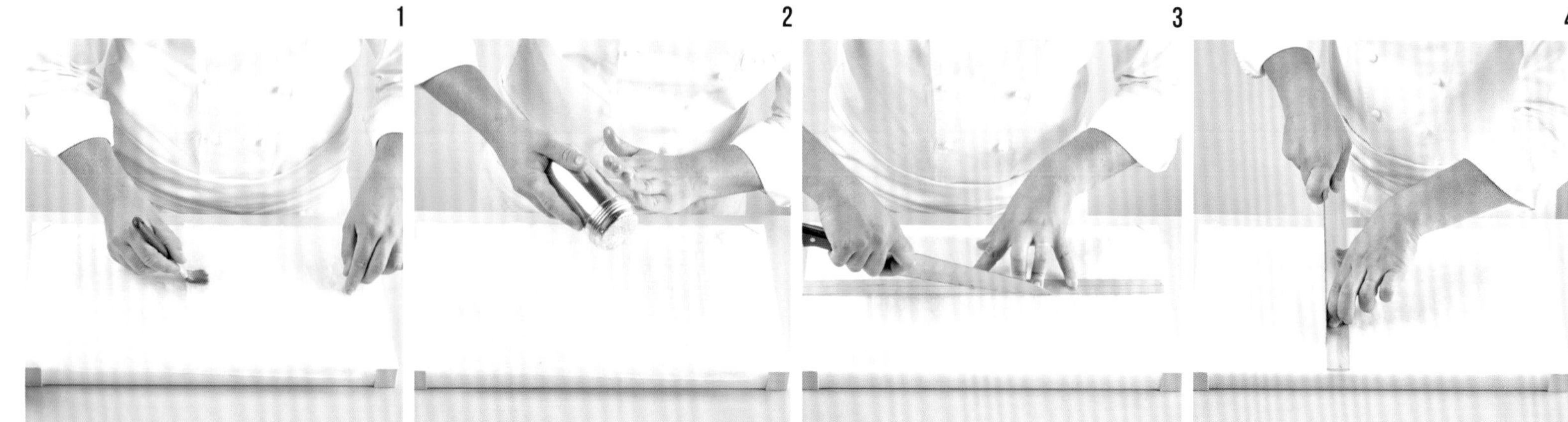

5 6 7 8

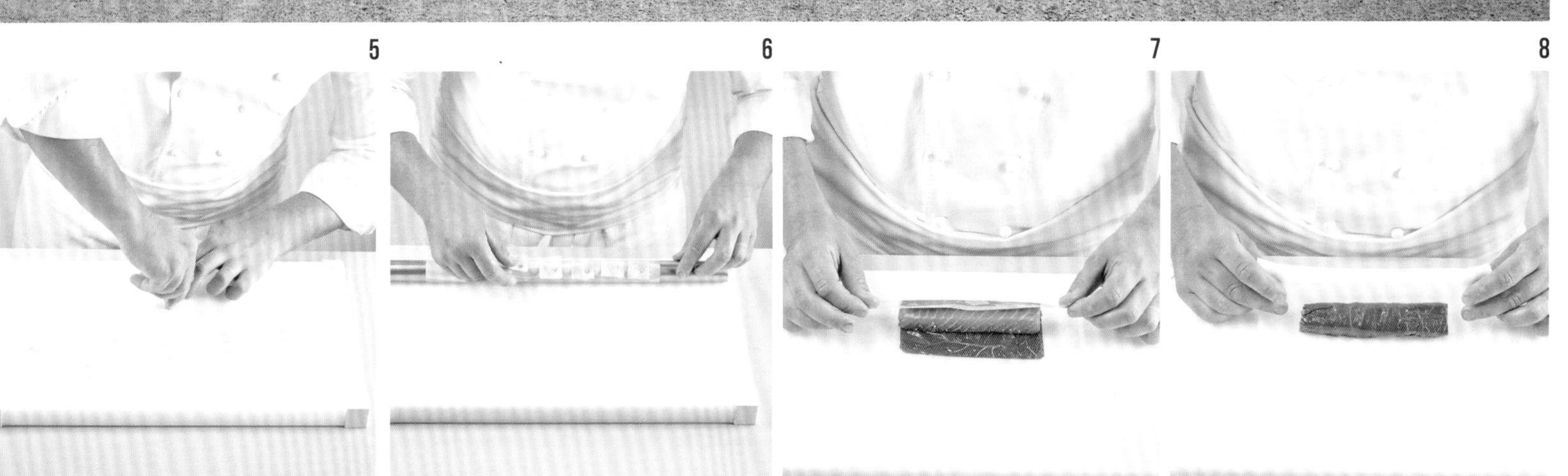

溫泉蛋佐山葵芝麻葉醬與帕馬森起司脆餅

Œuf parfait, sauce roquette et wasabi, sablé au parmesan

溫泉蛋——
10 顆「特鮮」蛋

帕馬森起司脆餅——
120 克帕馬森起司
250 克麵粉
200 克牛油
3 個墨囊

山葵芝麻葉醬——
300 克芝麻葉
200 毫升牛奶
1 公升液狀鮮奶油
40 克山葵
鹽、胡椒

擺盤——
200 克帶藤聖女小番茄
300 克番茄糊（見 460 頁）
1 顆檸檬皮碎

開胃小菜
難度：🍳🍳🍳
份量：十人份
準備時間：**1** 小時
烹煮時間：**1** 小時 **30** 分

低溫烹調機設定 63.2℃，水煮雞蛋一個半小時，製作溫泉蛋。

脆餅——烤箱預熱至 140℃（刻度 4-5）。在工作檯上混合墨囊以外的所有材料，用手揉捏成麵團。把麵團分成兩等份，其中一個加入墨魚汁，揉捏至顏色均勻。兩個麵團上下各鋪一張烘焙紙（圖 1、圖 3），統統擀成 0.3 公分厚，再切成 0.5 公分的長條狀（圖 2、圖 4）。取一張烘焙紙，將兩種顏色的長條麵皮交錯鋪放（圖 5），再蓋上另一張烘焙紙，再次擀過，確保兩種麵皮黏合在一起（圖 6）。將條紋麵皮切開，放在矽膠烘焙墊上（圖 7、圖 8），烤二十分鐘。

準備山葵芝麻葉醬——保留少許芝麻葉擺盤用，其餘切碎並加入牛奶裡用電動攪拌器攪打均勻。然後再加入鮮奶油，繼續攪打，直到顏色和質地均勻。用漏斗型漏器過濾醬汁，再加入山葵、鹽和胡椒。

小番茄燙煮去皮，切成三十片番茄瓣。

擺盤——馬丁尼杯裡放入番茄糊和溫泉蛋。快速攪打山葵芝麻葉醬使其乳化，再倒入杯子裡。脆餅上放番茄瓣和少許芝麻葉、檸檬皮，完成。

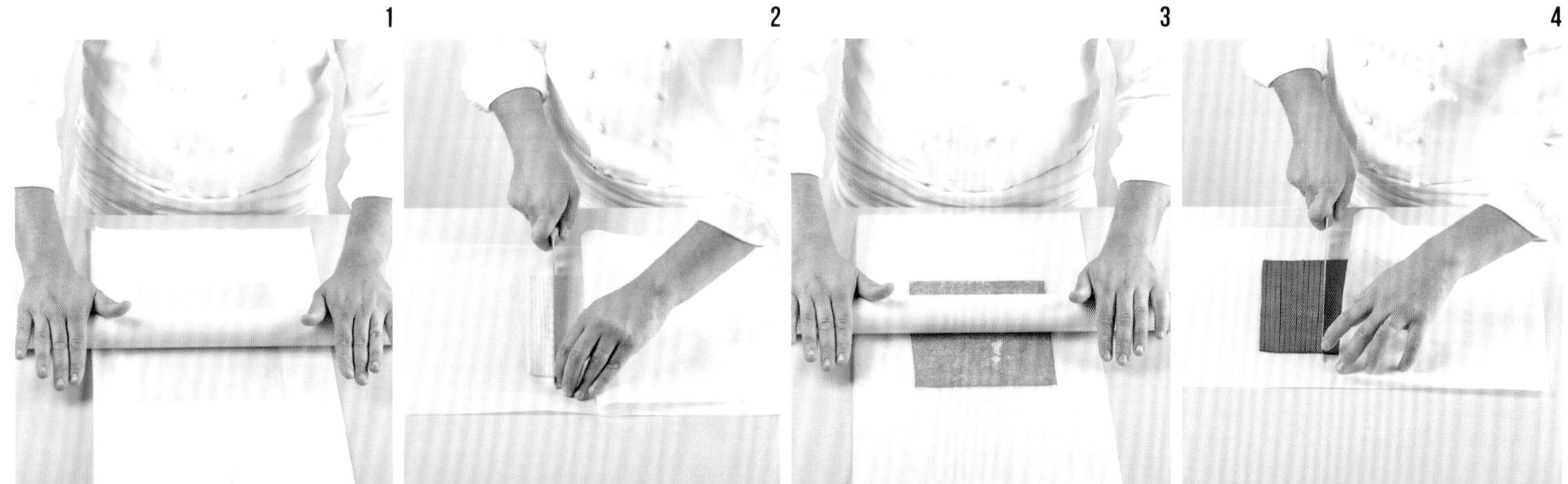

5 6 7 8

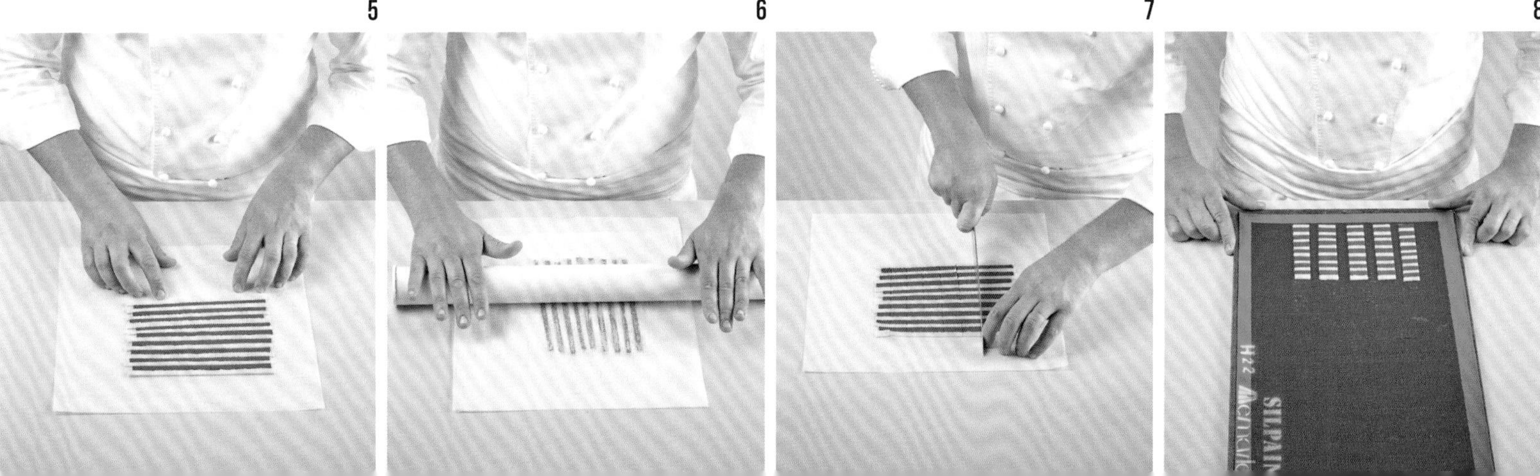

鯔魚薄酥佐香草茴香沙拉

Tarte fine de rouget, saladette de fenouil mariné aux herbes

茄子泥——
1 公斤茄子
4 大匙橄欖油
1 顆黃洋蔥
蓋宏德鹽之花（Guérande）
現磨胡椒

茴香沙拉——
8 個迷你茴香
1 顆檸檬
橄欖油
鹽、胡椒

鯔魚薄酥——
1 張千層派皮（見 102 頁）
8 塊 150 克鯔魚排

擺盤——
綜合生菜
8 顆聖女小蕃茄
1 把細香蔥
1 把龍蒿
1/2 把櫻桃蘿蔔
鹽之花
1 小撮艾斯伯雷辣椒粉（Espelette）
巴薩米克醬

前菜（冷盤）
難度：🍳
份量：八人份
準備時間：**40** 分鐘
醃漬時間：**20** 分鐘
烹煮時間：**1** 小時 **30** 分

茄子泥——烤箱預熱到 170℃（刻度 5-6）。茄子縱向切成長條，再用刀尖多劃幾刀。淋上橄欖油、鹽之花、胡椒，烤三十到四十分鐘。用湯匙小心挖下茄肉。洋蔥先切碎再炒，但不要炒到上色，然後再加入茄子同炒，靜置二十到三十分鐘放涼，視需要調味。

茴香沙拉——迷你茴香切成極細末，加鹽、胡椒、檸檬汁、幾滴橄欖油。放入冰箱醃漬二十分鐘。

鯔魚薄酥——於此同時，攤平千層派皮，切成長方形。上下各鋪一張烘焙紙後，夾在兩個烤盤之間，放入烤箱烤二十分鐘。再用不沾鍋煎鯔魚，帶皮面先煎，每面各煎兩分鐘。

擺盤——薄酥皮先抹上滿滿的茄子泥，再並排放上鯔魚和茴香沙拉。接下來，擺上對切的小番茄，放上香草、檸檬皮碎和櫻桃蘿蔔薄片。灑上鹽之花、辣椒粉，最後以巴薩米克醬點綴，完成。

沁涼鮭魚佐洋梨甜椒蛋黃醬

Saumon froid, poire et poivron jaune, mayonnaise

鮭魚——
1.2 公斤鮭魚排
2 公升 10% 鹽滷水
1 公斤澄清奶油（見 56 頁）
鹽、胡椒

蛋黃醬——
60 克芥末
1 個蛋黃
1 小匙酒醋
3 克鹽
1 克胡椒
250 毫升芥花油

三色蛋黃醬——
15 克甜菜根
少許香芹葉
50 毫升液狀鮮奶油
1 小撮番紅花粉

洋梨甜椒丁——
200 克西洋梨
200 克黃椒
1 顆檸檬
1/4 把羅勒

擺盤——
新鮮香草（香菜、蒔蘿……）
35 克冰花葉
24 小塊西瓜
1 小條法國麵包

前菜（冷盤）
難度：🍳
份量：八人份
準備時間：**1** 小時
滷製時間：**20** 分鐘
冷藏時間：**1** 小時
烹煮時間：**10** 分鐘

鮭魚——鮭魚去皮去骨。沿長邊將鮭魚切成兩長條，放入滷水浸泡二十分鐘後，取出仔細擦乾，灑上胡椒。用保鮮膜緊緊捲起鮭魚塑形，放進冰箱冷藏一小時。澄清奶油加熱至 70℃，放入鮭魚捲浸十分鐘，簡單切段後，撕下保鮮膜。

蛋黃醬——均勻混合芥末、蛋黃、醋、鹽和胡椒。用打蛋器邊快速攪拌邊一點一點加入芥花油，直到混合均勻。

甜菜蛋黃醬——甜菜根用果汁機打成泥。取出汁液，與三分之一的蛋黃醬混合均勻。裝入滴管備用。

羅勒蛋黃醬——羅勒用果汁機打成泥。取出汁液，與三分之一的蛋黃醬混合均勻。裝入滴管備用。

番紅花蛋黃醬——用打蛋器將鮮奶油和番紅花快速攪打均勻，再加入剩下的蛋黃醬裡混勻。裝入滴管備用。

洋梨甜椒丁——西洋梨削皮去籽、甜椒去頭去籽，都切成迷你細丁，再與檸檬汁充分混合。加入羅勒末，放入冰箱冷藏備用。

麵包脆片——用火腿切片器把麵包切成特薄片，放入 90℃（刻度 3）烤箱烤二十五分鐘，使其乾燥。

擺盤——將鮭魚條放在盤子正中央，鮭魚上面擺上洋梨甜椒丁。用三色蛋黃醬在盤內點上數點，妝點盤面，放上冰花葉和西瓜塊當做裝飾。最上面再放上麵包脆片，完成。

洄游騎士：北極紅點鮭佐南法蔬菜醬

Omble chevalier cuit à la nage, sauce barigoule

北極紅點鮭——

8 塊帶皮紅點鮭魚排
天然粗灰鹽
幾根龍蒿
1 公升煮魚調味湯汁（見 86 頁）

南法蔬菜醬——

100 克紅椒
80 克茴香
80 克紅蘿蔔
80 克洋蔥
1 瓣大蒜
100 毫升初榨橄欖油
1/2 顆八角
10 顆芫荽籽
鹽
1 撮艾斯伯雷辣椒粉（Espelette）
15 克市售濃縮番茄糊
50 毫升巴薩米克白醋
100 毫升白酒

擺盤——

2 個櫻桃蘿蔔
2 個春季嫩白洋蔥（oignon nouveau）
1 個迷你茴香
少許生菜
新鮮香草
橄欖油
1 顆檸檬，榨汁

前菜（冷盤）
難度：🍴
份量：八人份
準備時間：**45** 分鐘
醃漬時間：**20** 分鐘

紅點鮭——紅點鮭魚排去骨、留皮，抹上天然粗灰鹽，靜置二十分鐘，再用冷水清洗乾淨。將鮭魚放在保鮮膜上，放上少許龍蒿。捲成圓柱狀並用細繩綁好頭尾，用針在上面戳小洞（防止燙魚後魚皮縮起來變形）。同樣的方法做出兩個鮭魚捲。剩下的鮭魚肉去皮切成長方形。煮魚調味湯汁煮滾，倒在鮭魚塊上，水量蓋過魚肉，放涼備用。同樣的方法燙鮭魚捲，但湯汁溫度改為 75℃，放入冰箱冷藏備用。

南法蔬菜醬——蔬菜洗淨、去皮去籽後切小塊，用份量一半的橄欖油炒軟。加入八角和芫荽籽（放在濾袋裡較容易取出）。煮出味道後，加鹽和辣椒粉。加入濃縮番茄糊、巴薩米克白醋、白酒、水。繼續煮二十分鐘再取出濾袋。倒入剩下的橄欖油，用電動攪拌器攪打均勻，靜置冷卻。

擺盤——用蔬果切片器把櫻桃蘿蔔、洋蔥、迷你茴香削成薄片。將每一個鮭魚捲切成四個 2.5 公分厚的圓柱。南法蔬菜醬在盤中澆淋成一圈，放上兩塊紅點鮭和一個鮭魚捲。擺上剛剛削好的蔬菜薄片和生菜，灑點檸檬油醋，完成。

雪白世界

Assiette blanche

1 公斤聖賈克貝

醃汁——
5 顆檸檬汁
400 毫升椰奶
20 克鹽之花
20 克薑末

配菜——
100 克花椰菜花球
1 把櫻桃蘿蔔
200 克黑皮蘿蔔
100 克韭蔥白
200 克綠豆芽

椰奶醬——
400 毫升椰奶

手指香檬醬——
1 顆手指香檬
200 毫升液狀鮮奶油
10 克鹽之花
白胡椒

擺盤——
300 克帕馬森起司，刨碎
150 克椰子絲
24 朵熊蔥花
2 克白胡椒

前菜（冷盤）
難度：🍳
份量：八人份
準備時間：**1** 小時
醃漬時間：**45** 分鐘

醃汁——均勻混合檸檬汁、椰奶、鹽之花和薑末。干貝切細條，放入醃汁裡，靜置四十五分鐘入味。

配菜——仔細剪下每一朵花椰菜花球。櫻桃蘿蔔去頭尾，切成細條狀。黑皮蘿蔔切三角丁，韭蔥白切細絲。洗淨綠豆芽並挑去頭尾。所有的蔬菜都放入裝了冰水的沙拉碗裡備用。

椰奶醬——椰奶倒入攪拌盆裡，用打蛋器快速攪打至呈現泡沫狀。

手指香檬醬——手指香檬對切開來，取出果肉。保留一些果肉在擺盤使用，其餘果肉和鮮奶油、鹽之花、白胡椒攪拌均勻。

擺盤——盤子正中央均勻鋪上帕馬森起司粉，並堆放成 10×3 公分左右的小長方形，放上醃漬入味並瀝乾的干貝、椰子絲和配菜。滴上幾滴手指香檬醬、灑上手指香檬果肉和熊蔥花點綴。最後再加上幾匙椰奶醬，完成。

義式油漬干貝佐香草菠菜沙拉

Carpaccio de saint-jacques à l'huile d'olive, saladette d'épinards et herbes fraîches

24 個干貝

醬汁——

2 顆檸檬
4 根蒔蘿
4 根香芹
4 根細葉芹
2 根百里香
2 片月桂葉
100 毫升橄欖油

擺盤——

40 克菠菜嫩葉
鹽之花
1 小撮艾斯伯雷辣椒粉（Espelette）
16 個帶梗小酸豆
24 顆聖女小番茄，切瓣（見 460 頁）
8 大匙液狀鮮奶油

前菜（冷盤）
難度：🍳
份量：八人份
準備時間：**20** 分鐘

醬汁——削下一整顆檸檬的檸檬皮，切成細絲並川燙。將同一顆檸檬的果肉切下來，切成丁。保留少許香草擺盤，其餘約略切碎。再拿另一顆檸檬擠汁，和橄欖油、檸檬皮細絲、檸檬果肉丁和香草碎等，一起混合成油漬醬汁。

將干貝洗乾淨，切片。

擺盤——交錯擺放干貝與菠菜嫩葉，形成圓環狀。仔細澆淋油漬醬汁，灑上少許鹽之花、辣椒粉和預先留下的香草。

圓環中央放上對半切開的帶梗小酸豆、小番茄瓣和幾滴鮮奶油，完成。

生蠔奇異果佐蘭姆可可醬

Huîtres, kiwi, rhum cacao

10 顆奇異果
30 顆三號牡蠣，吉拉多（Gillardeau）的最佳

蘭姆可可醬——
25 克不甜可可粉
100 毫升薩凱帕（Zacapa）蘭姆酒

草莓薑泥——
4 顆草莓
10 克薑，刨碎
少許香菜葉，切碎

洋蔥——
1 顆紫洋蔥
100 毫升白米醋

芝麻葉青醬——
100 克芝麻葉
50 克松子
200 毫升橄欖油
鹽

微酸鮮奶油——
10 克鮮奶油
1 顆檸檬
1 顆綠箭橙皮碎
鹽

擺盤——
10 朵檸檬薄荷
1 把紅紫蘇
24 朵食用花

前菜（冷盤）
難度：🍳
份量：十人份
準備時間：**30** 分鐘
醃漬時間：**15** 分鐘

奇異果——去皮，切下三片 0.5 公分厚的圓片，再修整成直徑 2.5 公分的圓形，放入冰箱冷藏備用。

蘭姆可可醬——可可粉放入平底鍋以小火乾炒，邊炒邊翻，避免烤焦。用蘭姆酒刮鍋，攪打成細沫狀。

草莓薑泥——將草莓、薑、碎香菜混合醃漬十五分鐘，再用電動攪拌器打成細泥。

洋蔥——洋蔥去皮、切片，加入米醋和草莓薑泥，醃漬十五分鐘。

芝麻葉青醬——芝麻葉洗淨擦乾後，用果汁機將芝麻葉、松子、橄欖油和鹽攪打均勻。裝入滴管備用。

微酸鮮奶油——用打蛋器打發鮮奶油後，加入一點檸檬汁、綠箭橙皮碎、一小撮鹽。

打開牡蠣殼，瀝乾汁液並修整牡蠣。

擺盤——利用針筒將蘭姆可可醬潑灑在盤面上。平放三片奇異果，上頭各放一顆生蠔、一條洋蔥細絲、一片檸檬薄荷。擠入微酸鮮奶油，並用青醬、紫蘇葉、食用花和幾滴草莓薑泥點綴，完成。

蘆筍奶泥佐伊比利火腿與帕馬森起司

Panna cotta d'asperges croquantes, copeaux de pata negra et parmesan

蘆筍奶泥——
700 克綠蘆筍
1 公升液狀鮮奶油
6 片吉利丁

配菜——
300 克伊比利火腿
200 克帕馬森起司

羅勒風味橄欖油——
1 把羅勒
200 毫升橄欖油

擺盤——
巴薩米克醬
1 把細香蔥
1 把細葉芹
20 克芝麻葉嫩芽
鹽、胡椒

前菜（冷盤）
難度：🍳
份量：八人份
準備時間：**50** 分鐘
烹煮時間：**20** 分鐘

蘆筍奶泥——蘆筍剝除粗纖維後，將蘆筍尖切下來，長度約 5 公分。挑出二十四個最大最飽滿的完整蘆筍尖，保留擺盤使用，並將其中幾個用切片器削成薄片。

蘆筍尖和蘆筍梗一起放入蒸十分鐘，先取出蘆筍尖。

蘆筍梗再蒸十分鐘後，跟鮮奶油一起放入食物調理機攪打成泥。調味。

吉利丁泡水軟化，取出瀝乾，加入蘆筍奶油泥裡攪勻。用漏斗型濾器過濾，倒入空餐盤裡，整個放入冰箱冷藏。

與此同時，烤箱預熱到 170℃（刻度 5-6）。伊比利火腿刨成薄片，放入冰箱冷藏備用。取兩片火腿薄片，上下各鋪一張烘焙紙，夾在兩個烤盤之間烤十五分鐘至酥脆。再將火腿脆片切成三角形備用。

帕馬森起司刨成薄片。

羅勒風味橄欖油——羅勒葉與橄欖油用電動攪拌器攪打拌勻。

擺盤——從冰箱取出裝有蘆筍奶泥的盤子，依序擺入所有食材，加上幾滴巴薩米克醬和羅勒橄欖油，灑上少許香草和芝麻葉，完成。

花團錦簇

Composition florale

花團錦簇——
250 克青花菜
250 克花椰菜
250 克各色花椰菜
1 把紅葉苦苣
1/2 把綠蘆筍
250 克飛碟瓜
250 克迷你蕪菁
250 克迷你茴香
250 克迷你紅蘿蔔
5 朵櫛瓜花
1 把櫻桃蘿蔔
150 克迷你甜菜
150 克紫洋蔥
150 克迷你韭蔥
20 克牛油
100 克球芽甘藍
1 小條法國麵包
150 克蘑菇
20 克牛油
1 顆檸檬，榨汁
125 克聖女小番茄
橄欖油
3 顆柳橙
50 克松露
150 克帕馬森起司
100 毫升榛子油
100 克榛果
20 朵食用花（金蓮花、小瑪格麗特等等）
少許蒔蘿、細葉芹、細香蔥，切末
鹽、胡椒

墨魚奶酥——
200 克牛油
300 克麵粉
20 克墨魚汁

紅蘿蔔凍——
500 克紅蘿蔔
12 克洋菜粉
1 撮小茴香粉
鹽之花

前菜（冷盤）
難度：🍳
份量：十人份
準備時間：**1** 小時
醃漬時間：**20** 分鐘
烹煮時間：**25** 分鐘

蔬菜——青花菜、花椰菜、彩色花椰菜切下花球。蘆筍、飛碟瓜、迷你蕪菁、迷你茴香、迷你紅蘿蔔、櫛瓜花、櫻桃蘿蔔、迷你韭蔥、紫洋蔥切細絲，放入裝有冷水的沙拉盆中冰鎮備用。迷你韭蔥斜切，以鹽水川燙，加入奶油拌勻。球芽甘藍同樣用鹽水川燙，放涼備用。

麵包脆片——烤箱預熱到 90℃（刻度 3）。用火腿切片機將麵包切成極薄片，烤二十五分鐘。

蘑菇用奶油、少許水、檸檬汁拌炒，炒至油亮。聖女小番茄浸在橄欖油、少許鹽和胡椒裡，醃漬二十分鐘。

取出柳橙的果肉。

松露與帕馬森起司刨成粉狀，榛果敲碎，一起浸泡在榛子油裡醃漬幾分鐘。

製作奶酥——烤箱預熱至 160℃（刻度 5-6）。攪打奶油，並加入麵粉繼續攪拌，直到形成質地均勻的麵團。加入墨魚汁，揉至麵團顏色均勻。將麵團擀成 0.5 公分厚，放入烤箱烤十五分鐘。放涼後壓碎。

製作紅蘿蔔凍——紅蘿蔔放入果汁機打成汁，加熱煮沸後加入洋菜粉，並加入小茴香粉、鹽之花調味。將紅蘿蔔汁倒入鋪有保鮮膜的容器裡，使其厚度約達 0.3 公分。將容器放入冰箱冷藏，待紅蘿蔔凍凝固成形。用直徑 8 公分的模子將紅蘿蔔凍切成圓形。

擺盤——每個盤子內擺一塊紅蘿蔔凍，均勻鋪上一層厚約 0.3 公分的墨魚奶酥。像插花一樣把各種生菜擺上去，並用食用花加以點綴。也放上麵包脆片，灑上松露、醃漬過的帕馬森起司、茴香等切末香草、碎榛果和榛果油。

蝸牛子醬佐青蒜韃靼蝸牛脆餅

Caviar d'escargots comme un tartare d'escargots en gaufrette

前菜（冷盤）
難度：🍴🍴
份量：八人份
準備時間：**50** 分鐘
烹飪時間：**15** 分鐘

100 克蝸牛子醬

韃靼蝸牛脆餅——
20 個蝸牛
1 瓣大蒜，切末
20 克牛油
少許帶梗香芹
少許茴香酒
20 克杏仁粉
80 毫升液狀鮮奶油
鹽、胡椒

脆餅——
150 克薄酥皮
15 克澄清奶油（見 56 頁）

爆米花——
蔬菜油
100 克生玉米粒

蒜味奶油——
20 克澄清奶油（見 56 頁）
100 克加鹽牛油
少許帶梗香芹
少許茴香酒
1 瓣大蒜

裝飾用奶油——
100 克牛油，室溫放軟
10 克鹽之花
4 克艾斯伯雷辣椒粉（Espelette）
30 克松子，烤過後敲碎

擺盤——
1 條法國麵包
1 大匙蒜泥
新鮮香草
24 朵各色食用花

韃靼蝸牛——蝸牛肉約略切碎。奶油加熱後放入蒜末和香芹先炒香，再加入蝸牛肉同炒。快速拌炒均勻後，加入少許茴香酒並點火燒除酒精。灑入杏仁粉。最後倒入鮮奶油，稍微收乾，加入鹽與胡椒調味，取出備用。

脆餅——烤箱預熱至 180℃（刻度 6）。薄酥皮切成 5×3 公分的長方形，塗上澄清奶油，上下覆蓋烘焙紙，夾入兩個烤盤之間烤四分鐘。備用。

爆米花——炒鍋中放入蔬菜油和玉米，蓋上鍋蓋，加熱至爆米花膨脹爆開。

蒜味奶油——混合所有食材後，將爆米花裹上蒜味奶油醬，備用。

麵包脆片——用切片機將麵包切下二十四片薄片，放入 90℃的烤箱（刻度 3）烤二十五分鐘。

擺盤——盤內先畫一道奶油，旁邊裝飾鹽之花、辣椒粉、碎松子。放上三片盛有蝸牛子醬的麵包脆片。用針筒將鮮奶油滴成螺旋狀。脆餅中間夾入韃靼蝸牛，立放在盤內。擺上新鮮香草與食用花，完成。

豪華鴨肉醬盅

Rillettes de canard maison

4 隻肥鴨腿
1 大匙高脂鮮奶油
80 克松子

香料配菜——
300 克蔬菜骰子塊（洋蔥、紅蘿蔔、西洋芹）
10 瓣大蒜
100 毫升不甜白酒
500 毫升白色雞高湯（見 66 頁）
1 束百里香、月桂葉、迷迭香、香芹
1 撮薑粉
1 粒八角

擺盤——
8 片鄉村麵包
200 克醃漬小黃瓜
200 克醋漬小洋蔥
少許香芹葉、細葉芹
少許榛子油
少許巴薩米克陳年老醋
鹽之花
粗粒胡椒

前菜（冷盤）
難度：🍳🍳
份量：八人份
準備時間：**45 分鐘**
冷藏時間：**12 小時以上**
醃漬時間：**18 到 20 小時，視個人口味調整**
烹煮時間：**8 小時**

前一天先小心切下鴨腿的皮與油脂，並將油脂切成小丁。用平底鍋將油脂煎至上色，變成鴨油脆丁。用廚房紙巾拍乾表面油脂，灑鹽入味。

烤箱預熱至 125℃（刻度 4-5）。取一燉鍋，用上述鴨油將各種切成骰子塊的蔬菜和大蒜炒至上色。加入鴨腿，倒入白酒刮起鍋底焦香，加鹽與胡椒調味。稍微收汁後，加入白色雞高湯淹過鍋內食材。加入香草束與香料，蓋上鍋蓋，放入烤箱烤八小時。

從烤箱拿出燉鍋。取出鴨腿，保溫備用。用漏斗型濾器過濾湯汁並撇除其中的油脂（保留稍後使用），收乾水份。

鴨腿去油、去骨、撕碎，加入剛才的濃縮湯汁與保留起來的油脂、鮮奶油、鴨油丁、松子（保留部分松子擺盤用），邊煮邊調味。

將完成的鴨肉醬放入碗盅裡，塞滿後，覆蓋 0.3 公分厚的鴨油，放入冰箱冷藏至少十二個小時。

隔天，鄉村麵包切片後塗油，放入烤麵包機烤至金黃。醃漬小黃瓜和小洋蔥切片，擺上香芹葉和細葉芹裝飾。

擺盤——盤子一角擺一條斜斜的鴨油脆丁和松子，滴上榛子油和巴薩米克醋裝飾。灑上鹽之花和粗粒胡椒，完成。

紅酒香料鵝肝

Foie gras, cuit entier au vin rouge et aux épices

500-600 克特級完整鵝肝 1 副
1/2 根肉桂棒
2 顆新鮮無花果
100 克無花果乾
1 瓣大蒜，去苗
50 克砂糖
10 克芫荽籽
1 個丁香
100 克葡萄乾
3 顆柳橙皮碎
7 克鹽
1 克現磨胡椒
2 公升紅酒

前菜（冷盤）
難度：🍳🍳
份量：八人份
準備時間：**30** 分鐘
泡酒上色時間：**4-5** 天
烹煮時間：**40** 分鐘

鵝肝置於室溫約三十分鐘，以利恢復彈性、容易調味。

與此同時，將鵝肝之外的所有食材放入大型附蓋湯鍋內，收乾到紅酒的份量變成原本的四分之三，煮出香料的香氣和水果的味道。

鵝肝用鹽與胡椒調味。

紅酒加熱至 85℃左右，放入鵝肝，煮十到十五分鐘後，取出放入盒內，並小心倒入紅酒，剛好蓋過鵝肝即可。靜置冷卻後，放入冰箱冷藏。冷藏時要用重物壓，以免鵝肝浮出水面。讓鵝肝浸在酒裡至少四到五天。

將整塊鵝肝放在木板上，即可華麗上菜。

炙烤鮪魚佐酪梨泥與橙醋沙拉

Thon rouge « brûlé », crémeux d'avocat, vinaigrette aux agrumes

1.2 公斤鮪魚

醃汁——
100 毫升米醋
100 毫升醬油
20 顆芫荽籽
1/4 把新鮮香菜
100 毫升芝麻油
鹽之花
現磨胡椒

酪梨泥——
6 顆酪梨
500 毫升牛奶
500 毫升液狀鮮奶油
1-2 顆檸檬，榨汁
1 小撮艾斯伯雷辣椒粉（Espelette）
精鹽

橙醋——
1/2 顆葡萄柚
1/2 顆萊姆
1/2 顆檸檬
1/2 顆柳橙，榨汁
1/2 顆芒果
7 顆芫荽籽
1 段迷迭香，切碎
1 段羅勒
200 毫升特級初榨橄欖油

擺盤——
2 顆酪梨
2 朵紅葉苦苣
1 顆甜菜
4 個櫻桃蘿蔔
2 條迷你紅蘿蔔
各種香草嫩芽
芝麻油
鹽之花
現磨胡椒

前菜（冷盤）
難度：🍞🍞
份量：十人份
準備時間：**40** 分鐘
醃漬時間：**2** 小時
烹煮時間：**5** 分鐘

處理鮪魚——切除鮪魚皮和口感與味道欠佳的黑色部分。將鮪魚切成八個大小相同的小塊，串在肉叉上，以噴槍炙烤至表面變色，泡入裝有冰水的盆缽裡冰鎮。

醃漬鮪魚——加熱米醋和醬油。鍋子離火，加入芫荽籽和新鮮香菜。醃汁先放涼再過濾，然後放入鮪魚醃漬兩小時，中間翻面數次。

酪梨泥——對半切開六顆成熟酪梨，取出籽，用湯匙挖出果肉。將酪梨果肉略切大塊，放入用牛奶、鮮奶油和少許鹽水調成的煮汁裡稍微煮一下，這個步驟能留住葉綠素使酪梨保持鮮綠，還能讓酪梨的口感更滑嫩細緻。接下來，瀝乾酪梨，與少許煮汁一起用電動攪拌器攪打成泥。用保鮮膜趁熱直接覆蓋在酪梨泥上，靜置冷卻。

橙醋——切下柑橘類水果的果肉並切成迷你細丁，過程中流出的汁液留著備用。一半的芒果切成迷你細丁。另一半的芒果切大塊，與芫荽籽、迷迭香、羅勒、收集的果汁放入食物調理機，攪打均勻。一點一點加入橄欖油，邊加邊規律輕攪，直到融合均勻再加下一次。過濾並挑除雜質。最後放入所有的迷你水果丁，調味。

擺盤——酪梨泥用檸檬汁和辣椒粉調味。兩顆酪梨切成迷你細丁。紅葉苦苣、甜菜、櫻桃蘿蔔、迷你紅蘿蔔切薄片，放入冰水備用。鮪魚沿長邊切成四條，並將兩端切除，用麻油、鹽之花、現磨胡椒調味。盤內擺上鮪魚、酪梨泥、新鮮生菜薄片，點綴幾滴橙醋和香草嫩芽，完成。

橙醬海螯蝦生菜沙拉

Salade de langoustines aux jeunes légumes croquants marinés aux agrumes

24 隻海螯蝦（尺寸 8-10）
30 克牛油，室溫軟化
30 克麵粉
1 大匙橄欖油

橙醋——
1 大匙萊姆汁
1 大匙葡萄柚汁
1 大匙柳橙汁
100-120 毫升橄欖油
1 小撮艾斯伯雷辣椒粉（Espelette）
鹽、黑胡椒

異國風味醋——
40 毫升芒果泥
8 顆百香果
100 毫升橄欖油
1 顆檸檬，榨汁

生菜沙拉——
8 根白蘆筍
8 根綠蘆筍
1 小撮抗壞血酸（維生素 C）
16 根迷你帶葉紅蘿蔔
8 個迷你茴香
4 根芹菜莖、葉
16 個長型櫻桃蘿蔔
4 個南法朝鮮薊
8 根蔥
24 顆帶藤聖女小蕃茄
8 顆去皮川燙的蠶豆

水果沙拉——
2 顆粉紅葡萄柚
4 顆檸檬
4 顆萊姆
2 顆柳橙
1/2 顆芒果

擺盤——
1 把紅葉生菜
橄欖油
1 小撮艾斯伯雷辣椒粉（Espelette）
芫荽籽、香菜葉
16 朵羅勒葉，末端嫩葉
橙皮油或檸檬油
40 克甜菜苗
24 朵琉璃苣和金蓮花
8 朵乾燥櫛瓜花
鹽之花
現磨黑胡椒

前菜（冷盤）
難度：🍳🍳
份量：八人份
準備時間：**45** 分鐘
靜置時間：**1** 小時
醃漬時間：**5** 分鐘
烹煮時間：**5** 分鐘

橙醋——萊姆汁、葡萄柚汁、柳橙汁、橄欖油混合均勻後，以鹽、黑胡椒和辣椒粉調味。

異國風味醋——芒果泥、百香果汁與籽、橄欖油、檸檬汁混合均勻。

生菜沙拉——白蘆筍與綠蘆筍都去除老硬纖維，蘆筍尖斜切，放入加了維生素 C 的冰水一小時。瀝乾並擦乾後，分別以鹽水煮至刀尖可輕易刺穿。取出過冷水，瀝水擦乾備用。

迷你紅蘿蔔、迷你茴香、芹菜莖去皮。紅蘿蔔、茴香、櫻桃蘿蔔對半切開，將其中半邊切成扇形。朝鮮薊心切薄片，蔥斜切。把上述蔬菜全部放入加了維生素 C 的冰水一小時。瀝水後擦乾。

保留二十四顆完整的聖女小蕃茄擺盤，其餘每顆切成四瓣。去皮去籽，保留果肉瓣。

水果沙拉——柑橘類水果削皮，取出一瓣瓣果肉。芒果削皮去籽，把其中一半切削成一瓣瓣柑橘類水果的形狀。把剩下的果肉收集起來，用電動攪拌器攪碎，備用。

上菜前五分鐘，把所有蔬菜瀝乾、擦乾，放入少許橙醋中稍微漬一下。盤子中央擺上蔬菜、紅葉生菜等，淋上橄欖油，灑上鹽之花、辣椒粉、現磨黑胡椒調味。外圍擺上一圈柑橘瓣和芒果瓣，灑上芫荽籽、香菜葉、羅勒。

海螯蝦——海螯蝦剝除外殼但留下尾殼，用牙籤貫穿蝦肉以避免蝦子蜷曲。刷上奶油並灑上一層薄薄的麵粉，上菜前最後一刻再用橄欖油煎單面，若需要可放入烤箱略微烘烤。灑上鹽之花、辣椒粉後，抽出牙籤。

擺盤——小螯蝦立放在生菜上，擺成拱橋狀，並放上番茄瓣點綴。淋上橙醋和異國風味醋，灑點檸檬油或橙皮油增加香氣。用甜菜苗、花朵、乾燥櫛瓜花、聖女小番茄裝飾整個盤面，完成。

迷你紫朝鮮薊佐藍螯蝦片

Petits artichauts violets et médaillons de homard bleu

1 公升煮魚調味湯汁（見 86 頁）
4 隻 600 克藍螯蝦

迷你紫朝鮮薊——
4 顆番茄
16 顆迷你紫朝鮮薊
2 顆檸檬，榨汁
8 大匙橄欖油
50 克紅蔥頭，切薄片
1 把百里香
4 瓣大蒜，壓碎
20 顆黑胡椒粒
20 顆芫荽籽
6 大匙白酒
200 毫升白色雞高湯（見 66 頁）
鹽、胡椒

炸羅勒葉與羅勒香油——
1/2 把羅勒
6 大匙橄欖油
蔬菜油

擺盤——
巴薩米克醬
4 根細葉芹
1 盆檸檬香茅

前菜（冷盤）
難度：🍴🍴
份量：八人份
準備時間：**30** 分鐘
烹煮時間：**24** 分鐘

處理藍螯蝦——將藍螯蝦一隻隻分別放入調味湯汁，每隻各燙煮六分鐘，去殼。保留螯蝦頭和完整的螯鉗，拉出腦髓。沿著蝦子的節將蝦殼切塊，蝦肉切段，放入冰箱冷藏備用。

番茄燙煮去皮後，切成 0.5 公分的方塊。

削整紫朝鮮薊心，保留一小段梗，其餘切除。挖掉絨毛，垂直切成四份。把檸檬汁塗在朝鮮薊上避免氧化發黑。在鍋裡加熱橄欖油，將紅蔥頭炒軟，再加入朝鮮薊、百里香、大蒜、黑胡椒粒和芫荽籽。倒入白酒和白色雞高湯，蓋上鍋子煮五分鐘，直到朝鮮薊變軟。加入番茄丁，再煮五分鐘。

取出朝鮮薊並瀝乾，醬汁繼續煮到收汁，加入蝦殼、鹽、胡椒、少許檸檬汁，為濃縮醬汁增加些許酸味。

製作羅勒香油——羅勒葉與橄欖油用電動攪拌器攪碎至均勻，備用。

鍋裡倒入蔬菜油燒熱，放入形狀完整的羅勒葉稍微炸一下。

擺盤——盤子擺上朝鮮薊、螯蝦肉和一根蝦螯。淋上蝦味朝鮮薊醬，用少許巴薩米克醬、羅勒香油、炸羅勒葉、蝦頭、新鮮香草（細葉芹、檸檬香茅）裝飾。

蔬果拼盤

Crudités comme une salade de fruits, eau aromatisée

1/4 把細葉芹
少許蒔蘿
1/4 把龍蒿
1 把酸模
8 片冰花葉
1 把紅葉苦苣
200 克飛碟瓜
150 克櫻桃蘿蔔
250 克迷你茴香
300 克帶葉紅蘿蔔
250 克迷你櫛瓜
100 克迷你螺紋甜菜
50 克紫洋蔥
100 克迷你蕪菁
50 克蘑菇

香味水——
500 毫升礦泉水
100 克帕馬森起司
7 克鹽之花
15 克薑末
50 克茴香
白胡椒

杜巴利伯爵夫人的明珠——
100 克韭蔥白
80 克洋蔥
25 克牛油
50 克麵粉
500 克花椰菜
1 公升白色雞高湯（見 66 頁）
100 毫升液狀鮮奶油
10 克海藻酸（兌 1 公升收汁濃湯）
20 克鈣鹽（兌 1 公升水）

擺盤——
30 朵各色食用花（金蓮花、小瑪格麗特等）
8 片蠔葉
1 小條法國麵包
8 塊乾冰

前菜（冷盤）
難度：🎩🎩
份量：八人份
準備時間：**1** 小時
浸泡時間：**1** 小時 **30** 分鐘
烹煮時間：**35** 分鐘

準備蔬菜——所有香草與蔬菜挑揀並清洗乾淨。紅葉苦苣切小片。飛碟瓜、櫻桃蘿蔔、迷你茴香切片，放入冰水冰鎮。將紅蘿蔔修整成橄欖形，迷你櫛瓜切小段。蘑菇洗淨備用。

香味水——將帕馬森起司片、鹽之花、薑末、切片的茴香、白胡椒放進溫水中浸泡至少一個半小時，過濾，用保鮮膜蓋住，放入冰箱冷藏備用。

杜巴利伯爵夫人的明珠——韭蔥白和洋蔥切片，用奶油炒至軟化出汁，灑入麵粉略炒。加入花椰菜花球和白色雞高湯，高湯需淹過食材。小火煮三十分鐘，加入鮮奶油繼續煮到收汁，加入海藻酸並用電動攪拌器攪打均勻。過濾，倒入半球形矽膠模裡，放入冷凍庫成形。取出脫模後，將半圓球浸入鈣鹽水裡五分鐘。用清水清洗兩次，備用。

烤箱預熱至 90℃（刻度 3）。

擺盤——取一深盤，均衡地擺入蔬菜、香草、食用花，放上伯爵夫人明珠和麵包脆片。將香味水裝入小茶壺裡，讓人像是澆花般灌溉盤中美麗的花園。放上乾冰，讓盤子籠罩在優美的霧氣之中。

香料水果紅酒凍鴨肝

Foie gras de canard laqué à la gelée de sangria et épices

鴨肝——
- 500 毫升牛奶
- 500 毫升水
- 600-650 克重新鮮鴨肝 1 副

調味粉——
- 14 克鹽
- 2 克現磨白胡椒
- 1 克砂糖
- 1 克四香粉（非必要）

水果紅酒凍——
- 1 公升紅酒，高單寧佳
- 300 毫升紅波特
- 1 顆柳橙，切圓片
- 1 顆檸檬，切圓片
- 2 根香草莢
- 1 根肉桂棒
- 1 粒八角
- 3-4 根蓽茇（grain de poivre long）
- 2-3 顆杜松子
- 150-200 克紅糖
- 150 毫升柳橙汁
- 4 片吉利丁
- 粗粒綜合香料（粉紅胡椒、大茴香、花椒粒、粗粒黑胡椒）各 1 小匙

馬鈴薯——
- 1 公斤硬質馬鈴薯
- 200 克鴨肝油脂
- 5 瓣大蒜，壓碎
- 百里香、月桂葉、迷迭香
- 鹽之花
- 小豆蔻粉
- 粗粒黑胡椒

沙拉與油醋——
- 100 克綜合生菜
- 1/4 把紅葉生菜
- 80 毫升橄欖油
- 1 大匙雪莉醋
- 1 大匙檸檬汁
- 鹽、胡椒

烤麵包——
- 6-10 片鄉村麵包
- 鴨油

前菜（冷盤）
難度：●●●
份量：六到十人份
準備時間：**1** 小時 **45** 分鐘
準備鴨肝：**5-7** 天
烹煮時間：**15** 分鐘＋烹煮鴨肝時間

鴨肝——前一天先用牛奶加水煮至 40℃，浸泡鴨肝去腥。再將鴨肝去筋，用鹽、胡椒、糖和四香粉調味，放入真空袋壓縮袋，放進冰箱冷藏一晚。隔天，蒸烤箱預熱至 85℃，放入鴨肝蒸十八分鐘，置於冰箱冷藏五到七天熟成。

水果紅酒凍——將紅酒與波特酒收乾四分之一，使其呈現釉亮狀。然後加入柳橙與檸檬片、所有香料、糖，香草莢取籽後也一起加進去。收乾一半醬汁後，加入柳橙汁、預先泡冷水軟化並擰乾的吉利丁，攪拌均勻後，用漏斗型濾器過濾。

將水果紅酒凍一次次澆淋在鴨肝上，直到鴨肝外裹的紅酒凍達到 0.2 ～ 0.3 公分厚。灑上粗粒綜合香料，放入冰箱冷藏備用。

馬鈴薯——馬鈴薯調味後加上鴨肝油脂、大蒜、香草，用真空袋壓縮，放入蒸烤箱以 100℃蒸烤數分鐘，再馬上放入冰水冷卻。要上桌之前，將馬鈴薯斜切成 1 公分薄片，用鴨油兩面煎至上色，再用鹽之花、小豆蔻粉、粗粒黑胡椒調味，即可擺盤。

油醋——上菜前混合所有食材，並為沙拉調味。

烤麵包——麵包兩面都塗上鴨油，用烤麵包機烘烤數分鐘。

擺盤——盤子裡擺入一片香料紅酒凍鴨肝、一片烤麵包、少許沙拉和馬鈴薯片。

香料櫻桃鵝肝球佐榛果酥餅

Sphères de foie gras, chutney de griottes et sablé noisette

鵝肝球——
600 克新鮮鵝肝
2 片吉利丁
50 毫升白色雞高湯（見 66 頁）
20 毫升白波特酒
100 毫升打發鮮奶油
鹽、胡椒

香料櫻桃醬——
50 毫升雪莉醋
150 毫升紅酒
100 克蜂蜜
400 克冷凍櫻桃
2 克黑胡椒
20 克薑末
30 克榛果，敲碎
3 片吉利丁
鹽

櫻桃凍——
9 克鹿角菜膠
250 毫升水
1 公升櫻桃泥
100 克砂糖

榛果酥餅——
150 克牛油，室溫軟化
9 克精鹽
20 克糖粉
40 克榛果粉
1 顆蛋
250 克麵粉

擺盤——
1 片食用金箔
數片甜菜葉
150 克鵝肝，切成長條狀

前菜（冷盤）
難度：●●●
份量：十人份
準備時間：**1** 小時 **30** 分鐘
準備鵝肝：**1** 天
烹煮時間：**1** 小時

用鵝肝製作肥肝醬（見 252 頁）。

香料櫻桃醬——取一平底深鍋，加熱醋、酒、蜂蜜至沸騰後，加入櫻桃、鹽、黑胡椒和薑末，再次加熱至沸騰，並轉成小火煮三十五到四十分鐘，邊煮邊不斷攪拌。取出 150 克鍋中醬料並用電動攪拌器攪打均勻，裝入滴管冷藏備用。吉利丁預先泡水十分鐘使其軟化，擰乾，與碎榛果一起加入裝有餘下煮好醬料的鍋裡煮五到十分鐘，邊煮邊拌直到完全均勻並像果泥一樣濃稠。倒進圓形矽膠模，冷凍成形。

鵝肝球——等待成形時，吉利丁泡冷水十分鐘使其軟化。取一鍋，小火加熱白色雞高湯和波特酒，再加入吉利丁攪拌均勻。鵝肝切丁，加入微溫的白色高湯裡，並用電動攪拌器攪打均勻，若需要，可用打蛋器快速攪打讓質地更細滑。湯底冷卻後，緩緩加入打發鮮奶油攪拌均勻，再倒入半球狀矽膠模（圖 1），並一一放入一塊冷凍櫻桃醬（圖 2），最後再將上方抹平（圖 3），放入冷凍庫定形。脫模後，用剩下的鵝肝霜黏接兩個半圓，使其成為一顆完整的球體，插上叉子固定。

外層櫻桃凍——用少許水溶解鹿角菜膠，加入櫻桃泥、糖、剩下的水攪拌均勻。放入鵝肝球，讓鵝肝球裹覆一層櫻桃凍（圖 4），放入冰箱冷藏區解凍。

榛果酥餅——同時，烤箱預熱至 140℃（刻度 4-5），所有材料放入直立攪拌機輕輕攪拌五分鐘。將麵團倒在烘焙紙上，上面再蓋一張烘焙紙，擀成 0.3 公分厚。冷凍定型，再切成十片菱形薄片。放在矽膠烘焙墊上烤十五分鐘。

擺盤——盤子內先放一片菱形酥餅，餅上再擺一球鵝肝球和金箔。用滴管滴幾滴香料櫻桃醬、放上甜菜葉、鵝肝條，完成。

1 2 3 4

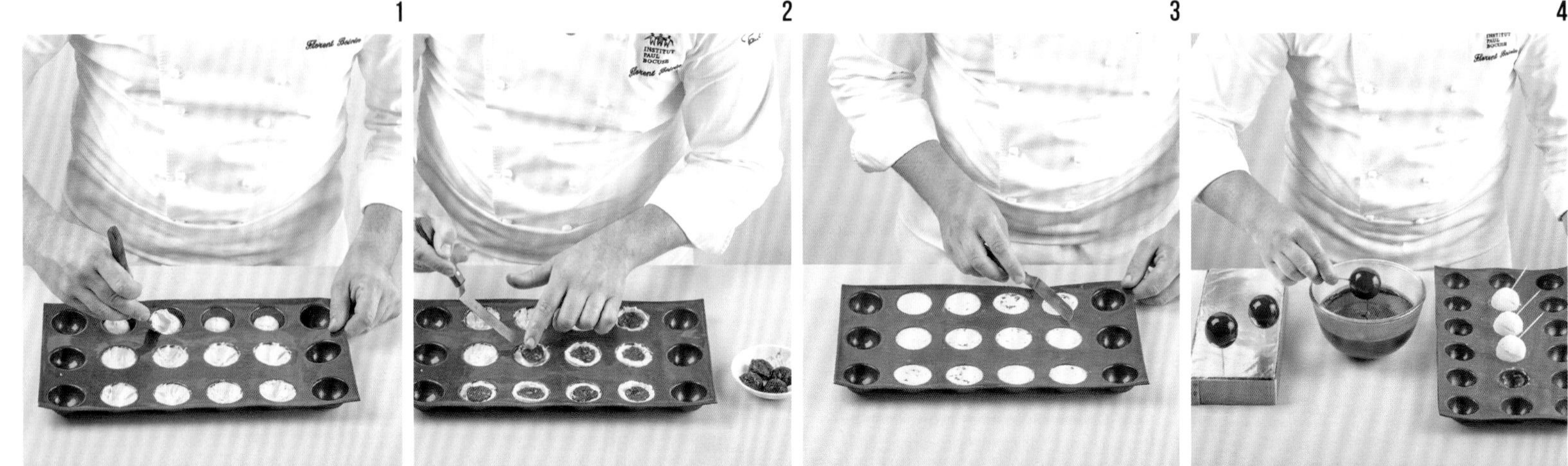

煙燻鮭鱒佐繽紛甜菜

Truite saumonée et betteraves bigarrées

3 塊 800 克重的鮭鱒肉
鹽、胡椒
櫻桃木

迷你甜菜——
3 根迷你黃甜菜
3 根迷你甜菜
3 根迷你粉紅甜菜
3 顆檸檬，榨汁
100 毫升橄欖油
鹽、現磨胡椒

焦糖甜菜醬——
1 顆生甜菜
1 大匙蜂蜜
1 小匙雪梨醋
鹽、胡椒

甜菜凍捲——
3 顆熟甜菜
1 公升礦泉水
25 克洋菜粉
1 小匙雪莉醋
鹽、胡椒

甜菜泥——
2 顆洋蔥
少許牛油

擺盤——
橄欖油
800 克毛豆
甜菜嫩苗
芥末

前菜（冷盤）
難度：🍴🍴🍴
份量：十人份
準備時間：1 小時
準備煙燻：6 分鐘
烹煮時間：2 小時

迷你甜菜——洗淨削皮後，灑上鹽、胡椒、檸檬汁和橄欖油，放入真空袋壓縮。蒸烤箱預熱至 83℃，低溫烹調一個半小時。放涼，視大小平均切成兩塊或四塊。

處理鮭鱒——切下魚排，清除魚刺（見 336-343 頁）。用鹽與胡椒調味後，用櫻桃木煙燻六分鐘。將魚排用烘焙紙包住，放入 70℃蒸烤箱蒸煮六分鐘，放涼，冷藏備用。

焦糖甜菜醬——甜菜洗淨後，放入桌上型離心機分離出甜菜汁。甜菜汁倒入鍋中，與蜂蜜一起收乾成糖漿狀。加入雪莉醋刮鍋，調味備用。

甜菜凍捲——熟甜菜和礦泉水一起用電動攪拌器攪打。將甜菜渣保留下來，用漏斗型濾器過濾，一邊壓一邊瀝乾，以便製作甜菜泥。洋菜粉加入濾好的甜菜汁裡，以小火煮兩分鐘，再加入雪莉醋、鹽和胡椒。方形模具裡鋪妥烘焙紙，倒入甜菜汁約 0.1 公分高（圖 1）。利用冷藏定型的時間製作甜菜泥。

甜菜泥——洋蔥去皮切碎，用奶油炒軟後，加入甜菜渣，小火煮幾分鐘，邊煮邊均勻攪拌。接下來，用攪拌器以最高速攪打兩分鐘，使其均勻細緻。調味後，裝入擠花袋冷藏備用。

擺盤——切出二十片 6 × 4 公分的甜菜凍，擠入甜菜泥，緊緊捲成小圓柱（圖 2、圖 3），冷藏定型。鮭鱒去皮，斜切小塊，抹上橄欖油，灑上鹽之花。盤中放上兩個甜菜凍捲、燙毛豆、各色迷你甜菜、甜菜苗、幾滴焦糖甜菜醬、芥末，完成。

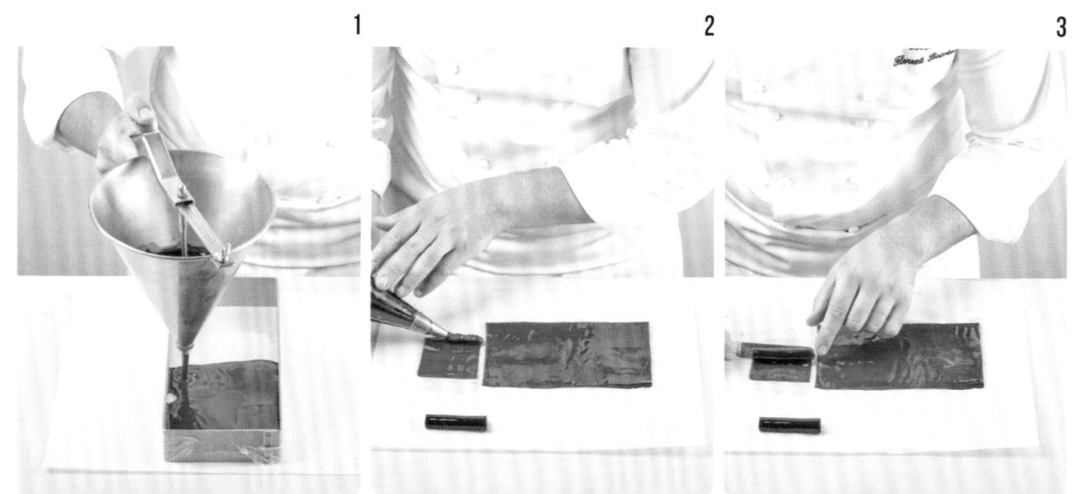
1　2　3

鮮露白巧克力鮪魚

Goutte thon-chocolat

300 克鮪魚排
50 毫升芝麻油
鹽之花
1 小撮艾斯伯雷辣椒粉（Espelette）
1 小條山葵

白巧克力花瓣——
50 克白巧克力

裝飾用水滴——
8 個氣球
8 公升水

迷你春捲——
1/2 把薄荷
2 把細香蔥
6 張越南米紙
1 把迷你美生菜
250 毫升榛子油
鹽之花

擺盤——
碎冰
600 克蔬菜片（1 根紅蘿蔔、2 個小蕪菁、1 根迷你韭蔥、2 個小甜菜、1 根芹菜莖）
24 朵食用花（金蓮花、小瑪格麗特等）
1 把新鮮香草（細葉芹、甜菜葉）
250 克乾冰

薑湯——
30 克新鮮的薑
1 公升金黃雞高湯（見 74 頁）

前菜（冷盤）
難度：🍴🍴🍴
份量：八人份
準備時間：**1** 小時 **15** 分鐘
醃漬時間：**1** 小時
浸泡時間：**15** 分鐘
冷凍時間：**5** 小時

準備鮪魚——修整鮪魚並切成 2 公分方塊。芝麻油、鹽之花、辣椒粉混勻，放入鮪魚塊醃一小時。

白巧克力花瓣——白巧克力隔水加熱，用小湯匙在矽膠膜上畫成薄片狀，放入冰箱冷藏直到定型。

裝飾水滴——每個氣球裡都灌滿 1 公升水，用繩子綁緊，吊著冷凍五小時。五小時後，拿出冷凍氣球並切開，加熱細針在側邊刺洞，讓內部還沒結冰的水流出來，再用噴火槍加大洞口。水滴製作完成後放回冷凍庫備用，直到擺盤前再取出。

薄荷春捲——利用冷凍水滴的期間，薄荷、細香蔥挑揀洗淨。越南米紙泡溫水軟化，擠去多餘水分，平放，每一張切成四等份。每張米紙上放一片迷你美生菜、一把細香蔥和薄荷，捲起，冷藏備用。擺盤之前，取出並切齊兩端，灑上榛子油和少許鹽之花。

鮪魚——在每塊鮪魚上頭放一片白巧克力和少許山葵。

薑湯——把薑浸入煮沸的雞高湯十五分鐘使味道融合，保溫備用。

擺盤——盤底先鋪放一層碎冰以提供穩定度，再穩穩地放上冰凍水滴。水滴內先擺蔬菜片，再放三個小春捲、三塊鮪魚，用食用花和新鮮香草裝飾。在碎冰上擱幾塊乾冰，倒入滾燙的薑湯，讓乾冰冒出水氣與煙霧。

無影蟹肉派

Tourteau en transparence

蟹肉餡——

10 副熟蟹螯肉
250 克蛋黃醬（見 31 頁）
5 克尼斯黑橄欖
5 克酸豆
1 大匙雪莉醋

酪梨泥——

2 顆酪梨
1/2 顆檸檬，榨汁
1 小撮抗壞血酸（維生素 C）
1 小撮艾斯伯雷辣椒粉（Espelette）
鹽
4 大匙橄欖油

番茄凍——

3 片吉利丁
1 公斤帶藤番茄
1 小撮番紅花粉

洞洞薄餅——

10 張北非薄麵皮
澄清奶油（見 56 頁）
糖粉

普羅旺斯橄欖醬——

100 克黑橄欖
1 大匙橄欖油
4 條鯷魚條

擺盤——

50 克新鮮起司（fromage blanc）
1 把矮生羅勒

前菜（冷盤）
難度：🍳🍳🍳
份量：十人份
準備時間：**1** 小時 **15** 分鐘
冷藏時間：**2** 小時 **20** 分鐘
醃漬時間：**1** 小時
烹煮時間：**6** 分鐘

蟹肉餡——螃蟹去螯剝殼，仔細剔除半透明軟骨。製作蛋黃醬。橄欖切迷你細丁，酸豆瀝乾。蟹肉、橄欖、酸豆一次一種加入蛋黃醬裡攪拌均勻。加鹽與胡椒調味，加入雪莉醋。

酪梨泥——酪梨切開取果肉，與檸檬汁、抗壞血酸（維生素 C）、辣椒粉和鹽一起用電動攪拌器打至細緻。一點一點加入橄欖油，邊加邊規律輕拌直到完全融入，再加下一次。分裝於十個盤子（每盤 30 克），放入冰箱冷藏二十分鐘。取出盤子並放入 50 克蟹肉餡，重新放回冰箱冷藏。

番茄凍——吉利丁泡冷水。番茄打成汁後用漏斗型濾器過濾，並在番茄汁裡加入番紅花粉，做成番紅花番茄汁。將一半的番茄汁加熱並加入軟化的吉利丁，然後和剩下的另一半番茄汁混合在一起。冷藏幾分鐘後，將番茄凍倒入已裝有酪梨泥的盤子裡，約 0.5 公分高，再冷藏兩小時。

洞洞薄餅——烤箱預熱至 170℃（刻度 5-6）。北非薄麵皮切成兩半，塗上澄清奶油，灑一層糖粉（圖 1、圖 2）。並將同樣的步驟再重複一次。用與盤子同樣直徑的圓形模具切下圓片麵皮（圖 3），再用小餅乾模切出小洞。圓麵皮上下各鋪一張烘焙紙，夾在兩個平烤盤之間烤六分鐘。

普羅旺斯橄欖醬——將橄欖、橄欖油、鯷魚條用電動攪拌器攪打成光滑的泥狀，裝入擠花袋。

新鮮起司放入煙燻爐燻一小時，調味，裝入擠花袋備用。上菜前，在蟹肉餡上擠數滴橄欖醬和起司，放上羅勒葉。蓋上洞洞薄餅，再擠一些起司和橄欖醬。

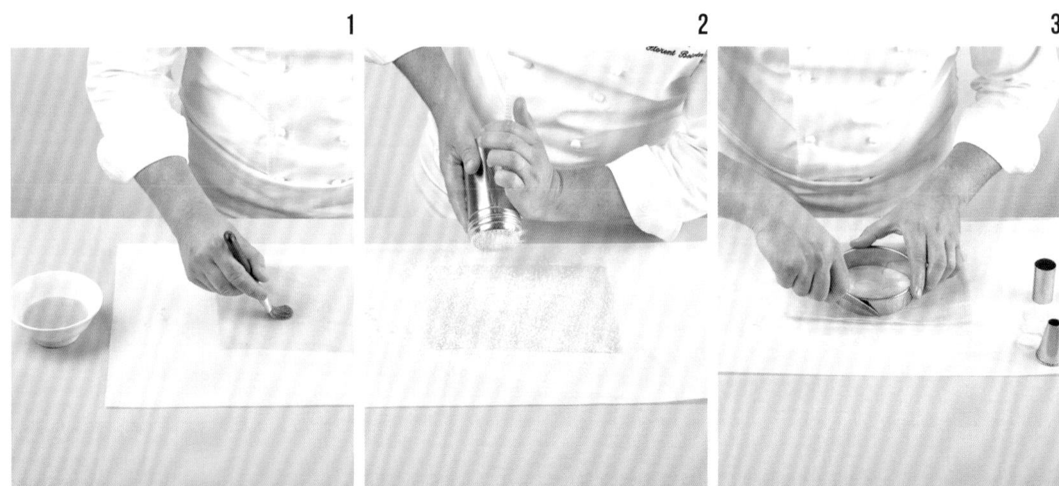

塞特風味墨魚

Comme une seiche à la sétoise

墨魚餅皮——
- 500 克墨魚肉
- 250 毫升液狀鮮奶油
- 花生油

塞特風味墨魚——
- 500 克墨魚肉
- 200 克紅蔥頭
- 200 克芹菜莖
- 50 毫升干邑白蘭地
- 200 毫升白酒
- 1 公升番茄糊（見 460 頁）
- 卡晏辣椒粉
- 50 毫升雪莉醋
- 6 片吉利丁

擺盤——
- 100 克蒜泥辣醬
- 100 克全麥吐司
- 20 克牛油
- 100 克聖女小番茄
- 1 顆柳橙
- 龍蒿
- 100 克毛豆
- 少許酸豆

前菜（冷盤）
難度：🍳🍳🍳
份量：十人份
準備時間：**1** 小時 **15** 分鐘
烹煮時間：**20** 分鐘

準備墨魚餅皮——墨魚肉洗淨，加入鮮奶油，用電動攪拌器仔細攪打均勻，過篩。在加厚保鮮膜上塗油，將墨魚泥攤平在膜上，然後再蓋上另一張塗油保鮮膜，將墨魚泥擀成 0.2 公分（圖 1）厚。放入預熱至 90℃的蒸烤箱蒸烤四分鐘，冷藏備用。

擺盤飾菜——蒜泥辣醬裝入滴管。烤箱預熱到 180℃（刻度 6）。全麥吐司切薄片，上下各放一張烘焙紙，夾在兩個平烤盤之間烤六分鐘，放涼備用。

聖女小番茄燙煮去皮，對切成四瓣，去籽留下番茄瓣，冷藏備用。

刨下柳橙皮碎，去皮取出果肉，每條果肉切成三塊。揀選龍蒿葉。燙煮毛豆以去豆莢脫膜，備用。

塞特墨魚捲——墨魚肉切細條。紅蔥頭和芹菜莖去梗、去頭尾，切成迷你細丁。以大火炒軟紅蔥頭和芹菜莖後，加入墨魚。嗆入干邑白蘭地後，加入白酒刮鍋底焦香，然後再加入番茄糊與辣椒粉。煮五分鐘後，鍋子離火，取出 100 毫升鍋中備料用電動攪拌器攪碎並加入雪利醋攪勻，裝入滴管備用。吉利丁片泡冷水軟化十分鐘後擠乾，加入剩下的塞特墨魚裡，調整味道。用保鮮膜捲出十條塞特風味墨魚捲（圖 2），冷凍至定型。

同時，墨魚餅皮切成長方形，放上一條墨魚捲，牢牢捲起（圖 3）。

擺盤——為每一份墨魚捲擠上蒜泥辣醬，讓辣醬一圈圈環繞在墨魚捲上。盤子裡擺上一份塞特墨魚捲、幾片烤麵包、小番茄瓣、毛豆、柳橙和龍蒿，用滴管擠幾滴蒜泥辣醬、塞特墨魚醬，完成。

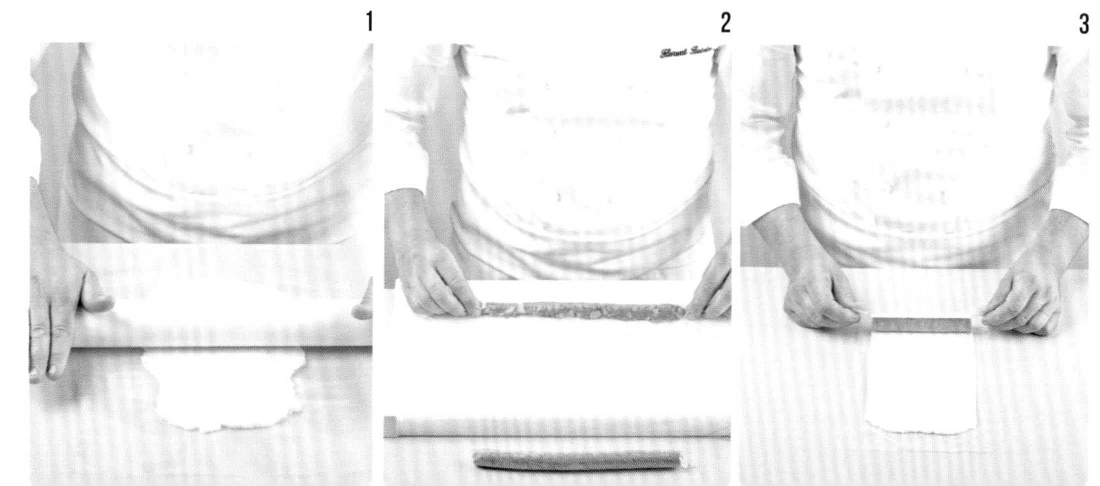

松露炒蛋佐艾斯伯雷辣椒與孔德起司口味千層條

Œufs brouillés aux truffes, feuilletés au piment d'Espelette et comté

洋蔥泥——
1 顆洋蔥
100 克牛油
200 毫升液狀鮮奶油

千層條——
1 份千層麵團（見 102 頁）
1 小撮艾斯伯雷辣椒粉（Espelette）
60 克孔德起司（comté）
1 顆蛋，打勻（塗抹千層條）

炒蛋——
24 顆蛋
1 顆蛋，打散為蛋液
250 克新鮮松露
20 毫升花生油
1 把細葉芹
蓋宏德鹽之花（Guérande）
現磨胡椒

前菜（熱盤）
難度：🍳
份量：八人份
製作時間：**35** 分鐘
烹煮時間：**45** 分鐘

烤箱預熱至 160℃（刻度 5-6）。洋蔥切絲。取一燉鍋，先用 30 克奶油炒軟洋蔥，再加入一半份量的鮮奶油，用鹽與胡椒調味，最後蓋上鍋蓋，放入烤箱烤三十分鐘。備用。

千層條——提高烤箱溫度至 180℃（刻度 6）。為千層麵團刷抹一層蛋液，使其表面金黃。灑上辣椒粉，滾上刨成碎末的孔德起司。將麵團切成長條狀，稍微扭轉一下後，放入烤箱烤八分鐘。

松露對半切開。一半份量切成長條，另一半切成迷你細丁。

把蛋全數打入一個大碗裡，並用叉子打勻蛋液，以鹽與胡椒調味。取一燉鍋，小火加熱花生油，倒入蛋液，邊倒邊用打蛋器持續快速攪拌三到四分鐘，直到質地均勻綿密。將炒蛋盛入沙拉盆，以免餘溫讓蛋過熟。把剩下的 70 克奶油丁、100 毫升鮮奶油、松露丁都加入炒蛋裡，調味。

每個盤子裡都放一大匙烤洋蔥泥、松露炒蛋。用松露條和細葉芹妝點盤面，千層條放在盤子上緣，完成。

法式鹹派佐小牛胸腺與波特酒醬汁

Petits pâtés chauds de ris de veau, sauce au porto

內餡——
- 300 克小牛胸腺
- 鹽
- 1 顆紅蔥頭
- 1 束調味香草束
- 250 克雞肉
- 250 克豬梅花肉
- 250 克肥肉
- 2 顆蛋
- 100 毫升白酒
- 30 毫升干邑白蘭地
- 1 顆紅蔥頭，切碎
- 50 克牛油
- 50 毫升胡椒酸醋醬（見 64 頁）

派皮——
- 1 公斤千層麵團（見 102 頁）
- 1 顆蛋，打勻

波特酒醬汁——
- 500 毫升波特酒
- 1 顆紅蔥頭，切碎
- 100 毫升胡椒酸醋醬（見 64 頁）
- 30 克牛油

擺盤——
- 150 克小朵的羊肚菌
- 1 把細香蔥

前菜（熱盤）

難度：🍳

份量：八人份

製作時間：**50** 分鐘

去腥時間：**12** 小時

烹煮時間：**1** 小時 **15** 分鐘

前一天，將小牛胸腺泡入大量冰水中去血水。烹調當天，川燙小牛胸腺以去除雜質：放入一鍋冷水中，煮滾、去腥。過程需撇除浮泡。取出瀝乾後再次用冷水洗淨。將小牛胸腺放入另一個鍋子裡，用水淹過，加入鹽之花。紅蔥頭切成四瓣後與香草束一起加入鍋裡，小火微滾煮八分鐘。

內餡——雞肉、豬梅花肉、豬肥肉統統切碎，與蛋、白酒、干邑白蘭地和紅蔥頭末混合在一起。小牛胸腺切成 1 公分小丁，取一半份量先用奶油煎炒，再加入上述備料裡攪拌均勻。倒入 50 毫升胡椒酸醋醬，煮出總份量約為 120 克的內餡。

千層麵團擀平，先用直徑 12 公分（約 5 吋）的派模切出八片底層派皮，再用直徑 15 公分（約 6 吋）的派模切出八片上層派皮。全蛋一顆打勻成蛋液，刷滿底層派皮，填入內餡並塑成圓頂狀，再把上層派皮覆蓋上去。壓緊派緣，上層派皮再刷一層蛋液，並在派的正中央戳一小洞，讓熱氣流通。也可以用刀叉在派緣壓出花邊。鹹派送入冰箱冷藏十五到二十分鐘。烤箱預熱至 180℃（刻度 6）。

波特酒醬汁——波特酒與紅蔥頭放入鍋中，加熱收汁至濃稠後，倒入胡椒酸醋醬。放入切成小塊的奶油，輕晃鍋子使奶油自然融化，增加醬汁稠度。用漏斗型濾器過濾醬汁，保溫備用。

從冰箱取出鹹派，再刷上一層全蛋液，烤二十五分鐘。

與此同時，將剩下的小牛胸腺丁煎至上色，並用奶油煎炒羊肚菌。

擺盤——派烤好後，擺入盤子正中央。波特酒醬汁、羊肚菌、煎小牛胸腺丁交錯圍繞鹹派一圈，用細香蔥裝飾，完成。

迷你魷魚燉菜捲佐油香西班牙香腸

Petits calmars farcis d'une mini-ratatouille et chorizo, jus à l'huile d'olive

16 條 12 公分長的魷魚

燉菜——

200 克茄子
200 克櫛瓜
200 克紅椒與青椒
100 克洋蔥
50 毫升橄欖油
鹽、胡椒
150 克番茄碎（見 460 頁）
1 束調味香草束
20 克蒜末
100 克西班牙香腸
1 小撮艾斯伯雷辣椒粉（Espelette）

擺盤——

2 片特級生火腿
1/2 把細葉芹
1/2 把羅勒

前菜（熱盤）
難度：🍳
份量：八人份
製作時間：**1** 小時 **15** 分鐘
烹煮時間：**30-35** 分鐘

魷魚——切下魷魚觸腕保留備用，魷魚鰭（兩側片狀物）切迷你細丁。

燉菜——所有的蔬菜都切成 0.3 公分迷你細丁，用橄欖油炒軟，加鹽與胡椒調味，瀝乾汁水。將蔬菜丁與番茄碎、香草束、蒜末一起煮二十分鐘，用網篩瀝乾，保留湯汁。

西班牙香腸切迷你細丁，乾煎幾秒後，倒入燉菜裡。用橄欖油快煎魷魚鰭細丁幾秒鐘，同樣倒入燉菜中。

火腿脆片——烤箱預熱至 90℃（刻度 3）。火腿上下各鋪一層烘焙紙，夾在兩個平烤盤裡烤十分鐘。出爐後先剪下數塊小三角形，再將其餘火腿切碎成火腿粗粉。

烤箱預熱至 140℃（刻度 4-5）。將燉菜分成兩份，一份擺盤用，一份塞進魷魚裡，用橄欖油以小火慢煎魷魚幾分鐘，直到魷魚變硬，然後再放入烤箱烤八分鐘。同鍋橄欖油快煎魷角觸腕幾秒。

燉菜汁加入少許辣椒粉。倒入少許橄欖油，邊倒邊規律輕攪，直到完全融合並出現細沫。

擺盤——盤內擺入魷魚捲、燉菜、魷魚觸腕，放上三角形的火腿脆片，灑上火腿粗粉。滴入數滴燉菜橄欖油，以新鮮香草裝飾，完成。

水芹濃湯佐水波蛋

Velouté de cresson et oeuf poché, mouillettes aux dés de saumon

2 把水芹
1 顆黃洋蔥
100 克牛油
40 克麵粉
1 公升白色雞高湯（見 66 頁）
500 毫升液狀鮮奶油

水波蛋——
1 大匙白醋
8 顆蛋

擺盤——
6 片白吐司
200 克煙燻鮭魚
1 把水芹
帕馬森起司，切片
現磨胡椒
蓋宏德鹽之花（Guérande）

前菜（熱盤）
難度：🍳
份量：八人份
製作時間：**45** 分鐘
烹煮時間：**30** 分鐘

水芹洗淨，挑除老硬纖維。洋蔥切丁，用 50 克奶油炒三到四分鐘後，加入水芹繼續炒五分鐘。灑上麵粉，倒入白色雞高湯，煮沸。接著加入鮮奶油，調成小火煮十分鐘。用電動攪拌器攪打均勻後，用漏斗型細孔濾器過濾。

水波蛋——鍋內裝鹽水煮沸，水滾後加入白醋，攪拌出漩渦後放入蛋，一次一顆。每顆煮三分鐘後取出輕輕瀝乾，旋即放入冰水裡，以免餘熱讓蛋過熟。

吐司條——吐司修整去邊，切成條狀，用奶油煎至微微上色。

擺盤——溫熱的濃湯倒入深盤。水波蛋預先加熱，與煙燻鮭魚丁、帕馬森起司片、幾葉水芹一起放入湯中。在盤緣放上吐司條，完成。

液態洛林鄉村鹹派

Quiche lorraine liquide

前菜（熱盤）
難度：🍳🍳
份量：八人份
製作時間：1 小時
浸漬時間：30 分鐘
烹煮時間：20 分鐘

帕馬森起司酥餅——
- 240 克奶油，室溫軟化
- 150 克帕馬森起司，刨碎
- 300 克麵粉

沙巴雍——
- 100 克煙燻肥豬肉丁
- 10 個蛋黃
- 20 毫升水
- 300 毫升液狀鮮奶油，加熱至微溫
- 100 克愛曼塔起司（Emmental），刨碎

擺盤——
- 4 片豬五花肉片
- 愛曼塔起司
- 1 把百里香葉

帕馬森酥餅——烤箱預熱至 140℃（刻度 4-5）。奶油和帕馬森起司混合均勻後，加入麵粉拌勻成麵團。把麵團夾在兩張烘焙紙中間，擀成 0.2 公分厚，冷凍十分鐘。用圓形模具切出八片與湯盤直徑相同的圓形麵團，並用小型模具在圓片麵團正中央挖個小洞。八片麵團放在矽膠烘焙墊上退冰後，烤十六分鐘。

沙巴雍——煙燻肉丁放入不沾鍋內乾煎，並用廚房紙巾吸乾油脂。製作沙巴雍（見 42 頁荷蘭醬的步驟 1 ～ 3），與鮮奶油、肉丁、刨碎的愛曼塔起司一起放入攪拌盆裡混勻。蓋上保鮮膜，隔水加熱三十分鐘入味。過濾並隔水保溫。

豬肉脆片——五花肉片切成四十小片，上下各鋪一層烘焙紙，夾在兩個平烤盤之間。烤箱預熱至 90℃（刻度 3），烤十分鐘。

擺盤——取一湯盤，放入一塊帕馬森酥餅。在盤緣放上培根脆片、五片三角形的愛曼塔起司、百里香嫩葉。菜餚端上桌後，再將沙巴雍倒入酥餅中央的小洞。敲碎酥餅後，拌入盤緣飾菜，即可享用。

迷你鵝肝佐菊芋丁

Pépites de foie gras et topinambour déstructuré

菊芋泥——
- 1 公斤菊芋
- 50 克澄清奶油（見 56 頁）
- 100 毫升白色雞高湯（見 66 頁）
- 7 克鹽
- 100 毫升液狀鮮奶油
- 50 克牛油
- 鹽、胡椒

烤馬鈴薯泥——
- 1 公斤賓杰馬鈴薯（bintje）
- 150 克澄清奶油（見 56 頁）
- 7 克鹽
- 200 毫升牛奶，加熱至微溫

榛果奶酥——
- 70 克烤榛果
- 300 克奶油
- 200 克麵粉
- 鹽

煎鵝肝塊——
- 400 克生鵝肝
- 50 克糖粉

擺盤——
- 100 克雞油菌，炒過
- 紅火焰菜、芝麻葉、菠菜嫩葉

烤麵粉——
- 50 克麵粉

前菜（熱盤）
難度：🎩🎩
份量：八人份
製作時間：**45** 分鐘
烹煮時間：**3** 小時 **30** 分鐘

蒸烤箱預熱至 90℃。菊芋洗淨後，整顆與澄清奶油、白色雞高湯、鹽，一起放入真空袋壓縮，蒸烤兩個半小時。出爐後，打開真空袋取出菊芋對半切開，剝除並保留菊芋皮。將菊芋肉和熱的鮮奶油先用電動攪拌器攪碎至勻，再混入奶油拌勻。

菊芋脆片——烤箱預熱至 90℃（刻度 3）。菊芋皮平鋪，上下各放一張烘焙紙，夾在兩個平烤盤之間烤一小時。烤好後，立刻灑上鹽與胡椒調味。

烤馬鈴薯泥——馬鈴薯去皮切成 1 公分薄片。用烙烤盤將馬鈴薯片的兩面都烤出格紋，與澄清奶油、鹽一起放入真空袋壓縮。放入預熱至 90℃的蒸烤箱蒸煮兩個半小時。取出後先靜置十分鐘再打開真空袋，混合牛奶壓成泥，攪拌成滑順的泥狀。

榛果奶酥——烤箱預熱至 180℃（刻度 6）。壓碎烤榛果，與奶油、麵粉、鹽混合成均勻的麵團，擀成 1 公分厚。烤十二分鐘。

煎鵝肝塊——鵝肝切成正方形小塊，沾裹糖粉，以熱油鍋煎熟，灑鹽調味。煎時需翻面數次，讓鵝肝釋放油脂。

烤麵粉——烤盤鋪妥烘焙紙，烤箱加熱至 180℃（刻度 6），平鋪麵粉，烤二十分鐘至金黃。

擺盤——在距離盤沿幾公分處，將所有成品排成一圈圓形。擠上菊芋泥和烤馬鈴薯泥，灑上烤麵粉，完成。

魔幻蛋

Œuf et illusion

空心炸蛋——
- 600 克蒜味奶油（見 538 頁）
- 50 克麵粉
- 2 顆蛋
- 100 克麵包粉
- 蔬菜油

綠色帕馬森起司粉——
- 100 克菠菜
- 200 克帕馬森起司

蛋白加乃隆——
- 8 個蛋白
- 20 克澄清奶油（見 56 頁）
- 1 瓣大蒜
- 1 把香芹
- 鹽、胡椒

水波蛋黃——
- 8 個蛋黃
- 150 毫升醋
- 1 小匙松露油

水晶馬鈴薯——
- 8 顆夏洛特馬鈴薯（charlotte）
- 20 克澄清奶油（見 56 頁）
- 150 白色雞高湯（見 66 頁）

油悶雞油菌——
- 300 克雞油菌
- 100 克蒜味奶油（見 538 頁）

胡椒奶泡——
- 250 毫升牛奶
- 鹽
- 2 克馬拉巴白胡椒（Malabar）

擺盤——
- 8 朵食用花（小瑪格麗特）

前菜（熱盤）
難度：♛♛♛
份量：八人份
製作時間：**1** 小時
浸泡時間：**15** 分鐘
烹煮時間：**20** 分鐘

空心炸蛋——將冰的蒜味奶油塑成八個蛋形，每個重約 70 克。裹上兩層英式炸粉（見 328 頁）後，放入 175℃油鍋炸至金黃，起鍋後用廚房紙巾吸除多餘油脂。用小刀在炸蛋側面挖一小洞，挖空內裡，最終讓炸蛋殼的厚度變成 0.5 公分左右。

綠帕馬森起司粉——菠菜以鹽水川燙後放涼，擠乾過細篩以取得葉綠素。帕馬森起司用 Microplane 刨刀刨碎，浸入菠菜汁液中上色。用保鮮膜將綠色帕馬森捲成筒狀，放入冷凍庫使其快速凍結定型。上菜前，再次刨碎成細緻的起司粉。

蛋白加乃隆——分離蛋白與蛋黃，蛋黃保留做水波蛋黃。蛋白用電動攪拌器打勻後以鹽與胡椒調味。鍋內先以澄清奶油炒蒜末和切碎的香芹，再倒入蛋白，煎成薄蛋皮。煎好後捲起，切除並捨棄兩端。

水波蛋黃——水滾後先加入松露油和醋，再小心放入八個蛋黃，小火煮兩分鐘。

水晶馬鈴薯——馬鈴薯去皮削成橢圓形，用澄清奶油略炒後，倒入白色雞高湯淹過馬鈴薯，煮軟。

油悶雞油菌——雞油菌洗淨後，用蒜味奶油悶煮六到八分鐘，直到雞油菌顏色金黃又酥脆。

胡椒奶泡——牛奶加熱至微溫。鹽和胡椒放入牛奶裡浸泡十五分鐘。上菜前再用手持式電動攪拌棒將胡椒牛奶打至綿密發泡。

擺盤——油悶雞油菌填滿空心炸蛋內裡，再把整個蛋放在水晶馬鈴薯上。擺上蛋白加乃隆、水波蛋黃，依喜好灑上綠起司粉，裝飾雞油菌、胡椒泡沫和食用花，完成。

田雞蒜蓉香芹小丸子

Boules de grenouille en verdure, ail et persil

田雞丸子——
- 30 隻田雞，去前腳
- 300 克牛油，室溫軟化 + 1 小球
- 2 瓣大蒜
- 45 克香芹，去梗
- 1 顆檸檬，榨汁
- 1/2 顆八角
- 200 克白吐司
- 1 把扁葉香芹
- 麵粉
- 3 公升花生油
- 3 顆蛋（英式炸粉用）
- 鹽、胡椒

擺盤——
- 300 克菠菜
- 60 毫升橄欖油
- 3 克鹽
- 50 克牛油
- 1 瓣大蒜

蔬菜迷你細丁——
- 200 克紅蘿蔔
- 200 克球芹
- 200 克櫛瓜
- 1 顆八角
- 50 克牛油
- 鹽、胡椒

菠菜泥——
- 100 克菠菜
- 25 克扁葉香芹
- 100 毫升白色雞高湯（見 66 頁）
- 50 克牛油

大蒜醬——
- 2 球大蒜
- 200 毫升牛奶
- 100 毫升液狀鮮奶油
- 鹽、胡椒

前菜（熱盤）
難度：🍲🍲🍲
份量：八人份
製作時間：**1** 小時 **30** 分鐘
冷凍定型：**2** 小時
烹煮時間：**2** 小時 **15** 分鐘

田雞丸子——切開田雞的身體和腿，切下小腿肉，剪掉末端（圖 1-4）。保留田雞腿備用。平底鍋內放入一小球奶油和一瓣壓碎大蒜燒熱，放入田雞腿拌炒，但不要炒到上色。冷藏備用。香芹洗淨並擰乾，與一瓣大蒜一起切碎後，與檸檬汁一起放入食物調理機，並一點一點加入軟化奶油攪打至均勻。攪拌均勻後，用鹽、胡椒、現磨八角調味（圖 5）。

將香芹奶油填入直徑 3 公分的圓形矽膠模具，做出二十個半圓形，再把田雞腿也塞入模具內，最後填入香芹奶油抹平（圖 6-7）。冷凍兩小時定型。

菠菜洗淨去梗，連同橄欖油、鹽放入真空袋壓縮，此為擺盤用。

蔬菜迷你細丁——紅蘿蔔和球芹去頭尾削皮，櫛瓜洗淨，全部切成迷你細丁後，分別川燙，備用。

菠菜泥——菠菜和香芹去梗洗淨後川燙，加入雞高湯用電動攪拌器攪碎至勻。奶油切成小塊放入，輕拌使其自然融化，增加稠度。調味後備用。

大蒜醬——大蒜剝皮後川燙三次。取一平底深鍋用小火煮牛奶和大蒜二十分鐘，過濾後加入鮮奶油，用電動攪拌器打至綿密滑順，調味備用。

香芹奶油田雞從冷凍庫取出後脫模，用剩下的奶油當膠水，將兩兩半圓黏合起來，做成十顆丸子（圖 8）。放回冷凍庫備用。

烤箱預熱至 80℃（刻度 2-3）。吐司去邊後切成小丁，烤兩小時。用食物調理機打碎吐司丁與洗淨揀好的香芹葉，過篩。

丸子沾麵粉後裹三層英式炸粉（見 328 頁）。田雞腿裹麵粉，用少許花生油煎至上色，最後放點奶油增加香味，調味後備用。

取一鍋，小火燒熱奶油炒蔬菜細丁，並用鹽、胡椒、現磨八角調味。取一平底鍋，燒熱一小球奶油和壓碎大蒜，快炒真空袋醃漬的菠菜。

深鍋加熱剩下的花生油至 170℃，放入丸子，油炸四分鐘。

擺盤——將蔬菜丁在盤子內擺成一直線，放上一球田雞丸，再交錯放置五到六根田雞腿。用菠菜泥和大蒜醬裝飾，完成。

1 2 3 4

5 6 7 8

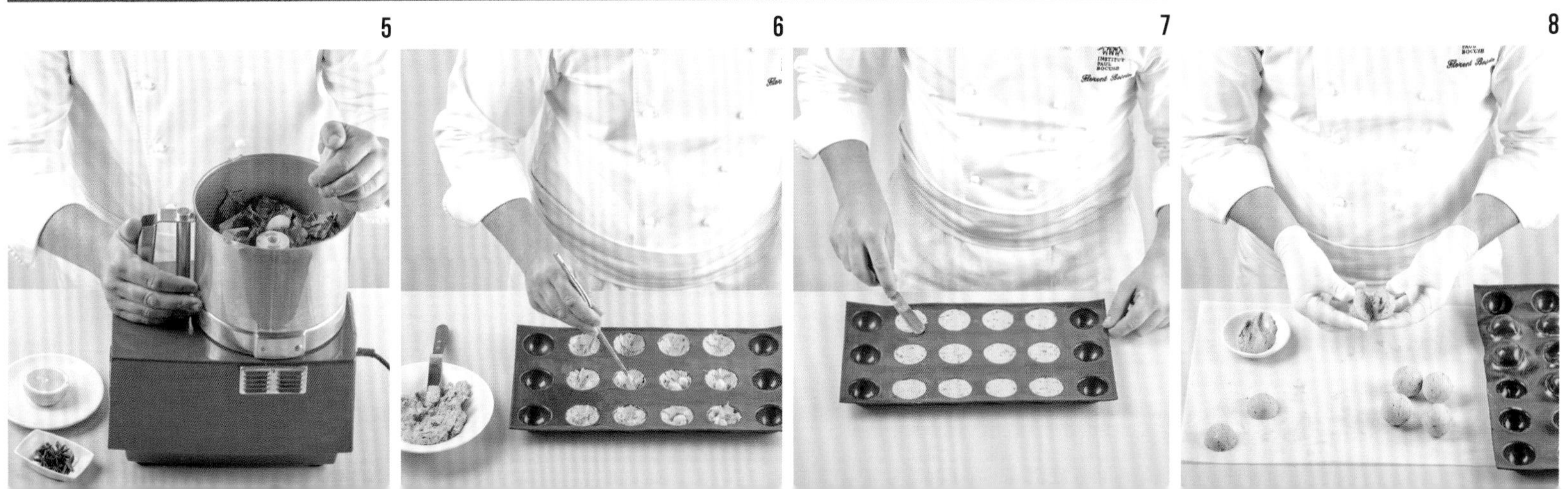

牛尾龍蝦雙拼義大利餃

Ravioles de queue de boeuf et de homard

大螯龍蝦義大利餃——
- 1 公斤大螯龍蝦
- 橄欖油
- 200 毫升甲殼類濃縮高湯
- 200 毫升液狀鮮奶油
- 2 片吉利丁

牛尾義大利餃——
- 200 克洋蔥
- 200 克芹菜莖
- 200 克紅蘿蔔
- 300 克韭蔥
- 少許丁香
- 少許芫荽籽
- 2 粒八角
- 黑胡椒粒
- 1 公斤牛尾
- 150 克紅蔥頭
- 1 公升紅酒
- 150 毫升牛肉釉汁（見 70 頁）
- 300 克奶油
- 1 束調味香草束
- 粗灰鹽

清湯——
- 100 克紅蘿蔔
- 100 克芹菜莖
- 200 克番茄

配菜——
- 15 根帶葉紅蘿蔔
- 15 根綠蘆筍
- 18 根白蘆筍
- 100 克帕馬森起司
- 橄欖油

擺盤——
- 500 克麵皮（見 386 頁）
- 10 顆油漬小番茄

前菜（熱盤）
難度：🍳🍳🍳
份量：十人份
製作時間：**1** 小時
烹煮時間：**3** 小時 **15** 分鐘

龍蝦拉直綁好以維持筆直的形狀，放入滾水煮一分鐘。撈出龍蝦後，摘除蝦頭（留著做龍蝦湯）和蝦螯。蝦螯再下水續煮四分鐘，去殼，備用。

將龍蝦肉連同少許橄欖油放入真空袋壓縮，放入 50℃的低溫烹調機以低溫烹調，使中心溫度提升到 56℃，約需十五分鐘。起鍋後放入冷水中散去餘熱，備用。

洋蔥不剝皮對半切開，放在鐵板上烤至焦黃。芹菜莖、紅蘿蔔、韭蔥去皮洗淨。

丁香、芫荽籽、八角、胡椒粒放入香料濾袋。

牛尾調味後四面煎至上色，移入大鍋，倒進冷水淹過牛尾。大火加熱至沸騰，撇去浮泡，加入洋蔥、芹菜莖、紅蘿蔔、韭蔥、香草束和香料包一起煮，用粗灰鹽調味。保持微滾狀態煮三小時，直到湯汁清澈呈琥珀色。此時牛尾應已燉軟，可用刀尖剔出軟嫩的牛肉。

紅蔥頭去皮，切薄片，用少許油炒軟，加入紅酒收乾至濃稠油亮。過濾後加入牛肉釉汁繼續收乾。奶油切小塊分批加入，輕晃鍋子使奶油塊自然融化後再加下一批，增加醬汁稠度。

倒出香草束、蔬菜和牛尾肉，將牛尾肉撕成細絲，和紅蔥頭醬混合均勻。填入矽膠圓模，放入冰箱冷藏定型。

混合鮮奶油和事先泡水軟化的吉利丁，倒入甲殼類濃縮高湯裡混勻，裝入擠花袋冷藏備用。

紅蘿蔔去皮但保留蘿蔔葉。蘆筍削除老硬纖維，去皮後綁成一束，跟紅蘿蔔一起用鹽水川燙。帕馬森起司切片。

製作牛尾義大利餃（圖 1-3）；擠一小球壓縮龍蝦肉，製作龍蝦義大利餃（圖 4-9）。保留備用。

清醬汁——紅蘿蔔、芹菜莖、番茄洗淨去皮，用絞肉機絞碎。將蔬菜碎末放入牛尾湯裡澄清湯汁，煮到變成清澈又美味的牛肉精華高湯。

擺盤——用橄欖油加熱龍蝦肉、紅蘿蔔、蘆筍。煮熟義大利餃後擺盤。牛肉精華高湯裝入醬汁壺。

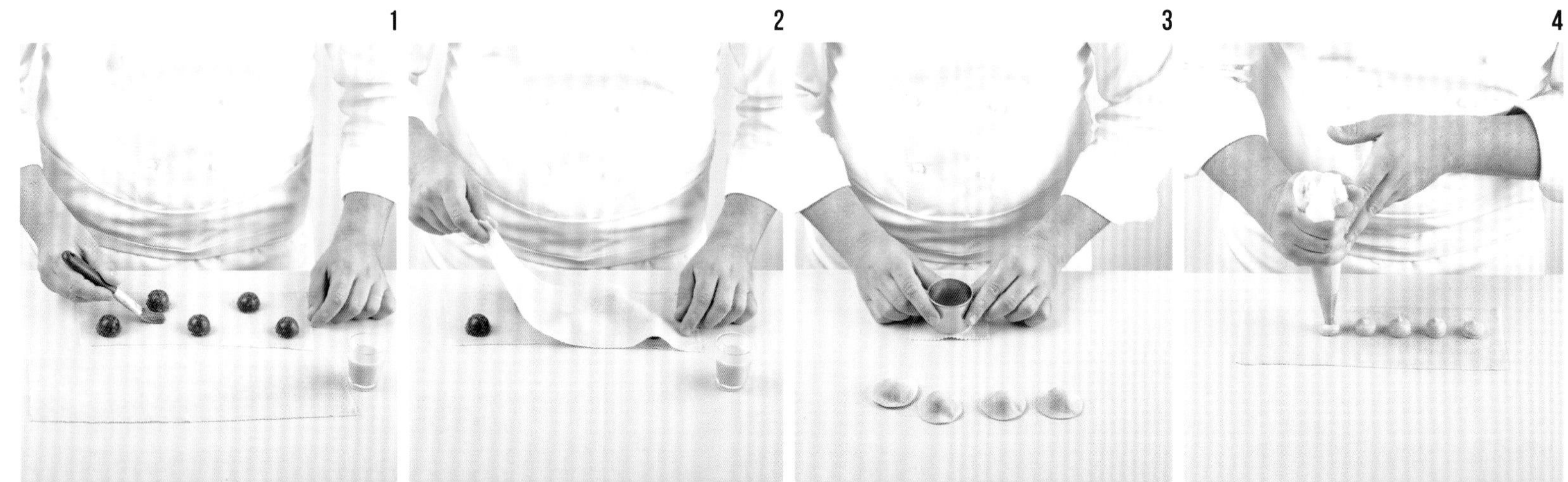

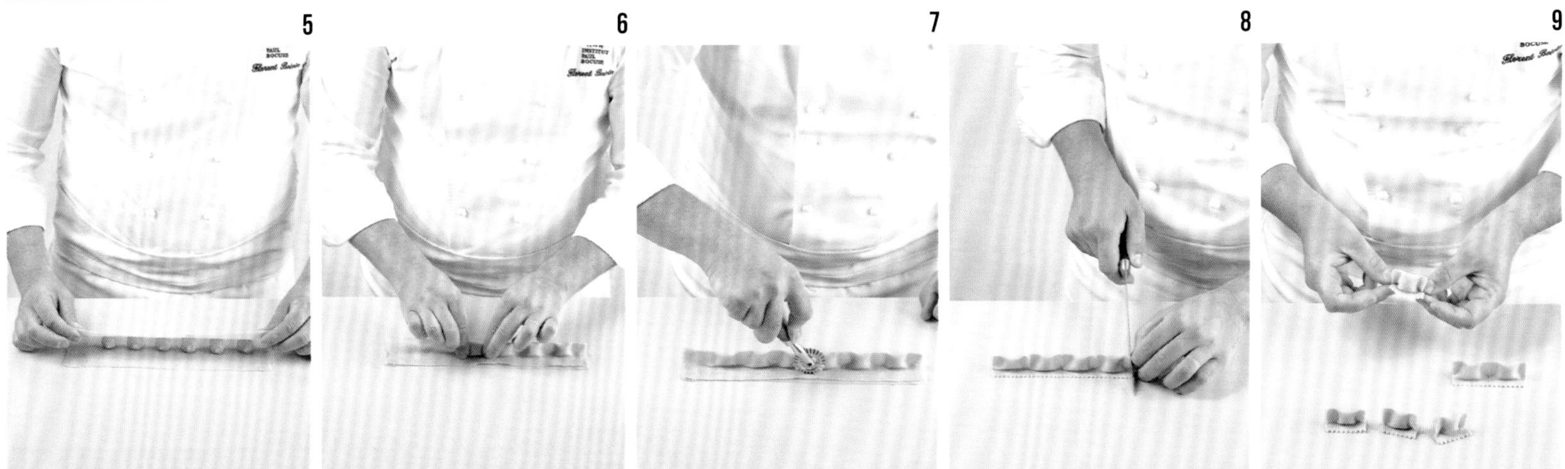
5
6
7
8
9

菲力佐牛髓勃艮第紅酒醬

Tournedos à la moelle sauce bourguignonne, écrasée aux fines herbes

牛髓醬——
500 克牛髓
1.6 公斤牛菲力
2 大匙花生油

勃艮第紅酒醬——
1 根紅蘿蔔
1 把芹菜莖
1 顆黃洋蔥
1 顆紅蔥頭
100 克肥豬肉丁
1 瓣大蒜
1 公升紅酒，酒體飽滿佳
500 毫升棕色小牛高湯（見 68 頁）
1 束調味香草束

馬鈴薯泥——
1.4 公斤馬鈴薯
300 克奶油，室溫軟化
1/2 把扁葉香芹
1 把細香蔥

牛肉料理
難度：
份量：八人份
製作時間：**1** 小時
去腥時間：**12** 小時
烹煮時間：**1** 小時 **40** 分鐘

前一天先將牛髓泡冰水，中間換兩到三次水。

勃艮第紅酒醬——紅蘿蔔、芹菜莖、洋蔥、紅蔥頭切骰子塊。取一深鍋，炒香肉丁、紅蘿蔔等切丁蔬菜和大蒜後，倒入紅酒，刮起鍋底焦香。將湯汁收乾至原份量3/4，加入棕色小牛高湯和香草束。小火微滾煮三十到四十五分鐘。

馬鈴薯泥——馬鈴薯削皮洗淨，切小塊，放入加鹽冷水中煮沸，中間撇除浮泡，約煮二十五分鐘。瀝乾後，用叉子壓成泥，一次一點加入奶油、香芹末和細香蔥碎，攪拌均勻。覆蓋，保溫備用。

牛髓洗淨瀝乾，放入鹽水中以小火微滾煮十二分鐘。取出瀝乾放在廚房紙巾上吸乾水份，切成 1 公分厚片。

牛菲力——牛菲力修整形狀，切成八塊 150 克的圓排。可用繩子綁住以固定形狀。熱鍋中倒入幾滴花生油，將牛菲力兩面都煎至上色。

擺盤——讓馬鈴薯泥擺成長丘狀，放上牛菲力、牛髓，淋上勃艮第醬。灑上鹽之花、現磨胡椒，擺上幾株香芹嫩葉，完成。

小牛菲力佐白醬羊肚菌

Médaillon de veau à la crème de morilles

1.6 公斤小牛菲力
800 克新鮮羊肚菌或 100 克乾燥羊肚菌
80 克紅蔥頭
100 毫升白醋
150 毫升棕色小牛高湯（見 68 頁）
300 毫升液狀鮮奶油
20 毫升蔬菜油
100 克奶油

擺盤——
1/2 把細葉芹
24 顆帶藤聖女小番茄
蓋宏德鹽之花（Guérande）
現磨胡椒

小牛肉料理
難度：
份量：八人份
製作時間：**30** 分鐘
泡發時間（非必須）：**24** 小時
烹煮時間：**20** 分鐘

修整小牛肉形狀，切成八個 120 克圓排狀，冷藏備用。

新鮮羊肚菌切除梗部，用大量清水洗兩到三次，瀝乾。

若使用乾燥羊肚菌，放入室溫溫度的水裡泡一晚，瀝乾，川燙三次清除雜質，再次瀝乾。這樣就能使用了。

紅蔥頭切碎炒軟，並在炒到上色前加入羊肚菌，同炒四到五分鐘。加入白酒刮起鍋底焦香後，倒掉一半湯汁以免醬汁太酸，接著加入棕色小牛高湯。煮至沸騰後，加入鮮奶油、鹽、胡椒，轉小火，微滾煮成均勻釉亮的醬汁。

用蔬菜油與少許奶油煎小牛菲力，每面各煎四分鐘，讓各面均勻上色鎖住肉汁，保持肉質軟嫩。

擺盤——盤上放一塊小牛菲力，少許羊肚菌，挑一塊形狀好看的羊肚菌放在菲力上。擺幾片細葉芹，淋上熱醬汁。放上少許現烤小番茄，灑上少許蓋宏德鹽之花和胡椒調味，完成。

燴羊腿佐春蔬

Souris d'agneau braisée façon navarin

燴羊腿——
- 8 隻羊腿
- 蓋宏德鹽之花（Guérande）
- 現磨胡椒
- 80 克麵粉
- 2 大匙花生油
- 2 顆紅蔥頭
- 1 顆黃洋蔥
- 1 根紅蘿蔔
- 1 束調味香草束
- 150 毫升白醋
- 1.5 公升棕色小牛高湯或棕色羊肉高湯（見 68 頁）

糖炒春蔬——
- 1 把帶葉紅蘿蔔
- 1 把帶葉洋蔥
- 1 把帶葉蕪菁
- 80 克牛油
- 50 克砂糖
- 250 克蘑菇

擺盤——
- 1/2 把細葉芹

羔羊料理

難度：🍳

份量：八人份

製作時間：**35** 分鐘

烹煮時間：**2** 小時 **30** 分鐘

燴羊腿——烤箱預熱至 160℃（刻度 5-6）。用鹽、胡椒、麵粉均勻塗抹羊腿。加熱花生油，將羊腿煎至均勻上色。

紅蔥頭、洋蔥、紅蘿蔔切成骰子塊，炒軟。連同羊腿、香草束一起放入燉鍋，炒鍋裡加入白酒刮起鍋底焦香。燉鍋裡的湯汁收乾一半份量後，倒入棕色高湯煮至沸騰，移離爐火，整鍋放入烤箱烤兩個小時到兩個半小時。

確認羊腿烤好後，從烤箱取出。先用漏斗型濾器過濾湯汁，再把羊腿放回湯汁裡，避免表皮乾掉。

糖炒春蔬——紅蘿蔔、洋蔥、蕪菁洗淨擦乾，分別用少許水和奶油蓋鍋一一悶熟，加入一撮糖和鹽。由於水份蒸發、蔬菜煮熟，加入糖與奶油能為蔬菜裹上一層漂亮的糖色。蘑菇洗淨擦乾後，同樣炒上糖色。

羊肉醬汁視濃淡可再收汁，直至釉亮。

擺盤時，盤內放上羊腿、糖炒蔬菜與蘑菇，將醬汁澆淋羊腿上，再裝飾少許細葉芹，完成。

羊肉捲佐中東肉丸

Canon d'agneau et kefta

鷹嘴豆——
100 克熟鷹嘴豆
50 克蜂蜜
250 毫升雪莉醋
250 毫升白色雞高湯（見 66 頁）

羊肉——
2 塊 1.2 公斤羊脊肉
1/4 把香菜
20 毫升檸檬汁
20 毫升橄欖油
200 克網油
100 克牛油
3 瓣大蒜
鹽、現磨胡椒

中東肉丸——
100 克洋蔥
1/2 把香菜
從羊脊肉取下的羊柳
1 小撮摩洛哥綜合香料
50 克麵粉
2 顆蛋
100 克麵包粉
一鍋炸油

甜椒煮——
3 顆黃椒
3 顆紅椒
1 顆洋蔥
橄欖油
2 瓣大蒜
1 把百里香
50 克特級生火腿
200 克番茄糊（見 460 頁）
煙燻辣椒

擺盤——
500 羊骨汁
200 毫升煙燻皮奇洛甜椒（piqiollo）泥

羔羊料理
難度：♛♛♛
份量：八人份
製作時間：**1** 小時 **15** 分鐘
醃漬時間：**12** 小時
烹煮時間：**40** 分鐘

鷹嘴豆——前一天先準備鷹嘴豆，去膜，用蜂蜜炒至金黃，倒入雪莉醋和白色雞高湯刮起鍋底焦香，浸泡至少一晚入味。

分開羊脊排骨肉，取下羊柳（圖 1）。香菜、檸檬汁、橄欖油用電動攪拌器攪打均勻。羊脊肉先塗抹一層青醬，再用豬網油包住並綁牢（圖 2），冷藏備用。

中東肉丸——洋蔥去皮切小丁，炒軟後放涼。香菜切碎。羊柳放入絞肉機絞成細泥，加入洋蔥、香菜、摩洛哥綜合香料，混合均勻並加鹽調味。將羊柳絞肉做成球狀，冷藏備用。待絞肉球定型後，裹上麵粉、蛋液、麵包粉，此動作重複兩次（見 172 頁）。

甜椒煮——洋蔥、黃椒、紅椒去皮去梗。甜椒加少許橄欖油與鹽，放入真空袋壓縮，以 85℃低溫烹煮二十分鐘。黃椒與紅椒切成 1 公分正方形，顏色交錯排列在方模裡（圖 3-4）。洋蔥切丁，與橄欖油、拍碎的大蒜、百里香、生火腿丁、剩下的彩椒丁、番茄糊和辣椒粉，一起混合均勻，並以小火加熱成糊狀。將混合糊倒入方模，用蒸烤箱 80℃蒸烤十分鐘。

加熱羊骨汁，裝入醬汁壺內。

取一平底炒鍋加熱奶油和拍碎的大蒜，放入羊脊肉，兩面各煎三分鐘，直到羊脊肉呈現完美的粉嫩色澤。將中東肉丸炸熟。

擺盤——羊脊肉切塊。將食材以幾何圖案擺放在盤內。皮奇洛甜椒泥裝入擠花筒，畫出直線，完成。

咖哩羊肋佐茄子

Carré d'agneau au curry et aubergine

羊肋——
3 塊羊肋，每塊約 8 根骨頭
40 克牛油，打成泡泡
鹽、胡椒

甜酥麵包——
175 克牛油
125 克白吐司
2 顆濃縮柳橙汁
60 克黃咖哩醬

醃迷你茄子——
10 根迷你茄子
300 克蜂蜜
4 瓣大蒜，拍碎
40 克薑，磨碎
40 克小茴香籽
1 小撮辣椒粉
150 毫升水
150 毫升雪莉醋

茄子捲餡料——
2 根茄子
50 毫升橄欖油
2 瓣大蒜
少許百里香
10 顆油漬小番茄

茄子捲——
2 根直紋茄子
100 毫升橄欖油
1 顆檸檬，榨汁

擺盤——
10 瓣油漬大蒜
香芹油
250 毫升家禽肉汁（見 72 頁）

羔羊料理
難度：🍳🍳🍳
份量：十人份
製作時間：**1** 小時
烹煮時間：**1** 小時 **20** 分鐘

修整羊肋排。煎上色後放涼，包住骨頭並調味。將羊肋排放入真空袋壓縮，以 59℃ 低溫烹調至中心溫度達到 57℃，取出置於室溫放涼，放入冰水中冷卻。

甜酥麵包——將奶油、吐司、濃縮柳橙汁、咖哩醬混合均勻，倒在烘焙紙上鋪平，上面再覆蓋另一張烘焙紙，冷凍備用。

醃迷你茄子——茄子沿長邊對半切開，放在烤架上烤，並平轉 1/4 圈再烤，烙出格子紋。放入真空袋壓縮，用 90℃蒸烤箱蒸烤一小時。同時取一平底深鍋，用蜂蜜把大蒜、薑、小茴香籽和辣椒粉炒至金黃。倒入水和醋，刮起鍋底焦香。熄火，放入烤好的茄子浸泡幾分鐘入味。

茄子捲餡料——烤箱預熱至 160℃（刻度 5-6）。茄子對半切開，用刀子在茄肉上劃數刀，灑上橄欖油、鹽、胡椒、大蒜和百里香，用鋁箔紙包起來烤二十分鐘。烤好後用湯匙挖出茄肉，先與烤軟的大蒜、油漬番茄用電動攪拌器攪碎至均勻，再加入橄欖油，邊倒油邊規律輕攪，直到完全融合再倒下一次。餡料過篩並調味，裝入擠花袋備用。

條紋茄子用蔬果切片器刨成 0.2 公分厚的薄片（圖 1）。塗上檸檬汁和橄欖油，放入真空袋壓縮，再用 90℃蒸烤箱烹煮二十分鐘。羊肋排放入 57℃低溫烹調機加熱後，放入平底鍋以奶油略煎。取出片狀的甜酥麵包麵團，放入明火烤箱烙烤。把茄子番茄餡擠在條紋茄子薄片上，輕輕折成茄子捲（圖 2-4）。切開羊肋排。

加熱羊骨汁，裝在醬汁壺裡上菜。

擺盤——每個盤子裡放入兩塊羊肋、兩塊醃迷你茄子、一份茄子捲、一片甜酥麵包、一顆帶皮油漬大蒜和數滴香芹油。

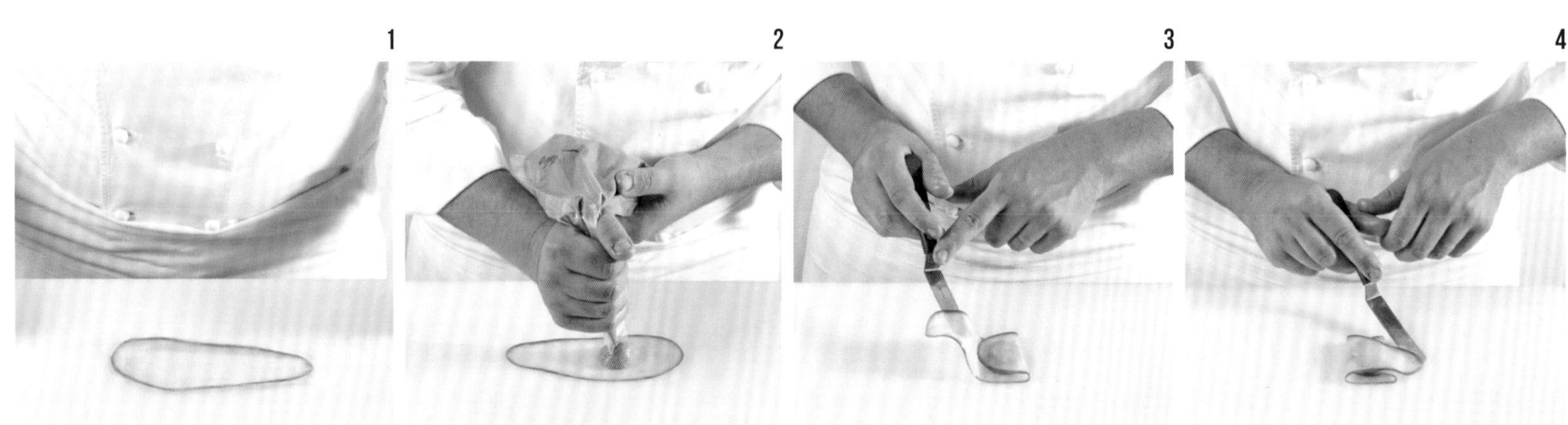

培根、豬肋排、豬耳佐綠扁豆

Petit salé de jambonneau, travers et oreilles de porc aux lentilles du Puy

2 條半鹽豬蹄膀，帶骨煮熟
2 片熟豬耳朵
1.2 公斤半鹽醃豬肋
30 克奶油
1 大匙橄欖油
4 大匙扁葉香芹

燴扁豆——
100 克豬五花
300 克豬油
150 克洋蔥，切丁
3 根紅蘿蔔
1 根芹菜莖
480 克綠扁豆
1 束調味香草束
1 把木犀草（丁香＋黑胡椒）
1 公升白色雞高湯（見 66 頁）

配菜——
12 條嫩蘿蔔
8 個春季嫩白洋蔥（oignon nouveau）
8 把迷你芹菜莖
200 毫升白色雞高湯（見 66 頁）
30 克奶油
1 小撮砂糖
鹽、白胡椒

擺盤——
少許扁葉香芹葉
8 片豬培根脆片
少許紅蘿蔔葉
少許細香蔥嫩尖

豬肉料理
難度：🍳🍳
份量：八人份
製作時間：**45** 分鐘
烹煮時間：**4** 小時

豬蹄膀去皮，若有必要可切段。豬皮切成小丁，豬耳朵切成 4 ～ 5 公分長條。

燴扁豆——烤箱預熱至 130℃（刻度 3-4）。用豬油將豬五花炒至上色，吸乾多餘油脂，保留備用。同鍋再放入豬皮丁和洋蔥炒軟至金黃。紅蘿蔔和芹菜莖切成棒狀，放入鍋中同炒到軟。香草束和木犀草裝入香料包內，和扁豆一起放入鍋中，再加入白色雞高湯、蹄膀、醃豬肋，蓋上蓋子，放進烤箱烤三小時。

蔬菜——嫩蔬菜用鹽水川燙，放入冰水冷卻後瀝水掠乾。

上菜前，用白色雞高湯、奶油和糖，將紅蘿蔔與西洋芹炒至油亮，並用鹽與白胡椒調味。洋蔥對半切開，用榛果奶油將洋蔥切面煎至焦黃，調味。

趁燴扁豆剛剛煮好還保有些許口感時，夾出洋蔥、紅蘿蔔、芹菜莖、香草束、木犀草。取出豬肋排，切成 1.5 公分厚，若需要可再切段。加入豬耳朵和燴扁豆的煮汁。奶油切小塊拌入，混合至勻以增加稠度。依喜好調味，灑入少許橄欖油和切碎的香芹。

把蹄膀和豬肋放在扁豆上，蓋上鍋蓋，以小火加熱。

等到肉夠熱時，平均地放入糖炒蔬菜和炒蔬菜。灑上切碎的扁葉香芹。用豬培根脆片、紅蘿蔔葉、幾片香芹葉裝飾，完成。

cocotte
STAUB

白醬燉布列斯雞佐迷你時蔬

Blanquette de poulet de Bresse, cocotte de petits légumes

燉雞——

- 2 隻布列斯雞
- 1 根紅蘿蔔
- 1 根韭蔥
- 1 顆黃洋蔥
- 2 個丁香
- 1 束調味香草束
- 1 顆紅蔥頭，切片
- 粗鹽
- 粗粒胡椒
- 35 克奶油
- 35 克麵粉
- 2 個蛋黃
- 200 毫升液狀鮮奶油

時蔬——

- 250 克珍珠洋蔥
- 250 克蘑菇
- 2 把帶葉紅蘿蔔
- 2 盒迷你韭蔥
- 50 克麵粉
- 100 克奶油
- 1 把細葉芹

家禽料理

難度：🍳

份量：八人份

製作時間：**30** 分鐘

烹煮時間：**1** 小時 **20** 分鐘 **- 1** 小時 **40** 分鐘

燉雞——布列斯雞火燒除毛，處理乾淨並分切成八塊（見 220 頁），挑出雞腿和雞胸肉。雞腿從關節處切開、雞胸肉切兩半。紅蘿蔔、韭蔥切成骰子塊，洋蔥切半，插入丁香。取一燉鍋，放入雞肉、紅蘿蔔、韭蔥、洋蔥、香草束、紅蔥頭、鹽、胡椒，加入冷水淹過所有食材，蓋上蓋子，以小火微滾煮一小時至一小時二十分鐘。

取出雞肉放在盤子裡。用漏斗型濾器過濾煮汁。將雞肉浸在一半份量的煮汁裡以免肉質變乾。保留另一半的煮汁。製作油糊（見 38 頁），與留下的另一半煮汁混合後煮沸。取一攪拌盆，用打蛋器快速打勻蛋黃和鮮奶油，倒入醬汁裡。調整味道，保溫備用。

時蔬——珍珠洋蔥去皮、蘑菇洗淨擦乾，一起炒上糖色。嫩紅蘿蔔和迷你韭蔥去皮，分別炒上糖色（見 471 頁）。

瀝乾雞肉，浸在白醬中幾分鐘。

擺盤——在盤內放入雞腿和雞胸肉各一塊，擺上所有的迷你蔬菜，滴入幾滴醬汁，裝飾幾片細葉芹，完成。

REVOL

香料鴨菲力佐烤蜜桃

Filet de canette aux épices et pêches rôties

濃縮香料——
10 克粉紅胡椒
10 克茴香籽
1 小撮艾斯伯雷辣椒粉（Espelette）
10 顆芫荽籽
5 克花椒粒
5 克白胡椒粒
100 毫升白酒醋
100 克蜂蜜
100 毫升白酒

烤蜜桃——
8 顆白蜜桃
20 克奶油
30 克砂糖

醬汁——
1 根紅蔥頭，切碎
50 毫升白酒
250 毫升棕色鴨肉高湯（見 68 頁）
10 克奶油

鴨菲力——
8 塊鴨菲力
鹽、胡椒

擺盤——
24 顆烤聖女小番茄
16 顆迷你蕪菁
24 顆珍珠洋蔥

家禽料理
難度：🍳
份量：八人份
製作時間：**40** 分鐘
烹煮時間：**15** 分鐘

濃縮香料——所有香料都磨成粗粒以釋放香氣。取一平底深鍋，放入白酒醋、蜂蜜、白酒以及所有磨成粗粒的香料。煮沸後以小火慢慢收汁。以漏斗型濾器過濾，保溫備用。

烤蜜桃——桃子放入沸水中川燙，然後立刻丟進冰水中冷卻去皮。對半切開，去核，將果肉切成四瓣。取一不沾平底鍋，放入奶油、糖、桃子煮至兩面上色，小心盛起。

醬汁——紅蔥頭炒軟，倒入白酒刮起鍋底焦香。倒入棕色鴨肉高湯、一大匙剛做好的濃縮香料，加熱至沸騰後，用漏斗型細孔濾器過濾，加入奶油並迅速攪拌均勻。

鴨菲力——修整鴨胸，切除多餘脂肪，在鴨皮交叉劃數刀，以便烹煮時釋放鴨油。切除邊緣多餘的鴨皮和筋。用鹽與胡椒調味後，取一平底鍋，鴨皮朝下以中火煎四分鐘。倒出鍋中多餘油脂。等到油都逼出來後，將鴨胸翻面，繼續再煎兩分鐘。

擺盤——鴨菲力刷上濃縮香料並切片。盤子淋上醬汁，擺上鴨菲力、蜜桃、烤小番茄、糖炒迷你蕪菁和珍珠洋蔥，完成。

蜜汁鴨胸佐水果紅酒醬

Magret rosé laqué au miel, sauce sangria

水果紅酒醬——
- 1 公升隆河地區的紅酒
- 1/2 根肉桂棒
- 2 公斤鴨骨
- 35 克市售濃縮番茄糊
- 500 毫升棕色小牛高湯（見 68 頁）
- 30 克奶油
- 100 克粉紅佳人蘋果（pink lady）
- 30 克草莓
- 30 克覆盆子
- 30 克黑醋栗
- 30 克黑莓
- 30 克藍莓
- 1 顆丁香
- 40 克砂糖
- 玉米粉（非必要）

鴨胸——
- 4 塊鴨胸
- 1.5 公斤蓋宏德粗鹽（Guérande）
- 40 克奶油

蘋果薑泥——
- 500 克粉紅佳人蘋果（pink lady）
- 50 克奶油
- 40 克粉紅嫩薑
- 1 根香草莢

配菜——
- 400 毫升柳橙汁
- 4 顆迷你苦苣
- 50 克奶油
- 200 毫升白色雞高湯（見 66 頁）
- 4 顆蟠桃
- 1 公升淡色糖漿

擺盤——
- 蜂蜜
- 少許芫荽籽
- 黑胡椒
- 小豆蔻
- 1 顆柳橙皮碎

家禽料理
難度：
份量：八人份
製作時間：**1** 小時 **15** 分鐘
醃漬時間：**10** 小時
烹煮時間：**2** 小時 **30** 分鐘

鴨肉——前一晚先處理鴨胸。只留一小層鴨胸的油脂，其餘都切除並在表面劃十字。抹一層粗鹽，放置十小時以上去腥。這樣的作法可以讓鴨肉入味，並去除油脂中的水份。

水果紅酒醬——前一晚，先把紅酒與肉桂棒一起煮沸，點燃紅酒燒掉酒精，並以小火收乾 1/3 的紅酒。鴨骨用奶油煎至上色，撇掉油脂後，加入濃縮番茄糊、濃縮好的肉桂紅酒和棕色小牛高湯，熬煮一小時。

蘋果用奶油炒上色，與其他水果、丁香、糖一起加入湯中，煮一個半小時，邊煮邊撇除浮泡。用漏斗型濾器過濾湯汁後放涼，再次撈除表面油脂，再次開火繼續收汁。可視情況加入玉米粉讓醬汁變稠。

蘋果薑泥——蘋果去皮，用少許奶油炒軟。加入薑和香草莢，蓋上鍋蓋煮二十分鐘，直到蘋果軟爛變成果泥。加入增加滑順口感的奶油，一起用電動攪拌器攪打成柔滑的泥狀。

配菜——取一醬汁鍋，加熱柳橙汁收汁。苦苣對半切開，連同奶油、白色雞高湯加入濃縮柳橙汁裡。蓋上一張烘焙紙煮二十分鐘。

蟠桃川燙後，放入淡色糖漿裡煮十五分鐘。煮好後，去皮去核，用少許奶油煎幾分鐘，在蟠桃變色前起鍋。

瀝乾苦苣，切面朝下，用一點點鴨油煎至上色。

擦掉鴨胸的粗鹽。小火融化奶油，用湯匙取油澆淋鴨胸（見 240 頁）。

擺盤——鴨胸上刷一層蜂蜜，灑上芫荽籽、黑胡椒、小豆蔻和橙皮碎，放入明火烤箱烤兩分鐘。盤面裝飾蘋果薑泥，鴨胸對半切長條，淋上水果紅酒醬，放上苦苣和蟠桃。

海鮮布列斯雞佐焗烤通心粉

Volaille de Bresse aux écrevisses, gratin de macaronis

布列斯雞——

2 隻 1.8 公斤重的布列斯雞
40 克麵粉
40 克奶油
5 瓣大蒜
1 小撮艾斯伯雷辣椒粉（Espelette）
鹽、胡椒

海鮮醬——

300 克綜合蔬菜骰子塊（紅蘿蔔、洋蔥、紅蔥頭、西洋芹）
2 瓣大蒜
百里香、月桂葉、迷迭香、香芹
100 毫升干邑白蘭地＋少許
160 毫升不甜白酒
1 公升甲殼類高湯（見 90 頁）
400 毫升高脂鮮奶油
油糊（見 38 頁步驟 1）
60 克海鮮奶油
30 克熟海鮮奶油
1 把龍蒿
1 顆檸檬，榨汁

配菜（螯蝦、迷你美生菜）——

48 隻螯蝦
1 公升煮魚調味湯汁（見 86 頁）
40 克海鮮奶油
16 片迷你美生菜葉
20 克榛果奶油（見 57 頁）
1 瓣大蒜
鹽之花
現磨胡椒
24 片番茄瓣（見 460 頁）
蒔蘿、龍蒿、細香蔥

焗烤通心粉——

500 克通心粉
250 毫升水
750 毫升牛奶
250 克帕馬森起司，刨碎
30 克奶油，加熱融化
百里香

家禽料理
難度：🍳🍳🍳
份量：八人份
製作時間：**1** 小時 **50** 分鐘
烹煮時間：**1** 小時 **20** 分鐘

螯蝦——預留八隻螯蝦擺盤使用，螯蝦去腸泥，蝦螯交叉朝後固定，放入煮魚調味湯汁煮一分鐘。其餘螯蝦也去腸泥，分開頭和身體，保留蝦頭做醬汁。蝦身放入煮魚調味湯汁，水滾後再煮一分鐘。取出放涼，剝掉蝦尾以外的蝦殼。蝦肉調味備用。蝦頭拍碎準備做醬汁。

布列斯雞——布列斯雞清除內臟後切成四塊。切除雞翅尖端、雞翅和雞腿的骨頭。切除少許肉露出骨頭，在表皮劃幾刀，綁好。保留雞肝和雞心。雞骨和內臟灑上麵粉後，燒熱奶油和大蒜，煎至上色，再用鹽、胡椒、辣椒粉調味。澄清油脂，保留備用。

醬汁——在剛才的澄清雞油裡加入綜合蔬菜骰子塊和大蒜，炒至金黃，再加入拍碎的蝦頭煮五分鐘。加入新鮮香草、雞肉和雞骨。倒入干邑白蘭地並點燃酒精，用白酒刮起鍋底焦香，煮到收乾。收乾後，加入甲殼類高湯淹過所有食材，蓋上鍋蓋小火煮二十分鐘。先取出雞胸肉，並讓雞腿繼續多煮十五分鐘。醬汁收到原份量 3/4 時，加入鮮奶油煮至沸騰。用漏斗型濾器過濾後，加入油糊、海鮮奶油勾芡，加入龍蒿使其入味兩分鐘，再次過濾。加入幾滴檸檬汁、幾滴白蘭地，用鹽、白胡椒、辣椒粉調味後，淋在雞肉上。

迷你美生菜——用榛果奶油和大蒜炒菜，再用鹽之花和現磨胡椒調味。

焗烤通心粉——牛奶加水後煮沸，丟入通心粉煮五分鐘，以大蒜和鹽巴調味。通心粉煮到半熟時撈出瀝乾，與鮮奶油一起煮到軟熟。加入 2/3 份量的刨碎帕馬森起司混合均勻，倒入事先抹了奶油的烤盤，灑上剩下的帕馬森起司和百里香，淋上少許融化奶油，焗烤至表面金黃，與雞肉一起上桌。

上菜前，加熱海鮮奶油，迅速澆淋蝦肉。在最後一刻加熱那八隻預留擺盤使用的螯蝦，裹上一層橄欖油使其油亮。

雞肉與醬汁放入鍋中，蓋著鍋子慢慢加熱，最後把蝦肉、美生菜、番茄瓣一起放入鍋中，以新鮮香草裝飾，完成。

STAUB
STAUB

迷你白香腸佐鮮菇醬炒菇

Petits boudins blancs, pôelée de champignons, sauce mousseuse truffée

調味牛奶——
475 毫升牛奶
100 克紅蘿蔔
100 克洋蔥
1 顆柳橙皮碎
少許月桂葉
少許百里香葉

白香腸餡——
150 克白洋蔥，切碎
30 克奶油
375 克帶腿雞胸
75 克豬肥油（背部）
30 克豬油
100 毫升液狀鮮奶油
45 克馬鈴薯粉
4 個蛋白
少許松露醬和汁

白香腸腸衣——
2 公尺羊腸衣
1 公升牛奶
1 顆柳橙皮碎
少許百里香
少許月桂葉

炒菇——
70 克乾羊肚菌
60 克綜合菇類（牛肝菌、雞油菌、喇叭菌、捲緣齒菌等）
50 克紅蔥頭，切碎
4 瓣大蒜，剁碎
3 大匙香芹和龍蒿
50 克奶油

松露慕斯——
300 毫升金黃雞高湯（見 74 頁）
300 毫升液狀鮮奶油
20 克奶油
少許松露醬和汁
1 顆檸檬，榨汁

擺盤——
10-30 片松露（非必要）
1 顆檸檬，榨汁
幾根細葉芹、細香蔥
1 顆柳橙皮碎
4 小匙牛肚菌粉

家禽料理
難度：🍳🍳🍳
份量：八人份
製作時間：**1** 小時 **30** 分鐘
香菇泡發時間：**12** 小時
烹煮時間：**40** 分鐘

前一天，乾羊肚菌浸水泡開。

隔天，牛奶和用來為牛奶調味的所有材料（紅蘿蔔、洋蔥、柳橙皮碎、月桂葉與百里香）一同熬煮。同時間，混合奶油和白洋蔥末，和香腸餡所有材料（帶腿雞胸、豬肥油、豬油、鮮奶油、馬鈴薯粉、蛋白）一起用電動攪拌器攪打混勻，再加入滾燙的調味牛奶繼續混勻，最後加入松露醬和松露汁，調味備用。

白香腸——將肉餡灌入腸衣，扭出二十四條長約 4 公分的小香腸。取一平底深鍋，倒入牛奶和 1 公升水一起燒熱，香腸放入煮二十分鐘後，移入冰水中降溫。

炒菇——瀝乾羊肚菌，保留香菇水。各種菇分別用少許奶油炒軟後，留下煮汁。取另一個鍋子用奶油炒紅蔥頭和大蒜，再加入炒好的菇類和香草。

松露慕斯——將雞高湯、香菇水、香菇煮汁一同煮沸，加入鮮奶油、奶油、松露醬、松露汁和少許檸檬汁，調味，打勻使其乳化。

擺盤——取一深盤，將白香腸放在盤中央，擺上香草綜合炒菇。加入慕斯、滴上松露油。以細香蔥、細葉芹和幾片松露裝飾。灑上少許柳橙皮碎、牛肚菌粉、香草，完成。

微溫乳鴿沙拉佐精緻鹹點與培根鵝肝

Pigeon tiède en salade, béatilles, gros lardons de foie gras

乳鴿——

2 隻乳鴿（Bleu-Blanc-Coeur [*1]）
1 公斤粗鹽
少許百里香
胡椒
3 瓣大蒜
鴨油

鵝肝條——

250 克生鵝肝

精緻抹醬——

50 克生鵝肝，切小塊
60 克紅蔥頭，切碎
500 毫升干邑白蘭地
50 克半熟鵝肝（非必要）
2 條法國麵包
1 瓣大蒜

配菜和擺盤——

3 把捲葉生菜
100 毫升白醋
8 顆鵪鶉蛋
2 把春季嫩白洋蔥（oignon nouveau）
20 克芥菜苗
20 克甜菜苗
20 克水菜
橄欖油
1 顆檸檬，榨汁
8 小匙陳年巴薩米克醋
350 毫升青香橄欖油 [*2]
1/4 把扁葉香芹
帕馬森起司片
8 瓣油漬大蒜
8 顆中型帶梗小酸豆

家禽料理
難度：🍳🍳🍳
份量：八人份
製作時間：**45** 分鐘
醃漬時間：**3** 小時
烹煮時間：**1** 小時

乳鴿——烤箱預熱至 180℃（刻度 6）。清除乳鴿內藏，保留鴿心和鴿肝。切開鴿腿和鴿胸肉，抹上粗鹽、百里香、胡椒、一瓣大蒜，醃漬三小時。之後把鹽擦掉，在鴨油裡浸泡一小時。取一燉鍋，用少許鴨油、兩瓣帶皮大蒜、百里香葉，將鴿肉帶皮那面煎至金黃，整鍋放入烤箱烤十分鐘。取出後稍微放涼，棒腿、鴿骨架和汁水等，則留著最後調味用。

精緻抹醬——取一平底鍋，將鵝肝塊煎至金黃。取出鵝肝，保留油脂。油脂稍後將用來浸漬紅蔥頭。將鴿內臟快速炒至變色半熟後，加入剛才的鵝肝油，倒入干邑白蘭地刮起鍋底焦香、燒掉酒精，盛入盤中。待涼後，調整味道，用刀子切碎，加入半熟鵝肝丁。法國麵包切斜長塊，放入烤麵包機微烤，再用大蒜輕輕抹過，以抹刀均勻塗上精緻沾醬。

捲葉生菜——生菜只保留黃綠色和淺綠色的部分，浸入加了醋的冰水裡。

溏心鵪鶉蛋——水滾加鹽，放入鵪鶉蛋煮兩分二十秒，剝殼泡冷水備用。

取一燉鍋，放入完整的嫩白洋蔥煮幾分鐘，取出對半切開，放入平底鍋裡，切面朝下煎至上色。

鵝肝切長條，煎至上色（見 256 頁步驟 3 和 4）。

瀝乾捲葉生菜，與芥菜苗、甜菜苗、水菜混合。橄欖油和檸檬汁混勻為調味汁，淋在生菜上調味。

擺盤——每一個盤子內把生菜擺成鳥窩狀，一盤擺入一份對半切開的溏心鵪鶉蛋、金黃色的嫩白洋蔥和鵝肝條。

加熱鴿胸肉，去骨去皮後切片，排在法國麵包上，灑上鹽之花和胡椒調味。

在鴿肉煮汁中加入 1 小匙陳年巴薩米克醋、少許橄欖油、切碎的扁葉香芹。裝飾幾片帕馬森起司、油漬大蒜和帶梗酸豆，完成。

＊1　Bleu-Blanc-Coeur，指用均衡的飲食餵養農場動物，以減少其溫室氣體排放量。

＊2　青香橄欖油（huile d'olive fruitée verte）：根據橄欖成熟程度不同而製作的橄欖油，由於果實顏色是由青變紫紅、變全黑，以顏色來作為分類方式。青香橄欖油帶有朝鮮薊等綠色蔬果香氣，另外還有紅香（mûr）與黑香（noir）。

烤乳鴿佐法式橄欖脆餅

Pigeon laqué, panisses et olives

烤乳鴿——
5 隻 500-600 克重的血鴿*
300 克榛果，壓碎
1 顆柳橙皮碎
1 瓣大蒜
橄欖油和奶油
100 毫升高脂鮮奶油
精鹽、黑胡椒

法式脆條——
2 公升水
10 克精鹽
橄欖油
500 克鷹嘴豆粉
100 克帕馬森起司，刨碎
100 克黑橄欖，切絲
1 公升花生油
10 根竹籤

醬汁——
300 毫升乳鴿肉汁（見 72 頁）
2 顆白洋蔥
50 克砂糖
50 毫升豬血
50 毫升雪莉醋
20 顆酒紅橄欖
鹽、現磨胡椒

配菜——
2 把芹菜莖
100 毫升白色雞高湯（見 66 頁）
橄欖油
1 小球奶油
1 小撮鹽

擺盤——
20 克芝麻葉

＊ 指宰殺時不放血，以保留肉質柔嫩。本用於鴨肉，為法國宮廷名菜食材，此處用同樣的手法處理鴿肉。

家禽料理
難度：♛♛♛
份量：十人份
製作時間：**1** 小時
冷藏時間：**45** 分鐘
烹煮時間：**3** 小時

燒除乳鴿表皮除毛，清除內臟。保留鴿肝和鴿心並切塊，放入冰箱保存。切下鴿腿並去骨，塞入碎榛果和柳橙皮碎，用保鮮膜捲起來（圖 1-4），放入真空袋壓縮，放入低溫烹調機以 75℃低溫烹調三小時。

切除鴿翅尖端、鎖骨（Y 字型的骨頭）。鴿胸肉切淨備用。

法式脆條——份量一半的水加入鹽與橄欖油，煮沸。另一半冷水與鷹嘴豆粉攪拌均勻。將熱水倒入冷鷹嘴豆糊，一起煮二十分鐘，邊煮邊不停攪拌。快煮好時，加入刨碎的帕馬森起司和橄欖細絲，拌勻。倒入事先鋪妥保鮮膜的烤盤內，再蓋上另一張保鮮膜，壓上重物，冷藏。

醬汁——洋蔥剝皮切碎，和糖一起煮至焦糖化，形成均勻光滑的洋蔥醬。加入一半的乳鴿肉汁、碎鴿心、碎鴿肝、豬血，用小火加熱十分鐘，用電動攪拌器攪打均勻並用漏斗型濾器過濾，調整味道。

配菜——西洋芹去梗，切成長段，保留葉片擺盤，挑出黃嫩葉備用。西洋芹、白色雞高湯、橄欖油、奶油、鹽全放進真空袋壓縮，低溫烹煮至變軟，放入冰水中冷卻。

烤箱預熱至 180℃（刻度 6）。取一醬汁鍋燒熱奶油至起泡，和拍碎的大蒜一起煎鴿胸肉，再放進烤箱烤六分鐘，離火靜置十分鐘。

另一半的乳鴿醬汁收汁濃縮，加入橄欖絲和切成小塊的奶油，輕輕搖晃鍋子使奶油自然融化，增加稠度。裝入醬汁壺備用。

加熱一球奶油和少許橄欖油，芹菜莖連同煮汁一起加入拌炒。用花生油炸法式脆條。再用少許油將鴿腿帶皮那面煎至金黃。取出烤好的鴿胸並切下外皮，淋上醬汁，劃幾道高脂鮮奶油。

擺盤——每個盤子裡鋪一片西洋芹，擺上一塊鴿肉，旁邊再放鴿腿。將法式脆餅用竹籤串起來，灑上西洋芹葉和芝麻葉，完成。

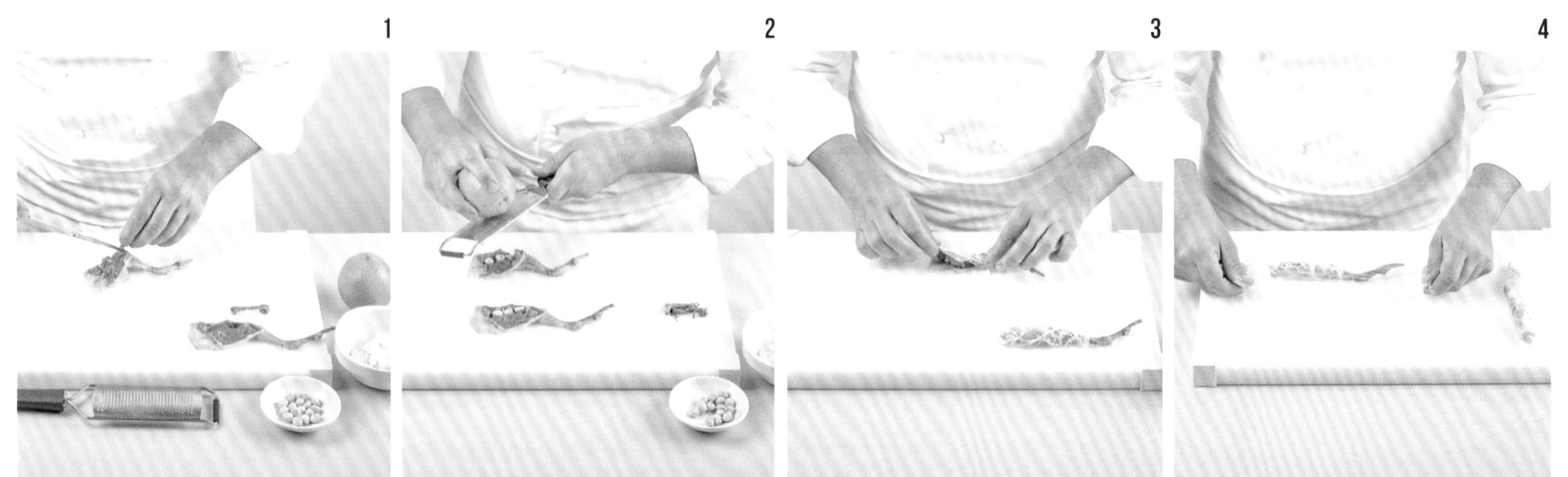

小牛胸腺佐糖炒鮮蔬與香草辣醬

Pomme de ris de légumes glacés, jus pimenté à la vanille

1.2 公斤小牛胸腺
50 克麵粉
150 毫升橄欖油
40 克奶油
4 瓣大蒜
1 小撮艾斯伯雷辣椒粉（Espelette）
鹽、胡椒

香草辣醬——
50 克洋蔥
20 克紅蔥頭
50 克紅蘿蔔
20 克芹菜莖
3 瓣大蒜
2 顆番茄
2 大匙市售濃縮番茄糊
2 根泰式辣椒
1 根香草莢，取籽
100 毫升不甜白酒
200 毫升白色雞高湯（見 66 頁）
150 毫升釉汁（見 70 頁）
少許百里香、月桂葉、羅勒、龍蒿

配菜——
24 根迷你帶葉紅蘿蔔
24 顆迷你帶葉蕪菁
16 根迷你韭蔥
120 克荷蘭豆
1/4 個青花菜
8 顆帶藤聖女小番茄
24 片番茄瓣（見 460 頁），半漬
50 毫升濃縮白色雞高湯（見 66 頁）
30 克奶油
1 顆柳橙，榨汁

擺盤——
少許羅勒和細香蔥嫩尖
少許炸羅勒葉
少許炸蒔蘿嫩尖、少許新鮮蒔蘿
少許細葉芹
少許紅蘿蔔葉

內臟料理
難度：🍳🍳
份量：八人份
製作時間：**45** 分鐘
冷藏時間：**12** 小時
烹煮時間：**15** 分鐘

小牛胸腺——川燙後切除多餘的筋、血管。上壓重物冷藏一晚。

香草辣醬——洋蔥、紅蔥頭、紅蘿蔔、芹菜莖、大蒜剝皮，洗淨切小塊，用橄欖油炒軟，再加入番茄、濃縮番茄糊、辣椒、香草莢和香草籽同炒。倒入白酒刮起鍋底焦香，煮至收汁。倒入白色雞高湯，蓋上鍋蓋，以小火燉煮。用漏斗型濾器過濾，加入釉汁並調整味道。再過濾一次，備用。

配菜——事先處理好各種蔬菜，鹽水川燙後沖涼冷卻。上菜前，用少許白色雞高湯、奶油、柳橙汁炒裹。

小牛胸腺上灑薄麵粉。燒熱橄欖油、奶油和大蒜，放入小牛胸腺，兩面各煎五分鐘，用鹽、胡椒、辣椒粉調味。

擺盤——小牛胸腺起鍋後立即放入盤內，擺上蔬菜，淋上香草辣椒汁；部分香草用蔬菜油炸幾分鐘，連同新鮮香草一起裝飾盤面，完成。

炙烤比目魚佐貝亞恩醬

Petite sole grillée et sa béarnaise

比目魚——
8 條比目魚
20 毫升花生油
鹽、胡椒

貝亞恩醬——
60 克紅蔥頭
150 毫升白酒醋
150 毫升白酒
5 克粗粒胡椒
1/2 把龍蒿
6 個蛋黃
400 克澄清奶油（見 56 頁）
1/2 把細葉芹
1/2 把扁葉香芹
鹽、胡椒

擺盤——
1 株苦苣
4 顆檸檬

魚料理
難度：
份量：八人份
製作時間：**1** 小時
冷藏時間：**20** 分鐘
烹煮時間：**40** 分鐘

比目魚——去除黑色魚皮，清除內臟，魚鱗刮除乾淨。用冷水洗淨後用廚房紙巾擦乾，冷藏二十分鐘。

紅蔥頭泥——取一平底深鍋，將切碎的紅蔥頭、白酒醋、白酒、胡椒、龍蒿，收汁為原本份量的 3/4。用漏斗型濾器過濾，備用。

沙巴雍——取另一鍋，加入 2 大匙水和蛋黃，用打蛋器快速攪拌至微微冒泡的沙巴雍狀，文火加熱，注意溫度要保持在 60-62℃以下，一旦沙巴雍到達這個溫度或是看見鍋底，迅速離火並緩緩倒入澄清奶油，攪拌到均勻細緻的霜狀。

加入紅蔥頭泥、鹽和胡椒。混入少許龍蒿嫩尖、細葉芹和扁葉香芹末，視口味調整味道。

烤箱預熱到 170℃（刻度 5-6）。取一燒烤架，比目魚用橄欖油、鹽和胡椒調味後，先烤帶皮那一面。比目魚轉九十度後再放回烤架上，烙烤出格子紋。另一面重複同樣手法。最後再放入烤箱，烤四到六分鐘。

擺盤——盤子上放一條比目魚，貝亞恩醬用苦苣葉、龍蒿嫩尖裝飾，依喜好放一片檸檬角，完成。

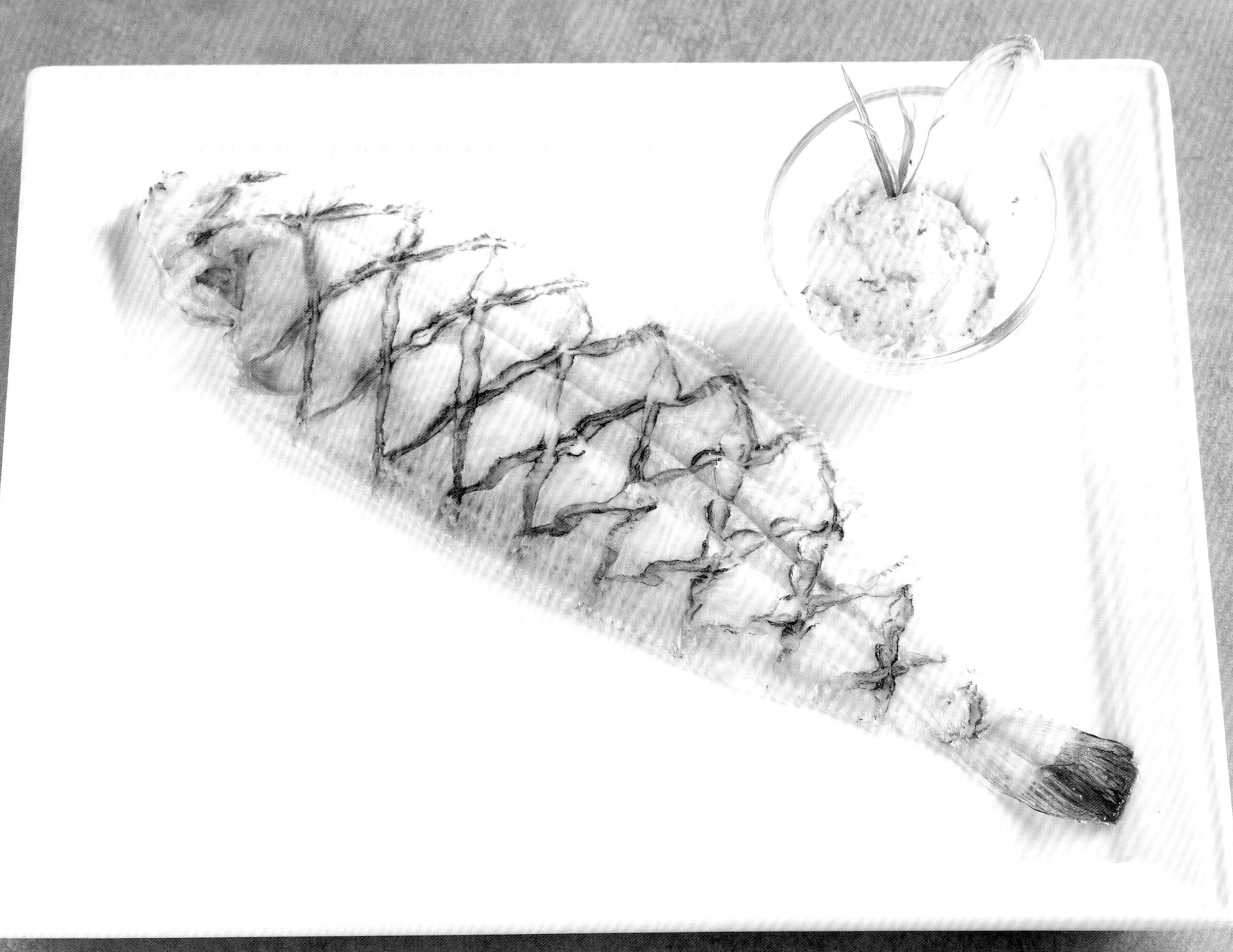

香煎鯛魚佐藜麥手抓飯與魚骨汁

Dos et ventre de dorade, pilaf de quinoa, jus d'arête

鯛魚和魚骨汁——

- 4 隻鯛魚，一隻約 500 克
- 80 克紅蔥頭
- 100 克蘑菇
- 4 大匙橄欖油
- 3 瓣大蒜
- 1 根百里香
- 1 片月桂葉
- 7 大匙苦艾酒
- 400 毫升家禽肉汁（見 72 頁）

藜麥手抓飯——

- 1 顆紅椒
- 1 顆青椒
- 50 克洋蔥
- 30 克奶油
- 200 克紅白藜麥
- 1 束調味香草束
- 300 毫升白色雞高湯（見 66 頁）
- 1/4 顆漬檸檬

擺盤——

- 16 顆油漬聖女小番茄
- 橄欖油
- 80 克海蘆筍

魚料理
難度：
份量：八人份
製作時間：**1** 小時 **20** 分鐘
烹煮時間：**45** 分鐘

鯛魚——切下鯛魚排，取下魚骨。保留魚骨用於煮湯，魚排沿長邊切成兩片。

魚骨汁——魚骨洗淨。紅蔥頭去皮切碎，蘑菇切片。取一平底鍋，先用橄欖油將魚骨炒至上色，再加入未剝皮的大蒜、百里香、月桂葉、碎紅蔥頭和蘑菇片同炒。炒五分鐘後，加入苦艾酒收汁。接著倒入家禽肉汁，轉小火煮二十分鐘。用漏斗型濾器過濾。如果湯汁太稀可以繼續收汁，如果太稠則加入少許水。

藜麥手抓飯——青椒、甜椒去蒂去籽，切成迷你細丁；洋蔥切丁。全部用奶油炒軟後，加入藜麥、香草束、白色雞高湯，蓋上鍋蓋以小火熬煮二十分鐘，加入事先切丁的漬檸檬。

小番茄燙煮去皮，浸入橄欖油中。海蘆筍用冷水清洗兩次以淡化鹹味，仔細擦乾，用橄欖油清炒。

鯛魚帶皮那面朝下，用橄欖油煎三分鐘，翻面再煎幾秒，起鍋。

擺盤——每個盤子擺入兩塊鯛魚排，將手抓飯堆成長方形，上面擺放小番茄和海蘆筍，用醬汁畫圓裝飾，完成。

白鮭佐鮮貝與糖炒青蔬

Filet de féra, coquillages et légumes glacés

糖炒青蔬——

1 把帶葉紅蘿蔔
1 把帶葉蕪菁
1 盒迷你茴香
1 盒迷你韭蔥
40 克奶油
1 小撮砂糖
蓋宏德鹽之花（Guérande）
現磨黑胡椒

酒蒸貝——

300 克獅蚶
300 克布修淡菜（bouchot*）
2 顆紅蔥頭
50 克奶油
200 毫升白酒
1 束調味香草束
130 克奶油

白鮭排——

4 片白鮭排，一片 200-250 克
蓋宏德鹽之花（Guérande）
現磨胡椒

擺盤——

1 把細香蔥
1 把扁葉香芹

魚料理
難度：♚
份量：八人份
製作時間：**30** 分鐘
烹煮時間：**15** 分鐘

糖炒青蔬——輕輕刮下紅蘿蔔和蕪菁嫩皮後，洗淨備用。茴香切去頭尾。迷你韭蔥剝除外皮後洗淨。

用少許水、奶油、糖、鹽與黑胡椒，將每樣蔬菜分開炒過，炒至水份蒸發、蔬菜裏上一層糖色即可。

酒蒸貝——洗淨獅蚶和布修淡菜後瀝乾。

用奶油炒軟碎紅蔥頭，並在上色之前加入白酒、香草束、淡菜和獅蚶。大火蓋鍋煮兩到三分鐘。

用漏斗型濾器濾出一半湯汁，裝入小鍋子裡，收乾到原份量的一半。剩下的奶油切小塊後加入，輕晃鍋子使奶油自然融化，增加醬汁濃稠度。

白鮭——修整白鮭的形狀，去骨，切半後在表皮劃數刀，灑上鹽與胡椒。用小火每面各煎三分鐘。

擺盤——在每個盤子裡擺上數根糖炒青蔬、貝類、白鮭、醬汁、切碎的新鮮香草，完成。

* 布修淡菜（bouchot）：以傳統手法養殖的淡菜，貝殼小，肉質豐滿。

西班牙香腸串鱈魚佐白豆泥

Pavé de cabillaud lardé au chorizo, mousseline de Paimpol

白豆泥——
- 2 公斤白豆
- 1 公升金黃雞高湯（見 74 頁）
- 1 束調味香草束
- 150 克奶油，室溫軟化
- 200 毫升液狀鮮奶油

西班牙香腸串鱈魚——
- 1 公斤鱈魚
- 300 克西班牙香腸，切成細條
- 200 毫升橄欖油
- 150 克聖女小番茄
- 2 瓣大蒜
- 1/2 把百里香
- 2 顆紅蔥頭
- 1 小撮艾斯伯雷辣椒粉（Espelette）
- 1 把細香蔥
- 蓋宏德鹽之花（Guérande）
- 現磨胡椒

魚料理
難度：🍳
份量：八人份
製作時間：30 分鐘
烹煮時間：50 分鐘

剝除白豆豆莢，與香草束一起放入金黃雞高湯煮沸，熬煮三十到四十分鐘，期間需撇去浮沫。撈出白豆瀝乾，保留煮汁。預留少許白豆擺盤用，其餘放入蔬菜研磨器磨成泥。拌入奶油、鮮奶油和少許煮汁。將白豆泥過篩，保溫備用。

鱈魚切成八份，在魚肉最厚處劃刀，插入西班牙香腸條。保留塞不下的多餘香腸條。

小火加熱橄欖油，將多出來的香腸細棒浸入使其入味。用漏斗型濾器過濾橄欖油。

烤箱預熱至 170℃（刻度 5-6）。烤盤上放聖女小番茄，灑上鹽、胡椒，倒幾滴橄欖油，加入拍碎的大蒜、百里香、紅蔥頭和辣椒粉，烤四分鐘。

鱈魚皮灑上鹽和胡椒，取一平底鍋加熱橄欖油和奶油，皮朝下小火煎三到四分鐘，邊煎邊用湯匙撈油澆在魚肉上。翻面再煎三分鐘，離火。

擺盤——盤上放兩球白豆泥、適量小番茄、一塊鱈魚、幾顆白豆，擺上少許西班牙香腸條，滴上幾滴肉香橄欖油做裝飾，完成。

尼斯風味鯔魚佐夏陽香氛麵包

Filets de rougets barbets de roche, à la niçoise, tartine au parfum de soleil

鯔魚排——
8 塊鯔魚排，每塊 80-100 克
2 大匙橄欖油
5 瓣大蒜，切薄片
少許羅勒、百里香、迷迭香、墨角蘭嫩尖
鹽、胡椒
1 小撮艾斯伯雷辣椒粉（Espelette）

茄泥——
600 克茄子
2 大匙橄欖油
少許迷迭香、百里香、月桂葉、羅勒嫩尖
1 球大蒜
少許紅糖
150 克白洋蔥，切碎
1-2 顆檸檬，榨汁
橄欖油
2 大匙香菜，切碎

番茄糊——
8 大匙番茄糊（見 460 頁）
橄欖油
2 大匙羅勒，切碎
1 大匙熟松子

橄欖醬——
200 克去核酒紅橄欖
8-10 條鯷魚
1 瓣大蒜
3 大匙橄欖油

烤鄉村麵包片——
1 條鄉村麵包
橄欖油
1 瓣大蒜

擺盤——
24 片乾燥番茄瓣
少許羅勒和紫羅勒嫩尖
24 片中型炸羅勒葉
少許細香蔥尖
24 顆帶梗酸豆
4 朵乾燥櫛瓜花
1 小匙漬檸檬皮碎
1 大匙陳年巴薩米克醋
1 大匙市售青醬
橄欖油
32 朵食用花

魚料理
難度：🍳🍳
份量：八人份
製作時間：**1** 小時
醃漬時間：**2** 小時
烹煮時間：**1** 小時

鯔魚——片下魚肉，挑淨魚刺，與橄欖油、大蒜、各種香草末一起醃漬兩小時。上菜之前再用醃漬的油煎熟，將魚肉煎至金黃。用鹽之花、現磨胡椒、辣椒粉調味。

茄泥——烤箱預熱至 170℃（刻度 5-6）。茄子對半切開，在茄肉上交叉劃數刀，淋上橄欖油、灑上香草末。將茄子放入烤盤，茄肉上頭鋪放對切的蒜頭片，蓋上鋁箔紙，烤三十分鐘直到茄子變軟。

茄子一出爐，先刷一層烤茄子的油，再灑上少許紅糖。烤箱溫度提高到 220℃（刻度 7-8），茄子放回烤箱，烤到茄子表面焦糖化，同時密切注意不要烤焦。用湯匙刮下茄肉，用濾網布過濾，去除多餘油脂。

一球大蒜去皮備用。

取一平底鍋，用橄欖油將洋蔥炒軟，並在洋蔥變色前加入茄子肉、大蒜、香草，蓋上鍋蓋煮二十分鐘。冷卻後，灑入少許橄欖油和檸檬汁，加入香菜末，調整味道。

番茄糊——將橄欖油以規律的速度加入番茄糊裡，邊倒邊輕輕攪拌，直到融合均勻再倒新的。加入羅勒末和松子。調整味道。

橄欖醬——橄欖與鯷魚、大蒜、橄欖油用電動攪拌器均勻攪打成醬狀，依喜好調味。

烤鄉村麵包片——為每一位客人準備三片 1.5 公分厚的麵包片。刷上少許橄欖油，用烤麵包機將兩面都烤過，再用大蒜輕輕塗抹表面。

擺盤——擺上分別抹了橄欖醬、茄子醬和番茄糊的三片鄉村麵包，麵包上再放上少許鯔魚。放上番茄瓣、新鮮羅勒嫩尖、細香蔥、酸豆、櫛瓜花、鹽漬檸檬絲。最後用陳年醋畫盤、淋幾滴青醬，灑一點橄欖油，放上花朵，完成。

炙烤安康魚佐新式鮮蔬高湯醬

Lotte comme un rôti, nage de légumes nouveaux liés au pistou

安康魚——
- 1.6 公斤安康魚尾
- 100 克橄欖醬
- 20 瓣番茄（見 460 頁）
- 20 片羅勒葉，川燙
- 20 片豬五花
- 200 克豬網油
- 1 大匙初榨橄欖油
- 30 克奶油
- 5 瓣大蒜
- 鹽之花
- 1 小撮艾斯伯雷辣椒粉（Espelette）
- 1 顆檸檬皮碎

新式鮮蔬高湯醬——
- 1 小匙橄欖油
- 80 克豬五花
- 3 瓣大蒜
- 12 顆小的春季嫩白洋蔥（oignon nouveau）
- 1 顆茴香
- 2 把嫩芹菜莖
- 12 根白蘆筍
- 8 根帶葉紅蘿蔔
- 12 個帶葉蕪菁
- 400 毫升魚高湯（見 88 頁）
- 1 束香草束（迷迭香、蒔蘿、百里香、月桂葉、羅勒）
- 30 克半鹽奶油（諾曼生乳製）
- 12 顆聖女小番茄
- 12 片乾番茄瓣
- 2 大匙蠶豆
- 2 大匙豌豆
- 40 克荷蘭豆
- 40 克特級四季豆
- 4 條雌迷你櫛瓜
- 1 大匙市售青醬
- 檸檬汁或檸檬醋
- 橄欖油
- 2 大匙羅勒，切碎
- 鹽、胡椒

擺盤——
- 2 片伊比利火腿（jabugo＊）
- 160 克帕馬森起司，刨碎
- 4 朵乾燥櫛瓜花
- 12 朵羅勒嫩尖
- 少許芝麻葉
- 少許烤松子
- 少許精鹽、鹽之花、現磨胡椒

魚料理
難度：🍳🍳
份量：八人份
製作時間：**1** 小時
烹煮時間：**15** 分鐘

配菜——烤箱預熱至 80℃（刻度 2-3）。用切片機切下四片伊比利火腿薄片，捲成 5-6 公分長的小捲。刨一小堆帕馬森起司，用不沾鍋加熱成脆片。川燙過的櫛瓜花放在矽膠烘焙墊上烤幾分鐘，使其乾燥。

安康魚——烤箱預熱至 180℃（刻度 6）。片下魚肉，挑淨魚刺。用刀子在魚肉上劃刀，橄欖醬裝入擠花筒裡，擠在劃開處，再把魚肉兩片疊起來，上面整齊擺上番茄瓣。用川燙過的羅勒葉和豬五花肉片把魚肉裹起來，最後再用豬網油整個包好並綁牢。加熱橄欖油和奶油、未剝皮的蒜頭，放入魚肉捲煎至上色，再用烤箱烤十二分鐘，期間定時澆油避免魚肉乾掉。等到魚肉中央溫度到 56 ～ 58℃時，取出魚肉捲，在烤架上靜置五分鐘，每盤分一到兩塊，灑上鹽之花、辣椒粉、檸檬皮碎。

新式鮮蔬高湯醬——取一平底鍋，把事先切塊的豬五花用橄欖油炒上色。

同鍋保留油脂，煎大蒜、洋蔥、茴香、芹菜莖和蘆筍，再加入紅蘿蔔和蕪菁。加入魚高湯煮到小滾後，加入香草束，蓋上鍋蓋，以小火煮到蔬菜熟軟。

倒出蔬菜湯汁，奶油切小塊分次加入湯汁裡，邊加邊輕晃鍋子使奶油自然融化，增加濃稠度。綠色蔬菜（豆莢、櫛瓜）事先用鹽水川燙。取一平底鍋，放入豬五花丁、小番茄、乾番茄瓣、燙好的綠色蔬菜，再加入青醬。以少許檸檬汁或檸檬醋增加酸度。倒入少許橄欖油，邊倒邊規律輕拌，直到融合均勻。起鍋前灑上羅勒末，依喜好調味。

擺盤——取一深盤排好蔬菜，倒入已稠化的蔬菜湯汁。中間擺上魚肉塊、蘆筍尖、羅勒、芝麻葉、櫛瓜花、帕馬森起司脆片、伊比利火腿捲。灑上烤松子和少許橄欖油，完成。

＊ jabugo 是伊比利火腿知名產區，味道濃郁，以煙燻堅果味著名。

烤多寶魚佐馬鈴薯雞油菌和墨魚油醋青蔬

Turbot rôti, pommes de terre, girolles, blanc de seiche et vierge de légumes au basilic

多寶魚和墨魚——
- 4 條多寶魚，每條 1.2-1.3 公斤
- 少許乾燥茴香葉
- 2 瓣大蒜
- 少許百里香
- 300 克墨魚肉
- 橄欖油
- 粗鹽
- 200 克半鹽奶油

配菜——
- 600 克雞油菌
- 100 毫升橄欖油
- 少許乾燥茴香葉
- 少許百里香
- 2 瓣大蒜
- 鹽
- 500 克小馬鈴薯
- 100 毫升白酒

油醋青蔬——
- 30 克黃櫛瓜
- 30 克紫櫛瓜
- 20 克小黃瓜，留皮去籽
- 20 克芹菜莖
- 50 克番茄
- 20 克紫洋蔥
- 40 克熟松子
- 40 克黑橄欖
- 350 毫升青香橄欖油*
- 3 大匙巴薩米克醋
- 25 毫升義大利紅酒醋（barolo）
- 1/4 把矮生羅勒
- 精鹽
- 1 小撮艾斯伯雷辣椒粉（Espelette）

擺盤——
- 1 小把春季嫩白洋蔥（oignon nouveau）
- 4 顆紅椒
- 8 瓣油漬大蒜
- 8 顆帶梗酸豆
- 矮生羅勒、羅勒、紫羅勒

魚料理
難度：●●
份量：八人份
製作時間：**1** 小時
烹煮時間：**45** 分鐘

多寶魚和墨魚——清除多寶魚內臟，清除魚眼睛。在魚肚裡塞乾茴香、未剝皮的大蒜、百里香。準備其他食材時先冷藏備用，烹煮前二十分鐘再拿出來。清洗墨魚，兩面各細細劃上數刀，冷藏備用。

配菜——烤箱預熱至 170℃（刻度 5-6）。雞油菌徹底洗淨後擦乾。燒熱橄欖油，將雞油菌與茴香、大蒜同炒兩分鐘，加鹽調味，瀝乾靜置備用。馬鈴薯洗淨，放入燉鍋裡與未剝皮的大蒜、百里香一起炒，加入白酒刮起鍋底焦香，蓋上鍋蓋，放入烤箱油封烤三十分鐘。

油醋青蔬——櫛瓜、小黃瓜、芹菜莖和番茄切成迷你細丁。紫洋蔥切碎。混合烤松子、黑橄欖、橄欖油、巴薩米克醋、紅酒醋、矮生羅勒葉、鹽、辣椒粉。

烤箱預熱至 180℃（刻度 6）。多寶魚用橄欖油和粗鹽調味，放上燒烤架，上菜面朝上，抹上半鹽奶油，烤十到十二分鐘，中間不時撈油脂澆在魚肉上，出爐後用鋁箔紙蓋起來，靜置一旁。

同時間，取一平底鍋，燒熱烤魚的油脂，先炒雞油菌，再加入嫩白洋蔥細絲和紅椒粗絲，灑上切粗末的碎香芹。

墨魚切成小條後，用大火快炒。

多寶魚放入烤箱再加熱三分鐘，剝掉黑色的魚皮，將佐料在魚脊的部位排成一長條，用醬汁壺裝盛青蔬醬汁，一起上桌。

* 青香橄欖油（huile d'olive fruitée verte）：根據橄欖成熟程度不同而製作的橄欖油，由於果實顏色是由青變紫紅、變全黑，以顏色來作為分類方式。青香橄欖油帶有朝鮮薊等綠色蔬果香氣，另外還有紅香（mûr）與黑香（noir）。

鮮蝦梭魚丸佐荷蘭醬

Quenelle de brochet aux écrevisses, sauce hollandaise

濃稠龍蝦醬——
- 300 克綜合蔬菜骰子塊（紅蘿蔔、洋蔥、紅蔥頭、西洋芹）
- 2 球大蒜
- 5 顆番茄，搗碎
- 4 大匙市售濃縮番茄糊
- 80 毫升干邑白蘭地
- 200 毫升不甜白酒
- 1.5-2 公升魚高湯（見 88 頁）
- 1 公升龍蝦湯
- 1 束調味香草束
- 250 克奶油
- 50 克奶油
- 50 克麵粉
- 300 毫升高脂鮮奶油
- 200 毫升液狀鮮奶油
- 50 克龍蝦奶油，生的
- 50 克龍蝦奶油，熟的
- 1 把龍蒿
- 1 顆檸檬，榨汁

梭魚丸——
- 350 克梭魚肉或梭鱸
- 1 顆蛋
- 450 毫升液狀鮮奶油
- 80 克龍蝦奶油，室溫軟化
- 1 小撮艾斯伯雷辣椒粉（Espelette）
- 鹽、胡椒

淋醬——
- 30 克澄清奶油（見 56 頁）或鮮蝦奶油

擺盤——
- 56 隻熟蝦子，去頭剝殼
- 50 克龍蝦奶油
- 8 隻蝦子，蝦螯往後固定
- 8 小匙熟龍蝦卵
- 少許細葉芹
- 少許細香蔥

魚料理
難度：🍴🍴
份量：八人份
製作時間：**50** 分鐘
烹煮時間：**45** 分鐘

濃稠龍蝦醬——處理綜合蔬菜並切成骰子塊後，與大蒜、番茄和濃縮番茄糊一起炒軟，倒入干邑白蘭地刮起鍋底焦香，再加入白酒並收汁。接著倒入魚高湯、龍蝦湯、香草束，小火煮二十到三十分鐘。用漏斗型濾器過濾後，加入奶油製作油糊（見 38 頁）。拌勻後加入兩種鮮奶油，繼續收汁。移離爐火。將生的龍蝦奶油切成小塊放入鍋中，輕輕搖晃鍋子使奶油自然融化在醬汁裡。熟的龍蝦奶油也以同樣方式融入醬汁。放入龍蒿靜置五到十分鐘使其入味。再次過濾，調整味道，並加入少許檸檬汁增加酸度。把醬汁倒入大烤盤或八個小烤盤，保溫備用。

梭魚丸——魚肉冷藏保持低溫。加鹽，用電動攪拌器仔細打成細泥。接著加入蛋和 200 毫升鮮奶油，過篩，讓口感更細緻。把攪拌盆放在冰塊上，繼續加入剩下的鮮奶油，用刮刀拌勻後，一邊加入龍蝦奶油一邊用打蛋器快速攪打均勻。依喜好加入鹽、胡椒、辣椒粉調味。取一沙拉盆裝滿冰水和冰塊，把攪拌盆放在沙拉盆上，讓魚肉餡保持低溫，再利用湯匙或保鮮膜做出八個橢圓形狀的魚丸。煮一鍋水，微滾（不需沸騰）後放入魚丸，煮二十分鐘。

烤箱預熱至 180℃（刻度 6）。拿掉保鮮膜，取出保溫的濃稠龍蝦醬，把魚丸放入溫熱的醬汁裡，並塗上一層澄清奶油或龍蝦奶油。烤十到十二分鐘，直到魚丸膨脹成兩倍大。

擺盤——放上七隻事先抹過龍蝦奶油的剝殼蝦、一隻全蝦、1 小匙龍蝦卵、少許細葉芹和細香蔥，完成。

STAUB
STAUB

格勒諾布爾式比目魚捲

Sole dans l'esprit d'une grenobloise

比目魚——
5 條比目魚，每條 600-800 克
榛果奶油（見 57 頁）
1 顆檸檬皮碎
鹽、胡椒

甜酥麵包——
500 克白吐司
3 把香芹
200 克奶油

配菜——
1.5 公斤馬鈴薯
100 毫升橄欖油
100 克奶油
粗灰鹽
精鹽
12 片油漬番茄瓣（見 460 頁）

巴薩米克醬——
4 毫升巴薩米克醋
100 克新鮮奶油
1/2 顆檸檬，榨汁
鹽、現磨白胡椒

擺盤——
30 顆去核黑橄欖
1 顆檸檬
30 片油漬番茄瓣（見 460 頁）
1/2 把羅勒
30 個帶梗酸豆
250 克市售青醬

魚料理
難度：♛♛♛
份量：十人份
製作時間：**1** 小時 **30** 分鐘
烹煮時間：**30** 分鐘

比目魚清除內臟，去除黑色魚皮，白色那面用湯匙去鱗，片下魚肉。用鹽與胡椒調味後，擠上一條榛果奶油，放上檸檬皮碎，用保鮮膜捲起來（圖 1-2）。放入真空袋壓縮，備用。

甜酥麵包——先製作綠色和白色麵包粉。吐司切邊後切成小丁，放進 100℃（刻度 3-4）的烤箱烤乾，取出一半用食物調理機打成白色麵包粉，另一半加熱至 160℃（刻度 5-6）繼續烤，混合香芹葉一起打成綠色麵包粉。奶油用桿麵棍敲軟後調味，分別與白麵包粉和綠麵包粉混合，在烘焙紙上各自攤平，上頭再各蓋一張烘焙紙擀平，送入冷凍庫。定型後取出，切成細條，顏色交錯組合在一起（圖 3-6），再次冷凍定型。

馬鈴薯連皮煮軟。

與此同時，處理擺盤的材料。去核黑橄欖瀝乾切細絲。檸檬取果皮並川燙三次，同樣瀝乾切細絲。切下檸檬果肉，每瓣分成三塊。其他材料靜置備用。

煮好的馬鈴薯去皮，在一個隔水加熱的盤子裡用叉子壓碎。加入橄欖油，邊加邊規律攪拌直到完全融合再加下一次。奶油切小塊，也以同樣方式加入。依喜好用精鹽調味，蓋上保鮮膜，隔水加熱保溫備用。

巴薩米克醬——巴薩米克醋加熱收汁，加入奶油和少許檸檬汁、鹽、胡椒調味。

將裝有比目魚捲的真空包裝袋放入 70℃的低溫烹調機裡煮八分鐘，取出後保溫備用。上菜前，先用 70℃蒸烤箱烤兩分鐘，再打開真空袋，移除保鮮膜和其他食材。把條紋甜酥麵包放在魚片上，一起放入明火烤箱烤。

擺盤——番茄瓣、檸檬丁、羅勒葉、酸豆擺成一排，和比目魚平行，用巴薩米克醬和青醬點綴盤面，完成。青醬可另外盛在醬汁壺裡上菜。

1 2

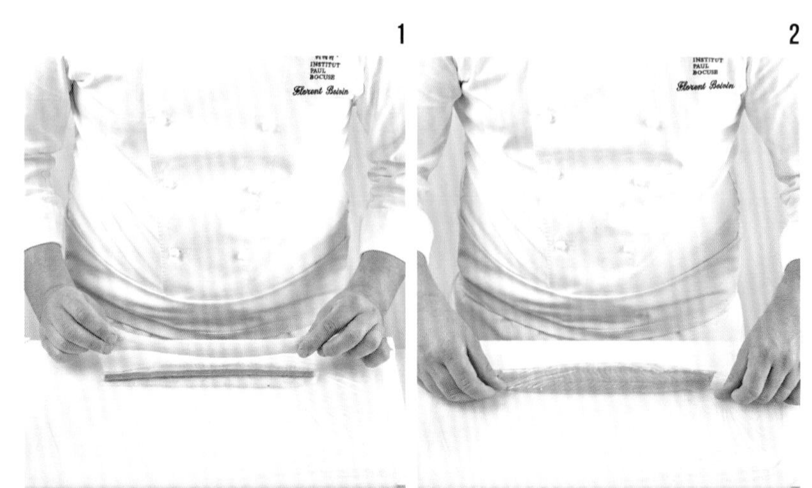

3
4
5
6

青醬牙鱈佐馬鈴薯麵疙瘩

Merlan, basilic et gnocchis

牙鱈——
5 片牙鱈排，一片約 400 克
鹽

羅勒奶油醬——
150 克法式白醬（見 38 頁）
15 克奶油
1 瓣大蒜
1 小撮芥末
5 克菠菜泥
2 把羅勒

擺盤——
100 克菠菜嫩葉
5 個南法朝鮮薊
1 顆檸檬，榨汁
少許橄欖油
3 顆柳橙，取果肉
新鮮起司（fromage blanc）
4 顆油漬聖女小番茄

麵疙瘩——
50 個麵疙瘩（見 398 頁）
200 毫升鮮奶油，打發
1 個蛋黃
市售羅勒青醬
帕馬森起司，刨碎

魚料理
難度：🍴🍴🍴
份量：十人份
製作時間：**1** 小時
去腥時間：**5** 分鐘
烹煮時間：**50** 分鐘

牙鱈——牙鱈去皮清除內臟後，切下魚片。放入 5% 鹽水（1 公升冷水兌 50 克鹽）中浸泡五分鐘。取出瀝乾，沿長邊切成十條並調味。用保鮮膜捲起來，冷藏保存。

洗淨菠菜嫩葉，快速川燙並放涼，擺在塗油的烘焙紙上。

朝鮮薊——將朝鮮薊不能食用的地方修整乾淨，再用鹽、檸檬汁、橄欖油調味。放入真空袋壓縮後，用 90℃蒸烤箱煮四十分鐘。

麵疙瘩——麵疙瘩煮熟後放涼。每個盤子都放五個，蓋上保鮮膜。把打發鮮奶油和蛋黃、青醬、刨碎的帕馬森起司混合拌勻。拿掉保鮮膜，為麵疙瘩刷上綠奶油，放入明火烤箱烙烤至上色。可以選擇放在盤上或另盤一起上菜。

羅勒奶油醬——法式白醬與奶油、大蒜、芥末、菠菜泥、羅勒末用電動攪拌器攪打均勻。加入檸檬奶油增加濃稠度後，裝入醬汁鍋裡備用。用吸油烘焙紙包住牙鱈，放入 70℃蒸烤箱烤八分鐘，靜置備用。幫牙鱈塗抹醬汁之前，先加一大匙冷水到羅勒奶油醬中拌勻。

擺盤——拿掉牙鱈外的保鮮膜，稍微擦乾表面再放上烤架，厚厚地淋上一層羅勒奶油醬（圖 1-3）。用擠花袋畫上新鮮起司條裝飾。加熱朝鮮薊、菠菜葉、聖女小番茄，柳橙果肉切小丁，擺盤後即完成。

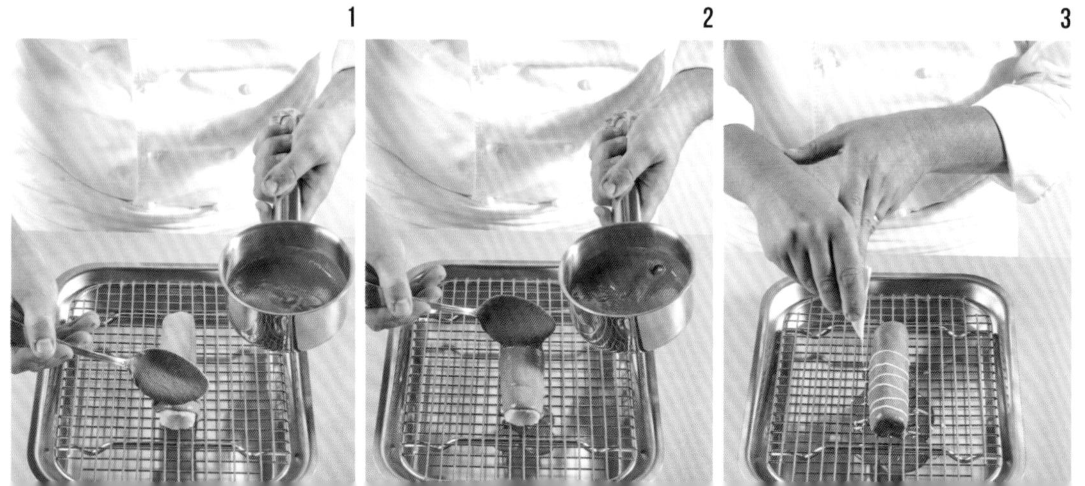

鱸魚佐玉米與羊肚菌

Bar au maïs et morilles

鱸魚——
2.5 公斤鱸魚排
鹽
50 克奶油
1/2 把細香蔥

炸玉米餅——
1/2 根蔥
300 克玉米粒
2 顆蛋
125 毫升牛奶
150 克麵粉
5 克酵母
5 克鹽
炸油

玉米泥和爆米花——
300 克整根玉米
1 公升牛奶
1 公升水
1 顆 80 克的洋蔥
30 克奶油
150 毫升白色雞高湯（見 66 頁）
2 大匙松露油

玉米筍——
250 克生玉米筍
50 克蜂蜜
3 大匙白酒醋
200 毫升白酒
5 克鹽
5 顆黑胡椒粒
2 顆八角
20 顆芫荽籽

玉米瓦片——
30 克玉米粉
250 毫升水
60 克橄欖油

羊肚菌沙巴雍——
30 克乾燥羊肚菌
3 顆蛋
1 個蛋黃
2 大匙雪莉醋
5 克精鹽
250 克奶油

擺盤——
少許白蘿蔔芽

魚料理
難度：●●●
份量：十人份
製作時間：**1** 小時
冷藏時間：**12** 小時
去腥時間：**15** 分鐘
烹煮時間：**40** 分鐘

炸玉米餅糊——蔥去皮後切丁。玉米粒瀝乾。蛋加牛奶打勻。取一攪拌盆，混合麵粉、酵母、鹽、蛋液、玉米。加入蔥末後冷藏一晚。

乾燥羊肚菌泡冷水二十分鐘以上，稍後將用於製作沙巴雍。鱸魚去鱗、除內臟後片下魚排。切成十份後，浸泡在 5% 鹽滷水（1 公升冷水兌 50 克鹽）裡十五分鐘，取出備用。

玉米泥——切下玉米粒。保留一半製作爆米花，另一半放入牛奶水裡小火煮三十分鐘。離火後瀝乾，留下兩排玉米粒為一組縱切，擺盤使用。其餘的做玉米泥。洋蔥去皮後切碎。取一醬汁鍋，用少許奶油炒軟洋蔥，加入玉米粒和白色雞高湯，小火煮三十分鐘。瀝乾，與剩下的奶油和松露油用電動攪拌器一起攪打均勻，調整味道，保溫備用。

爆米花——取一平底鍋，將保留下來的玉米粒爆開，用松露油和鹽調味，備用。

玉米筍用鹽水川燙。同時取一鍋，混合蜂蜜、醋、白酒和香料，加熱至沸騰後放入玉米筍，轉小火煨十分鐘。

玉米瓦片——用打蛋器混合所有材料。加熱一不沾平底鍋，倒入少許麵糊。蓋上鍋蓋，用中火烘烤成酥脆的玉米脆片。共製作八片。

沙巴雍——泡發的羊肚菌瀝乾後保留擺盤用。取 50 毫升香菇水，小火收汁後，緩緩加入全蛋、蛋黃、醋、鹽和事先融化的奶油，邊加入邊用打蛋器不停快速攪拌。拌勻後裝入不鏽鋼奶油槍，放在 65℃溫水中隔水保溫。

製作粉煎比目魚（見 324 頁）。

用湯匙挖出一小球炸玉米餅糊，放入 170℃炸油中炸三分鐘。用廚房紙巾吸除多餘油脂，加鹽調味。取一平底鍋乾煎玉米條。燒熱奶油至起泡，煎羊肚菌，調味後加入細香蔥末。

擺盤——盤上放一球玉米泥、一片玉米脆片、少許爆米花、玉米筍、蘿蔔芽、鱸魚排、羊肚菌和煎玉米條。連同沙巴雍和炸玉米餅一起上桌。

波光鱗鱗：鱸魚佐櫛瓜與油漬番茄

Filet de bar en écailles de tomates confites et courgettes

鱸魚——
2 塊鱸魚排，每塊約 1 公斤
橄欖油
100 克紅蔥頭
100 毫升白酒
200 毫升魚高湯（見 88 頁）
400 毫升液狀鮮奶油
200 克奶油
鹽、胡椒

番茄瓣——
2 公斤帶藤番茄
鹽、胡椒
1 小撮砂糖
1 瓣大蒜
100 毫升橄欖油
4 根百里香
4 片月桂葉

櫛瓜鱗片——
400 克櫛瓜
鹽

擺盤——
巴薩米克醬
番茄迷你細丁
百里香嫩尖

魚料理
難度：●●●
份量：八人份
準備時間：1 小時
烹煮時間：1 小時 15 分鐘

鱸魚清除內臟、片下魚排後，分成八份，冷藏備用。

烤箱預熱至 110℃（刻度 3-4）。番茄燙煮去皮，切成四等份，去籽保留果肉瓣。將番茄放在鋪妥烘焙紙的烤盤內，加鹽、胡椒、糖調味。取一瓣大蒜切成極細的細末，每瓣番茄上都灑一點，並灑上少許橄欖油和百里香，在番茄之間放月桂葉，放入烤箱油封烤一小時。

櫛瓜切成 0.2 公分的薄片，用鹽水川燙幾秒，馬上放入冰水中冷卻，以保持爽脆口感。瀝水擦乾後備用。

烤箱溫度提高至 150℃（刻度 5）。鱸魚帶皮面朝下用橄欖油煎約一分鐘，小心地取下魚皮不要弄破。魚皮上下各鋪一張烘焙紙，夾在兩個平烤盤裡烤至酥脆。切小片備用。

用模具將番茄瓣和櫛瓜修整成魚鱗的形狀。

烤箱溫度提高至 170℃（刻度 5-6）。將「魚鱗」放到鱸魚排上，再整個移入抹了油的烤盤裡，灑上紅蔥頭、少許白酒、魚高湯，蓋住烤十五分鐘。烤完後，魚排保溫備用，湯汁倒入鍋中收汁，加入鮮奶油，並將奶油切成小塊放入，輕輕搖晃鍋子使奶油塊自然融化，增加稠度。用漏斗型濾器過濾醬汁並調整味道。

擺盤——擺入一塊魚排、兩片菱型魚皮、醬汁，再用少許巴薩米克醬和番茄迷你細丁裝飾，完成。

炙烤海螯蝦佐燉飯與野菇

Langoustines rôties, risotto aux champignons des bois

小螯蝦——
2 公斤海螯蝦，尺寸為每磅 7-9 隻

綜合野菇——
150 克牛肝菌
150 克迷你雞油菌
30 克奶油
鹽、現磨胡椒

燉飯——
1 顆黃洋蔥
100 毫升橄欖油
250 克燉飯米
1 公升金黃雞高湯（見 74 頁），熱的
2 大匙白酒
100 克帕馬森起司
100 克奶油
1 把細香蔥
1/2 把細葉芹

擺盤——
巴薩米克醬

海鮮料理
難度：🍳
份量：八人份
製作時間：**30** 分鐘
烹煮時間：**25** 分鐘

海螯蝦——剝殼，只保留最後兩節和蝦尾的殼，用牙籤挑出腸泥，冷藏備用。

牛肚菌和雞油菌洗淨擦乾。取一平底鍋，融化奶油，將菇類炒至上色，加鹽與胡椒調味。

燉飯——取一燉鍋，熱油炒軟洋蔥丁，但不要炒到上色。加入燉飯米，均勻翻炒，倒入白酒刮起鍋底焦香，再緩緩倒入雞高湯，而且邊倒邊攪拌，煮十六到十八分鐘。收汁後加入帕馬森起司、奶油丁、少許蘑菇、細香蔥和細葉芹末。燉飯煮好後應該呈現濃稠乳脂狀，保溫備用。

取一平底不沾鍋加熱，放入海螯蝦快炒三到四分鐘，不要炒太久以免蝦肉老掉。

擺盤——盤上放一小球燉飯、炒野菇、兩隻海螯蝦，用少許巴薩米克醬點綴，完成。

焗烤海之果佐蒸煮青蔬絲

Gratin de fruits de mer et julienne de légumes étuvés

青蔬絲——
- 300 克球芹
- 500 克紅蘿蔔
- 500 克韭蔥白
- 50 克奶油
- 1 小撮砂糖
- 蓋宏德鹽之花（Guérande）
- 現磨胡椒
- 1 小匙咖哩粉

海貝類——
- 300 克淡菜
- 300 克血蛤
- 300 克蛤蜊
- 300 克扇貝
- 2 顆紅蔥頭
- 200 毫升白酒

絲絨醬——
- 30 克奶油
- 30 克麵粉
- 300 毫升牛奶
- 30 克液狀鮮奶油
- 1 小撮艾斯伯雷辣椒粉（Espelette）
- 1 小撮肉豆蔻粉

擺盤——
- 500 克干貝
- 2 大匙橄欖油
- 1 把細香蔥

海鮮料理
難度：🍳
份量：八人份
製作時間：**50** 分鐘
烹煮時間：**40** 分鐘

青蔬絲——球芹、紅蘿蔔、韭蔥白切細絲。韭蔥絲泡冷水後瀝乾。取一燉鍋，用少許奶油和糖炒所有的蔬菜絲，再加入鹽、胡椒、兩大匙水、咖哩粉，蓋上鍋蓋，小火煮二十分鐘。

海貝類食材——用冷水洗淨貝類，視情況可多沖洗幾次。淡菜、血蛤、蛤蜊和扇貝分別用少許紅蔥頭和白酒煮到殼打開，再蓋上鍋蓋煮四分鐘，保溫備用。

絲絨醬——製作油糊（見 38 頁步驟 1）；取用 150 毫升煮完海貝的湯汁，加入油糊、牛奶、一半份量的鮮奶油，一起煮成濃醬。加入辣椒粉、肉豆蔻粉調味；剩下的鮮奶油事先打發，此時再緩緩加入攪拌均勻。

擺盤——烤箱預熱至 170℃（刻度 5-6）。橄欖油加熱後放入干貝，每面各煎兩分鐘至上色。烤盤底鋪一層青蔬絲、綜合海貝、干貝和少許細香蔥末。倒入絲絨醬，放進烤箱烤十五到十八分鐘。烤好後，在表面擺上少許海貝和細香蔥，完成。

斯佩爾特小麥燉飯佐蘆筍

Épeautre comme un risotto, asperges vertes cuites et crues

28 根綠蘆筍
80 克帕馬森起司
300 克斯佩爾特小麥
橄欖油
140 克洋蔥
3 大匙不甜白酒
1 公升蔬菜高湯（見 79 頁）
2 大匙陳年紅酒醋
4 大匙橄欖油
8 片羅勒葉
1 小撮精鹽
現磨胡椒

素食料理
難度：🍞
份量：八人份
製作時間：**1** 小時
烹煮時間：**30** 分鐘

蘆筍——用刀尖修整蘆筍尖、削除老硬纖維。取二十四根蘆筍，切下長約 7 公分的蘆筍尖。一半的蘆筍梗用鹽水川燙後冰鎮，待其冷卻，再放入果汁機打成泥備用。剩下另一半的蘆筍梗切碎，保留煮燉飯使用。二十四根蘆筍尖放入鹽水中川燙，不需煮太久以保留清脆口感，撈起放入冰水中，馬上瀝乾。

用蔬果切片器把剩下的四根蘆筍刨成薄片。攤平置於盤內，蓋上保鮮膜備用。

帕馬森起司均分成兩份，一份用刨絲器刨碎，另一份刨成薄片。

取一平底深鍋，放入斯佩爾特小麥和三倍份量的冷水，煮沸。改用小火燉煮（按照包裝指示）。離火後稍微調味。若有必要可瀝除多餘的水份。

取一平底炒鍋，加熱 1 大匙橄欖油，先炒軟洋蔥丁，再加入蘆筍丁煮一分鐘，然後倒入白酒刮起鍋底焦香，煮至收乾。接下來加入熱的蔬菜高湯，大火煮兩分鐘。倒入斯佩爾特小麥和蘆筍泥繼續煮一分鐘，離火，加入刨碎帕馬森起司和陳年酒醋，調整味道。

用剩下的橄欖油、3 大匙蔬菜高湯和鹽，加熱蘆筍尖。

擺盤——盤內盛上燉飯，擺上蘆筍尖。把事先拌過橄欖油、鹽與胡椒調味的蘆筍片也一起擺上去，裝飾羅勒葉，完成。

什錦水果布格麥佐小茴香蘿蔔

Boulgour aux fruits secs, carotte-cumin

布格麥——
400 克布格麥
3 大匙橄欖油
700 毫升蔬菜高湯（見 79 頁）
鹽、胡椒

配菜——
150 克油漬番茄
60 克杏桃乾
60 克黑橄欖
60 克鹽漬檸檬
60 克白葡萄乾
60 克杏仁
60 克榛果

小茴香蘿蔔凍——
200 毫升生的紅蘿蔔汁
300 毫升蔬菜高湯（見 79 頁）
2 克小茴香
25 克植物性凝結粉（如 Sosa *）
精鹽

擺盤——
50 克香菜泥
50 克優格，用打蛋器打過
50 克嫩苗（豆芽、薄荷、羅勒等）

素食料理
難度：
份量：八人份
製作時間：**45** 分鐘
靜置時間：**15** 分鐘
烹煮時間：**20** 分鐘

布格麥——用橄欖油炒軟布格麥後，加入熱的蔬菜高湯，稍微調味，蓋上鍋蓋，小火煮二十分鐘。離火靜置十五分鐘後，用叉子翻攪均勻。備用。

配菜——油漬番茄、杏桃乾、橄欖、鹽漬檸檬切成大小一致的小丁。用溫水浸泡白葡萄乾。乾鍋炒香杏仁和榛果，同樣切成大小一致的小丁。

蘿蔔凍——混合紅蘿蔔汁、蔬菜高湯、小茴香、一小撮鹽。用漏斗型濾器過濾，加入植物性凝結粉，煮至沸騰。迅速將煮好的蘿蔔凍倒入事先鋪妥烘焙紙的方模內，約 0.2 公分厚。

均勻擺上佐料後，靜置放涼。

擺盤——在盤上擺一方形模具，填入 1 公分厚的布格麥。再用同樣的方模切出方形蘿蔔凍，鋪在布格麥上。擠上數滴香菜泥和優格，擺上事先清洗挑揀過的嫩苗，完成。

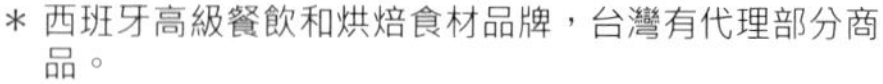

* 西班牙高級餐飲和烘焙食材品牌，台灣有代理部分商品。

黑色扁豆佐煙燻奶泡

Lentilles beluga, écume fumée

扁豆——
1 顆大洋蔥
1 根紅蘿蔔
600 克黑色扁豆（beluga）
2 顆丁香
1 束調味香草束
粗灰鹽

配菜——
400 克春季嫩白洋蔥（oignon nouveau）
400 克大的帶葉黃色蘿蔔
鹽

煙燻奶泡——
400 毫升牛奶
40 克木屑
250 毫升蔬菜高湯（見 79 頁）
5.25 克大豆卵磷脂粉
1 大匙杏仁油
精鹽
現磨胡椒

素食料理
難度：🍳🍳
份量：八人份
製作時間：**1** 小時
靜置時間：**15** 分鐘
烹煮時間：**50** 分鐘

扁豆——洋蔥和紅蘿蔔去皮去頭尾。取一附蓋湯鍋，放入扁豆和大量冷水，煮沸並撇除浮沫。洋蔥對切後鑲入丁香，蘿蔔切塊，連同香草束一起放入扁豆鍋，以小火微滾煮二十分鐘。繼續撇除浮沫。快煮好時用粗灰鹽調味。原鍋靜置十五分鐘。濾乾扁豆備用。

配菜——洋蔥和紅蘿蔔去皮去頭尾。蘿蔔切成 2.5 公分方塊，放入沸騰的鹽水煮十分鐘後浸入冰水冷卻、瀝乾。洋蔥以同樣的方法處理後對切，用平底鍋大火炒乾呈焦黃色，炒好後再次對切。

煙燻奶泡——牛奶放煙燻爐用木屑燻入味。煙燻牛奶和其他材料一起放入平底深鍋中，加熱至 58℃，用鹽和胡椒調味。擺盤前用手持式電動攪拌棒打成綿密的奶泡。

擺盤——取少許蔬菜高湯加熱蔬菜；將扁豆在盤內擺成一圈、外圍擺上紅蘿蔔塊和 1/4 塊的洋蔥。舀入一大匙的煙燻奶泡，盡速上桌。

青蔬串佐豆腐煮與昆布高湯

Jeunes légumes en brochette, royale de tofu, bouillon d'algues

豆腐煮——
- 300 克嫩豆腐
- 250 毫升豆漿
- 2 顆蛋＋ 1 個蛋黃
- 鹽、胡椒

青蔬串——
- 3 顆南法朝鮮薊
- 1 顆檸檬
- 100 毫升橄欖油
- 1 小撮精鹽
- 250 克大的帶葉紅蘿蔔
- 3 把春季嫩白洋蔥（oignon nouveau）
- 250 克芹菜莖
- 250 克黃蕪菁
- 2 個小甜菜
- 200 克櫻桃蘿蔔

綠米脆片——
- 1 把香菜
- 150 克長米
- 蛋白

昆布高湯——
- 1 公升蔬菜高湯（見 79 頁）
- 10 克薑
- 1 大匙醬油
- 40 克昆布
- 鹽、現磨黑胡椒

素食料理
難度：🍳🍳
份量：八人份
製作時間：**1** 小時 **30** 分鐘
浸泡入味時間：**15** 分鐘
烹煮時間：**30** 分鐘

豆腐煮與豆腐慕斯——取 50 克豆腐切成 1.5 公分的方塊，冷藏備用。剩下的豆腐、豆漿和雞蛋用電動攪拌器攪打成滑順的慕斯狀，調整味道後用漏斗型濾器過濾，裝入預定使用的餐盤裡。將豆腐慕斯蓋上保鮮膜。放進預熱至 83℃的蒸烤箱煮十八分鐘，備用。

青蔬串——朝鮮薊取出薊心抹上檸檬汁，切成四瓣，加入少許橄欖油、半杯水、鹽，用燉鍋煮十分鐘。其他蔬菜洗淨去皮，一一用鹽水分開川燙，放入冰水冷卻並瀝乾。芹菜莖斜切，蕪菁和甜菜切四瓣。用叉子交錯串起蔬菜。

綠米脆片——烤箱預熱至 90℃（刻度 3）。香菜加少許水，用電動攪拌器打碎，重壓以收集汁液，萃取出香菜的葉綠素。長米加水後低溫加熱，倒入香菜汁。加入蛋白，用電動攪拌器打成均勻糊狀。用茶匙在矽膠烘焙墊滴上數滴米糊，用鐵抹刀抹平。烤八分鐘直到酥脆。

昆布高湯——預先保留八片昆布擺盤使用。將蔬菜高湯與薑末、醬油、昆布一起煮沸，再蓋上鍋蓋靜置十五分鐘使其入味。調整味道並用濾器過濾。預留的八片昆布放入 90℃（刻度 3）烤箱烤至酥脆。

擺盤——豆腐煮和青蔬串放入 75℃蒸烤箱加熱七分鐘。將滾燙的昆布高湯倒入裝有豆腐慕斯的盤子裡，擺上青蔬串、豆腐丁、綠米脆片和烤昆布片，完成。

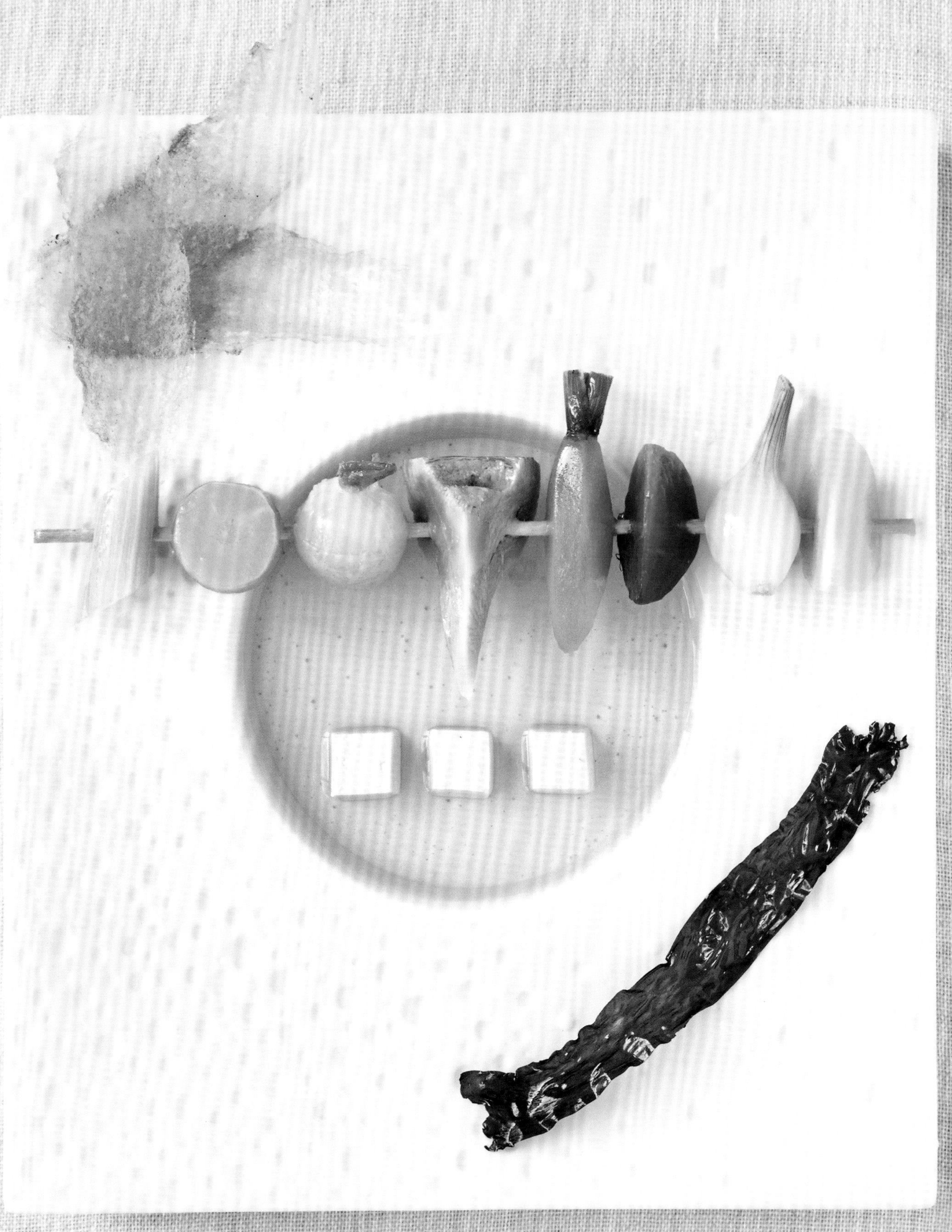

百樣番茄杯

La tomate dans tous ses états

番茄凍——
- 2 公斤熟透的番茄
- 少許巴薩米克醋
- 1/2 把羅勒
- 10 克吉利丁片（兌 1 公升液體）

番茄煮——
- 400 克番茄碎（見 460 頁）
- 400 毫升牛奶
- 4 顆蛋

番茄脆片——
- 3-4 顆羅馬番茄（roma）
- 鹽
- 2 大匙橄欖油
- 10 克糖粉

番茄雪酪——
- 140 克水
- 50 克砂糖
- 10 克葡萄糖漿
- 500 毫升番茄汁
- 40 毫升檸檬汁
- 6 顆眾香子
- 少許羅勒葉
- 1 小撮鹽之花

番茄韃靼——
- 50 克紅蔥頭
- 3-4 顆羅馬番茄（roma）
- 2 條醃漬小黃瓜
- 用晚摘橄欖榨成的橄欖油
- 鹽之花
- 現磨胡椒
- 1 小撮艾斯伯雷辣椒粉（Espelette）

配菜——
- 帕馬森起司片
- 1 大匙帶梗酸豆
- 古老品種的番茄（如黑番茄、鳳梨番茄）
- 巴薩米克白酒醋
- 8 片羅勒葉
- 羅勒嫩尖

素食料理
難度：3
份量：八人份
製作時間：**1** 小時 **20** 分鐘
靜止時間：**12** 小時
浸漬時間：**12** 小時 **30** 分鐘
烹煮時間：**35** 分鐘

番茄凍——番茄和粗鹽、巴薩米克醋用電動攪拌器粗略打勻後，放入沙拉盆內。加入羅勒葉，倒入濾網裡並冷藏一晚使其自然濾乾。

番茄煮——混勻所有材料，倒入濾網袋過濾後，冷藏兩小時使其自然澄清。一一倒入上菜的玻璃容器裡，用保鮮膜封好，放入預熱至 85℃的蒸烤箱煮十八分鐘，冷藏備用。

隔天，取出番茄凍汁，加入事先泡冰水軟化擠乾的吉利丁（比例為 1 公升液體加 10 克，視取得多少汁液加入適當比例）。待果凍冷藏定型後，切成玻璃杯大小，蓋在番茄煮上，冷藏備用。

番茄脆片——烤箱預熱至 85℃（刻度 2-3）。番茄橫切成厚度一致的薄片，稍微用鹽和橄欖油調味，灑上糖粉。放入烤箱烤三十分鐘至脫水酥脆，放涼備用。

番茄雪酪——水、砂糖、葡萄糖漿一起煮滾後冷卻，加入番茄汁、檸檬汁、眾香子、羅勒葉、鹽之花調味，冷藏浸漬一晚。調整味道後過篩，放入製冰機，按照機器說明製作雪酪。

番茄韃靼——紅蔥頭去皮切成碎丁。番茄燙煮去皮（見 460 頁）後切成小丁。取一大碗混合所有材料，平均分裝在玻璃杯中，蓋在番茄凍上。

配菜——帕馬森起司切薄片，帶梗酸豆對切。古老品種的番茄切成四瓣，用巴薩米克醋醃漬十五分鐘。

擺盤——在番茄煮、番茄果凍、番茄韃靼上擺上醋漬番茄、番茄雪酪、起司、酸豆、羅勒嫩尖和番茄脆片，完成。

酪梨饗宴

Déclinaison d'avocat

酪梨果泥——
- 4 顆酪梨
- 2 顆檸檬，榨汁
- 5 大匙橄欖油
- 1 小撮精鹽
- 1 小撮艾斯伯雷辣椒粉（Espelette）

西班牙炸丸子——
- 30 克麵粉
- 1 顆蛋
- 60 克麵包粉
- 500 毫升蔬菜炸油

脆片——
- 2 顆酪梨
- 1 小匙橄欖油

酪梨韃靼——
- 2 顆酪梨
- 40 克甜椒，切迷你細丁
- 35 克紅蔥頭，切碎
- 1 大匙檸檬汁
- 1 大匙橄欖油
- 5 克香菜嫩尖末
- 2 張越南米紙

柚香奶泡——
- 200 毫升蔬菜高湯（見 79 頁）
- 3 大匙柚汁
- 150 毫升椰奶
- 2 克大豆卵磷脂粉

配菜——
- 1 大匙酪梨油
- 75 克紅葡萄柚丁
- 8 克檸檬皮碎，川燙
- 2 顆小甜椒

素食料理
難度：🍳🍳🍳
份量：八人份
製作時間：**1** 小時 **30** 分鐘
烹煮時間：**6** 小時

果泥——混合酪梨、檸檬汁、橄欖油、鹽、辣椒粉，用電動攪拌器攪打成均勻柔滑的果泥狀，調味後分成兩份。用保鮮膜包起來以免氧化，冷藏備用。

西班牙炸丸子——取一半果泥，填滿半球形矽膠模後冷凍。成形後脫模，兩兩組合成二十四顆圓球，裹兩次英式炸粉（見 172 頁），冷藏備用。

脆片——烤箱預熱至 90℃（刻度 3）。酪梨切薄片，刷上一層薄薄的橄欖油，上下覆蓋烘焙紙，夾在兩個平烤盤之間烤六小時，直到酥脆。

酪梨韃靼——酪梨切小塊。甜椒迷你丁、碎紅蔥頭末、檸檬汁和橄欖油拌勻為醬汁，為酪梨塊調味。越南米紙沾水軟化，用湯匙舀出適量的酪梨韃靼，置於米紙中央。捲成尺寸相同的圓捲後，切成 5 公分小段。冷藏備用。

柚香奶泡——混合蔬菜高湯、柚子汁、椰奶並用漏斗型濾器過濾。加入大豆卵磷脂粉，用打蛋器快速攪打均勻，倒入裝了氣瓶的不鏽鋼奶油槍。

擺盤——用 170℃熱油炸丸子，放在廚房紙巾上吸油。用湯匙挖出果泥放入盤中，做出一小口「井」倒入酪梨油。放上兩個酪梨韃靼捲、三顆炸丸子、少許紅葡萄柚丁、檸檬絲、柚香奶泡和甜椒丁，完成。

石鍋拌飯

Bibimpap (riz mélangé)

牛肉和醃漬醬汁——
- 300 克牛排肉
- 2 大匙醬油
- 2 大匙麻油
- 1/2 小匙砂糖
- 1/2 小匙蒜末
- 2 大匙沙拉油（炒肉用）

蔬菜等配菜——
- 400 克菠菜葉
- 1 小匙麻油
- 1 小匙白芝麻
- 1 瓣大蒜，切末
- 1 小撮鹽
- 500 克豆芽
- 250 克泡發的乾香菇
- 2 大匙沙拉油
- 250 克紅蘿蔔
- 8 人份白飯（見 404 頁）
- 8 顆蛋
- 1 片海苔

拌飯醬——
- 4 大匙韓式辣椒醬
- 3 大匙麻油
- 1 大匙砂糖
- 3 大匙水
- 2 大匙白芝麻
- 1 大匙蘋果醋
- 1 大匙蒜末

異國料理（南韓）
難度：🍴
份量：八人份
製作時間：**50** 分鐘
醃漬時間：**30** 分鐘
烹煮時間：**40** 分鐘

牛肉和醃漬醬汁——牛肉切除多餘的筋後切小條，和所有材料拌勻醃漬三十分鐘。取一中式炒鍋，用 2 大匙沙拉油快炒四分鐘，備用。

蔬菜等佐料——菠菜葉洗淨，用鹽水川燙三十秒，待冷卻就擠乾水分。用刀子將菠菜粗略切段，和少許麻油、白芝麻、蒜末和鹽拌勻備用。豆芽洗淨用鹽水川燙三十秒，用同樣的手法調味後備用。香菇擠乾切絲，以中式炒鍋用一半的沙拉油快炒後備用。紅蘿蔔切成較粗的絲，用剩下的沙拉油炒軟後備用。

分開蛋白和蛋黃，分別用打蛋器打勻。像煎鬆餅般將蛋液倒入不沾鍋，煎出兩塊蛋餅，冷卻後切成大小一致的細條。

海苔剪成細絲。

拌飯醬——混合七種材料

擺盤——石鍋平均添入白飯，擺上冷卻的牛肉和各種配菜。加熱整個石鍋五分鐘，既加熱配菜，也讓米飯產生鍋巴，與拌飯醬一起上桌，完成。

香菜腰果雞肉鍋

Wok de poulet aux noix de cajou et coriandre

600 克雞胸（見 218 頁）
5 大匙花生油

醃漬醬料——
1 小匙小蘇打粉
1 大匙地瓜粉
1 大匙米酒

配菜——
200 克西洋芹
300 克青椒
100 克白洋蔥
30 克薑

醬汁——
1 大匙蠔油
4 大匙醬油
4 大匙水
1 小匙砂糖
2 大匙米酒
1 大匙麻油

擺盤——
150 克腰果
1/4 把新鮮香菜
8 人份白飯（見 404 頁）

異國料理（中國）
難度：🍳
份量：八人份
製作時間：**30** 分鐘
醃漬時間：**30** 分鐘
烹煮時間：**10** 分鐘

醃漬雞肉——雞肉切成 1.5 公分方塊，用小蘇打粉抓醃十五分鐘。洗淨拍乾後，用地瓜粉和米酒再醃十五分鐘。

配菜——西洋芹、青椒、洋蔥切小丁，薑切細絲，備用。

乾煎腰果，備用。

燒熱中式炒鍋——熱 3 大匙花生油，油開始冒煙時放入雞肉炒三分鐘，置於濾鍋瀝油。倒入剩下的花生油，大火炒蔬菜兩分鐘，再放回雞肉並加入醬汁拌炒，直到所有食材都裹上醬汁即可起鍋。

擺盤——平均分成八份，加上腰果和新鮮香菜，趁熱與白飯一起上桌。

泰式酸辣湯

Tom yam goong, soupe épicée aux crevettes

2 把香茅
30 克南薑或一般老薑
2 公升金黃雞高湯（見 74 頁）
1/2 小匙辣椒粉
150 克紅蔥頭
250 克番茄
250 克香菇
450 克中型蝦
3 顆萊姆
6 大匙魚露
40 克九層塔
40 克新鮮香菜
鹽、胡椒

異國料理（泰國）
難度：
份量：八人份
製作時間：30 分鐘
烹煮時間：12 分鐘

香茅和南薑切絲，和辣椒粉一起丟入雞高湯燉煮。

番茄燙煮去皮切四瓣，香菇洗淨後切四瓣。雞高湯煮滾十分鐘後，再加入紅蔥頭絲、番茄、香菇、剝殼蝦子，繼續煮兩分鐘。

鍋子離火，用萊姆汁和魚露調味。放入九層塔和香菜。依喜好調整味道和酸度，倒到餐碗中，完成。

印尼蕉香燻鴨

Bebek betutu (canettes marinées, cuites en feuilles de bananier)

2 隻全鴨，每隻約 1.3 公斤
4 片香蕉葉（或用鋁箔紙代替）

醃漬醬料——
7 瓣大蒜
6 顆紅蔥頭
5 把香茅
80 克薑
40 克薑黃
60 克南薑
1/2 小匙粗磨黑胡椒
8 根泰式辣椒
1/2 小匙芫荽籽
1 小匙鹽
3 顆萊姆，榨汁
8 片泰國青檸葉

擺盤——
白飯
蝦片

異國料理（印尼峇里島）
難度：🍴🍴
份量：八人份
製作時間：30 分鐘
醃漬時間：12 小時
烹煮時間：2 小時 30 分鐘

處理全鴨（見 208 頁）備用。

前一晚，除了稍後才會用到的青檸葉，其餘材料全部放入杵臼裡搗碎成醃醬。戴手套在全鴨內外都裹上醃醬，醃漬一晚。

在鐵板上或瓦斯爐懸空加熱蕉葉一分鐘。將青檸葉鋪在全鴨上，再用好幾層香蕉葉把全鴨包起來，用牙籤固定。

用雙層蒸鍋或 100℃蒸烤箱蒸煮兩小時三十分。開葉再用 150℃蒸煮三十分鐘。

上菜——與白飯和蝦片一起上桌。

北非鴿肉餅

Pastilla de pigeon

4 隻全鴿
500 克洋蔥
40 克薑
9 瓣大蒜
3 根肉桂棒
1/2 把新鮮香菜
1/2 把扁葉香芹
5 克番紅花
4 克摩洛哥綜合香料
4 大匙橄欖油
1 小撮鹽
4 顆蛋

焦糖杏仁——
100 克砂糖
300 克去皮杏仁

組合——
16 片薄酥皮或北非薄麵皮
30 克肉桂粉
30 克糖粉

異國料理（摩洛哥）
難度：🍳🍳
份量：八人份
製作時間：45 分鐘
烹煮時間：30 分鐘

處理全鴿並清空內臟（見 208 頁）。洋蔥、薑、大蒜去皮切薄片。把全鴿、洋蔥、薑、大蒜，與肉桂棒、香菜、扁葉香芹一起放入附蓋湯鍋，先用小火炒軟，再加水淹過食材，並加入番紅花、摩洛哥綜合香料、橄欖油，以及少許鹽，小火微滾煮十五分鐘，直到鴿肉可以輕易剝離骨頭。取出鴿肉後繼續收汁，煮到快收乾時再離火，加入兩顆打勻的蛋。鍋子再次放回爐上，以文火緩緩加熱，直到餡料開始膨脹。稍微成形，放涼備用。

鴿肉去骨去皮，保留鴿菲力。

焦糖杏仁——先用小火乾鍋加熱砂糖，再加入杏仁並均勻沾裹焦糖。事先準備一抹油的盤子，倒入焦糖杏仁，使其放涼定型。冷卻後用刀子敲碎，備用。

烤箱預熱至 180℃（刻度 6）。工作檯上鋪一張薄酥皮，塗抹一層橄欖油或澄清奶油後，再疊一張薄酥皮。灑上一層碎焦糖杏仁、溏心蛋糊、去骨鴿腿肉、少許鴿菲力，再次放上少許蛋糊。將薄酥皮往中間折疊，翻面並塗抹橄欖油，烤十五分鐘。

烤好後，交錯灑上肉桂粉和糖粉，完成。

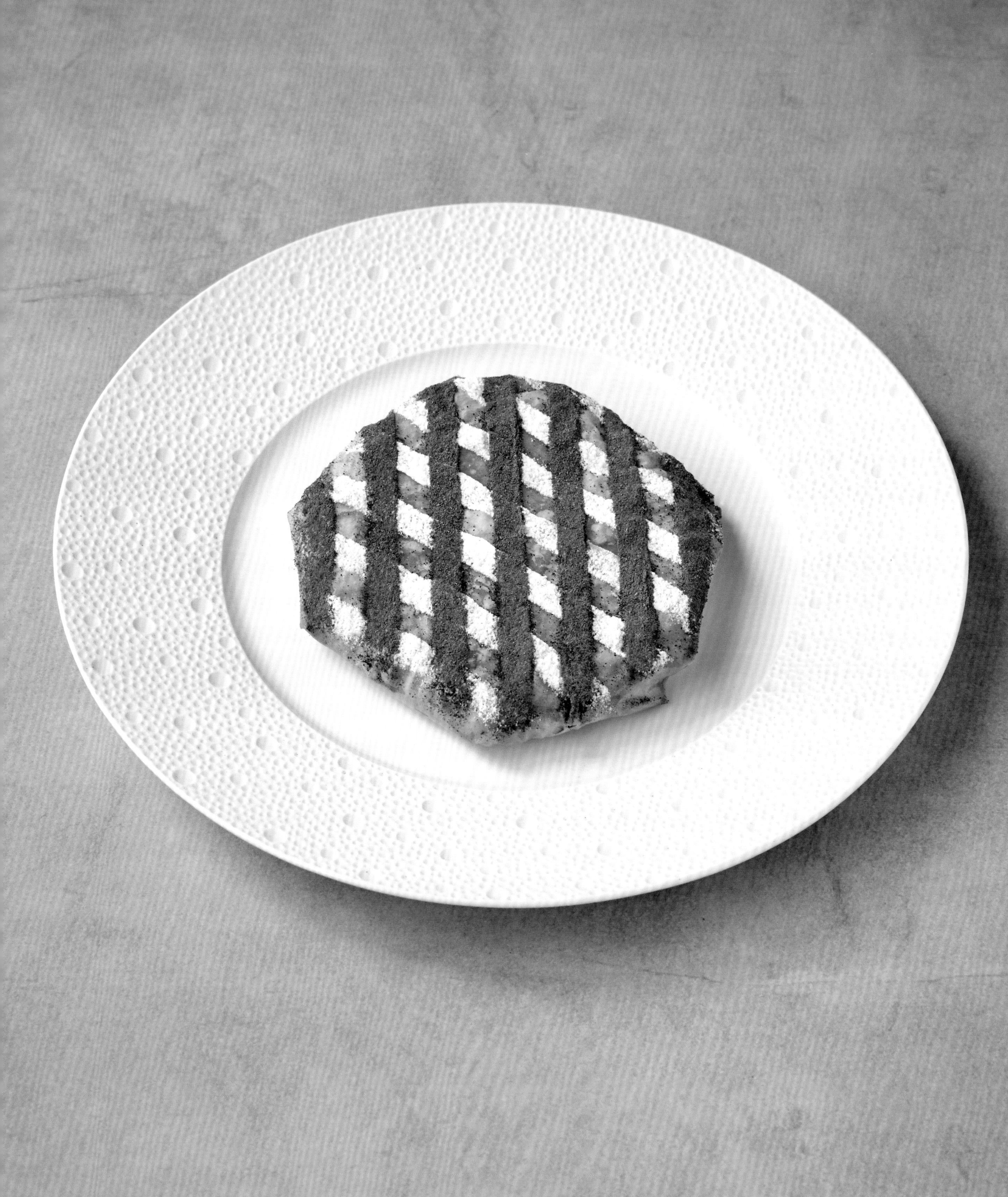

壽司與味噌湯

Sushi, soupe miso

壽司醋飯——
400 克米
480 毫升水

壽司醋——
60 克白米醋
10 克鹽
60 克砂糖

壽司——
1 片 1.2 公斤的鮭魚
1 公斤鯛魚
1 公斤鱸魚
1 片 500 克的鮪魚
1 公斤多寶魚
照燒醬
100 克鮭魚子
30 克山葵
4 片海苔

鮭魚壽司醬汁——
1 顆白洋蔥
1 顆蘋果
100 毫升柚汁

味噌湯——
1 公升水
1 把柴魚片
1 片昆布，10 × 10 公分
80 克味噌

擺盤——
50 毫升醬油
40 克山葵
80 克薑末，加白米醋
16 朵食用花

異國料理（日本）
難度：🍳🍳
份量：八人份
製作時間：2 小時
烹煮時間：1 小時

壽司醋——洗米洗到水清澈後瀝乾。靜置幾分鐘讓口感更好。

同時準備壽司醋，取一平底鍋加熱醋、鹽、糖，糖完全溶解後就可熄火，不需煮沸。放涼備用。

白米加入份量 1.2 倍的水，大火煮十分鐘後，轉中火煮十五分鐘，直到水份蒸發，最後用小火煮五到十分鐘。煮好的白飯倒入非金屬的容器（日式木桶最佳）。淋上 70-80 毫升的壽司醋，用木匙或一般飯匙攪拌均勻，小心不要弄碎米粒。邊拌邊用風扇或扇子搧涼米飯，除了避免軟爛，還能讓米飯晶瑩剔透。讓米飯完全拌勻並降至室溫，約需十分鐘。

生魚片——處理鮭魚、鯛魚、鱸魚（見 316 頁），小心取下魚肉（見 312 頁），片成 0.3 公分厚的生魚片。保留長條鮭魚，留做鮭魚捲壽司使用。鮪魚肉去皮後，同樣切成 0.3 公分厚的生魚片。

鮪魚壽司醬汁——混合細洋蔥泥、蘋果泥、柚子汁。在鮪魚壽司上點上一小滴醬汁。

組合壽司——雙手沾溼，非慣用手拿生魚片（11-12 克）；醋飯（7-8 克）先捏成橢圓形，用慣用手拿著。以慣用手將少許山葵點在生魚片上，再把沾了山葵那面和醋飯捏在一起。

處理和組合多寶魚壽司——用火槍迅速炙燒生魚片，放在一球醋飯上，抹上照燒醬。

鮪魚捲壽司——在竹簾上擺海苔片（寬的那邊靠近自己）。手指沾溼，鋪上薄薄一層醋飯，四個邊緣都留 1-2 公分。中央擺上鮪魚肉後捲起。用沒醋飯的海苔來固定壽司。切成八段，剩下的海苔片也比照辦理。

組合鮭魚軍艦捲——取 5 克的醋飯捏成一小球，稍微壓平做成軍艦捲基底，側邊包上一圈海苔條，用小湯匙將鮭魚子放上去。

味噌湯——取一鍋，混合柴魚片、昆布和水，加熱至沸騰，水一沸騰馬上關火，靜置十分鐘入味。用漏斗型濾器過濾並加入味噌，重新煮至沸騰即關火。

擺盤——在壽司盤上擺壽司和花朵，與醬油、芥末、薑和味噌湯一起上桌。

徐真

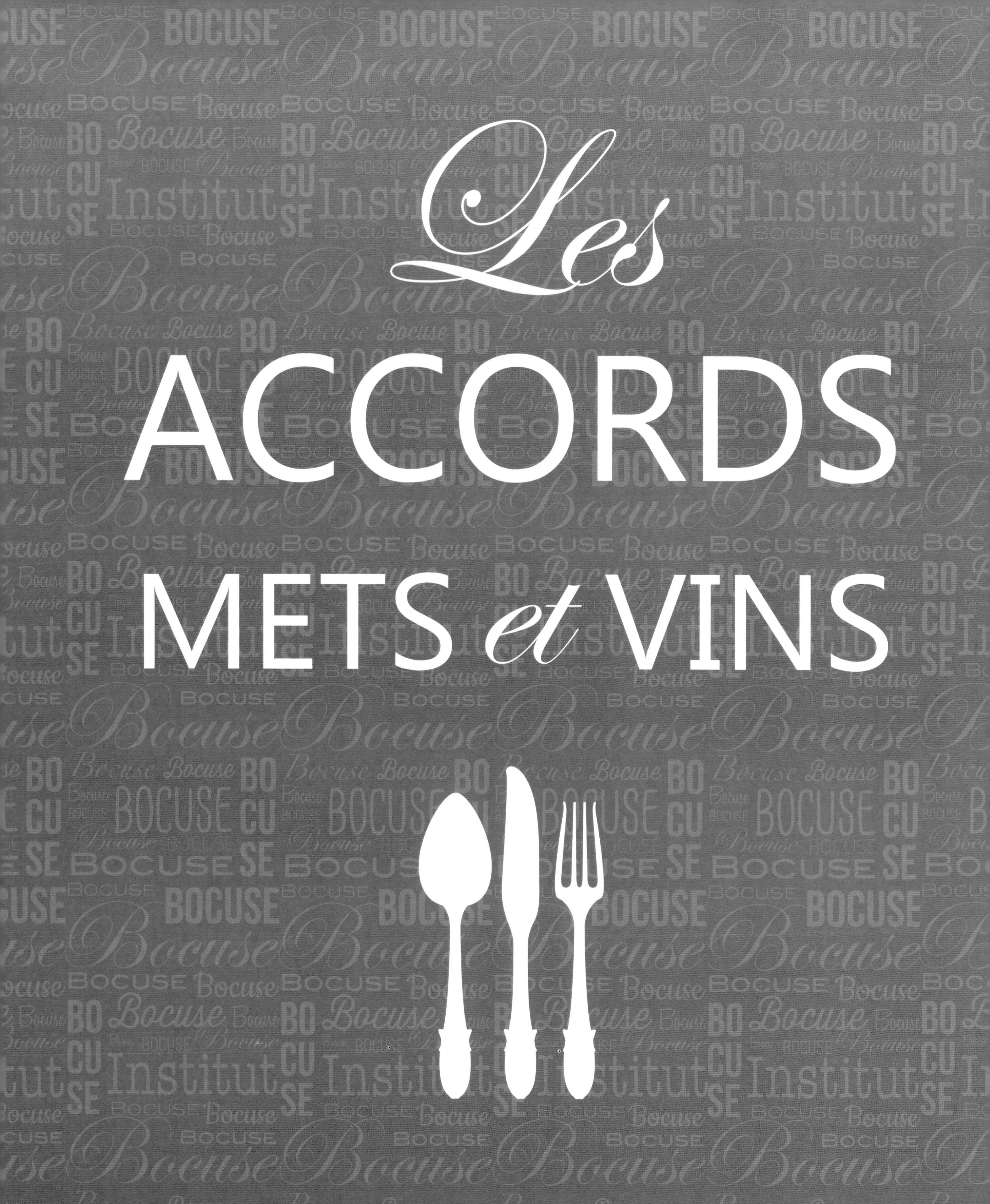
Les
ACCORDS
METS et VINS

餐酒合奏

Les accords mets et vins

餐酒合奏：主旋律

葡萄酒在法國文化中扮演著舉足輕重的角色：人們在餐桌上享用，也在慶祝場合、節日、與朋友聚會時分享……餐酒搭配更是複雜，畢竟用餐前開酒試味道不是常有的事，正因如此，葡萄酒的抉擇才會既複雜又有趣。事實上，餐酒搭配不僅是為餐點選擇適合的酒，還得考慮到氣氛、場合、季節與環境等等。

就像選擇食材時把季節納入考量才能嘗到最好的滋味，選酒也是如此。冬日的餐桌上好像總得有葡萄酒，才能溫暖心脾，夏天似乎就令人想到果汁或是清涼飲料。不過，夏日也能喝上如「陽光」般耀眼的葡萄酒，就像冬天我們總要體驗酒中「大地」的滋味。法國酒款之多，當然能替每個季節的餐桌上添加一定的吸引力。

與酒泥一起浸泡陳年

酒泥是酒桶底部的沉澱物。在陳年過程中攪拌並搖晃桶內的葡萄酒，讓酒泥重新浮起，能夠增添葡萄酒的風味。

三的定律

為了找出烹調手法、調味、配菜這三者的平衡，需要許多的大膽實驗，接著才是找出各種獨特的方式來搭配葡萄酒與食物。當然，過程中免不了犯錯，但我們總可以從錯誤中學到許多。

白之本色

白酒有許多種：不甜（sec）、微甜（demi-sec）、甜、有無氣泡等等，性格大相逕庭、卻又纖細有致。

白酒很適合搭配海鮮，生蠔配蜜思嘉（Muscato）就是必不可少的經典組合。白酒其實也能在冬季料理一展身手，只是某些白酒常以香氣較強、風格獨特的葡萄釀成，比較適合夏日料理。

產自亞爾薩斯的不甜蜜思嘉就是很好的例子。其香氣與口感都很吸引人，有豐富的香氣、也有隱而細緻的甜味；少了甜膩的負擔，非常適合搭配開胃菜。至於在主餐上，這款酒很適合搭配鱒魚之類的淡水魚。當然也適合在餐後品嘗——動點小聰明，就能在味覺上製造出變化。

釀酒手法當然會影響到葡萄酒的複雜程度，也讓我們能夠探索不同的可能性。勃艮第白酒通常會與酒泥一起在橡木桶裡陳放，以豐富香氣，同時大幅提升多樣調性的可能。

勃艮第與隆河谷地的白酒複雜多樣，很適合搭配細緻的白肉（像是小牛肉與雞肉），或是味道較強烈的甲殼海鮮（如大螯龍蝦與龍蝦）。這些食物與白酒之間的搭配比較中性，讓白酒能夠表現出葡萄品種、水果香氣與大地的滋味。

粉紅酒：新鮮水果香和清新香氣

粉紅酒少了份複雜、多了份水果滋味，永遠是夏日夜晚的最佳良伴。粉紅酒不需陳年太久，也較容易入門。清涼的粉紅酒總是能襯托夏日的纖細滋味。粉紅酒簡單又令人滿足，但這不代表這類葡萄酒只是普通酒款而已：市面上也有許多高級的粉紅酒。

最近暢銷的粉紅酒大多來自普羅旺斯，但仍有許多更特別的粉紅酒產地還不為人知，像是來自邦都爾（Bandol）和塔維（Tavel）的粉紅酒。法國有些地方還會直接稱粉紅酒為塔維。

市面上也找得到薄酒萊產的粉紅酒，通常由佳美（gamey）釀成，香氣與味道都令人驚豔，既清新又有果香，在風土與葡萄品種之間找到了平衡與身分。

解渴酒（vin de soif）？

這一詞彙並無負面含意。解渴酒通常是很清爽的酒，有著細緻的丹寧與新鮮水果味，沒有厚重的負擔。

粉紅酒中也有像賽爾東（Cerdon）這類以古法釀造的氣泡酒，是非常適合拿來搭配開胃菜或甜點的「解渴酒」。這類釀造方法釀出的酒既嘗得到清新，又嘗得到果味。氣泡細緻、酒精濃度低，甜味細緻，不膩也不過於厚實。

賽爾東適飲溫度在7℃到8℃之間，但這樣的標準也可能會因為酒的年份與等級不同而有差別。一般而言，越年輕的酒，適飲溫度越低，年份較高的酒則不然。

紅酒的細緻與複雜之處

紅酒也有多種調性。年輕紅酒的特色通常較直接而單純，芳香常屬於第一層味道。有些紅酒適合裝瓶後三年內享用。有些則需要一些時間才能展現特色。十到十五年

極致時刻（Plénitudes）

指一瓶酒在發展過程中，嗅覺、味覺、視覺，各方面和諧與衝突的味道達到了平衡。極致時刻就是這三者之間臻於完美平衡的那一刻。

以上的紅酒，芳香更是進化到第三層，不再侷限於第一層：這樣的紅酒較難親近、表現更為複雜。例如新鮮水果味變成果乾、蒸餾水果酒（eau-de-vie）、果醬等味道。單寧的結構也不相同了：雖然還能感覺得到，但已覆上薄薄一層歲月的柔軟。若想熟悉紅酒常見的香氣，可在品酒時仔細記錄。這是個著重細緻感覺的新世界，讓老饕又興奮又著迷，吸引眾人一同開發這份細膩。

紅酒的陳放實力需視製作過程的自然因素與人為因素而定。

酒莊如何定義自家的酒和「做」酒手法，決定了人為因素。例如浸皮法（maceration）時間短，葡萄中萃取出來的成分就少，因此會產生適合趁早享用的紅酒。自然因素中最不能忽略的風土與葡萄種類，兩者加起來可形成非常多元的紅酒樣貌。像是佳美這個品種的葡萄酒就適合儘早飲用，該品種主要產於薄酒萊南部（產區如金色石子與薄酒萊新村），生長在黏土與石灰岩質土壤；北邊一點（如特級產區 [cru]）的多元土質加上火山灰岩，生產的酒較為濃烈複雜，也有陳年的實力。氣候也是重要因素。事實上，各種氣候變因（溫度、雨量……）都會影響每年葡萄酒的品質。特別炎熱乾燥的夏天能生產較濃郁的酒。

選擇年輕新鮮的紅酒，很適合搭配夏天的餐點。清爽與水果香氣的產區為隆河谷地、隆河丘村莊、薄酒萊、以及某些羅亞河產區。

顏色較深、大地風味較濃的餐點適合搭配較厚實的酒。有名的佳釀在顏色上往往十分類似。

年輕的紅酒有許多水果味、香料味、優雅的單寧，能完美搭配煎烤牛肉和嫩馬鈴薯。此種紅酒的口感厚重濃稠，剛好能「呼應」口感較扎實的煎烤肉質。濃郁的果香則能帶出炙烤牛肉的鮮味。若是搭配肉汁較少的餐點，就會少了點樂趣。

相較之下，經由烹煮瓦解肉的質地、去除肉類嚼勁的燉肉料理（如紅酒燉牛肉），跟十到十五年的酒可說是絕配。這種肉類料理本身就有非常好的味道結構，而老酒的結構雖不相同，卻也有自己獨到的嗅味覺架構。若酒的整體能呼應肉與醬汁，就會是一首完美的合奏。

理想的酒窖

理想的夢幻酒窖當然存在——因為是由你決定。理想是因為我們會喜歡、我們在夢裡打造它的模樣、並深知會慢慢打造完成。當然，理想的酒窖需要符合某些特定的準則和要求，但在嚴格的規定之外，或多或少都會帶有你個人的感情。

年老的單寧，年輕的你

年輕的單寧透過葡萄皮出現在紅酒裡。紅酒隨著時間變化，單寧也會漸漸平衡。單寧可決定順口度，也就是酒的「質地」。

紅酒在橡木桶裡陳放後，單寧會因木頭而有更多元的表現。陳年時，葡萄與木桶的單寧會融合在一起，形成柔順圓潤的絲綢般口感。單寧還有個優點：單寧有抗氧化功能，可減緩細胞老化、保持身體青春。

大名鼎鼎的酒莊

這些酒莊可說是「品質保證」，許多人看著葡萄酒聖經、聽他人或葡萄酒經銷商的推薦就會直接下手。知名酒莊的葡萄酒分級有其歷史淵源，價錢昂貴，也是新手的必經之路。品嘗了這些好酒，初嘗滋味的人才能好好訓練自己的味覺，發覺其中的奧祕與專屬辭彙。

記憶的味道

直接在酒莊買酒，這瓶酒便伴隨著你與酒莊主人相遇的記憶，主人的故事、莊園的樣貌、氣味等。每次打開這瓶酒，回憶便會再度出現。

快樂的感覺來自於與人同樂交流時的感官快樂。自然而然地，我們也會選擇帶有這種記憶的酒，跟能夠欣賞它的同好再次分享。

葡萄酒的華爾滋

打造自己的酒窖前，得知道一瓶酒適合存放多久再品嘗：有些酒得趁早喝掉，有些酒適合陳年。

需要趕快喝掉的酒通常隨著季節來去，是平常就會飲用的葡萄酒，薄酒萊新酒、春日的粉紅酒或是冬天配海鮮的蜜思嘉。

中等價位的葡萄酒則讓藏酒有些彈性，透過自己的選擇來找出獨特品味。這些酒種通常可以立即飲用，也可以放個四、五年讓酒體醞釀出更複雜的口感。

陳年好酒則是用來慶祝特別場合。透過這種葡萄酒來紀念生命中的重要時刻，也讓酒跟我們一起變老。這些是上等的葡萄酒，它們的特色來自於人力、釀酒過程、年份與風土等自然因素之間的完美平衡。

酒瓶由小而大的法文名

Fillette : 375 ML

Bouteille : 750 ML

Magnum : 1.5L

Jéroboam : 3 L

Réhoboam : 4.5 L

Mathusalem : 6 L

Salmanazar : 9 L

Balthazar : 12 L

Nabuchodonosor : 15 L

Melchior ou Salomon : 18 L

Melchisédech : 30 L

滲酒（coulure）

軟木塞太乾的話會縮小，瓶內的葡萄酒就會因此漏出來，瓶裡的酒將一點一滴流失掉。

酒瓶的重要性

酒瓶的大小也是選酒重要的條件之一。1.5 公升（magnum）的葡萄酒適合大桌客人，也是保存紅酒的理想容器*。對於香檳來說，1.5 公升的瓶子也是最完美的。較小的酒瓶比較適合裝餐桌酒等不會長放的種類，或是小杯小杯喝的甜紅酒。

酒窖的環境

儲藏非常重要，要是沒有好的儲藏環境，幾乎不可能收藏紅酒。

首先，酒窖的溫度需保持恆定，冬夏之間沒有太大幅度的變化，也就是在 12℃到 14℃之間。要是環境溫度超過 15℃，將無法讓紅酒陳年。

對於長時間的儲存來說，建議溼度是 70%。近年來，隨著易開瓶蓋的普及漸漸取代了軟木塞，維持濕度也變得沒有這麼重要。

由於濕度對於橡木塞的彈性來說特別重要，為了讓酒窖能保持一定濕度，最好有自然泥土當基礎，上面再鋪上一層碎石以留住濕氣。

* 一般的酒莊或酒廠只會生產 375ml、750ml、1.5L 這三種容量的葡萄酒，而 1.5L 的瓶中空氣比例相對較少，若想買酒陳放，1.5L 比 750ml 佳。

葡萄酒既脆弱又纖細；在明亮空間裡需要非常小心的儲藏，不然就是存放在非常陰暗的環境裡。香檳更是怕光。香檳要是曝露在過於明亮的環境，人們有時候會說，這香檳喝起來有「光的味道」。

當然，珍貴葡萄酒的儲藏過程中不能有任何移動或震動。這是為什麼把酒放在酒架上時，要把標籤朝上，讓人可以不用移動瓶子就讀到相關資訊。平躺的位置也讓葡萄酒可以就定位，隨時準備開瓶上桌。

白酒要放在比較低的架子上，因為較靠近地面處溫度較低。珍貴的葡萄酒基本上可以讓人陳放許久再品嘗。為了省去麻煩，擺酒時最好能按照區域分類，因為收藏只會越來越多樣豐富，所以盡可能找到適合的位置。

最後，葡萄酒不能存放在有強烈味道的環境裡。葡萄酒的香味無法承受外界的強烈氣味。沒有酒窖的話，若想保存葡萄酒、打造個人酒藏，各種尺寸的酒櫃就成了必備的家具。

如何開葡萄酒

Ouvrir une bouteille de vin

名詞解釋

侍酒餐巾（liteau）：用來侍酒的餐巾。

鋁箔封籤（capsule-congé）：標於葡萄酒或烈酒瓶口，證明已納稅*。

軟木塞底（miroir du bouchon）：與酒接觸到的軟木塞表面。

* 法國境內賣酒需繳稅，故鋁箔封籤有繳稅印花之功能，如圖 1 瓶頂封籤的綠色標示，銷往其他國家的酒則不一定會有此標誌。

1 準備酒杯和侍酒餐巾。將酒瓶放在酒瓶墊上，酒標對著客人。用開瓶器的刀片沿著瓶頸劃開鋁箔封籤，避免倒酒時接觸到鋁箔。

2 用侍酒餐巾拭淨瓶口。

3 開瓶器螺旋鑽刺在軟木塞中央，用力往下鑽，以牢牢抓緊軟木塞，但不要刺破軟木塞底。

4 緩緩拉起軟木塞。

5 為了更精確地控制，用手指取出軟木塞，完成開酒的最後一個步驟，同時避免發出不雅的聲音。取出軟木塞時應該是安靜無聲的。

6 聞一聞軟木塞，確定酒沒有變質。用侍酒餐巾拭淨瓶口。

如何從酒瓶倒酒

Servir un verre à la bouteille

1 右手持酒瓶，勿遮住酒標，左手拿侍酒餐巾。站在客人右邊，方便客人確認酒標。倒滿三分之一酒杯即可。

2 用手腕的力量迅速且輕巧地轉動酒瓶，避免酒滴落。

3 用侍酒餐巾小心擦乾瓶身上的酒。

4 讓客人再看一次酒標。

如何換瓶醒酒

Carafer un vin

■ 醒酒壺通常用於酒瓶內沒有沉澱物的酒，主要是年份輕的酒，而且較常用於白酒。醒酒的過程能加速酒與空氣結合，鼻子聞到的香氣會比嘴巴嚐到的味道來得豐富。

1 準備廣底醒酒瓶、杯子和侍酒餐巾。保持酒瓶直立，打開酒瓶。

2 倒一點酒在酒杯裡，聞一下，確認酒沒有變質。

3 如果酒沒變質，將杯子裡的酒倒入醒酒瓶。輕輕搖晃，讓酒液均勻沾溼瓶子後，把酒倒回玻璃杯，稍後倒掉。此過程是為了讓醒酒壺「沾酒」（viner），準備裝酒。

4 輕輕沿著醒酒壺瓶身內裡，倒入酒瓶內所有的酒。

如何開酒瓶架上的酒和倒酒

Ouvrir et servir une bouteille de vin en panier

■ 置於酒瓶架上的酒通常是年份久遠的葡萄酒。連著酒瓶架打開酒、倒酒，可以避免揚起沉澱物，影響酒的清澈度。

酒瓶一旦放上酒瓶架後，就不要再拿下來重新放置。放入酒瓶時，應順著架子滑進去，旋轉瓶身露出酒標。

1 酒瓶已經放在架上，酒標朝上。切勿翻轉或直立酒瓶，穩穩放妥酒架，避免攪動酒液與其中的沉澱物。割開鋁箔封籤。

2 撕下鋁箔封籤後，用侍酒餐巾擦淨瓶口。

3 開瓶器螺旋鑽刺在軟木塞中央，用力往下鑽，以利牢牢抓緊軟木塞。不要刺破軟木塞底。

4 緩緩拉出軟木塞。

5 用手指完成最後拿出軟木塞的步驟，讓跟著空氣上升到瓶口的酒能退回瓶頸。

6 輕輕倒酒的同時切記保持酒瓶傾斜，勿直立酒瓶。

如何利用燭光換瓶醒酒

Décanter un vin à la bougie

■ 燭光可幫助我們看進瓶肩裡面，確認沉澱物的位置，決定哪些酒液該倒入醒酒壺、哪些不用。醒酒有兩個目的，一來是為了取得清澈的酒液、二來是為了加速與空氣結合。

名詞解釋

瓶肩（épaule de la bouteille）：指酒瓶頸最底部變寬的地方。

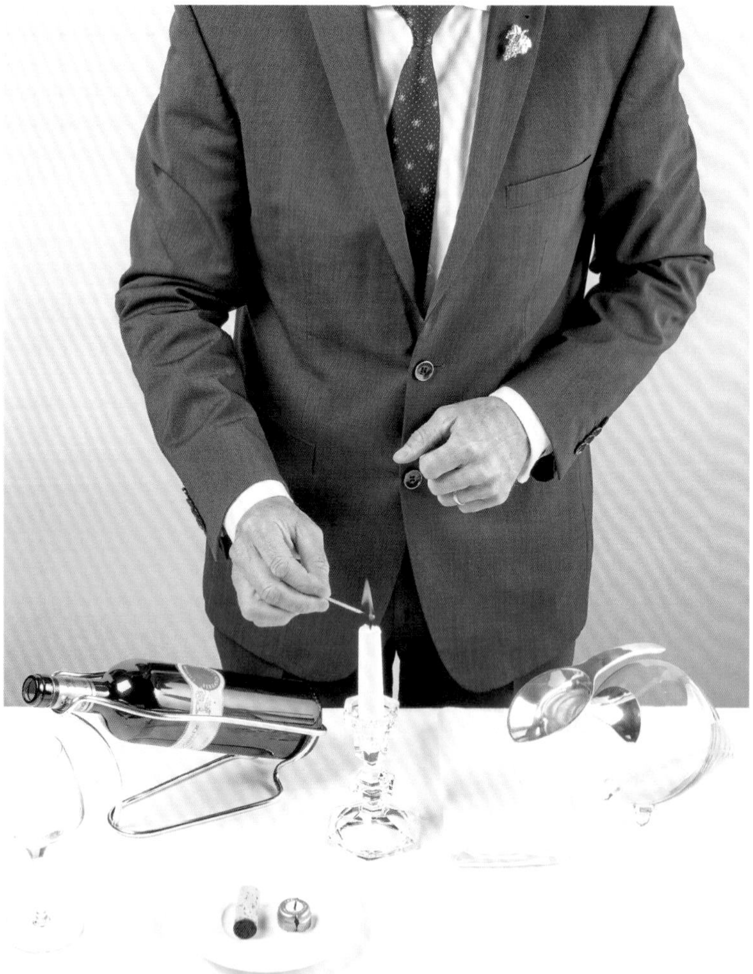

1 準備醒酒壺、小碟子、試酒杯、蠟燭和侍酒餐巾。為酒瓶架上的酒取出軟木塞，將軟木塞放入小碟子內。點燃蠟燭。

2 跟換瓶醒酒一樣，先確認軟木塞是否變質，再倒少許酒到酒杯裡，替醒酒壺沾酒。

3 將醒酒壺裡的酒倒回酒杯，稍後丟棄。

4 取下酒瓶架上的酒，酒瓶保持平躺的狀態。

5 將瓶肩放在燭光上方，與燭光對齊，緩緩沿著醒酒瓶瓶身倒入酒液。

6 一旦發現沉澱物流到瓶肩，立即停止倒酒。

如何開氣泡酒

Ouvrir une bouteille de vin effervescent

名詞解釋

線籃（muselet）：包含兩個特徵。其一是有四條鐵絲的金屬牢籠，能夠固定軟木塞，利用下方扭緊的鐵絲，鎖住瓶中氣泡壓力。

帽蓋（plaque de muselet）：亦為線籃一部分，指有酒莊標誌的金屬圓頂，介在「鐵牢」線籃和軟木塞之間，避免軟木塞因為瓶內壓力受損，而頂端就是壓力最大的地方。

鋁箔（cape / coiffe）：完全包覆軟木塞、線籃以及瓶子上方的金屬包裝紙。上頭會有皺摺，設計因酒莊而異。為了便於開啟，線籃位置有一道易開線。

1 從冰桶裡拿出氣泡酒，擦乾瓶身，放在酒瓶墊上，酒標朝向客人。

2 沿著易開線撕開鋁箔。

3 一手扶著軟木塞和酒瓶，一手扭開線籃，連帽蓋一起取下。

4 酒瓶傾斜四十五度，一隻手撐在瓶底旋轉酒瓶，以便取出軟木塞。

5 抓緊軟木塞，慢慢拿出來。

6 拿著酒瓶底部，拇指放入瓶底凹槽，以單手倒酒。

Les
ARTS
de la
TABLE

餐桌藝術

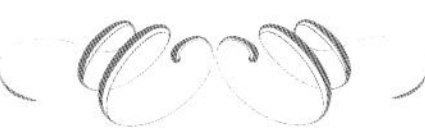

Les arts de la table

餐桌藝術：立即為您服務

餐桌藝術可以說是一種特別的上菜方式，也是呈現鍾愛餐點的方法，人人都知道，餐桌藝術伴隨的餐點富有精緻的內涵，已不再只是為了讓人生存下去的食物；餐桌藝術專屬於兼具開心和禮儀的社交場合，它讓享用餐點變成快樂、相聚和交流的時刻。

過去的餐具由貴金屬製成，鑲著寶石點綴，在皇家晚宴上彰顯權力與展示歡樂。餐具雖然耀眼，但當時的人還是習慣用手直接從盤中拿起食物來吃。

直到光榮的十七世紀，路易十四王朝才把餐桌藝術訂立出來，繁複卻不失精確與嚴謹，流傳至今。這樣一套藝術，反映了該時代無所不在的古典主義精神，以及追求秩序的渴望（姑且不說是控制）——正是路易十四想要訓練宮廷王侯過的生活。

十九世紀是餐桌藝術發展臻至蓬勃而複雜的時代，在那之後，餐桌藝術變得越來越有彈性。人們最在意的是客人的感受和餐點的評價，也不忘秉持著古典主義的價值。

選擇桌上的擺飾時，應避開香氣過於濃郁的花朵，以免蓋掉食物的香味。

餐桌擺設與待客之道

講到餐桌藝術，人們常常只想到使用漂亮的盤子，但餐桌藝術可不只如此。餐桌的擺設、玻璃杯、餐具等固然重要，桌巾、燈光（像是蠟燭點綴的細微變化）等元素也同等重要。不過，所有的重點都在於製造適合的氣氛：桌上的裝飾、家具、音樂或花朵。

要讓客人感到舒適，首要任務就是讓人覺得走進一個和諧舒適的空間，任何形式的混亂都是大忌。整齊的空間讓人能夠自在地找到自己的位置，不用擔心或認為自己是不速之客。

擺設餐桌時，暫時不要去管桌上的東西是為了實用還是裝飾，重點在於讓一切看起來單純乾淨。我們得找出建構整個空間的主軸。例如，不同的杯子依照刀具的相對位置斜放。同理，刀具的上緣或下緣對齊的「假想線」，則是依據餐盤或是桌子的邊緣——根據不同的餐桌擺設方式，經典式和宴會式（見 684 頁、685 頁）並不相同。

倍受歡迎的餐桌

桌巾

為了保護餐桌，桌上應該先鋪一條絨呢布。這或許聽起來有點老派，但絨呢布會讓客人比較舒適，不用經歷家具的堅硬與寒冷。此外，絨呢布還可以降低刀具在餐桌上發出的聲音。在絨呢布之上，我們再鋪上桌巾。絨呢布與桌巾提供了一定的溫和感與舒適感，扮演著相當重要的角色。

桌布的摺痕若是很明顯（最好是鋪在正方形或長方形的桌子），這些摺痕得朝向同一個方向。把無法掩蓋住的摺痕鋪在桌面，蓋住能夠遮住的摺痕，並讓可見的摺痕對齊房間的長邊、或是朝向大窗戶等對外開口。

饗宴的布局

餐桌上的布局連最小的細節都至為關鍵，而這些都是在客人到來前就該準備好的。好好擺設了餐桌後，便能讓客人感到倍受歡迎，感受到主人的用心。

經典式擺法有簡潔的優雅與特點，宴會式擺法因為餐具已經放在桌上了，客人便能預期接下來的餐點；也能幫助主人應付人數眾多的賓客。

為了餐桌上的整齊與秩序，擺放餐具時得非常嚴謹與小心。舉例來說，要是玻璃杯的杯腳細細雕有品牌名或標誌，就算不明顯，圖樣還是得面向客人。這些細節能為用餐場合營造出井然有序的感覺，也會讓客人欣然感受到主人的細心。這種嚴謹的態度，即是傳統精神的傳承。

完美無瑕的餐盤與杯具

餐盤即使非常仔細地清洗與晾乾，還是可能留下痕跡。想要完全清除各種水痕污漬，請在擺設餐桌前重新清洗餐盤。

餐盤、餐具與分裝盤都得用加了白醋的清水沖洗。

杯子的清洗則有一些訣竅：先在大型方盤裡裝滿滾水，再把杯子倒拿在盤子上方，讓蒸氣能在玻璃杯內產生霧氣，接著用沒有棉屑的乾淨白布擦拭乾淨。當然，把杯子擺在桌上時要帶著手套，才不會留下新的痕跡。

經典式餐桌擺法

Dresser une table classique

擺設餐桌是服務客人、呈現視覺饗宴的藝術。經典式餐桌擺法將呈現出一張用心裝飾的桌子，並搭配菜單和菜系來調整餐桌上的裝飾品。餐飲業稱餐桌擺設為「à la carte」，字面意思就是根據菜單變化。

圓肚高腳水杯和酒杯

比較輕鬆的場合，會把高腳水杯換成無腳水杯（tumbler）。

奶油刀

放在麵包盤上面，與餐刀一樣置於右側。奶油刀的作用是取用奶油，不是用來切割麵包。

麵包盤

置於左上方，對齊觀賞盤上緣以及右側水杯的杯腳。

餐巾

餐巾應與桌布搭配，熨燙平整，放在刀子右邊。盡可能不要摺疊餐巾造成折痕，可改成把餐巾捲起來。

餐叉

置於盤子左側，叉齒朝下。

觀賞盤

觀賞盤的尺寸相當大，直徑約 26-28 公分。觀賞盤是擺設餐具時的中心點，離桌緣一個拇指下指節的距離（拇指彎起，從虎口到指關節的長度）。

餐刀

置於盤子右側，刀刃靠近盤子。

宴會式餐桌擺法

Dresser une table banquet

此種擺設方式能讓人倍感賓至如歸，事先將各種餐具和杯子都在桌上準備妥當，上菜會容易許多。

玻璃杯

無腳水杯、白酒杯、紅酒杯。三個杯子與一條從點心刀刀尖開始延伸的想像斜線平行。

點心餐具

點心專用。一開始放在觀賞盤上方，上點心前，收走觀賞盤，點心餐具即可移動：湯匙和刀子在右，叉子在左。

麵包盤和奶油刀

麵包盤永遠放在左邊。奶油刀為取少許奶油時使用，不是用來切割麵包。

餐巾

餐巾熨燙平整，置於觀賞盤上，餐巾應與桌布成套。菜單夾在餐巾裡。

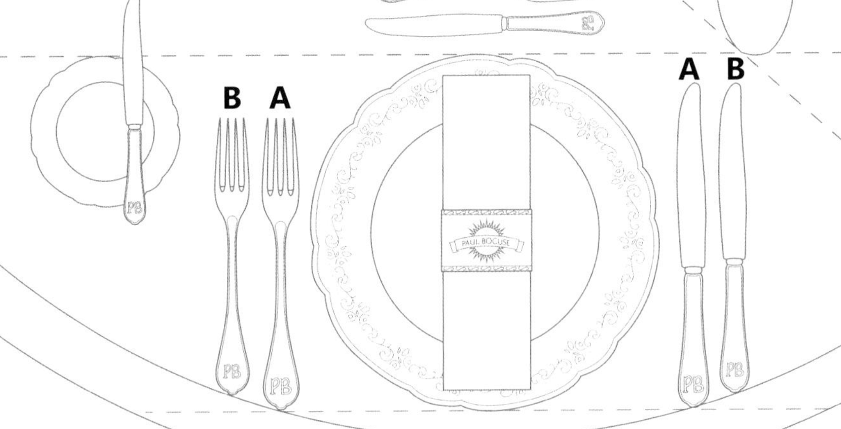

對齊

擺設時，想像一條平行於餐桌桌緣的線，以便對齊餐具，同時也對齊盤子。這條線為擺設基準線。

A組刀叉（主菜餐具）

置於內側，最靠近觀賞盤，供主菜使用。若有多道餐點，中間應更換餐具，因為兩側不應放置三把以上的刀叉。

B組刀叉（前菜餐具）

放在主菜刀叉外側。此刀叉應對齊虛擬的餐桌邊緣線，刀叉柄略高於觀賞盤底線。

觀賞盤

觀賞盤相當大，直徑約 26-28 公分。觀賞盤是擺設餐具時的中心點，離桌緣一個拇指下指節的距離（拇指彎起，從虎口到指關節的長度）。從前菜到起司，觀賞盤在用餐時都會放在桌上，上點心前才會收走。上菜時，裝有料理的餐盤會擺放在觀賞盤正中央。觀賞盤的樣式需與餐桌擺設和餐點搭配。

善用餐具

十七世紀餐具開始普遍使用、餐桌禮儀也開始發展。餐具、盤具、玻璃杯撐起了法國的奢侈品工業。而這些貴族經濟地位的象徵，馬上就受到布爾喬亞階層的仿效，用來建立自己的政經地位。華美昂貴的餐具成了上流社會使用的器具，使用餐具成了規定，卻也排擠了使用技巧未臻熟練的人。

餐桌藝術到了十八世紀變得更複雜。貴族餐具的用途細分得更精細講究。據說，路易十五的情婦龐巴度夫人擁有的金銀餐具重達七十萬磅。情況維持到十九世紀，甚至過之不及，貴族的私人宅邸內到處都是餐具盤組，多到幾乎無理可循。這樣的趨勢一直延續到二十世紀中葉，餐具才變得適合現代化的使用，也才重新找回餐具的核心意義：增加人們在共聚用餐時的便利性。

今天，餐桌擺設對於接待客人來說更是不可或缺。因為一般餐具用途就適用於大部分餐點；餐具不再細分成太多特定用途，就不需要因為時常更換而打擾客人。

當代餐具組通常有六支外型各異的叉匙。過去用精緻木頭、珍珠母貝、象牙製成的刀子，並不屬於現代法文「金屬餐具」（argenterie）的一員。日常生活中較常使用的是大湯匙和大叉子，例如用四齒的大叉子來吃肉。其實叉子一開始只有兩齒，但卻無法妥善固定食物。前菜叉和前菜匙的外型沒有太多變化，只是比較小。點心叉匙同樣是用來輔助進食、裁切食物的大小，但尺寸配合點心盤，更小。

餐刀和前菜刀的尺寸與搭配的叉匙相同。主菜點肉的人喜歡尖銳的餐刀，有小而鋒利的鋸齒。

魚肉餐具同樣包含了一刀一叉，不過現在也常常附上湯匙。魚叉的形狀較圓，叉齒較短較鈍，只有三齒。叉面較平，可以在不刺穿魚肉的情況下將魚固定住。魚刀則有鏟匙的功能。由於不需要將魚肉刺穿，也不需要將魚肉切開，魚刀的功用主要是撥開魚肉。魚刀的刀面寬闊，即使是全魚也能輕鬆分開魚肉和魚骨。現在上菜時也經常會附上扁平的魚匙，有了魚匙，享受魚肉搭配的醬汁也更加容易。

甜點餐具組比前菜餐具更小。理想狀況下會有湯匙、叉子和刀子，樣式通常都比較花俏，適用於各種口感的甜點。沒有甜點刀時，甜點叉筆直的外側也可用來切割甜點。

其他形制的餐具同樣能證明餐具的適應性：用來拌糖的咖啡匙尺寸相當小，因為只會用來攪拌液體，不會也不應該拿來就口。用來吃水煮蛋的湯匙則有長長的柄，這樣挖到蛋底時，手指才不會碰到蛋殼；特別圓的形狀也不會弄破蛋殼。奶油刀的形狀則很適合拿來在麵包上抹平奶油，但千萬別抹一大堆！刀尖彎成兩個尖角的起司刀，則可在切完起司後叉住起司片。

因酒而閃亮的玻璃杯

過去的餐桌上，玻璃杯只能因為美麗的材質（稀有金屬或水晶）受人矚目。現在則漸漸因優美的外型和讓品酒更臻完美而受到重視。

使用何種材料？

杯子的材質非常重要。水晶已經越來越少用，雖然是很理想的材料，但易碎又昂貴。現在高品質的玻璃杯都結合了透明度和耐用度。

杯腳

拿取酒杯時，細細的杯腳能避免手溫影響酒的溫度；寬闊的杯底則能穩定杯子。比起賦予杯子優雅造型和高貴份量，不影響酒溫和穩定度更加重要。不過還有兩點也相當重要：杯肚和杯口。

杯肚

杯肚是杯子用來盛裝液體的部分。根據酒的種類有不同的形狀，讓酒更臻完美。一般而言，應選杯肚大的酒杯。先聞過一次酒後，應該搖晃酒杯，讓空氣與酒結合，然後再聞第二次。

白酒不像紅酒那麼需要和空氣結合，小一點的杯肚即可。

紅酒杯中，又屬勃艮第和波爾多紅酒杯的造型最廣為人知。勃艮第酒杯的杯肚渾圓，能聚集細緻的香氣。

杯口

杯口是嘴巴接觸的地方。有些非常新式的酒杯會在容量上玩花樣，讓飲者只能碰到一小丁點玻璃杯，影響嘴巴和酒的接觸。這麼做很可惜，因為杯肚在合理範圍內應該是越薄越精細越好，但不應有限制，這樣才能讓液體順暢自然流動，也才是讓酒展現其價值的方式。

餐桌服務：細緻貼心與盛大表演

在法國，餐桌服務有三種形式：法式、英式和美式（à l'assiette）。第四種為旁桌服務，又稱為俄式餐桌服務，是非常豪華優雅的服務方式，一般家庭很少見，只有在大場合才會見到。

法式餐桌服務

服務員站在客人左邊，呈上菜餚和夾取食物的叉匙，讓客人將食物自行取用到餐盤裡。在一個由右撇子統治的世界裡，站在左邊能讓客人的手和右臂的活動幅度比較廣闊。

這種服務方式讓人能自行決定食物的質與量，但相當耗時，不適合大型宴會，客人的座位之間也需要足夠空間，取用與移動才方便。法式餐桌服務只適合熟悉此種服務方式的人，因為在小心拿取食物的同時，還需考慮他人的等待時間，可能會讓人尷尬不自在。

英式餐桌服務

為法式服務的改良版，由服務員替客人服務。如果服務員技巧熟練，能夠一手端菜、一手使用公叉公匙的話，會讓客人覺得倍受重視，也能夠決定自己喜歡的質與量。當然，英式餐桌服務同樣比較適合人數較少的團體。

美式餐桌服務

就像在餐廳用餐，菜餚在廚房時就分開盛盤，以便迅速端到司膳者面前。如果廚房事先準備完善，就能把第一人和最後一人之間的等待時間降到最低，是簡單又有效率的餐桌服務方式，也是餐廳常用的服務方式。

上了菜後，小驚喜會變成大驚喜，例如本來小小的餐具碰撞聲會同時響起。除了備妥美麗的餐盤，這種服務方式的重點在於事先準備。尤其有趣的是，冷盤式前菜甚至可以在客人抵達之前就先上桌！

俄式餐桌服務

這種服務方式在十九世紀的高級宴會上極為盛行，需要多種服務技巧，除了非常高級的餐廳外，現已沒落。但若有閒情逸致，在家宴請時使用好看的餐具，也可在客人面前重現這種服務方式，像是焰燒八角鯛魚、現切烤鴨或羊肉捲等。這種在客人面前料理的俄式餐桌服務，有時也稱為「旁桌服務」（service au guéridon）。

感官饗宴

若想在餐桌上呈現神奇的感官體驗，需要天時地利人和：烹煮手法（廚房）、風土（酒）、歷史（聚會的時空背景）完美結合。感官饗宴可用下圖來表示：

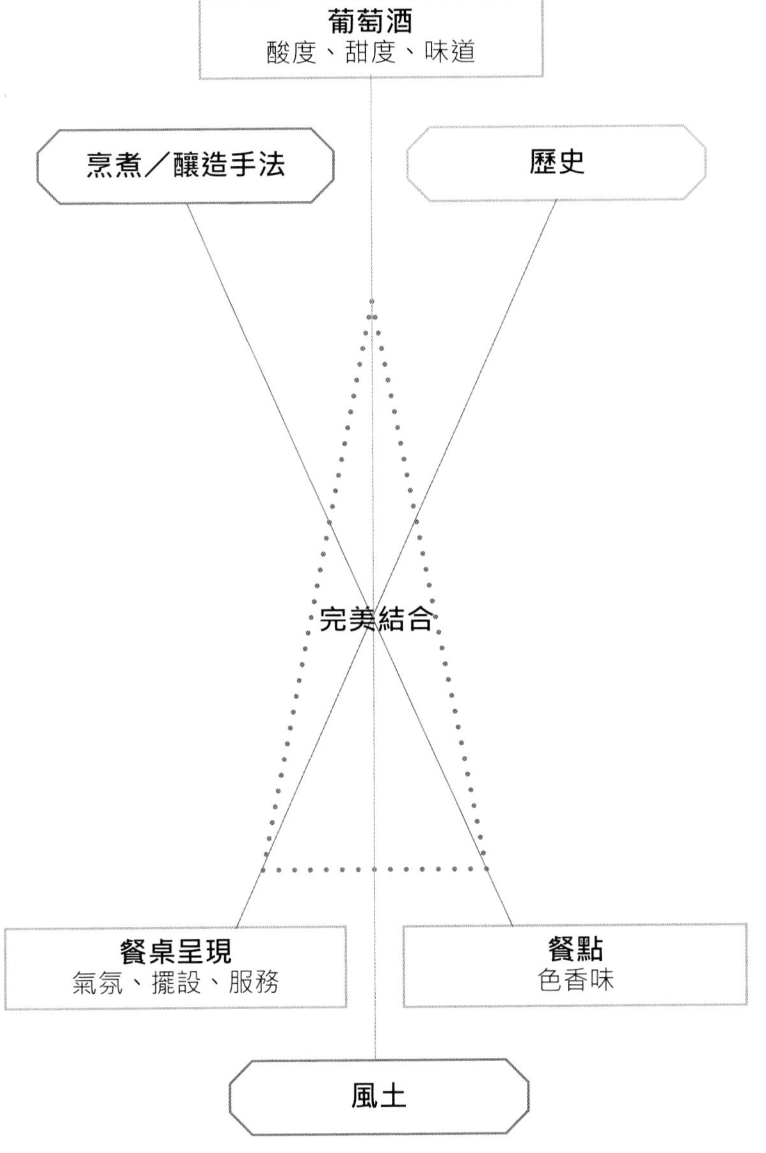

此圖雖然看似與感官饗宴無關，但這個複雜的概念背後卻是相當簡單、顯而易見。

熟悉了餐桌服務的藝術和餐酒搭配後，透過不斷嘗試、建立品酒飲食的記憶，甚至是深植在情感中的餐飲經驗，都會充實你的知識。

這個過程也適用於烹調食物與準備食材。料理過程中難免有挫折，但困難讓人堅定信心，也能從錯誤和麻煩中獲得驚喜。有些驚喜可能吃不下去，卻能讓人大笑累積回憶；有的驚喜出乎意料地美味溢香，便能成為獨一無二的料理和個人宴請藝術的基礎。運用基本烹煮手法、食譜、各種小技巧，加上一小撮想像力和一絲創造力，打造出自己的作品。

Les Chefs

保羅博古斯廚藝學院主廚

（前排由左至右）

ÉRIC CROS

CHRISTOPHE L'HOSPITALIER

ALAIN LE COSSEC

HERVÉ OGER

FLORENT BOIVIN

（後排由左至右）

PAUL BRENDLEN

SÉBASTIEN CHARRETIER

CYRIL BOSVIEL

CHAN HEO

JEAN PHILIPPON

JEAN-PAUL NAQUIN

L'équipe Arts de la table

保羅博古斯廚藝學院餐桌禮儀講師

（前排由左至右）

THIERRY GASPARIAN

PHILIPPE RISPAL

BERNARD RICOLLEAU

（後排由左至右）

ALAIN DAUVERGNE

PAUL DALRYMPLE

XAVIER LOIZEIL

Les
ANNEXES

附錄

Glossaire

專有名詞釋義

【ABAISSE】：薄麵團。平坦的生麵團，形狀扁平、厚度適中。

【ABAISSER】：桿薄麵團。伸展、擀平球狀麵團，達到想要的厚度與形狀。

【ABATTIS】：雞雜碎。專門指從全雞去掉的部分，如雞肝、雞胗、雞爪、雞冠等。

【AIGUILLETTES】：肉柳條。從肉塊切下肉質特別軟嫩的長條部分。

【ANGLAISE】：安格斯醬。以蛋白基底的混合蛋液，可搭配麵包粉使用。

【APPAREIL】：混合液。料理前，將各種食材加在一起，形成均勻流動的混料。

【ARASER】：蔬菜去頭尾。切掉蔬菜的葉子末端、根或枯掉的部分。

【AROMATE】：植物性香料。植物的根、莖、葉能夠給予強烈的風味或味道，不論是烹調前的事前準備或烹煮過後，都易於辨認其不同。

【ARROSER】：澆淋油脂。在烹煮過程中澆淋該料理的湯汁或其他油脂，以免料理乾掉。

【ASSAISONNER】：調味。指加入一般的調味料，通常是鹽與胡椒，以增加味道與香氣。

B

【BAIN-MAIRE】：隔水加熱。把裝有食材的容器放入滾水中，熱氣不會直接接觸到容器裡的食物，是種緩慢而溫和的烹飪方式。隔水加熱法可直接用瓦斯爐或在烤箱內進行。

【BARDER】：裹捲。燒烤之前，用肥油或豬五花包覆家禽或油脂較少的野味，以免最終成品過乾。包好的肉捲以細繩固定。

【BATTRE】：打發。通常指用打蛋器快速攪拌蛋白、餡料等，打發能使液體與空氣結合，增加體積並使質地均勻。

【BEURRE CLARIFIÉ】：澄清奶油。以小火或隔水加熱奶油，去除酪蛋白、水分與乳清殘留物後得到的奶油，質地純淨細緻易消化。

【BEURRE MALAXÉ】：手打冰奶油。製作麵團前，搥打出鬆軟易處理的冰奶油。

【BEAURRE MANIÉ】：奶油麵糊。奶油混合麵粉而成的柔軟麵糊，用來增加醬汁或湯品濃稠度。

【BEAURRE POMMADE】：軟化奶油。軟化至室溫的奶油，質地細緻易操作，可用來製作麵團與塗抹鍋內。

【BEAURRER】：加入奶油。(1) 烹煮前，在鍋子、派皮或其他食材上沾奶油，可防止沾黏。(2) 在麵團、餡醬、糊狀物中加入奶油，增添滑順口感。

【BLANCHIR】：川燙。把蔬菜和肉類丟入沸騰或微滾的水裡，再撈出放入冰水中。川燙可軟化食物並保留食材的顏色。

【BLONDIR】：上色。稍微讓食材著色，讓食物外表呈漂亮的金黃色。

【BOULER】：揉圓麵團。用手繞圓轉動，將麵團朝內揉成圓形。衍生出「搓圓」（boulanger）一字，意為做圓球狀的麵包。

【BOUQUET GARNI】：調味香草束。由百里香、月桂葉、帶梗羅勒、香芹組成，並用一片韭蔥包成一束，有時還會加上一根細的豬肋骨。加入香草束可增添香氣。

【BRAISER】：燴、煨。用有蓋深鍋緩慢煨煮各種肉類、魚類。煨能增加食材香氣、襯托配菜香氣、軟化食材。

【BRIDER】：縫綁。用針線穿過禽類翅膀和腳爪，使之固定在身體上，防止烹煮過程中四肢剝離，影響外觀。參考「穿刺」。

【BROYER】：壓碎、磨碎。把固體食材壓碎成小塊或粉末，用來做成粉末或麵團。

【BRUNOISE】：迷你細丁。極小的蔬菜丁，最好能保持形狀完整和一致。尺寸約二到三立方公釐。

【BUÉE】：蒸氣。烹煮時液體蒸發產生的水氣。蒸氣冒出時會（影響視線）難以取出烤箱中的料理，烹煮過程若需替食材淋醬汁也會有困難。

【CARAMÉLISER】：焦糖化。延長醬汁烹飪時間，盡可能濃縮風味。

【CARCASSE】：骨架。一整副骨頭；可用於增加湯底風味。

【CERNER】：去核。用水果刀沿著蔬果蒂頭部分割一圈，並取出果核。

【CHAPELURE】：麵包粉。細緻的乾麵包粉末或餅乾粉末，可將麵包壓過篩子製成。

【CHEMISER】：上模。在派模底部、周圍貼平派皮，然後在派皮裡填入餡料，脫模後，便可得到覆蓋餡料的派皮。

【CHINOISER】：過濾。將湯汁或醬汁用漏斗型濾器濾過，確保湯汁清澈、去除所有可能讓湯汁混濁的成分。

【CHIQUETER】：修邊。烘烤前用刀在派皮邊緣輕劃幾刀，確保烘烤時派皮能均勻膨脹。

【CISELER】：切末、切碎。(1) 將蔬菜或香草植物切成碎末。(2) 在不劃破魚皮的情況下，在魚肉上均勻劃上幾刀，以加快烹煮速度。

【CIVET】：陶罐燉煮。野味燉煮，以各種兔肉、鹿肉為主。肉切丁醃過後，熱油後加入紅酒、細香蔥、洋蔥煎炒。

【CLARIFIER】：澄清、淨化。(1) 分離奶油中的酪蛋白、水分與乳清殘留物，製作出澄清奶油。(2) 用蛋殼將蛋白和蛋黃分開來。(3) 在湯汁或高湯中加入蛋白，以澄清湯汁。

【CLOUTER】：鑲入肉條。將細條狀的培根或火腿穿過特定肉類，以增添風味和油脂。

【COLLER】：凝固。加入吉利丁或洋菜粉，讓食材在室溫或低溫中凝固起來，保持其堅固外型。

【COLORER】：染色。加入食用色素或色彩鮮豔的天然食材，以調和食材外表顏色。

【COMPOTER】：熬煮。用小火長時間熬煮小塊的蔬菜根莖或水果，中間不添加任何水分，直到變得濃稠。可煮出食材濃郁的香氣。

【CONCASSER】：切碎、搗碎。將固體食材大略切碎、或將胡椒搗碎。

【CONTISER】：鑲入香料。在魚或禽肉上，插入松露或其他食材。

【CORNER】：刮。使用塑膠刮板裝飾盤面或讓食材表面平滑。

【CORPS】：揉好的麵團。麵團揉過後的狀態。揉好的麵團會膨脹有彈性、延展性，下壓會恢復。根據使用麵粉的麩質多寡與品質，狀態各有不同。

【CORSER】：使濃醇。不減少食物份量的情況下收乾，使其達到最濃郁的味道。或是加入添加香氣的增味劑。

【COUCHER】：以奶油裝飾。塗抹上一層奶油作為裝飾，一般而言會用擠花袋和擠花嘴。

【CRÉPINETTE】：（豬）網油。一種油脂網膜，用來包覆食材，以利烹煮時固定食材。

【CRIBLER】：過篩。讓食材穿過篩子以分類食材。

【CROUSTADINE】：派皮。各種形狀的塔皮或派皮，能和千層派皮搭配使用。

【DARNE】：帶骨魚排。垂直切開魚身得到的、約二到三公分厚的切片，形狀為圓形或橢圓形。

【DÉBARRASSER】：清除。切除食材裡不用或不能食用的部分。

【DÉCANTER】：醒酒。靜止酒精液體，好讓固體成分沉澱，以利使用過濾撈勺過濾，或者輕輕傾斜酒瓶，倒入其他容器。

【DÉCORTIQUER】：去殼。去除甲殼類海鮮的殼。

【DEFFILANDRER】：去梗。烹煮前，切除蔬菜的老韌纖維或菜梗。

【DÉGERMER】：去新芽。整顆蒜頭對切成兩半，摘除新芽丟棄，讓蒜頭更容易消化。

【DÉGLACER】：刮鍋。將食材煮至焦糖化，加入帶有酸度的液體或水，刮起鍋底焦香，融入湯汁。

【DÉGORGER】：去血水；脫水。(1) 用流動的水清洗肉或魚，或將肉與魚浸泡在冷水以去除血水。(2) 切片蔬菜灑上鹽巴後，大量擠出其多餘水分。

【DÉGRAISSER】：去油脂。(1) 切除肉類表面的油脂和薄膜。(2) 撈除液體表面浮出的油脂。

【DESSÉCHER】：揮發水分。(1) 用木湯匙不停攪拌加熱中的麵糊，例如做泡芙時製作的熱麵糊。(2) 把食材放入低溫烤箱中，除去多餘水分或濕潤口感。

【DÉTAILLER】：均分麵團。用切麵刀或一般菜刀切割麵團，分出份量一模一樣的數個麵團。

【DÉTENDRE】：稀釋。在湯底或醬汁中加入液體，增加流動性。

【DOUBLER】：加層。烘烤時，在放置食材的烤盤下方再加放一到兩個烤盤，以免底部過熟。

【DRESSER】：擺盤。把菜品精確地放入盤中。

【DUXELLES】：蘑菇泥。蘑菇切成小小丁，再與香草一同燴煮，非常適合當作內餡。

E

【ÉBARBER】：去鰭。用剪刀去魚鰭。

【ÉCAILLER】：去鱗。刮除魚鱗。

【ÉCALER】：剝。剝除水煮蛋或溏心蛋的蛋殼。也用於描述剝除堅果的外殼。

【ÉCOSSER】：去皮、去殼。剝除豆莢，或是去除穀類的外皮。

【ÉCUMER】：撇浮沫。撈除液體在烹煮時浮在表層的泡沫、浮渣。

【EFFEUILLER】：摘葉。從植株上摘下葉子、分開香草的葉與梗。

【EFFILANDRER】：去梗。參考「去梗」【DEFFILANDRER】。

【ÉGOUTTER】：濾乾。把成品倒入濾網或篩子以去除多餘水分。

【ÉGRAINER】：撥鬆米粒。烹煮後，用叉子分開米粒或穀粒。

【EMBROCHER】：串成肉串。把肉類串在烤肉架或烤肉串上準備烘烤。

【ÉMINCER】：切薄片、切絲。把肉類或蔬菜平均切成薄片或細絲。

【ÉMONDER】：燙煮去皮。用沸水加熱某些蔬果，以利外皮能漂亮剝離。亦可參考「去皮」【MONDER】。

【ENROBER】：裹麵衣。油炸前，在食材上薄薄裹覆一層麵衣。

【ÉPLUCHER】：去皮、去籽。指在蔬果的前置處理中，去除不可食用的部分，如外皮、外殼、梗、籽、蒂頭。

【ESCALOPER】：斜切。帶點角度地將肉或魚斜切成片狀。

【ÉTAMINE】：濾網袋、濾網布。用來過濾液體（如醬汁和高湯）的薄紗布。

【ÉTUVER】：燜煮、煨煮。長時間加蓋烹煮肉類與蔬菜，並加入少許油脂一同熬煮，讓味道更濃郁。

【ÉVIDER】：挖空。清空蔬果內裡，以供填餡使用。

【EXPRIMER】：榨汁。大力擠壓食材，盡可能取得最大量的汁液。

【FAISANDER】：風乾。食用前將野味（鹿、兔等）靜置一段時間，有些野味需放到八天之久，以加強其風味。雉雞的風味就來自微腐，也就是即將腐敗時。

【FARCIR】：填餡。烹煮之前先在家禽、魚肉或蔬菜內塞入其他食材。

【FARINER】：撒粉。(1) 在麵團上灑一層薄薄的麵粉，防止沾黏。(2) 在烤盤或模具內灑一層薄薄的麵粉，或事先抹上一層油，防止沾黏。

【FILTRER】：過濾。用網篩或漏斗型濾器濾除液體中的多餘成分，使液體質地更純。

【FLAMBER】：燒除、火燒。將拔毛後的家禽靠近火源，除去表皮的羽毛與細毛。

【FLEURER】：灑薄粉。指為了最後的裝飾而灑上一層極薄的細粉。

【FOISONNER】：打發。用打蛋器快速攪打食材，使之與空氣結合。

【FONCER】：裝派皮。讓麵團貼合派盤底部與四周。

【FOND】：高湯、湯底。熬煮肉類與蔬菜得到的湯汁。高湯相當珍貴，食材的精華都在其中。

【FOUETTER】：快速攪打。用打蛋器快速混合食材或讓食材變濃稠。

【FOULER】：榨汁。擠壓漏斗型濾器裡的食材，盡可能取得所有汁液。

【FRAPPER】：冰鎮。快速冷卻液體或讓熱的食物迅速冷卻。

【FRÉMISSANT】：形容滾而不沸、微沸的狀態。指液體剛好煮滾，表面微微震動的樣子。

【FRIRE】：油炸。把食材丟到煮滾的油鍋裡加熱。

【FUMET】：香氣。料理的基礎，特別指魚類與野味的氣味。

【GRAINÉ】：粉末狀。形容食材的顆粒之細小。

【GRATINER】：焗烤。在食材上灑麵包粉、起司粉或兩者都灑，放進只開上火的明火烤箱內或燒紅的鐵板下方，將食物表面烤至焦黃酥脆。

【GRILLER】：炙烤。用來烹煮各式肉類與魚類等。食材會接觸到火焰或鐵板的熱氣。

【HABILLER】：清除內臟。清空、燒淨、切除內臟。

【HACHER】：剁碎、切末。把固體食材切成小塊，通常是用刀子。

【HÂTELET】：金屬小叉子。類似迷你烤肉叉的鐵製或銀製小叉子，擺盤裝飾用。

【HUILER】：上油。在模具或大理石流理檯抹上薄薄一層油，以便食材最後能輕鬆剝除、取下。

【IMBIBER】：沾濕。浸濕、弄濕食材。

【INCISER】：劃。尤其使用在特定魚類或家禽上。在其表皮厚處割開數刀，以加快烹煮速度。

【INCORPORER】：混合。把某一樣材料攪拌、混入其他食材之中，使其結合在一起。

【INFUSER】：浸泡出味道。把帶有香氣的食材放入液體（通常是熱的）中，讓液體自然吸收該食材的香氣。

【JULIENNE】：細絲。蔬菜切成的細絲。

【LARDER】：穿油、鑲肥肉。烹煮前，將肥肉條插入肉塊裡，以增加油脂與香味。

【LIER】：增加濃稠度。通常指加入蛋黃，讓醬汁或湯汁變得細緻濃稠。

【LISSER】：使均勻。快速拌打醬汁或鮮奶油，使之質地更油滑、更均勻、更細膩。

【MACÉDOINE】：小丁。約一立方公分的蔬菜小方塊。

【MANCHONNER】：刮淨末端骨頭。為了肉類擺盤的一致與美觀，切除某些骨頭附著的肉。品嘗時可以用餐巾包住或以專用夾具夾住，更容易食用。

【MARINER】：醃漬。將肉或魚浸泡在味道強烈的液體中，使肉質軟化或入味。

【MARQUER】：大火加熱。從烹煮一開始就用旺火加熱肉類。

【MIGNONNETTE】：粗粒胡椒。磨碎的胡椒。

【MODELER】：塑型。用手、模具或餅乾模做出形狀。

【MONDER】：去皮。參考「燙煮去皮」【ÉMONDER】。

【MONTER】：打發。用打蛋器拌打食材，使之結合空氣，變為固體。

【MORTIFIER】：熟成。陳放新鮮肉類，讓肉質因開始發酵而軟化。

【MOUILLER】：加汁水。在烹煮時加入水或牛奶，使之獲得額外的液體。

【NACRER】：煮至珍珠狀。一開始煮手抓飯時，持續在穀米中加入油脂，不久就會如珍珠般晶瑩分明。

【NAPPER】：釉化。釉化的醬汁就像蓋了桌巾的餐桌。若用手指劃過沾有醬汁的湯匙匙背，醬汁不會重合，即表示釉化完成。

【**PANER**】：**裹麵包粉麵衣**。烹煮前，將食材裹上蛋液與麵包粉。

【**PAPILLOTE**】：**料理紙包**。料理紙包是個小的密封袋，最好以可食用的菜葉製成，烘焙紙也行，將食材放在紙袋中烹煮，是種健康又精緻的料理方式。

【**PARER**】：**修整**。切除食材上不必要的元素以確保整體的美觀。

【**PÉTRIR**】：**揉**。混合、按壓所有材料，揉合成均勻的麵團。

【**PINCER**】：**捏整派皮**。(1) 用手指把鹹派的邊緣捏出形狀，這樣在烘烤時邊緣就會很快上色變硬，確保鹹派的外型保持完整。(2) 參考「焦糖化」【CARAMÉLISER】。

【**PIQUER**】：**戳洞**。在千層派皮或派皮底上戳小洞，以免派皮膨脹或縮小變形。

【**POCHER**】：**燙煮**。把食材放入滾燙但未沸騰的液體中煮。

【**RAIDIR**】：**封住肉汁**。在進行會讓食材變硬的燒煮之前，事先煎炒蔬菜或肉類。

【**RÉDUIRE**】：**收汁、收乾**。把食材煮至沸騰，蒸發水分，以濃縮味道及香氣。

【**RÉGÉNÉRER**】：**加料續煮**。把食物用事先準備的（冷凍或冷藏）食材重新加熱，未改變其外觀或味道。

【**ROUX**】：**油糊**。麵粉和油脂合成的糊狀物，是許多醬汁的基底。

【**SASSER**】：**摩擦去皮**。用廚房餐巾或粗鹽，抹掉迷你蔬菜的嫩皮。

【**SINGER**】：**撒粉**。在食材上撒麵粉，以便烹煮後能增加食材之間的黏稠度。

【**STÉRILISER**】：**殺菌**。用高溫殺死細菌。

【**SUER**】：**略煮**。慢慢將蔬菜烹煮至軟（以帶出蔬菜的甜味）。

【**SURGELER**】：**急速冷凍**。用極低溫讓食材迅速冷凍。

【**TAMPONNER**】：**添油**。用一塊奶油劃過醬汁表面，以免醬汁表面形成薄膜。

【**TOURNER**】：**削、削整**。用小刀將蔬菜的形狀削整至相似。

【**TROUSSER**】：**穿刺**。見「縫綁」【BRIDER】。

【**VENUE**】：**份量**。食譜上對應的食材數量，以估計成品的數量。

【**ZESTER**】：**刨細粉**。用專用刀具（刨絲器）或水果刀，從水果表皮上刮下有顏色的細絲，以增添香氣。

Index des techniques

烹飪技巧索引

蔬菜烹調技巧

麵團、麵食相關技巧

麵食、穀物烹調技巧

蛋類烹調技巧

雜碎相關技巧

分切技巧

酒類相關技巧

Index des recettes

食譜索引

ㄐ

ㄑ

ㄒ

ㄓ

ㄔ

ㄕ

ㄗ

ㄙ

一

ㄨ

ㄩ

Index par ingrédient

食材索引

烘烤溫度表										
刻度	1	2	3	4	5	6	7	8	9	10
溫度	30℃	60℃	90℃	120℃	150℃	180℃	210℃	240℃	270℃	300℃
本表格溫度適用於傳統電烤箱。若使用瓦斯烤箱或旋風式電烤箱，請參考該烤箱的使用說明。										

單位換算表									
重量	55g	100g	150g	200g	250g	300g	500g	750g	1kg
	2oz	3.5oz	5oz	7oz	9oz	11oz	18oz	27oz	36oz
本換算表以公克數為基準，換算的盎司為近似數值（精確來說，1 盎司＝ 28 克）									
容量	5cl	10cl	15cl	20cl	25cl	50cl	75cl		
	2 oz	3.5oz	5oz	7oz	9oz	17oz	26oz		
	50ml	100ml	150ml	200ml	250ml	500ml	750ml		
為加速測量容量，本書 1 杯等於 25 公勺（精確來說，1 杯＝ 8 盎司＝ 23 公勺）									

容量與重量			
容量			重量
1 茶匙	0.5cl	5ml	3 克麵粉＝ 5 克精鹽、砂糖
1 點心匙	1cl	10ml	
1 大匙	1.5cl	15ml	5 克起司粉＝ 8 克可可粉、咖啡粉、麵包粉＝ 12 克麵粉、米、粗粒粉類、鮮奶油、橄欖油＝ 15 克精鹽、砂糖、奶油
1 咖啡杯	10cl	100ml	
1 茶杯	12-15cl	120-150ml	
1 碗	35cl	350ml	225 克麵粉＝ 260 克可可粉、葡萄乾＝ 300 克米＝ 320 克砂糖
1 烈酒杯	2.5-3cl	25-30ml	
1 波爾多紅酒杯	10-12cl	100-120ml	
1 大杯水	25cl	250ml	150 克麵粉＝ 170 克可可粉＝ 190 克粗粒粉類＝ 200 克米＝ 220 克砂糖
1 瓶酒	75cl	750ml	

保羅博古斯廚藝學院誠摯感謝以下合作夥伴——

宮廷瓷器品牌 Bernardaud、主廚與侍酒師、銀器精品品牌 Christofle、畢耶鍋具 De Buyer、
創新餐具品牌 Guy Degrenne、Havilland、Jars、Revol、Schott Zwiesel、Staub、Sylvie Coquet、
Villeroy & Boch、Zwilling Pro、PSP Peugeot

拉魯斯出版社特別感謝——

室內設計公司 Caropolis
42, rue Thiers, 38000 Grenoble (www.caropolis.fr)

出版社總經理：Isabelle Jeuge-Maynart、Ghislaine Stora
責任編輯：Agnes Busiere
編輯：Émilie Franc
合作編輯：Celadon 出版社
美術設計：Emilie Laudrin
排版：Valerie Roland、Lucile Jouret
封面設計：Claire Morel-Fatio
印刷製作：Donia Faiz

擺盤構圖設計：Marie Bel
插圖：Clémence Daniel

照片版權所有：

封面照片 © François Fleury
第 9 頁照片 © Gil Lebois
第 11 頁照片 © 保羅博古斯廚藝學院
第 12 頁左上照片 © 保羅博古斯廚藝學院
第 12 頁右下照片 © François Fleury
第 13 頁右上照片 © 保羅博古斯廚藝學院
第 13 頁右下照片 © François Fleury
第 13 頁右中照片 © Fabrice Rambert
第 688 頁照片 © François Fleury

推薦序一

料理是個美好的職業，是用雙手實作的職業

「料理是個美好的職業，是用雙手實作的職業。」保羅・博古斯如是說。

本書料理主廚亞倫・勒科薩克（Alain Le Cossec）則說：「料理不只是用眼、手和味覺，也需要用到嗅覺及聽覺。」——這是我在學校被他教導（責罵）時他說的。除了用眼睛觀察四周情況，湯是不是滾了，東西是不是沒放好，有沒有聞到東西的香味（或是焦味！），食材煎煮的聲音對不對（鍋子和油是否不夠熱），要用你全身感官去感受，全神貫注在小小的廚房空間裡，以期將菜品完美地烹飪出來，呈現給客人享用。

當法文原版的《世紀廚神學院：法國博古斯學院頂級廚藝全書》問世時，我迫不及待預訂了一本，沒想到這麼快就可以看到中文版，坦白說出版社這決定真是造福華人餐飲界。

因為本書有別於一般的食譜書，不只僅僅介紹關於料理的部分，也包含了外場桌邊服務，餐桌的擺飾藝術（Art de Table）以及近來越來越受人重視的餐酒搭配，是以一個整體的宏觀角度來介紹，讓大家了解所謂的「法國料理」，並不僅僅是只有廚房，就是我們所說菜品的部分，外場的服務、整體餐桌的呈現，再加上搭配的飲品，以上種種相加，發揮一加一大於二的加乘效果，才是箇中精隨，每一環節都很重要。

本書在文字之外另佐以大量圖片，一步一步的詳細解說各種製作的流程與說明，讓讀者能輕鬆了解完整步驟。不論是廚房備料，桌邊服務的食物分切，餐桌的擺設，以及葡萄酒飲料的服務流程，都有詳細的圖文解說，而且都跟我以前在學校學的一模一樣。看到以前的老師們躍上圖紙，一步一步的示範過程，讓人不禁又想起以前學藝的時光。

這些技法的公開，相信除了讓從事餐飲的業界同行受益之外，對於美食及烹飪的愛好者們，也能一窺這些技法的基本原理，進而更深入地了解所謂的飲食文化環節，並在傳承之餘發揮創意，做出改良。讓「法國料理」不再是大家刻板印象中，那種高高在上，難以親近的感覺。就像《料理鼠王》電影裡說的一樣：「每個人都能夠烹飪（Everyone can cook）。」

最後感謝 La Vie 出版社的邀請，讓我能為母校的這本書撰寫推薦序，能與大家分享法國料理的精髓及樂趣，讓它能夠融入我們的日常之中。就像博古斯所說的：「祝您胃口大開（Bon appetit）！」

巫瑞哲（里昂博古斯廚藝學院畢業、現任上海花馬天堂集團西餐行政主廚）

推薦序二

走進法式廚藝殿堂，一窺當代廚神的風采

在踏入餐飲，鑽研廚藝這條路多年後，有幸受帕莎蒂娜國際餐飲公司的眷愛，於二○○九年夏天，派訓法國里昂保羅博古斯廚藝學院進修，參與 Worldwide Alliance 廚藝學程，這一段特殊經歷強化了我對法式料理的認知，也重新找回了對料理的熱情。此次受邀為影響我深遠的學校，以及我最敬重的「廚神」博古斯新書《世紀廚神學院：法國博古斯學院頂級廚藝全書》撰寫推薦序，實在受寵若驚，深怕自己力有未逮，沒能寫好。

上述的廚藝學程，在二○○四年由博古斯創建，匯集來自十五個國家（南非、加拿大、智利、哥倫比亞、韓國、厄瓜多爾、美國、芬蘭、法國、希臘、日本、墨西哥、秘魯、新加坡和臺灣）不同大學選擇其最佳學生，從四月到九月下旬就讀，每年提供約三十名學生，瞭解法國文化，也分享並介紹自己國家的烹飪文化，主要受訓內容如下：一、區域性的傳統料理；二、餐桌服務技術；三、葡萄酒的專業技術；四、法國的起司；五、法國烹飪術語；六、糕點烘焙技術。

回憶當時，開學第一天我帶著誠惶誠恐的心情來到一座非常宏偉且優美的歐式古堡，未來的日子我將在此學習訓練。進入學校只有兩種穿著，一種是正式的西裝，另一種是標準的廚師服加圍裙，從服裝上的規範即可見學校對專業態度一絲不苟的要求。城堡裡有許多不同性質的烹飪教室、先進的電器設備及一般傳統的瓦斯爐台，當然還包括餐飲業不同專業領域的大廚。一進去我們這一大班，各種不同國籍的學生被拆成四個小班，分別進行不同的課程，輪流交替上課，每週更換不同的課程、教室及大廚。在此我不得不說，學校的課程安排真讓人深感佩服，因為除了我們，學院內還有正規班的學生，課表卻安排得天衣無縫、完全沒有衝突及重疊，由此可知學院在辦學上的縝密與認真。雖然我上的是短期課程，但有幸接受校內各個大廚的指導，對我影響非常深遠，每一位大廚各有不同的專業、個性及脾氣，一學期下來等於是經歷了一場場廚藝的打破、重建的哲學洗禮。

另外，學院裡還有一個讓我印象非常深刻的地方，趁此機會非得來提一下不可。相信大家都有過在學校用餐的經驗，不過來到保羅博古斯廚藝學院，卻大大顛覆了我在學校用餐的經驗。你相信嗎？來到這裡用餐像是在台灣的高級西餐廳，吃的是自助式的小套餐，用的餐盤是 Villeroy & Boch 這套來自德國的價值不斐名牌餐具，餐點的擺盤也完全不馬虎，水準與口味皆備，全校的師生都會來此輪流用餐，而這樣的餐點一次供應都是破百的客數，全部由學生輪流上課供應，當然這樣的課程也是訓練的範圍之一。說來好笑，由於如此的供餐水準及菜色變化，每次我都會準備相機拍照記錄，如此的舉動，有同學還誤以為我在台灣是拍美食雜誌的。

學校中值得一提的還有一間對外營業的高級精緻餐廳，名為「Saisons」，提供的是法式高檔套餐，由擁有「MOF」（法國最佳職人）頭銜的亞倫•勒科薩克（Alain Le Cossec）擔任主廚，由他帶領學生經營餐廳。我們的課程亦有參與，令我驚訝的是，這樣的出餐水準及服務皆是由學生完成，不禁令我感嘆。前往法國進修已是好幾年前的事，但時至今日，台灣餐飲水準雖已提升不少，卻仍未有一所學校能做到如此水準。

也因為在保羅博古斯廚藝學院的美好經驗，因此特別想把其靈魂人物——博古斯的書介紹給大家。《世紀廚神學院》是一本非常值得推薦的好書，文中有詳細的料理製作過程，以及精緻的餐點擺盤，是喜好烹飪、追求料理藝術的廚師、餐飲科學生不容錯過的，透過本書深入淺出的介紹，大家將一窺博古斯這位世紀大廚的料理精神，以及由他的精神所建構融會而成的保羅博古斯廚藝學院。

沈峰誼（帕莎蒂娜法式餐酒館主廚）

國家圖書館出版品預行編目（CIP）資料

世紀廚神學院：法國博古斯學院頂級廚藝全書／保羅博古斯廚藝學院（INSTITUT PAUL BOCUSE）著；
林惠敏、陳文怡、傅雅楨譯. -- 初版. -- 臺北市：麥浩斯出版：家庭傳媒城邦分公司發行，2016.06
720面：26×30公分
譯自：INSTITUT PAUL BOCUSE: L'école de l'excellence culinaire
ISBN 978-986-408-156-1（精裝）
1.食譜 2.烹飪 3.法國
427.12 105005146

世紀廚神學院：法國博古斯學院頂級廚藝全書
INSTITUT PAUL BOCUSE - L'ÉCOLE DE L'EXCELLENCE CULINAIRE

作　　　者／保羅博古斯廚藝學院（INSTITUT PAUL BOCUSE）
譯　　　者／林惠敏、陳文怡、傅雅楨
美 術 設 計／張靜怡
封 面 設 計／ERIN LEE
責 任 編 輯／陳詠渝

發　行　人／何飛鵬
事業群發行人／李淑霞
副　社　長／林佳育
主　　　編／張素雯

出　　　版／城邦文化事業股份有限公司　麥浩斯出版
Email：cs@myhomelife.com.tw
地址：104 台北市中山區民生東路二段 141 號 6 樓
電話：02-2500-7578

發　　　行／英屬蓋曼群島商家庭傳媒股份有限公司城邦分公司
地址：104 台北市中山區民生東路二段 141 號 6 樓
讀者服務專線：0800-020-299（09:30~12:00；13:30~17:00）
讀者服務傳真：02-2517-0999
讀者服務信箱：csc@cite.com.tw
劃撥帳號：1983-3516
劃撥戶名：英屬蓋曼群島商家庭傳媒股份有限公司城邦分公司

香 港 發 行／城邦（香港）出版集團有限公司
地址：香港灣仔駱克道 193 號東超商業中心 1 樓
電話：852-2508-6231　傳真：852-2578-9337

馬 新 發 行／城邦（馬新）出版集團 Cite (M) Sdn. Bhd. (458372U)
地址：11, Jalan 30D/146, Desa Tasik, Sungai Besi, 57000 Kuala Lumpur, Malaysia
電話：603-9056-3833　傳真：603-9056-2833

總　經　銷／聯合發行股份有限公司
電話：02-2917-8022　傳真：02-2915-6275

製 版 印 刷／漾格彩印股份有限公司
定　　　價／新台幣 2980 元；港幣 993 元
初 版 四 刷／ 2018 年 5 月初版四刷・Printed in Taiwan
I　S　B　N／ 978-986-408-156-1（精裝）